普通高等学校"十三五"数字化建设规划教材

大学物理学

（第三册）

主　编　　黄祖洪　　刘新海

主　审　　唐立军

北京大学出版社
PEKING UNIVERSITY PRESS

内 容 简 介

    本书是为适应当前教学改革的需要,根据教育部高等学校物理学与天文学教学指导委员会非物理类专业物理基础课程教学指导分委员会制定的《理工科类大学物理课程教学基本要求》(2010 年版),结合编者多年的教学实践和教学改革经验编写而成的.

    全书分三册,共 19 章,其中经典物理内容占 15 章.教材编写力求简明凝练,内容的深度、难度适中,结构由经典物理过渡到近代物理,重在基本训练、实用.同时,本教材针对各学校及不同专业对物理知识要求的差异做了适当的安排,以适应其不同的要求.

    本书可作为高等学校理工科类大学物理课程的教材.

本书配套云资源使用说明

本书配有网络云资源,资源类型包括:阅读材料、名家简介、动画视频和应用拓展.

一、资源说明

1. 阅读材料:介绍一些高新技术所蕴含的基础物理原理,对一些相关知识进一步阐述,有利于学生开阔视野、了解物理学与科学技术的紧密联系,激发学生的求知欲.

2. 名家简介:提供相关科学家的简介,加强学生对科学发展史的了解,从而提高学生对物理的认识,以及学习物理的兴趣.

3. 动画视频:针对重要知识点、抽象内容,提供相关演示动画,便于学生理解和掌握.

4. 应用拓展:结合具体应用场景,针对应用物理知识进行拓展.

二、使用方法

1. 打开微信的"扫一扫"功能,扫描关注公众号(公众号二维码见封底).

2. 点击公众号页面内的"激活课程".

3. 刮开激活码涂层,扫描激活云资源(激活码见封底).

4. 激活成功后,扫描书中的二维码,即可直接访问对应的云资源.

注:1. 每本书的激活码都是唯一的,不能重复激活使用.

  2. 非正版图书无法使用本书配套云资源.

前　　言

　　本教材是为适应当前教学改革的需要,根据教育部高等学校物理学与天文学教学指导委员会非物理专业物理基础课程教学指导分委员会制定的《理工科类大学物理课程教学基本要求》(2010 年版),汲取优秀大学物理课程教材的长处,结合编者多年的教学实践和教学改革经验编写而成的.本教材具有如下四个特点.

　　1. 核心凝练、文字简明

　　本教材力求核心凝练、文字简明,内容精细紧凑.在保证理工科类大学物理课程教学基本要求的同时,对某些专业需要的内容以阅读材料的形式讲述,可自行增补,如时空对称性和守恒定律、超声、次声、压电效应、铁电体等.另一方面为以后学习高新科技知识打基础,精心选择了有代表性的前沿内容作为阅读材料.

　　2. 立足方法、难易适中

　　本教材在现象的分析、概念的引入、规律的形成和理论的构建过程中,强调物理学分析、研究和处理问题的方法,内容的深度、难度适中.例如,在力学中,引入“相对运动”以描述运动的相对性,但并不在动力学中的相关部分深化该问题的讨论.对于数学工具的运用,在保证基本要求的前提下,尽量避免繁杂的数学推演.如在量子物理部分,重在讨论方程求解的思路和理解计算结果的物理意义.在学习物理知识的过程中,注意对知识的消化、归纳、总结,帮助学生掌握科学的学习方法.例如,每章均有“本章提要”,并在第 19 章阐述每章的学习要求、要点、重点、难点分析及典型问题.为了更好地帮助学生建立矢量概念,对矢量采用带箭头的矢量符号,而不采用黑体.

　　3. 加强训练、重在实用

　　本教材的编写原则是精讲经典,加强近代,选讲现代.经典物理是理工科各专业后续课程的必备基础知识,必须讲透、讲够.以篇幅而言,本教材共有 19 章,其中经典内容有 15 章;以结构而言,由经典物理过渡到近代物理;以训练而言,例题和习题集中在经典部分.对于近代物理内容,主要是突出相对论的时空观和量子思想.除了讲清这些物理理论知识、注重启迪思维外,还引导学生学习前辈科学家勇于创新的进取精神.总之,旨在加强基本训练,重在为后续课程打基础.每章的内容提要与典型题解汇编在第三册.

　　4. 围绕基础、优化结构

　　本教材既考虑到物理体系的完整性和系统性,又尽量考虑到各类学校及不同专业对物理知识要求的差异.因此在某些章节的内容前面加了“*”号,教师可以根据学校课程设置、教学专业特点和教学时数来取舍,也可以跳过这些带“*”号的内容,而不会影响整个体系的完整性和系统性.教材围绕基础,加强主干,几何光学、激光和固体电子学、原子核物理和粒子物理采取单独成篇、专题选讲的形式.

　　本教材第一册由刘新海和鲁耿彪主编,第二册由鲁耿彪和黄祖洪主编,第三册由黄祖洪和刘新海主编.参加编写工作的人员有唐立军(第 1 章、第 2 章)、丁开和(第 3 章、第 4 章)、史向华(第 5 章、第 6 章、第 7 章、第 16 章)、刘新海(第 8 章、第 9 章)、方家元(第 10 章、第 11 章)、鲁耿彪(第 12 章、第 13 章)、黄祖洪(第 14 章、第 19 章)、郭裕(第 15 章、第 18 章)、王成志(第 17 章).全书(共三册)由刘新海统稿第一册,鲁耿彪统稿第二册,黄祖洪统稿第三册,唐立军主审并定稿.张华制作了电子教案.在全书编写过程中,赵近芳、罗益民、杨友田、龚志强、施毅敏等提出了许多宝贵的意见和建议.本书配有数字化教学资源.数字资源建设成员有:邓之豪、付小军、苏美华、李小梅、邹杰、罗芸、柳明华、贺振球、熊太知.在此一并感谢.

编　者

2019 年 1 月

目　　录

第 10 篇　　大学物理学学习指导

第7篇　几何光学基础

在物体尺度较大的条件下,撇开光的波动本质而用几何学方法研究光在透明介质中传播规律的理论体系,称为几何光学.几何光学主要研究光通过光学系统的传播或成像.光线是几何光学中的一个基本而又重要的概念,它是假想的有方向的几何线,表示光传播的方向.几何光学以实验定律为基础,用光线分析光的路径,确定光线通过光学系统的轨迹,因此也称为光线光学.由于几何光学不考虑光的波动性,应用几何光学得出的结论是近似的.但应用该方法比较简单,并能解决许多实际的应用问题.几何光学的基本定律是光学仪器设计的理论根据,因此光学中的许多问题也都采用几何光学的方法来解决.

本篇主要介绍几何光学的基本原理以及应用它们讨论单球面成像,并以此为基础来讨论透镜、共轴球面系统、眼睛的成像以及常用到的光学仪器,包括放大镜、显微镜和望远镜的基本工作原理.

第16章 几何光学

16.1 几何光学的基本定律

16.1.1 几何光学的实验定律

人们在长期的实践和研究中,归纳出三条几何光学的实验定律,它们是几何光学的基础,也是各种光学仪器设计的理论根据.

1. 光的直线传播定律

光在均匀介质中沿直线传播.

2. 光的独立传播定律和光路可逆原理

(1)光的独立传播定律:光在传播的过程中与其他光束相遇时,各光束都各自独立传播而不改变其原来的传播方向.

(2)光路可逆原理:如果使光线逆着反射光线的方向入射到界面,则光线将逆着原入射光线方向反射.光的折射现象里,光路也是可逆的.

3. 光的反射定律和折射定律

当一束光投射到两种均为各向同性介质的分界面上时,反射光线和折射光线分别遵循光的反射定律和折射定律.

(1)反射定律

如图16.1所示,反射光线 OB 位于入射光线 AO 和法线 NO 所成的平面内,反射角 i_1' 与入射角 i_1 相等,即

$$i_1 = i_1'. \tag{16.1}$$

(2)折射定律

如图16.2所示,折射光线 OC 位于入射光线 AO 和法线 NN' 所决定的平面内,并和入射光线分居于法线的两侧,且有

$$n_1 \sin i_1 = n_2 \sin i_2. \tag{16.2}$$

n_1, n_2 分别是介质 1 和介质 2 的折射率,定义其为光在真空中的速度 c 与光在介质中的速度 v 的比值,即 $n = \dfrac{c}{v}$. 由于不同波长的光在介质中的传播速度不同,折射率不仅和介质有关,而且和波长有关. 因此,与光的反射不同,在光折射时,不同波长的光将发生散开的现象,即色散现象.

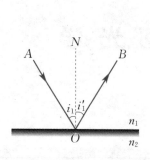

图 16.1　反射定律

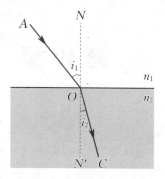

图 16.2　折射定律

16.1.2　费马原理

1657 年,费马根据前人在力学中的研究成果,用类比的方法,将力学中的最小作用原理应用到光学中,提出了光的最小传播时间原理,统一解释了三个实验定律.经后人的修改和补充,成为今天我们所称的费马原理(光程取极值原理):**光在两点之间传播,其实际的光程总为极值(极大值、极小值、恒定值)**.其数学表达式为

$$\Delta = \int n \mathrm{d}s = 极值(极大值、极小值、恒定值). \tag{16.3}$$

在一般情况下,实际的光程大多数是取极小值的.费马最初提出的也是最短光程.

16.1.3　全反射

由折射定律可知,若 $n_2 < n_1$,则 $i_2 > i_1$,即折射光线远离法线,如图 16.3 所示.

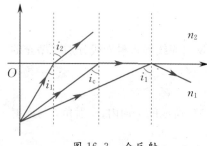

图 16.3　全反射

随着入射角 i_1 的增大,折射角 i_2 增大,当折射角增大到 90° 时,折射光线沿两介质表面传播.这时的入射角 i_c 称为**全反射临界角**,有

$$i_c = \arcsin \frac{n_2}{n_1}. \tag{16.4}$$

当入射角 $i_1 \geqslant i_c$ 时,就不再有折射光线而光全部被反射,这种现象称为**全反射**.

全反射的应用很广.近年来发展迅速的光学纤维,就是利用全反射规律而使光线在其弯曲内部传播的光学元件.一般使用的光学纤维是由直径约几微米的多根或单根玻璃纤维组成的,每根纤维分内外两层:内层材料的折射率为 1.8 左右,外层材料的折射率为 1.4 左右.这样当光由内层射到两层纤维之间的界面时,入射角小于临界角的那些光线,根据折射定律逸出纤维;而入射角大于临界角的光线,由于全反射,在两层界面上经历多次反射而传到纤维另一端,如图 16.4(a) 所示.

图 16.4(b) 中的一条临界光线,它在两层界面上的入射角等于临界角 i_c.显然,由折射率为 n_0 的介质经端面进入纤维而且入射大于 i 的那些光线,在 n_1,n_2 界面上的入射角就小于 i_c,这些光线都不能通过纤维.只有在折射率为 n_0 的介质中顶角等于 $2i$ 的空间锥体内的光线才能在纤维中传播,根据临界角公式 $\sin i_c = \dfrac{n_2}{n_1}$ 和折射定律 $n_0 \sin i = n_1 \sin i'$ 可得

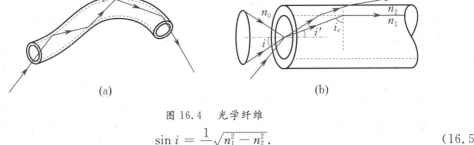

图 16.4   光学纤维

$$\sin i = \frac{1}{n_0}\sqrt{n_1^2 - n_2^2}. \tag{16.5}$$

对于空气中的纤维，$n_0 = 1$，$i = \arcsin\sqrt{n_1^2 - n_2^2}$. 由此可见，对于一定的 n_1, n_2，角 i 的值是一定的，因而纤维所能容许传播的那些光线所占的范围是一定的. 为了使更大范围内的光束能在纤维中传播，我们应选择 n_1, n_2 的差值较大的材料制造光学纤维. 由于光学纤维柔软，不怕震，而且当纤维束弯曲时也能传光传像，目前在国防、医学、自动控制和通信等许多领域都得到日益广泛的应用.

利用全反射镜来改变光线方向，与一般的平面镜相比，能量损失要小得多. 如图 16.5 所示，ABC 为等腰直角三角形棱镜的主截面. 当光线垂直入射到 AB 面上时，反射损失最小（对玻璃来说约 4%），并按原方向进入棱镜射到 AC 面上，此时入射角等于 45°，比玻璃到空气的临界角大，因而产生全反射，反射光强几乎没有损失. 由于反射角也是 45°，光线就偏折了 90°，以垂直于 BC 面的方向射出棱镜. 因为是垂直入射，反射损失很小，所以在光学仪器中经常用它作为把光线偏转 90° 的光学元件.

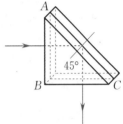

图 16.5   等腰直角三角形棱镜

16.2   光在球面上的折射与反射

当光线由一种介质进入另一种介质，且两介质的分界面是球面的一部分时，所产生的折射现象叫作**单球面折射**. 单球面折射的规律是了解各种透镜成像和眼睛光学系统的基础.

16.2.1   基本概念和符号法则

1. 基本概念

主（光）轴   球面的中心点（即球面顶点）和球面曲率中心的连线.

单心光束   如果一束光束中，所有光线的延长线或反向延长线相交，且只有一个交点，则该光束称为单心光束.

光束在传播过程中，因反射或折射而改变了方向，但在改变方向的光束中，所有的光线仍然相交于一点，我们称该光束的单心性得到了保持. 否则，就称该光束的单心性遭到了破坏.

例如:平面镜反射,保持光束的单心性;平面界面折射,破坏光束的单心性.

物和像　对一个光学系统而言,入射单心光束的顶点叫作物点,出射单心光束的顶点叫作像点.物和像都有虚实之分,发散的入射光束的顶点叫作**实物**,会聚的入射光束的顶点叫作**虚物**;会聚的出射光束的顶点叫作**实像**,发散的出射光束的顶点叫作**虚像**.

近轴条件　(1)近轴物:物离光轴很近(物点到光轴的距离远小于球面的曲率半径).(2)近轴光线:由物点射向镜面的光线与光轴的夹角很小(这时角的正弦可用角的弧度值代替).近轴条件是研究光学系统成像过程中光束单心性不致破坏,以致理想成像的条件.以下的分析均在满足近轴条件的情况下展开.

2. 符号法则

由于球面的半径大小不同,球面又有左凸和右凸之分,加之物、像的虚实差别,球面成像的具体情况是千差万别的.为了使针对某一具体的球面在某种成像情况下推导出的物像公式能适用于各个球面的不同成像情况,必须规定一套符号法则.

新笛卡儿符号法则:

(1)轴向线段,由参考点向左量取线段为负,向右量取线段为正;对于球面光学系统,常取球面顶点为参考点;

(2)垂轴线段,上正下负;

(3)光线与光轴(法线)的夹角,取小于 $\frac{\pi}{2}$ 的角度,由光轴(法线)转向光线,顺时针转角为正,逆时针转角为负;

(4)图上线段和角度都标记绝对值,称为全正图形,例如 s 表示的某线段值是负的,则应用$(-s)$来表示该线值的几何长度;

(5)取正向光路,即初始入射光线自左向右进行.

下面几何光学成像分析过程均采用新笛卡儿符号法则.

16.2.2　近轴单球面折射成像

如图 16.6 所示,AB 是一折射球面,C 是它的曲率中心,r 为半径,球面两侧的折射率为 n 和 n',设 $n < n'$. P 为一单色发光点,称为物点,通过 PC 两点的直线称为主光轴,主光轴与球面相交于 O 点,O 点称为顶点.从主光轴上的一点 P 发出光线,沿主光轴方向入射的光不改变方向,而沿近光轴的任一方向 PA 行进的光线经折射后均与主光轴交于 P' 点,P' 点就是物点 P 的像点.图 16.6 上的各量的标注都是采用新笛卡儿符号法则,并用其绝对值表示的.

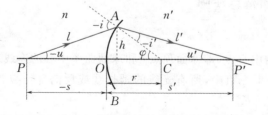

图 16.6　单球面折射

在近轴条件下,从物点 P 发出的光线 PA,它在球面的入射点离光轴很近,即 φ 和 i 很小,$\cos \varphi \approx 1$,$\sin i \approx i$.根据折射定律有 $n\sin(-i) = n'\sin(-i')$,对近轴光线有

$$ni = n'i'.$$

在 $\triangle PAC$ 中,$-i = \varphi - u$;在 $\triangle CAP'$ 中,$-i' = \varphi - u'$.将 i 和 i' 代入上式,可得

$$n(\varphi - u) = n'(\varphi - u').$$

再由图 16.6 可知 $-u \approx \dfrac{h}{-s}$,$u' \approx \dfrac{h}{s'}$,$\varphi \approx \dfrac{h}{r}$,代入上式,得出

$$\frac{n'}{s'} - \frac{n}{s} = \frac{n'-n}{r}. \tag{16.6}$$

此式为球面折射的物像公式.

由式(16.6),当 $s = -\infty$ 时,像点离顶点的距离

$$s' = f' = \frac{n'}{n'-n} \cdot r. \tag{16.7}$$

当 $s' = \infty$ 时,物点离顶点的距离

$$s = f = -\frac{n}{n'-n} \cdot r. \tag{16.8}$$

由式(16.7)和式(16.8)可知,f,f' 只依赖于球面的曲率半径 r 和两种介质的折射率 n 和 n'.这两个量是决定折射面性质的两个固定长度,称为折射面的焦距.f 称为物方焦距,f' 称为像方焦距.如图 16.7(a) 所示,F 称为物方焦点,F' 称为像方焦点.

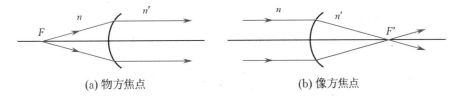

(a) 物方焦点　　　　　　　(b) 像方焦点

图 16.7　焦点

将式(16.7)和式(16.8)相除可得

$$\frac{f'}{f} = -\frac{n'}{n}. \tag{16.9}$$

因为两种介质折射率一般不相等,即 $n \neq n'$,所以对于同一折射面而言,它的两个焦距不相等.球面的曲率半径 r 越大,焦距 f 和 f' 就越长,折射本领就越差.因此常用介质的折射率与该侧焦距的比值来表示折射本领,称为光焦度,用 Φ 表示,单位是屈光度(D),$1\ \mathrm{D} = 1\ \mathrm{m}^{-1} = 100$ 度,即

$$\Phi = \frac{n'-n}{r}. \tag{16.10}$$

折射面的光焦度与折射面的曲率半径 r 成反比,同时也与介质的折射率有关,两侧介质的折射率 n 和 n' 相差越大,焦距 f 和 f' 就越短,Φ 就越大,即折射本领越强.

将式(16.7)和式(16.8)代入式(16.6),球面折射的物像公式也可以表示为

$$\frac{f'}{s'} + \frac{f}{s} = 1, \tag{16.11}$$

此式称为**高斯公式**.

由球面折射所得出的结果,能够推广到球面反射的情况.如图 16.8 所示,设 i 为入射角, i' 为反射角.由反射定律得

$$i = -i',$$

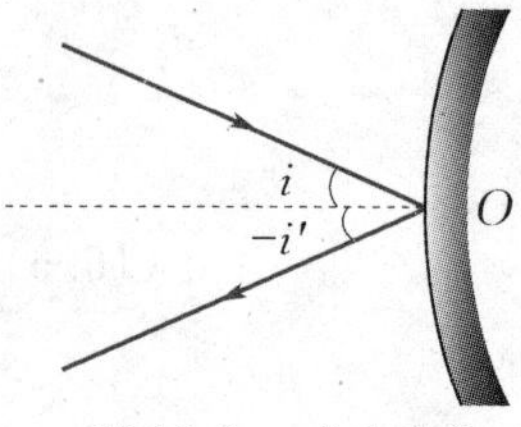

而折射定律是 $n\sin i = n'\sin i'$,如将反射看成是折射的特殊情况,将 $i = -i'$ 代入折射定律得

$$n\sin(-i') = n'\sin i'.$$

对近轴光线有

$$-ni' = n'i',$$

得

图 16.8　球面反射

$$n = -n',$$

即反射可看成从折射率 n 到折射率 $-n$ 的特殊折射.将此结论代入式(16.6)即得球面反射成像公式

$$\frac{1}{s'} + \frac{1}{s} = \frac{2}{r}. \tag{16.12}$$

平面折射可视为 $r = \infty$ 时的球面折射.此时,式(16.6)变为

$$s' = \frac{n'}{n}s. \tag{16.13}$$

在水面上沿着竖直方向观看水中物体时,此时所见像的深度 $s' < s$,水中物体好像上升了一段. s' 叫作**像似深度**.

综上所述,球面折射的物像公式 $\dfrac{n'}{s'} - \dfrac{n}{s} = \dfrac{n' - n}{r}$ 可适用各种形状的介质分界面(凹面、凸面或平面),既适用于折射又可用于反射,当 $n' = -n$ 时对应于反射成像,当 $r = \infty$ 时对应于平面介质分界面的折射和反射.

16.2.3　近轴单球面折射横向放大率

设物长为 y,像长为 y',则像长与物长的比值称为**横向放大率**(线放大率):

$$\beta = \frac{y'}{y}. \tag{16.14}$$

根据新笛卡儿符号法则,垂直于光轴的线段向上方向为正,向下的方向为负.由图 16.9 可得出

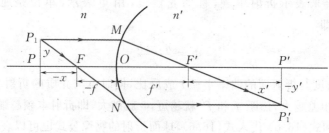

图 16.9　物像关系图

$$\frac{-y'}{y} = \frac{-f}{-x},$$

因此横向放大率也可表示为

$$\beta = \frac{y'}{y} = -\frac{f}{x}. \tag{16.15}$$

在图 16.10 中从 P_1 作光线 P_1O,则 OP_1' 为折射光线,且 i 为入射角,而 i' 为折射角,由折射定律可得

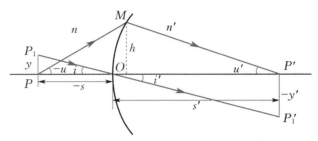

图 16.10　横向放大率的推导

$$n\sin i = n'\sin i'.$$

对近轴光线有 $\sin i \approx \tan i, \sin i' \approx \tan i'$,故有 $n\dfrac{y}{-s} = n'\dfrac{-y'}{s'}$,所以

$$\beta = \frac{y'}{y} = \frac{n}{n'}\frac{s'}{s}. \tag{16.16}$$

横向放大率的公式不仅可以说明物像大小的比例,也可以说明物像的倒正、虚实的关系:$\beta > 0$ 成正像,像的虚实与物相反;$\beta < 0$ 成倒像,像的虚实与物一致.

例 16.1　一个 1.2 cm 高的物体,放在凹球面镜前 0.05 m 处,凹球面镜的曲率半径为 0.20 m,试确定像的位置、大小和虚实.

解　将 $s = -0.05$ m,$r = -0.20$ m 代入式(16.12),可得

$$\frac{1}{s'} = \frac{2}{r} - \frac{1}{s} = \frac{2}{-0.20\ \text{m}} - \frac{1}{-0.05\ \text{m}} = \frac{1}{0.10\ \text{m}},$$

有

$$s' = 0.10\ \text{m},$$

表明所成的像是在凹球面镜后 0.10 m 处,是一个虚像.由式(16.16)可得横向放大率

$$\beta = \frac{y'}{y} = -\frac{s'}{s} = -\frac{0.10}{-0.05} = 2.$$

像是正立放大的虚像,像的大小 y' 为

$$y' = \beta \cdot y = 2 \times 0.012\ \text{m} = 0.024\ \text{m}.$$

例 16.2　一个直径为 4 cm 的长玻璃棒,折射率为 1.5,其一端磨成曲率半径为 2 cm 的半球形.长为 0.1 cm 的物垂直置于棒轴上离棒的凸面顶点 8 cm 处.求像的位置及大小.

解　已知 $n = 1, n' = 1.5, r = 2$ cm,$s = -8$ cm.代入物方焦距公式(16.8),有

$$f = -\frac{n}{n'-n}r = -\frac{1}{0.5} \times 2\ \text{cm} = -4\ \text{cm}.$$

代入像方焦距公式(16.7),有

$$f' = \frac{n'}{n'-n}r = \frac{1.5}{0.5} \times 2 \text{ cm} = 6 \text{ cm}.$$

根据式(16.11)得

$$s' = \frac{f's}{s-f} = \frac{6 \times (-8)}{(-8)-(-4)} \text{ cm} = 12 \text{ cm}.$$

因为 s' 是正的,故所成的像是实像,它在棒内离顶点 12 cm 处. 又由横向放大率公式(16.16)得像的大小为

$$y' = y\frac{ns'}{n's} = 0.1 \times \frac{1}{1.5} \times \frac{12}{-8} \text{ cm} = -0.1 \text{ cm}.$$

16.2.4　共轴球面系统

如果折射球面有多个,而且这些折射面的曲率中心都在一条直线上,那么它们就组成了一个共轴球面系统,这一直线称为共轴球面系统的主光轴.

在共轴球面系统中求物体的像时,可依单球面成像公式采用逐次成像法求得. 计算过程中,前一个折射面所成的像,即为相邻的后一折射面的物,如此下去,直到求出最后所成的像为止. 在应用逐次成像法时必须注意:当前一个折射球面的像作为后一个折射球面的物时,要判断物的虚实.

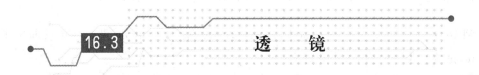

16.3　透　镜

透镜是由两个折射球面构成的共轴球面系统. 透镜一般均由光学玻璃等透明物质磨制而成. 中央比边缘厚的透镜叫作**凸透镜**,而中央比边缘薄的透镜叫作**凹透镜**. 如果透镜中央部分的厚度与两个球面的曲率半径相比较可以忽略不计,这种透镜叫作**薄透镜**,否则就称为**厚透镜**.

16.3.1　厚透镜的成像

如图 16.11 所示的厚透镜,透镜的折射率为 n,透镜左方空间的折射率为 n_1,右方空间的折射率为 n_2,两球面的半径分别为 r_1,r_2,透镜的厚度为 t,物点为 P,在左方球面前 $-s$ 处. 设两个球面都满足近轴条件,即能够理想成像,采用逐次成像法,可求得透镜最后形成的像.

首先,O_1 球面成像,根据物像公式(16.6)和横向放大率公式(16.16)可得

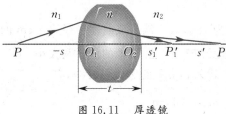

图 16.11　厚透镜

$$\frac{n}{s'_1} - \frac{n_1}{s} = \frac{n - n_1}{r_1}, \tag{16.17}$$

$$\beta_1 = \frac{s'_1}{s} \frac{n_1}{n}. \tag{16.18}$$

再对 O_2 球面成像,物方空间折射率是 n,像方空间折射率为 n_2,根据物像公式(16.6)和横向放大率公式(16.16)可得

$$\frac{n_2}{s'} - \frac{n}{s_2} = \frac{n_2 - n}{r_2}, \tag{16.19}$$

$$\beta_2 = \frac{s'}{s'_1 - t} \frac{n}{n_2}. \tag{16.20}$$

系统最后形成的像的位置由 s' 确定.横向放大率为

$$\beta = \beta_1 \beta_2. \tag{16.21}$$

例 16.3　如图 16.12 所示,有一个玻璃球,折射率为 1.5,半径为 R.置于空气之中.求:
(1) 物在无限远时经过球成像的位置;(2) 物在球前 1.5R 时,像的位置及横向放大率.

解　(1) 对第一折射面,有 $n = 1, n' = 1.5, r = R$.
物在无限远时,$s_1 = -\infty$,由式(16.6)有

$$\frac{1.5}{s'_1} - \frac{1.0}{-\infty} = \frac{1.5 - 1.0}{R},$$

可得

$$s'_1 = 3R.$$

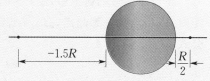

图 16.12　例 16.3 图

(2) 同理,对第二折射球面有 $n = 1.5, n' = 1.0, r = -R$,物在 $s_2 = 3R - 2R = R$ 处,由式(16.6)有

$$\frac{1}{s'_2} - \frac{1.5}{R} = \frac{1 - 1.5}{-R},$$

可得

$$s'_2 = 0.5R.$$

因此,无限远处的物体将成像于球外离第二折射表面 $0.5R$ 处.

物在球前 1.5R 处,即 $s_1 = -1.5R$,对第一折射球面,有

$$\frac{1.5}{s'_1} - \frac{1.0}{-1.5R} = \frac{1.5 - 1.0}{R},$$

得

$$s'_1 = -9R.$$

由式(16.16)可得第一折射球面的横向放大率为

$$\beta_1 = \frac{n_1 s'_1}{n'_1 s_1} = \frac{1.0 \times (-9R)}{1.5 \times (-1.5R)} = 4.$$

对于第二折射球面,$s_2 = s'_1 - d = -9R - 2R = -11R$,有

$$\frac{1.0}{s'_2} - \frac{1.5}{-11R} = \frac{1.0 - 1.5}{-R},$$

得

$$s_2' = \frac{11}{4}R.$$

第二折射球面的横向放大率为

$$\beta_2 = \frac{n_2 s_2'}{n_2' s_2} = \frac{1.5 \times \frac{11}{4}R}{1.0 \times (-11R)} = -\frac{3}{8}.$$

总的横向放大率为

$$\beta = \beta_1 \beta_2 = 4 \times \left(-\frac{3}{8}\right) = -\frac{3}{2}.$$

因此,通过两折射球面(厚透镜)形成位于球外离第二折射表面 $\frac{11}{4}R$ 处,且为倒立的放大的实像.

16.3.2 薄透镜的成像

在对厚透镜的讨论中,令 $t \to 0$,此时,O_1 和 O_2 两点重合于一点,记为 O 点. 计算物距和像距时,以 O 点为计算起点,有 $s_2 = s_1'$. 将式(16.17)和式(16.19)合并,即得薄透镜成像的物像公式:

$$\frac{n_2}{s'} - \frac{n_1}{s} = \frac{n - n_1}{r_1} + \frac{n_2 - n}{r_2}. \tag{16.22}$$

将式(16.18)和式(16.20)合并,即得横向放大率的表达式:

$$\beta = \beta_1 \beta_2 = \frac{s'}{s} \frac{n_1}{n_2}. \tag{16.23}$$

在式(16.22)中,等式的右端为薄透镜的光焦度:

$$\Phi = \frac{n - n_1}{r_1} + \frac{n_2 - n}{r_2}, \tag{16.24}$$

也是两个球面的光焦度之和:$\Phi = \Phi_1 + \Phi_2$.

当与主光轴平行的平行光束自左向右射入透镜时,折射光束将会聚于透镜主光轴上的一点,该点称为透镜的像方焦点,用 F' 表示. 该点到 O 点的距离称为像方焦距,有

$$f' = \frac{n_2}{\dfrac{n - n_1}{r_1} + \dfrac{n_2 - n}{r_2}}. \tag{16.25}$$

同理可定义物方焦点,物方焦距可表示为

$$f = \frac{-n_1}{\dfrac{n - n_1}{r_1} + \dfrac{n_2 - n}{r_2}}. \tag{16.26}$$

因为两焦距之比为 $\frac{f}{f'} = -\frac{n_1}{n_2}$,说明两焦点在 O 点的两侧,永不重合. 当 $n_1 = n_2$ 时,$f' = -f$,常见的是 $n_1 = n_2 = 1$(在空气中),$f' = -f = \dfrac{1}{(n-1)\left(\dfrac{1}{r_1} - \dfrac{1}{r_2}\right)}$,此式又称为磨镜公式.

16.3.3　薄透镜的成像作图法

对于薄透镜成像,除了可以用成像公式计算之外,还可以用作图的方法求像的位置及大小.

对于近轴物点,可以利用下述三条特殊光线中的任意两条确定像的位置.

（1）过物方焦点的光线,经透镜折射后与主光轴平行.

（2）平行于主光轴的入射光线,经透镜折射后通过像方焦点.

（3）过透镜光心的光线经透镜后方向不变.

图 16.13 分别给出了对凸透镜和凹透镜利用三条特殊光线求像的作图方法.

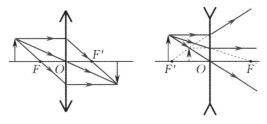

图 16.13　近轴物点凸透镜和凹透镜作图法

对于轴上物点,则需要利用物方焦平面和像方焦平面的性质来作出像的位置. 焦平面是指经过焦点且垂直主光轴的平面.

利用物方焦平面作图法:如图 16.14(a) 与(c) 所示,从物点 Q 发出的任意一条光线或其延长线与物方焦平面交于 B 点. 过 B 点作透镜的一条副轴,该光线经透镜后的折射方向与副轴方向平行,与主光轴的交点 Q' 即为物点 Q 的像点.

利用像方焦平面作图法:如图 16.14(b) 与(d) 所示,从物点 Q 发出的任意一条光线与透镜主平面交于 A 点. 过光心作与该入射光线平行的副轴,该副轴与像方焦平面交于 B' 点,则 AB' 的方向就是原入射光线折射后的方向. 其与主光轴的交点 Q' 就是所求的像点.

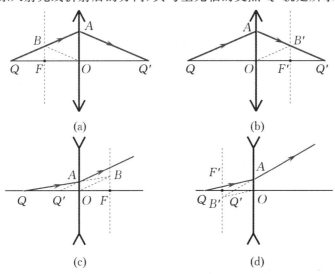

图 16.14　轴上物点凸透镜和凹透镜作图法

例 16.4   一个凸透镜在空气中时焦距为 40 cm,在水中时焦距为 136.8 cm(水的折射率为 1.33),问此透镜的折射率为多少?若将此透镜置于 CS_2 中(CS_2 的折射率为 1.62),其焦距又为多少?

解   由式(16.25),透镜在空气中时,有

$$\frac{1}{f_1'} = (n-1)\left(\frac{1}{r_1} - \frac{1}{r_2}\right).$$

透镜在水中时,有

$$\frac{1}{f_2'} = \frac{n - n'}{n'}\left(\frac{1}{r_1} - \frac{1}{r_2}\right).$$

结合上面两式得

$$\frac{n-1}{n-n'}n' = \frac{f_2'}{f_1'}.$$

将 $n' = 1.33$,$f_1' = 40$ cm,$f_2' = 136.8$ cm 代入得

$$n = \frac{n'\left(1 - \dfrac{f_2'}{f_1'}\right)}{n' - \dfrac{f_2'}{f_1'}} = \frac{1.33\left(1 - \dfrac{136.8}{40}\right)}{1.33 - \dfrac{136.8}{40}} = 1.54.$$

透镜置于 CS_2 中时,有

$$\frac{1}{f_3'} = \frac{n - n''}{n''}\left(\frac{1}{r_1} - \frac{1}{r_2}\right).$$

又有

$$\frac{1}{r_1} - \frac{1}{r_2} = \frac{1}{f_1'(n-1)} = \frac{1}{40 \text{ cm} \times (1.54 - 1)} = \frac{1}{40 \text{ cm} \times 0.54} = \frac{1}{21.6 \text{ cm}}.$$

将 $n'' = 1.62$,$n = 1.54$,$\dfrac{1}{r_1} - \dfrac{1}{r_2} = \dfrac{1}{21.6 \text{ cm}}$ 代入,得

$$\frac{1}{f_3'} = \frac{1.54 - 1.62}{1.62} \times \frac{1}{21.6 \text{ cm}},$$

所以

$$f_3' = \frac{1.62 \times 21.6}{-0.08} \text{ cm} = -437.4 \text{ cm}.$$

16.4   共轴球面系统的基点和成像公式

     前面我们讨论了两个球面的折射成像问题,也简述了逐次成像法.显然,将此法应用于多界面时,计算量大,有时所给系统的界面的相互位置是未知的,致使问题无法求解.但从前面的讨论中可知,对单球面或透镜,若知其焦点、焦平面、球心、光心、焦距和物距,我们就可

以不管光学系统的具体结构,只考虑焦点、球心、光心等基本点和焦平面等基本面,即可以通过计算(或作图)求得像的位置和性质.

对复杂的光学系统,也可以建立一些类似于具有焦点、光心、焦平面的基本点和基本面的光学系统,来代替具体的光学系统,使之简化为一个简单的等效系统,而不考虑具体光学系统的结构和光线在其中的传播情况,即可求得像的位置和性质.这种等效的光学系统称为**理想光具组**.

理想光具组的概念和成像的理论是高斯于 1841 年提出的.单心光束经过一个理想光具组传播后,光束的单心性得到保持,形成的像与物在几何形状上完全相似.理想光具组在成像时,物方空间中任一点、线、面,在像方空间必有与之共轭的点、线、面.这样,理想光具组的成像理论便建立了点与点、线与线、面与面之间的共轭关系,是一种纯几何理论.在近轴光线的条件下,理想光具组可用共轴光具组来实现,我们将建立具有一些基本性质的基点、基面,来研究其成像问题.

16.4.1　共轴球面系统的基点

1. 一对焦点

任何共轴球面系统作为一整体可视为一理想光具组,其作用不外乎会聚和发散,因此它必定有一对等效的焦点,如图 16.15(a) 所示.主光轴上某点 F_1 发出的光线 1 通过折射系统后平行于主光轴,则该点称为系统的**物方焦点**;若平行于主光轴的光线 2 通过该折射系统后与主光轴交于点 F_2,则该点称为系统的**像方焦点**;分别通过两焦点并垂直于主光轴的平面称为**物方焦平面**和**像方焦平面**.

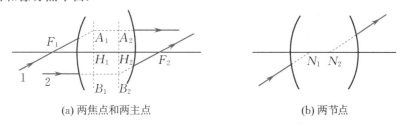

(a) 两焦点和两主点　　　　　　　　　　　　(b) 两节点

图 16.15　三对基点

2. 一对主点

在图 16.15(a) 中,通过 F_1 的入射线 1 的前延长线和它经系统后的折射线的后延长线(图中虚线)相交于点 A_1,通过 A_1 作垂直于主光轴的平面 $A_1H_1B_1$,称为**物方主平面**,该面与主光轴的交点 H_1 称为**物方主点**.同样,把平行于主光轴的入射线 2 与其折射线延长可作出系统的**像方主平面** $A_2H_2B_2$ 及**像方主点** H_2.

由图 16.15(a) 可以看出,不管光线在折射系统中经过怎样的曲折路径,但在效果上只相当于主平面上发生一次偏折.因此,把 F_1 到 H_1 的距离作为**物方焦距** f_1,物到主点 H_1 的距离作为**物距**;F_2 到 H_2 的距离作为**像方焦距** f_2,像到 H_2 的距离作为**像距**,即物距、像距、焦距从各侧对应的主平面算起.

3. 一对节点

在共轴系统的主光轴上还有两个特殊的点 N_1 和 N_2,它们类似于薄透镜的光心.当光线

以任意角度入射到 N_1 时,折射光都将以同样的角度从 N_2 射出,即射到 N_1 点的入射光线,由 N_2 点射出,无方向变化,仅有平移,如图 16.15(b) 所示,N_1 和 N_2 分别称为系统的**物方节点**和**像方节点**.

16.4.2   共轴球面系统成像作图法

根据三对基点的特性,当三对基点在共轴球面系统主光轴上的位置已知时,可以利用下列三条光线中的任意两条,作出物体通过系统后所成的像,如图 16.16 所示.

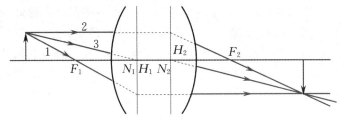

图 16.16   成像作图法

(1) 通过物方焦点 F_1 的光线 1 在物方主平面折射后平行于主光轴射出.

(2) 平行于主光轴的光线 2 在像方主平面折射后通过像方焦点 F_2 射出.

(3) 通过物方节点 N_1 的光线 3 从像方节点 N_2 平行于入射光方向射出.

基点的位置取决于系统的具体条件,这里不做讨论.需要指出:对于薄透镜,两主点重合,两节点重合,且位于光心处;对于厚透镜,如果两侧的折射率相同,物方焦距等于像方焦距.

16.4.3   共轴球面系统物像关系

以共轴系统两主点和两焦点为已知条件,既可以用作图法,也可以用公式计算求物像关系.

在图 16.17 中,H_1,H_2 为两主点,F_1,F_2 为两焦点,PQ 为一个发光物体,RS 为根据上述作图方法而得到的像.图中各量的标注都采用新笛卡儿符号规则.

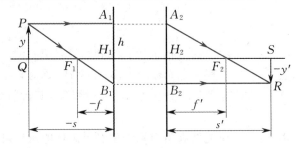

图 16.17   成像公式的推导

图中 $\triangle PA_1B_1 \backsim \triangle F_1H_1B_1$,$\triangle RB_2A_2 \backsim \triangle F_2H_2A_2$,所以

$$\frac{-f}{-s} = \frac{-y'}{h-y'}, \quad \frac{f'}{s'} = \frac{h}{h-y'}.$$

将上两式相加得

$$\frac{f}{s} + \frac{f'}{s'} = 1.$$

从分析的结果可以看出,共轴球面系统的成像公式形式上与式(16.11)相同,但应注意,式中 s, s', f, f' 都是从相应的主平面算起的.

16.5　光学仪器的基本原理

16.5.1　眼睛

1. 眼睛结构简介

眼睛是人体主要感官之一,它是一个较复杂的光学系统,图 16.18 是眼球的水平剖面示意图.下面简单介绍眼球结构及各部分的功能.

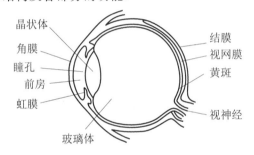

图 16.18　眼球的水平剖面示意图

角膜:位于眼球最前面的一层透明而坚韧的膜,称为角膜,是外界光线进入眼睛的门户,其折射率为 1.376.

前房:角膜内侧是前房,其中充满了透明的水晶状液体,折射率为 1.336.

虹膜:前房的后面是虹膜.虹膜的中央有一圆孔,称为瞳孔,瞳孔的大小由虹膜来改变,可调控进入眼内的光量,类似照相机的光圈,起到光阑的作用,使视网膜上成像清晰.

晶状体:虹膜后面是晶状体,它是一种透明而富有弹性的组织,其折射率为 1.424.其两面凸出像一个凸透镜,弯曲程度可借助睫状肌收缩而变化,因此有调节作用.

玻璃体:充满在晶状体和视网膜之间的折射率为 1.336 的透明胶状物,也称为后房.

视网膜:眼球的内层叫作视网膜,上面布满了视神经,是光线成像的地方.视网膜上正对瞳孔的一小块,对光的感觉最灵敏,叫作黄斑.眼球转动灵活,被观察的物体可成像在黄斑中央凹处,并获得清晰的像.

人眼是一个共轴光具组,这个光具组能在视网膜上形成清晰的像.由于这个共轴光具组结构很复杂,因此在许多情况下,往往将人眼简化为只有一个折射球面的简化眼.简化眼结构的光学常数为 $n' = 1.33$,折射面曲率半径为 $R = 5.7\,\mathrm{mm}$,视网膜曲率半径 $R' = 9.8\,\mathrm{mm}$,

$f = -17.1 \, \text{mm}, f' = 22.8 \, \text{mm}.$

2．眼的分辨本领

从物体的两端射到眼中节点的光线所夹的角度叫作**视角**．视角决定物体在视网膜上成像的大小．视角愈大，所成的像就愈大，眼睛就愈能看清楚物体的细节．如图 16.19 所示，有两个大小不同的物体 A_1B_1 和 A_2B_2，它们对眼所张的视角相同，因此在视网膜上所成的像一样大，均为 $A'B'$，视角用 α 表示，其大小为

$$\alpha = \frac{AB}{u} = \frac{A'B'}{v}, \tag{16.27}$$

式中 AB 为物高，u 为物到眼节点 K 的距离，$A'B'$ 为像高，v 为像到眼节点 K 的距离．

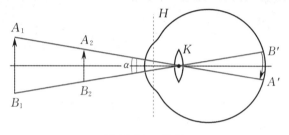

图 16.19　视角

通常把眼睛刚能辨清物体的细节所对应的视角称为**最小视角**（$\alpha_{\min}$）．用最小视角可以表示人眼的分辨本领．每个人的最小视角可能不同，最小视角越小，分辨本领愈强，视力也越好；反之视力愈差．

眼睛分辨物体细节有一定的极限，该极限受到两个因素的制约：其一是光的衍射（光通过瞳孔时发生的衍射），物体上相邻两点太近，视网膜上两个像斑重叠多，导致无法区分；其二是生理因素，视神经细胞有一定大小，而且相邻两细胞往往由一条视神经连接，当两个像斑落在相邻的两细胞上，人眼就无法感知两像点．

实验统计指出，若视角小于 $1'$，正常眼睛就可能分不清远处的两个物点．这也是判别视力正常与否的分界线．

3．眼的调节

眼通过睫状肌的收缩与松弛来改变晶状体两凸面的曲率半径而实现调节．眼的调节是有一定限度的，当观察远处的物体时，眼睛处于松弛状态，眼不调节时所能看到的远处物体的有限位置称为远点，正常人眼的远点在无穷远．当观察近处的物体时，睫状肌处于收缩状态，眼睛做最大限度调节时所能看到的物体的最近位置称为近点．正常人眼的近点为 $10 \sim 12 \, \text{cm}$，近视眼的远点比正常眼要近些，远视眼的近点则比正常眼要远些．在人的一生中，眼的调节范围不是一成不变的，一般来说，随着年龄的增长，近点逐渐变远，远点逐渐变近，调节能力变弱．例如，在儿童期，近点在眼前 $7 \sim 8 \, \text{cm}$ 处，远点在无穷远，此时眼的调节范围最大；到了中年期，近点约在眼前 $25 \, \text{cm}$ 处，到了老年，近点移到眼前 $1 \sim 2 \, \text{m}$ 处，远点则近移到眼前只有几米处，此时眼的调节范围就很小了．

正常眼的折光系统在无须进行调节的情况下，就可使来自远处物体的平行光线聚焦在视网膜上，因此可以看清远处的物体；经过调节，只要物体不小于近点距离，也可以看清，此为正常眼．若眼球的形状异常，眼不调节时平行光线不能聚焦在视网膜上，则称为非正常眼．

非正常眼包括近视眼、远视眼和散光眼. 人到老年,眼的折光能力正常,但由于晶状体弹性丧失或减弱,调节能力变差,看近物能力减弱,成为老花眼,这是一种自然规律.

眼的分辨本领受到视角的制约,当人们观看细微的物体时,常把物体移近眼睛以增大其视角. 若物体离眼太近,由于受到眼睛调节能力的限制而看不清楚. 这时我们需要助视仪器以改善和扩展视觉,如放大镜、显微镜、望远镜等光学仪器.

16.5.2　放大镜

图 16.20 所示的单片凸透镜是个简单的放大镜.

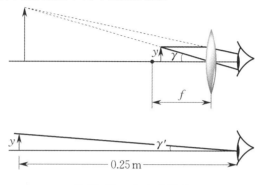

图 16.20　放大镜原理

利用光学仪器观察物体时,物体对眼睛所张的视角为 γ,物体不通过仪器直接放在明视距离 S_0(0.25 m) 对眼睛所张的视角为 γ',则两者的比值表示该光学仪器的**角放大率**,即

$$M = \frac{\gamma}{\gamma'}. \tag{16.28}$$

因为 γ', γ 甚小,故可用对应的正切值之比代替放大镜的角放大率,有

$$M = \frac{\tan \gamma}{\tan \gamma'} = \frac{\dfrac{y}{f}}{\dfrac{y}{S_0}} = \frac{S_0}{f}. \tag{16.29}$$

但对于单透镜来说,由于像差的限制,放大率不能太大,一般不超过 3 倍. 欲得到更大的放大倍数要靠显微镜.

16.5.3　显微镜

显微镜的原理如图 16.21 所示,在放大镜(称为目镜)前再加一个焦距很短的会聚透镜组(称为物镜)构成. 被观察物 y 置于物镜焦点 F_1 外侧附近一点,经物镜形成放大了的实像 y' 正好落在目镜的焦点 F_2 内侧,从而能经目镜放大成虚像 y'' 于人眼的明视距离 S_0 附近,这个虚像又成为眼睛的物,在视网膜上形成最后的实像. Δ 为 F'_1 和 F_2 之间的距离(光学距离).

先计算物镜的横向放大率. 由图可知 $s \approx f_1$,则

$$\beta_0 = \frac{y'}{y} = \frac{s'}{s} \approx \frac{s'}{f_1} = \frac{s'}{-f'_1} = -\frac{s'}{f'_1},$$

所以

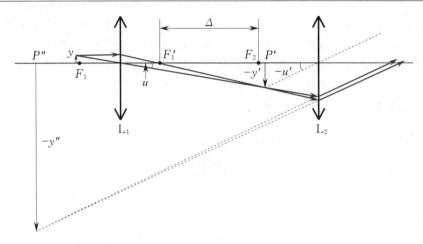

图 16.21　显微镜原理图

$$y' \approx - y\,\frac{s'}{f'_1}.$$

欲使物镜所成的像尽量大,物镜的焦距 f'_1 必须很短.

其次考虑目镜的放大率.目镜当作放大镜,将 y' 放大,y'' 在明视距离处,目镜的放大率为

$$M_e = \frac{u'}{u} = \frac{S_0}{f'_2}.$$

上式表明 f'_2 也必须很短.要使最后的像尽量大,P' 的位置应尽量地靠近目镜物方焦平面,则视角

$$- u' \approx \frac{- y'}{- f_2},$$

即显微镜所成像的视角为

$$u' = -\frac{y'}{f_2} = \frac{y'}{f'_2} \approx -\frac{ys'}{f'_1 f'_2}.$$

若不用显微镜而直接看置于明视距离处的这个物体,则视角为

$$u \approx \frac{y}{S_0}.$$

显微镜的放大率为

$$M = \frac{u'}{u} \approx -\frac{S_0 s'}{f'_1 f'_2}. \tag{16.30}$$

又 $s' = \Delta$(因 f'_1, f'_2 很小),也可表示为 $s' \approx \Delta \approx l$($l$ 为筒长),因此

$$M \approx \frac{- S_0 l}{f'_1 f'_2} = \left(-\frac{l}{f'_1}\right)\left(\frac{S_0}{f'_2}\right) \approx \beta_0 \cdot M_e. \tag{16.31}$$

显微镜配有放大倍数不同的物镜和目镜,使用时适当配合就可以获得不同的放大率.

显微镜能够更加清晰地观察物体的细节,但由于光具有波动性,使得它所能分辨的细节度受到限制.当点光源经过透镜这类圆孔后,因衍射效应,它所成的像不是一个理想的点,而是一个有一定大小的衍射光斑.因此,若物体的两点相距很近,它们的衍射斑就可能彼此重叠.根据瑞利判据,当一个中央亮斑的最大位置恰和另一个中央亮斑的最小位置相重合时,

它们所对应的物点就刚好能被分辨,如图 16.22 所示,这时两物点间的距离,称为**瑞利极限**.凡小于该极限的两物点所成的衍射像斑,因重叠过多就不能被分辨,给人的感觉是一个物点所成的像.因此,可以用被观察物体上能分辨的两点间的最短距离来衡量助视仪器的分辨本领,该距离称为**分辨距离**,用 Δy 表示.

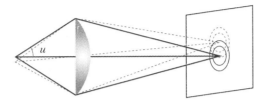

图 16.22　衍射光斑的重叠

阿贝提出显微镜物镜的分辨距离可以表示为

$$\Delta y = 0.610 \frac{\lambda}{n \sin u}. \tag{16.32}$$

Δy 值越小,显微镜的分辨本领就越大.式中 u 是被观察物体射到物镜边缘的光线与主光轴的夹角,n 是物体与物镜间介质的折射率,λ 是所用光波的波长,$n \sin u$ 叫作物镜的**数值孔径**,简写为 N. A. ,并标志在物镜上,它是反映物镜特性的重要参数.

式(16.32)揭示出提高分辨本领的两条途径,一条途径是设法增大数值孔径,即增加 n 和 u 的值,为此可采用油浸物镜,即在物镜与标本之间加几滴折射率较高的香柏油,就成为油浸物镜.通常物镜外的介质是空气,称为干物镜.干物镜情形如图 16.23 左半部所示,从物点进入物镜的光束较窄,因为在盖玻片与空气的界面上,入射角大于 42° 的光都被全反射了.图 16.23 右半部所示为油浸物镜,因为香柏油的折射率近似等于玻璃的折射率,避免了全反射现象,由物点进入物镜的光锥就要宽些,不仅数值孔径增大(n,u 都增大),而且像的亮度也增加,使油浸物镜最大数值孔径可达 1.5 左右,此时分辨距离约为三分之一波长.若用波长 510 nm 的绿光照明,则分辨距离可达 170 nm.

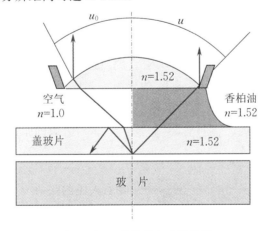

图 16.23　干物镜和油浸物镜

提高分辨本领的另一条途径是利用波长较短的光线,例如用紫外线($\lambda = 275$ nm)来代替可见光($\lambda = 550$ nm),就可以把分辨距离缩小一半,但因紫外线是不可见的,当采用紫外线时,应使用专门的镜头和摄像方法来记录.

值得指出的是,显微镜成像是经过二次放大后得到的,凡是显微镜物镜不能分辨的细节,用目镜也不能分辨,因为目镜不能进一步地增大整个光学系统的分辨本领,所以显微镜的分辨本领只取决于物镜的分辨本领.例如,用一个 40 倍、N. A. 为 0.65 的物镜配上 20 倍的目镜和用一个 100 倍、N. A. 为 1.30 的物镜配上 8 倍的目镜,两者的总放大率都是 800 倍,但后者的分辨本领却比前者高 1 倍,因而可以看到更多的细节.

例 16.5 一个显微镜物镜焦距为 0.5 cm,目镜焦距为 2 cm,两镜间距为 22 cm. 观察者看到的像在无穷远处.试求物体到物镜的距离和显微镜的放大率.

解 已知显微镜 $f_1' = 0.5$ cm,$f_2' = 2$ cm,$l = 22$ cm,因为

$$\beta = \frac{s'}{s} = -\frac{s'}{f_1'},$$

所以

$$s = -f_1' = -0.5 \text{ cm}.$$

由式(16.31)可得

$$M = -\frac{S_0 l}{f_1' f_2'} = -\frac{25 \times 22}{0.5 \times 2} = -550.$$

16.5.4 望远镜

望远镜是帮助人眼对远处物体进行观察的光学仪器.观察者是以对望远镜像空间的观察代替物空间的观察.而所观察的像,实际上并不比原物大,只是相当于把远处的物体移近,增大视角,以利观察.

望远镜也是由物镜和目镜组成的,物镜用反射镜的称为反射式望远镜,物镜用透镜的称为折射式望远镜.折射式望远镜中目镜是会聚透镜的称为开普勒望远镜,目镜是发散透镜的称为伽利略望远镜.

1. 开普勒望远镜

开普勒望远镜的原理如图 16.24 所示.开普勒望远镜由两个会聚薄透镜分别作为物镜和目镜所组成.物镜 L_1 的焦距 f_1' 大于目镜 L_2 的焦距 f_2',且 L_1 的像方焦点 F_1' 与 L_2 的物方焦点 F_2 重合,即无穷远处的物经望远镜后仍成像于无穷远处.

像对人眼的张角为

$$-u' \approx \frac{-y'}{-f_2} = \frac{-y'}{f_2'},$$

物对人眼的张角为

$$u = \frac{-y'}{f_1'},$$

故望远镜的放大率为

$$M = \frac{u'}{u} = \frac{-f_1'}{f_2'}. \tag{16.33}$$

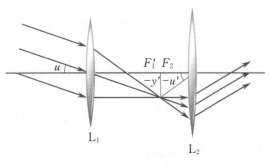

图 16.24 开普勒望远镜

2. 伽利略望远镜

伽利略望远镜用一会聚透镜 L_1 作为物镜,而用一个发散透镜 L_2 作为目镜.其物镜的像方焦点与目镜的物方焦点重合,如图 16.25 所示.

像对人眼的张角为

$$u = \frac{-y'}{f_1'},$$

物对人眼的张角为

$$u' = \frac{-y'}{-f_2'},$$

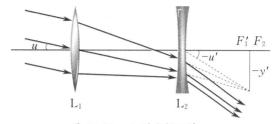

图 16.25　伽利略望远镜

所以望远镜的放大率仍为

$$M = \frac{u'}{u} = \frac{-f_1'}{f_2'}.$$

开普勒望远镜和伽利略望远镜的物镜和目镜所成的复合光具组的间隔等于零.这样的光具组又叫作望远光具组,它的特点是平行光束通过时,透射出来的仍是平行光束,但方向改变.整个光具组的焦点和主平面都在无限远.对比两种望远镜,可知它们之间的差别如下.

(1) 开普勒望远镜的 f_2' 为正值,$M < 0$,表示成倒立的像,伽利略望远镜的 f_2' 为负值,$M > 0$,表示成正立的像.

(2) 在相同放大率的条件下,开普勒望远镜的镜筒长而伽利略望远镜的镜筒短.

(3) 由于伽利略望远镜的目镜为发散透镜,最后透射出来的各平行光束所共同通过的点位于镜筒之内,观察者的眼睛无法置于该点以接收所有这些光束.即使把眼睛尽量靠近目镜,能够进入瞳孔的也仅是这些光束的小部分,故视场较小,开普勒望远镜的视场则较大.

(4) 开普勒望远镜的目镜的物方焦点在镜筒内,可以装叉丝或刻度尺,伽利略望远镜则不能配置.

习 题 16

16.1 一个物点分别放在离凹球面镜顶点前 0.05 m 和 0.15 m 处,凹球面镜的曲率半径为 0.20 m,试确定像的位置和性质.

16.2 一个高为 5 cm 的物体放在球面镜前 10 cm 处,造成 1 cm 高的虚像.(1) 求此镜的曲率半径;(2) 此镜是凸面镜还是凹面镜?

16.3 由无穷远的物体发出的近轴光线从左侧入射到位于空气中的透明球上而成像在右半球面的顶点处,球的半径为 R,求该球体的折射率.

16.4 一个空气中的玻璃球($n = 1.5$)的半径为 10 cm,一个点光源放在球前 40 cm 处,求近轴光线通过玻璃球后所成的像的位置.

16.5 薄透镜的焦距 $f' = 10$ cm,是用折射率

为 1.5 的玻璃制成的,求透镜放在水中时的焦距,水的折射率为 1.33.

16.6 用极薄的两片玻璃,曲率半径分别为 20 cm 及 25 cm,沿其边缘胶合起来,内含空气而成凸透镜,将它置于水中,其焦距为多少?

16.7 一个折射率为 1.5 的薄透镜,其凸面的曲率半径为 5 cm,凹面的曲率半径为 15 cm,且镀上银.试证明:当光从凸面入射时,该透镜的作用相当于一个平面镜.

16.8 一个新月形的薄凸透镜两个球表面半径分别为 20 cm 和 15 cm,折射率为 1.5,今将半径为 15 cm 的凸面镀上水银(见习题 16.8 图),在另一个表面左方 40 cm 的轴上放一个高为 1 cm 的小物,求

最后成像位置及像的性质.

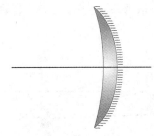

习题 16.8 图

16.9 简单放大镜的焦距为 10 cm.

(1) 欲在明视距离处观察物体,物应放在镜前多远处?

(2) 若此物体高 1 mm,则放大的像高为多少?

(3) 作出光路图.

16.10 某人看不清 2.5 m 以外的物体,需配怎样的眼镜?眼镜的度数是多少?另一个人看不清 1 m 之内的物体,需配怎样的眼镜?眼镜的度数是多少?

16.11 一架显微镜的物镜焦距为 4 mm,中间像成在物镜第二焦点后 160 mm 处.如果目镜的放大率是 20 倍,问显微镜总的放大率是多少?

16.12 一架伽利略望远镜的物镜和目镜之间距离为 12 cm.若该望远镜的放大率为 4,试求物镜和目镜的焦距.

第 8 篇 激光与固体电子学基础

　　几乎所有重大的新技术领域（如半导体、激光、超导和信息技术等）的创立，事前都在物理学中经过了长期的酝酿，在理论和实验上积累了大量的知识之后，才突然迸发出来. 1960年第一台红宝石激光器的诞生依赖于受激辐射理论，晶体管、集成电路及以计算机为代表的信息技术革命和具有广阔应用前景的超导体在诞生之前的几十年内，正是量子力学逐步完善的时期. 量子力学及建立在量子力学基础上的能带理论孕育并成就了这些新技术.

　　本篇我们将从量子物理的基本结论出发，对激光原理、固体的能带结构、半导体、超导电性等专题逐一介绍.

第 17 章 激光与固体电子学简介

20 世纪 30 年代,量子力学开始应用于固体物理领域,从而引发了对固体材料、半导体、激光、超导等的广泛研究,使固体物理理论日趋完善,同时促成了电子计算机的诞生和以计算机技术为基础的信息技术的快速发展. 20 世纪 60 年代,诞生了第一台红宝石激光器.激光的出现,不仅使光学这门古老的学科重新焕发出青春活力,同时也极大地促进了科学技术的发展.

本章主要介绍激光原理,用固体的能带理论解释物体的导电机理,并简单地介绍超导的有关知识.

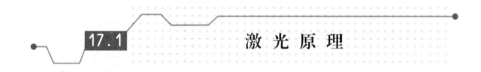

17.1 激 光 原 理

激光(laser) 是受激辐射光放大(light amplification by stimulated emission of radiation)的简称,是一种方向性、单色性、相干性都很好的强光光束. 到目前为止,激光器已经发展成具有众多系列和型号的庞大家族,在工业、农业、军事、科学研究等多个领域有着广泛的应用.

17.1.1 激光的特性

与普通光相比,激光有四大特征:高度单色性、高度相干性、高度准直性、高亮度.

1. 高度单色性

由于谐振腔的选频作用,激光的谱线宽度很窄,单色性很好.如 He－Ne 激光器的 632.8 nm 谱线,线宽只有 10^{-9} nm,甚至更小.在普通光源中,单色性最好的氪灯,谱线宽度为 4.7×10^{-3} nm.利用激光单色性好的特性,可用激光波长作为长度标准进行精密测量,还可用于光纤激光通信、等离子体测试等.

2. 高度相干性

由德布罗意公式可知,谱线宽度越窄,动量不确定性越小;由不确定关系可知,光子的位置不确定性越大,光的波列长度越长.因此激光光波有很长的相干长度($\Delta C = \lambda^2 / \Delta \lambda$ 定义为相干长度,其中 $\Delta \lambda$ 是光源的光谱宽度,激光的相干长度可达 10^5 m),相干性好.而普通的光源发出的光波的相干长度小于 1 m.利用激光相干性好这个特性制成的激光干涉仪,可对大型工件进行高精度的快速测量.此外,用激光作光源,由于相干性好,使全息摄影术得以实现,现已发展为信息储存(全息片)、全息干涉度量等专门技术.

3. 高度准直性

激光光束的发散角非常小,例如常在教室中用于演示的 He - Ne 激光器所发激光的发散角约为 10^{-3} rad. 激光光束每行进 200 km,其扩散直径小于 1 m. 而普通光源,如配备抛物形反射面的探照灯,每行进 1 km,其扩散直径达几十米. 激光的高度准直性可用于定位、导航和测距. 科学家们曾利用阿波罗航天器送上月球的反射镜对激光的反射来测量地月之间的距离,其精度达到几个厘米.

4. 高亮度

普通光源发出的光是不相干的,所发光的强度是各原子所发光的非相干叠加. 激光发射时,由于各原子发光是相干的,其强度是各原子发光的相干叠加,因而和普通光源发出的光相比,激光光强可以大得惊人. 例如,经过会聚的激光强度可达 10^{17} W/cm^2,而氧炔焰的强度不过 10^3 W/cm^2. 针头大的半导体激光器的功率可达 200 mW,连续功率达 1 kW 的激光器已经制成,而用于热核反应实验的激光器的脉冲平均功率已达 10^{14} W(约为 2011 年全世界所有电站总功率的 100 倍),可以产生 10^8 K 的高温以引发氘-氚燃料微粒发生聚变. 利用激光高亮度的特点,可用于钻孔、切割、焊接、区域熔化等工业加工,也可制成激光手术刀进行外科手术.

17.1.2　受激吸收、自发辐射和受激辐射

按照原子的量子理论,光和原子的相互作用可能引起原子受激吸收、自发辐射和受激辐射三种跃迁过程.

1. 受激吸收

能量为 $h\nu = E_2 - E_1$ 的光子入射原子系统时,原子吸收此光子,从低能级 E_1 跃迁到高能级 E_2,这一过程称为**受激吸收**,又叫作共振吸收(resonance absorption),或称为光的吸收,如图 17.1 所示.

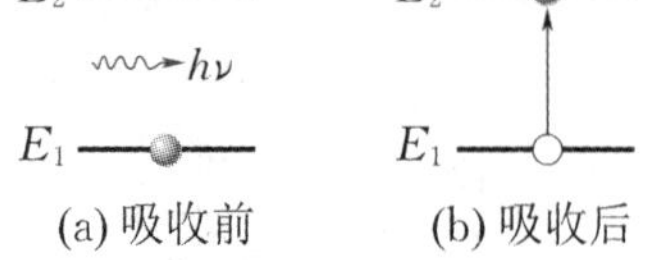

受激吸收是一个随机过程. 设 t 时刻处于能级 E_1 的原子数密度为 N_1,入射光强为 I,则单位时间内由于吸收光子从 E_1 跃迁到 E_2 的原子数密度 $\left(\dfrac{\mathrm{d}N_{12}}{\mathrm{d}t}\right)_{受吸}$ 与 I,N_1 成正比,即

图 17.1　受激吸收

$$\left(\frac{\mathrm{d}N_{12}}{\mathrm{d}t}\right)_{受吸} = KB_{12}IN_1, \tag{17.1}$$

式中 K 为比例系数,B_{12} 称为受激吸收系数,由原子本身性质决定. $(\mathrm{d}N_{12})_{受吸}$ 表示由于受激吸收跃迁引起的由 E_1 向 E_2 跃迁的原子数. 若令 $W_{12} = KB_{12}I$,则

$$W_{12} = \left(\frac{\mathrm{d}N_{12}}{\mathrm{d}t}\right)_{受吸} \cdot \frac{1}{N_1}.$$

W_{12} 称为**受激吸收跃迁概率**,它表示一个原子在单位时间内从能级 E_1 发生受激吸收跃迁到 E_2 的概率.

2. 自发辐射

在没有任何外界作用下,激发态原子自发地从高能级 E_2 向低能级 E_1 跃迁,同时辐射出一光子,这种过程称为**自发辐射**(spontaneous radiation). 自发辐射跃迁满足条件 $h\nu = E_2 - $

E_1，如图 17.2 所示.

自发辐射是一个随机过程，采用概率描述.设 t 时刻处于能级 E_2 上的原子数密度为 N_2，则单位时间内从高能级 E_2 自发跃迁到低能级 E_1 的原子数密度 $\left(\dfrac{\mathrm{d}N_{21}}{\mathrm{d}t}\right)_{自辐}$ 与 N_2 成正比，即

$$\left(\frac{\mathrm{d}N_{21}}{\mathrm{d}t}\right)_{自辐} = A_{21}N_2,\quad A_{21} = \left(\frac{\mathrm{d}N_{21}}{\mathrm{d}t}\right)_{自辐}\frac{1}{N_2},\quad(17.2)$$

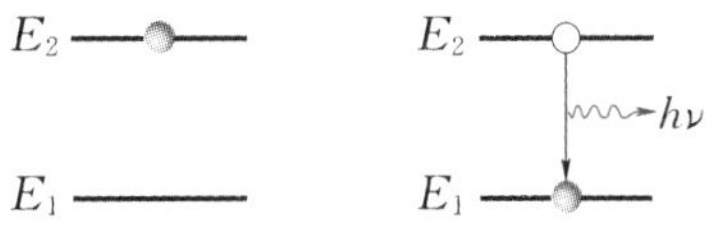

（图右侧）
(a) 辐射前　　(b) 自发辐射一光子

图 17.2　自发辐射

式中 A_{21} 称为自发辐射系数，又称自发跃迁概率.它表示一个原子在单位时间内从 E_2 自发辐射跃迁到 E_1 的概率.$(\mathrm{d}N_{21})_{自辐}$ 表示由于自发辐射跃迁引起的由 E_2 向 E_1 跃迁的原子数.

自发辐射过程中各个原子辐射出的光子的相位、偏振状态、传播方向等彼此独立，因而自发辐射的光是非相干光，普通光源发光就属于这种辐射.应该强调，受激吸收跃迁和自发辐射跃迁是本质不同的物理过程.反映在跃迁概率上就是：A_{21} 只与原子本身性质有关；而 W_{12} 不仅与原子性质有关，还与辐射场有关.

3. 受激辐射

处于高能级 E_2 上的原子，受到能量为 $h\nu = E_2 - E_1$ 的外来光子的激励，由高能级 E_2 跃迁到低能级 E_1，同时辐射出一个与激励光子全同（即频率、相位、偏振状态、传播方向等均同）的光子.这一过程称为**受激辐射**（stimulated radiation），如图 17.3(a) 所示.

受激辐射是激发态原子在外来光子的同步作用下的辐射过程，所辐射的光子和外来光子的状态相同.一个光子入射原子系统后，可以由于受激辐射变为两个全同的光子，这两个光子又可变为四个 …… 从而产生一连串全同光子雪崩似的发射，形成光的放大，如图 17.3(b) 所示.受激辐射的光放大是激光产生的基本机制.

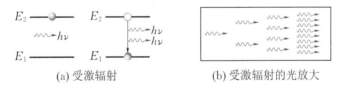

(a) 受激辐射　　　　　(b) 受激辐射的光放大

图 17.3　受激辐射和光放大

受激辐射也是一个随机过程.设 t 时刻处于能级 E_2 上的原子数密度为 N_2，激励光强为 I，则单位时间内从高能级 E_2 受激跃迁到低能级 E_1 的原子数密度 $\left(\dfrac{\mathrm{d}N_{21}}{\mathrm{d}t}\right)_{受辐}$ 与 I,N_2 成正比，即

$$\left(\frac{\mathrm{d}N_{21}}{\mathrm{d}t}\right)_{受辐} = KB_{21}IN_2,\tag{17.3}$$

式中 K 为比例系数，B_{21} 称为受激辐射系数，由原子本身的性质决定.若令 $W_{21} = KB_{21}I$，则

$$W_{21} = \left(\frac{\mathrm{d}N_{21}}{\mathrm{d}t}\right)_{受辐}\cdot\frac{1}{N_2}.$$

W_{21} 称为**受激辐射跃迁概率**，它表示一个原子在单位时间内从能级 E_2 受激辐射跃迁到能级 E_1 的概率.

　　上面讨论的光和物质相互作用的三种过程,虽然含义不同,但都属于同一种原子的光辐射过程,因此它们之间必然存在内在联系.

　　设有一处于热平衡态的 E_1 和 E_2 两能级原子系统,根据能量守恒,单位时间内原子系统的辐射能量应等于吸收能量,则有

$$\left(\frac{\mathrm{d}N_{21}}{\mathrm{d}t}\right)_{自辐} h\nu + \left(\frac{\mathrm{d}N_{21}}{\mathrm{d}t}\right)_{受辐} h\nu = \left(\frac{\mathrm{d}N_{12}}{\mathrm{d}t}\right)_{受吸} h\nu.$$

　　将式(17.1)、式(17.2)及式(17.3)代入上式可得

$$A_{21}N_2 + W_{21}N_2 = W_{12}N_1. \tag{17.4}$$

　　根据辐射理论可以严格证明,原子的受激辐射跃迁概率等于受激吸收跃迁概率,即 $W_{12} = W_{21}$,也即 $KB_{12}I = KB_{21}I$,由此可得

$$B_{21} = B_{12} = B. \tag{17.5}$$

式(17.5)表明原子的受激辐射系数与受激吸收系数相等.

17.1.3　产生激光的基本条件

1.粒子数反转

　　激光是通过受激辐射来获得放大的光.在光和原子系统相互作用时,总是同时存在受激吸收、自发辐射和受激辐射三种跃迁过程.从光放大作用来说,受激吸收和受激辐射是互相矛盾的.吸收过程使光子数减少,而辐射过程则使光子数增加.光通过物质时光子数是增加还是减少,取决于哪个过程占优势,这又取决于处于高、低能态的原子数.下面分析怎样才能使受激辐射超过受激吸收和自发辐射,而占据主导地位.

　　首先看受激吸收和受激辐射的关系.当光照射原子系统时,如果受激吸收的光子数多于受激辐射的光子数,总的效果是光的减弱.显然,只有当受激辐射光子数多于被吸收的光子数时,才能实现光放大.单位时间内受激辐射和受激吸收的光子数之差,即 $\left(\dfrac{\mathrm{d}N_{21}}{\mathrm{d}t}\right)_{受辐} - \left(\dfrac{\mathrm{d}N_{12}}{\mathrm{d}t}\right)_{受吸}$ 为净增辐射光子数.利用式(17.3)和式(17.1)可得

$$\left(\frac{\mathrm{d}N_{21}}{\mathrm{d}t}\right)_{受辐} - \left(\frac{\mathrm{d}N_{12}}{\mathrm{d}t}\right)_{受吸} = KIB(N_2 - N_1). \tag{17.6}$$

式(17.6)表明,只是当 $N_2 > N_1$(N_1,N_2 分别为能级 E_1 和 E_2 上的总粒子数)时,受激辐射的光子数才能多于被吸收的光子数,而使受激辐射超过受激吸收.

　　统计物理理论指出,在通常的热平衡状态下,工作物质中的原子在各能级上的分布服从玻尔兹曼分布律,即在温度为 T 时,原子处于能级 E_i 的数目 N_i 为

$$N_i = A\mathrm{e}^{\frac{-E_i}{kT}}, \tag{17.7}$$

式中 k 为玻尔兹曼常量,A 是一个表示统计权重的常数.因此,处于 E_1 和 E_2 的原子数 N_1 和 N_2 之比为

$$\frac{N_2}{N_1} = \mathrm{e}^{\frac{-(E_2-E_1)}{kT}}. \tag{17.8}$$

　　这说明在正常状态下,能级越高,处于该能级的原子数就越少,能级越低,处于该能级的

原子数就越多.一般情况下,激发态与基态之间的能量差大约为 1 eV,取室温 $T = 300\ \text{K}$,可得 $\dfrac{N_2}{N_1} \approx 10^{-40}$.可见,激发态的原子数远远小于处于基态的原子数,这种分布称为**正常分布**.在正常分布下,当光通过物质时,受激吸收过程较之受激辐射过程占优势,不可能实现光放大.因此,要使受激辐射超过受激吸收而占优势,必须使处在高能态的原子数大于处在低能态的原子数,这种分布与正常分布刚好相反,称为粒子数布居反转分布,简称**粒子数反转**,如图 17.4 所示.实现粒子数反转是产生激光的必要条件.

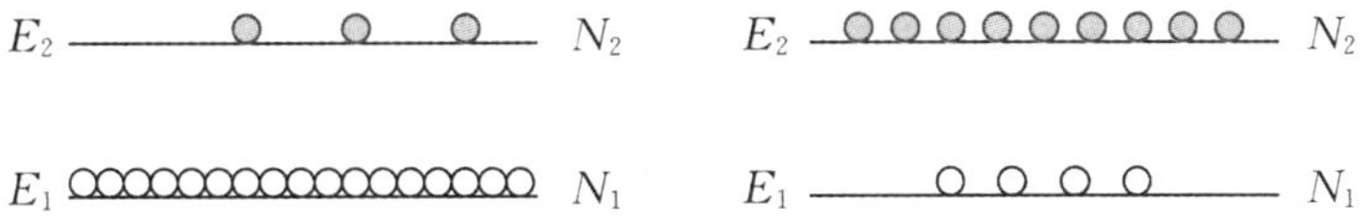

E_2
N_2
E_1
N_1
E_2
N_2
E_1
N_1

(a) 粒子数正常分布 $N_2 < N_1$　　(b) 粒子数反常分布 $N_2 > N_1$

图 17.4　粒子数的分布示意图

要实现粒子数反转,首先要有能实现粒子数反转的物质,称为激活介质(或工作物质),这种物质必须具有适当的能级结构.其次必须从外界输入能量,使激活介质有尽可能多的原子吸收能量后跃迁到高能态.这一能量供应过程称为"激励",又称"抽运"或"泵浦",激励的方法一般有光激励、气体放电激励、化学激励等.

处于激发态的原子是不稳定的,平均寿命约为 10^{-8} s.但有些物质存在着比一般激发态稳定得多的能级,其平均寿命可达到 $10^{-3} \sim 1$ s 的数量级.这种激发态常称为亚稳态.具有亚稳态的物质就有可能实现粒子数反转,从而实现光放大.一般说来,产生激光的工作物质有三能级系统和四能级系统等.现以四能级系统为例来说明,为了实现粒子数反转需要什么样的能级结构.图 17.5 所示是某原子的部分能级(四个能级).

E_4
E_3
E_2
E_1
(a)
E_4
E_3
工作跃迁
E_2
E_1
(b)

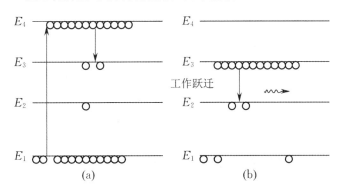

图 17.5　粒子数反转的实现

当用频率为 $\nu = \dfrac{E_4 - E_1}{h}$ 的光照射时,一部分原子将迅速跃迁到能级 E_4,从而使该能级上原子数大为增加.但是,处于能级 E_4 的原子将迅速以与其他原子碰撞等无辐射跃迁跳到平均寿命较长的亚稳态能级 E_3 上去.由于能级 E_3 的寿命较长,能级 E_3 上将停留有大量原子,而处于能级 E_2 上的原子数极少,如图 17.5(b) 所示.这样就建立起了一个粒子数反转体系.此时,从 $E_3 \rightarrow E_2$ 的自发辐射就会引起连锁的受激辐射,其频率 $\nu_{32} = \dfrac{E_3 - E_2}{h}$.He-Ne 激光

器和 CO_2 激光器的工作物质都具有这种四能级系统,而红宝石激光器是一个三能级系统激光器.需要说明的是,这里所说的四能级系统或三能级系统,都是指在激光器抽运过程中直接有关的能级而言,并不是说这种物质只具有这几个能级.

2. 光学谐振腔

实现粒子数反转是产生激光的必要条件,但还不是充分条件.这是因为处于激发态的原子,可以通过自发辐射和受激辐射两种过程回到基态.粒子数反转虽然使得受激辐射占优势,但在实现了粒子数反转分布的工作物质内,初始光信号一般来源于自发辐射,而自发辐射是随机的,因而在这样的光信号激励下产生的受激辐射也是随机的,所辐射的光的相位、偏振状态、频率、传播方向都是互不相关的、随机的,不能形成激光.要使某一方向和一定频率的信号享有最优越的条件进行放大,最终获得单色性、方向性都很好的激光,就必须抑制其他方向和频率的信号.光学谐振腔就是为此目的而设计的一种装置.图 17.6 是光学谐振腔的示意图.

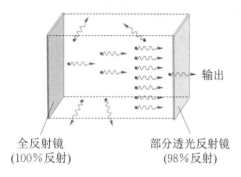

全反射镜   部分透光反射镜
(100%反射)   (98%反射)

图 17.6   光学谐振腔示意图

最常用的光学谐振腔是在工作物质两端放置一对互相平行的反射镜,这两个反射镜可以是平面镜,也可以是凹面镜或凸面镜等.其中一个是全反射镜(反射率为 100%),另一个是部分反射镜.在工作物质中,形成粒子数反转的原子,受外来光子的诱发产生受激辐射的光子.凡偏离轴线方向运动的光子或直接逸出腔外,或经几次来回反射后最终逸出腔外,只有沿轴线方向运动的光子,可以在腔内来回反射,产生连锁式的光放大.在一定的条件下,从部分反射镜射出,成为输出的激光.

必须指出,工作物质加上谐振腔后,还不一定能产生激光.因为在谐振腔中除了产生光的放大作用(或称为增益)外,还存在由于工作物质对光的吸收和散射以及反射镜的吸收和透射等所造成的各种损耗,只有当光在谐振腔内来回一次所得到的增益大于损耗时,才能形成激光.

17.1.4   激光器原理

任何激光器都是由激励能源、工作物质和谐振腔等组成,如图 17.7 所示.按工作物质来分,激光器可分为气体、液体、固体、半导体和自由电子激光器;按光的输出方式则可分为连续输出和脉冲输出激光器;各种激光器输出波段范围可从远红外线($25 \sim 100~\mu m$)一直到 X 射线($0.001 \sim 5~nm$).下面以红宝石激光器和 He - Ne 激光器为例进行讨论.

1. 红宝石激光器

红宝石激光器是于 1960 年第一个问世的固体脉冲激光器,基本结构如图 17.8 所示.工作物质是一根淡红色的红宝石棒(Al_2O_3 晶体),其中掺有质量比为 0.035% 的铬离子(Cr^{3+}),它们替代了晶格中一部分铝离子(Al^{3+})的位置.红宝石激光器有关的工作能级和光谱性质都来源于铬离子.棒长约 $10~cm$,直径约 $1~cm$,两个端面经精磨抛光成为一对平行平面镜.其中一个端面镀银,成为全反射面,另一端面半镀银,成为透射率为 10% 左右的部分反射面.棒

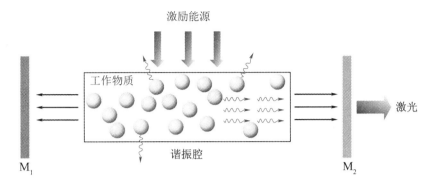

图 17.7　激光器的结构

外是螺旋形的氙闪光灯,氙灯在绿色和蓝色的光谱段有较强的光输出,闪光灯通常一次工作几毫秒,输入能量 $1\,000\sim2\,000$ J.输入能量大部分耗散为热,只有一部分变成光能为红宝石所吸收,并转移到其中铬离子的相应能级上.

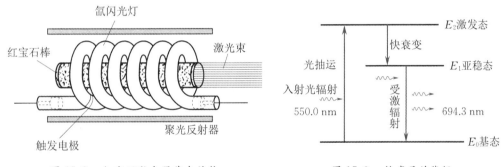

图 17.8　红宝石激光器基本结构　　　图 17.9　铬离子的能级

　　铬离子在基质 Al_2O_3 中是作为杂质存在的,它有如图 17.9 所示的三个能级 E_0,E_1,E_2,其中 E_0 是基态,E_2 是激发态,E_1 是亚稳态.处于 E_0 的铬离子,被氙灯闪光激发到 E_2,铬离子在 E_2 是不稳定的,寿命很短($\approx10^{-8}$ s),很快自发地无辐射地落入亚稳态 E_1,粒子在 E_1 态的寿命较长,约为 10^{-3} s.只要激发光源足够强,在闪光时间内,亚稳态的粒子数量急剧增多,而基态的粒子数急剧减少,就可实现粒子数反转.

　　红宝石棒的两个端面起着光学谐振腔的作用,只有与晶体棒平行的光束才能在红宝石介质内来回反射而被不断放大,并从半镀银的端面透射输出.红宝石激光器的脉冲激光主要波长为 694.3 nm.

2.He - Ne 激光器

　　实验室中最常见的激光器是 He - Ne 激光器,如图 17.10(a) 所示,在密封的玻璃管内有一根毛细管(一般内径在 1 mm 左右).毛细管内充以稀薄的 He 和 Ne 气体,比例约为 7∶1.加上高电压后使气体放电,在电场的作用下电子得到加速,并与 He,Ne 原子碰撞,使其激发到较高能态.

　　He,Ne 原子的能级如图 17.11 所示.正常情况下,He 原子和 Ne 原子都处于基态.当激光管中气体放电时,由于 Ne 原子吸收电子能量被激发的概率比 He 原子被激发的概率小,因此被加速的电子先把 He 原子激发到它的两个亚稳态上.但这些 He 原子并不马上跃迁回到基

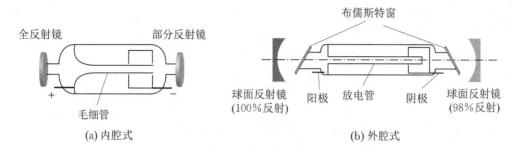

图 17.10　He–Ne 激光器

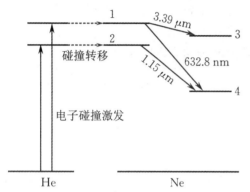

图 17.11　He,Ne 原子能级示意图

态,而是与 Ne 原子发生碰撞,将能量转移给 Ne 原子,使 Ne 原子激发到它的 1,2 两个激发态能级,Ne 原子的 1,2 两个激发态能级与 He 原子的两个亚稳态能级的能量十分接近(仅相差 0.15 eV). Ne 原子的另外两个能级 3 和 4 的能量分别低于能级 1 和 2,因 He 原子没有与之相近的能级,所以不能通过与 He 原子的碰撞使 Ne 原子激发到 3,4 能级.而处于 1,2 这两个能级的 Ne 原子,寿命比较长,自发辐射的概率比较小,这样就实现了 Ne 原子的能级 1 与 3,1 与 4,2 与 4 之间的粒子数反转分布.从这三对能级之间的跃迁,能发出波长为 632.8 nm(最常用的 He–Ne 激光、红光)、1.15 μm(近红外线)、3.39 μm(红外线)的三条谱线.

作为激光工作物质的有固体、液体、气体三类,达数百种之多.表 17.1 列出了 10 种常用的激光器.

表 17.1　常用激光器

名称	工作物质	典型波长 /nm	性能
红宝石	掺 Cr^{3+} 红宝石	694.3	脉冲,大功率
YAG	掺 Nd^{3+} 钇铝石榴石	1 064	连续,中小功率
钕玻璃	掺 Nd^{3+}	1 059	脉冲,大功率
氦氖	He,Ne	632.8,1 150,3 390	连续,小功率
氩离子	Ar^+	488.0,515.5	连续,大功率
二氧化碳	CO_2	1 060	脉冲、连续,大功率
氮分子	N_2	337.1	脉冲
氦镉	He,Cd	441.6,325.0	连续,中功率
染料	染料液体	590 ~ 640	连续可调,小功率
半导体	GaAs/GaAl 等	800 ~ 900	可调谐,小功率

17.2　固体的能带结构

固体是物质的一种重要聚集状态,它具有确定的形状和体积,根据其内部结构的规则程度可分为三大类:一类是晶体,如食盐、云母、金刚石等;二是非晶体,如玻璃、松香、沥青等;三是准晶体.晶体的结构和性质既取决于原子间的相互作用,又与原子中外层电子的运动有重要关系.实践证明,晶体的许多性质无法用经典理论加以解释,必须用量子理论才能说明.迄今只对晶体才有较为成熟的理论,但目前对非晶体和准晶体的研究也很活跃.本节涉及的固体是晶体.

从外观上看,晶体具有规则的几何形状.从微观上看,晶体中的分子、原子或离子在空间的排列都呈规则的、具有周期性的阵列形式,这种微观粒子的三维阵列称为**晶体点阵**(简称晶格).晶体的基本特征是规则排列,表现出长程有序性.晶体按结合力的性质可分成四种基本类型:(1) 离子晶体;(2) 共价晶体;(3) 分子晶体;(4) 金属晶体.

17.2.1　电子共有化

众所周知,原子是由原子核和核外电子所组成,每一个电子都以一定的概率密度分布在原子核周围,为该原子所独占.不过这只是对孤立的原子而言的.对于由大量原子(分子)组成的晶体,情况就不同了.

为简单起见,讨论只有一个价电子的原子,这样的原子可以看成由一个电子和一个正离子(原子实)组成,电子在离子电场中运动.单个原子的势能曲线如图 17.12(a) 所示.当两个原子靠得很近时,每个价电子将同时受到两个离子电场的作用,这时势能曲线如图 17.12(b) 中的实线所示.当大量原子做规则排列而形成晶体时,晶体内形成了如图 17.12(c) 所示的周期性势场.实际的晶体是三维点阵,势场也具有三维周期性.

为了确定电子在晶体内周期性势场中的运动状态,需要求解薛定谔方程,这是非常复杂的,这里仅做一些定性的说明.如图 17.12(c),对于能量为 E_1 的电子来说,势能曲线代表着势垒.由于 E_1 较小,因此,穿透势垒的概率十分微小,基本上可以认为电子仍是束缚在各自原子实的周围.对于能量 E_2 的电子,设 $E_2 > E_1$,且设此能量超出了势垒的高度,所以它可以在晶体内自由运动,而不受特定原子的束缚.还有一些能量略大于 E_1 的电子,虽不能越过势垒,但却可以通过隧道效应而进入相邻原子中去.这样,在晶体内便出现了一批属于整个晶体原子所共有的电子.这种由于晶体中原子的周期性排列而使价电子不再为单个原子所有的现象,称为**电子的共有化**.

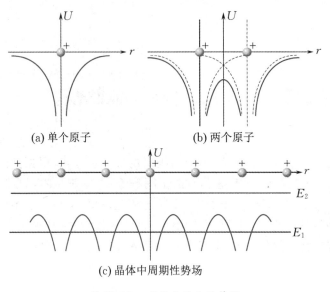

(a) 单个原子　　　　　　(b) 两个原子

(c) 晶体中周期性势场

图 17.12　　原子和晶体的势场

17.2.2　能带的形成

量子力学证明,晶体中电子共有化的结果,使原来每个原子中具有相同能量的电子能级,因各原子间的相互影响而分裂成为一系列和原来能级很接近的新能级,这些新能级基本上连成一片而形成**能带**.下面定性解释能带的形成原因.

按泡利不相容原理,同一原子系统中,不可能有两个量子数(运动状态)完全相同的电子.当大量分子、原子紧密结合成晶体时,由于共有化电子是属于整个晶体系统的,系统中也就不可能

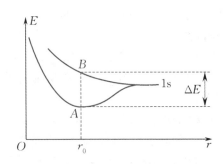

图 17.13　　氢原子形成氢分子后的能级分裂

存在两个量子数完全相同的电子.例如两个氢原子,相距很远且各自孤立时,它们的核外电子都处于基态(1s态),具有相同能量的能级.当两个原子相互靠近形成一个氢分子时,由于电子的共有化,这两个 1s 电子属于氢分子所有,因此不再处于相同能量的能级.在平衡位置 r_0 处,这时两个氢原子已构成稳定的氢分子,由于两个 1s 态电子的量子数不完全相同,因此氢分子中的两个 1s 态电子具有两个能级,即对应于 r_0 有两个能量值.这种情况称为能级分裂,如图 17.13 所示.

与此类似,当 N 个原子相互靠近形成晶体时,它们的外层电子被共有化,使原来处于相同能级上的电子不再具有相同的能量,而处于 N 个相互靠得很近的新能级上.或者说,原来一个能级分裂成 N 个很接近的新能级.由于晶体中原子数目 N 非常大,所形成的 N 个新能级中相邻两能级间的能量差很小,其数量级为 10^{-22} eV,几乎可以看成是连续的.N 个新能级具有一定的能量范围,通常称它为能带.能带的宽度主要取决于晶体中相邻原子之间的距离,距离减小时能带变宽.图 17.14 表示晶体中 1s 态和 2s 态电子的能级分裂.

对于一定的晶体,由不同壳层的电子能级分裂所形成的能级宽度各不相同.内层电子共

有化程度不显著,能带很窄;而外层电子共有化程度显著,能带较宽.图 17.15 表示原子能级 1s,2s,2p,3s,… 分裂成相应能带的情况.通常采用与原子能级相同的符号来表示能带,如 1s 带、2s 带、2p 带等.

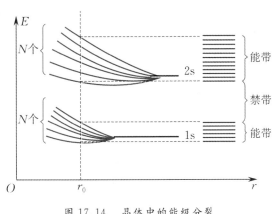
图 17.14　晶体中的能级分裂

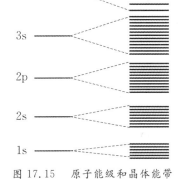
图 17.15　原子能级和晶体能带

17.2.3　满带、导带和禁带

由上所述,能带中的能级数取决于组成晶体的原子数 N,每个能带中能容纳的电子数由泡利不相容原理确定.例如 1s,2s 等 s 能带最多只能容纳 $2N$ 个电子,这是因为每个原子的 s 能级最多可容纳 2 个电子.同理可知,2p,3p 等 p 能带最多可容纳 $6N$ 个电子,d 能带最多可容纳 $10N$ 个电子等.

如同原子中的电子那样,晶体中的电子在能带中各个能级的填充方式仍然服从泡利不相容原理和能量最小原理,由能量较低的能级依次到达较高的能级,每个能级可以填入自旋方向相反的两个电子.如果一个能带中的各个能级都被电子填满,这样的能带称为满带,如图 17.16 所示.当晶体加上外电场时,满带中的电子不能起导电作用,这是因为所有能级都已被电子填满,在外电场作用下,电子除了在不同能级间交换外,总体上并不能改变电子在能带中的分布.满带中任一电子由原来占有的能级向这一能带中任一能级转移时,因受泡利不相容原理的限制,必有电子沿相反方向转换,与之相抵,不产生定向电流,因此满带中的电子不能起导电作用,如图 17.17(a) 所示.

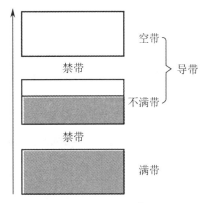
图 17.16　晶体的能带结构

由价电子能级分裂后形成的能带称为价带.如果晶体价带中的能级没有全部被电子填满,在外电场的作用下,电子可以进入价带中未被填充的高能级,由于没有反向电子的转移与之抵消,因而能形成电流,这样的能带称为导带.有些晶体的价带也填满了电子,这样的能带是满带而不是导带.

还有一种能带,其中所有的能级都没有被电子填入,这样的能带称为空带.与各原子的激发态能级相对应的能带,在未被激发的正常情况下就是空带.如果由于某种原因(如热激发或光激发等),价带中一些电子被激发而进入空带,则在外电场作用下,这种电子可以在该空带内向较高的能级跃迁,一般没有反向电子的转移与之抵消,也可形成电流,表现出一定的导电性,因此空带也是导带,如图 17.17(b) 所示.有的能带(一般为价带)只有部分能级被电子占据,在外电场作用下,这种能带中的电子向高一些的能级转移时,也没有反向的电子转移与之抵消,也可形成电流,表现出导电性,因此未被电子填满的能带也称为导带,如图 17.17(c) 所示.

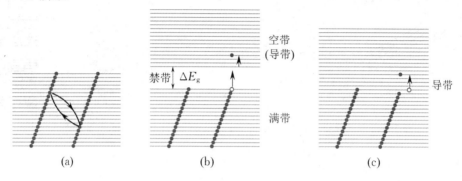

图 17.17 导电与能带的关系

在两个相邻能带之间,可以有一个不存在电子稳定能态的能量区域,这个区域就称为禁带.禁带的宽度对晶体的导电性起着相当重要的作用,有的晶体两个相邻能带互相重叠,这时禁带消失.

17.2.4 导体、半导体和绝缘体

凡是电阻率在 10^{-8} $\Omega \cdot m$ 以下的物体,称为导体;电阻率在 10^8 $\Omega \cdot m$ 以上的物体,称为绝缘体;半导体的电阻率则介于导体与绝缘体之间.硅、硒、碲、锗、硼等元素以及硒、碲、硫的化合物,各种金属氧化物和其他许多无机物质都是半导体.

根据前面的讨论,当 N 个原子形成晶体时,原子能级分裂成包含有 N 个相近能级的能带.能带所能容纳的电子数等于原来能级所能容纳的电子数乘以 N.

一般原子的内层能级都填满电子,所以形成晶体时,相应的能带也填满电子.原子最外层的能级可能原来填满电子,也可能原来未被填满.如果原来填满电子,那么相应的能带中亦填满电子.如果原来没有填满电子,那么相应的能带中也没有填满电子.

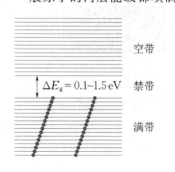

图 17.18 半导体的能带结构示意图

从能带结构来看,当温度接近热力学温度零度时,半导体和绝缘体都具有填满电子的满带和隔离满带与空带的禁带.半导体的禁带比较窄,禁带宽度 ΔE_g 约为 $0.1 \sim 1.5$ eV,如图 17.18 所示.因此用不大的激发能量(热、光或电场)就可以把满带中的电子激发到空带中去,从而参与导电.

绝缘体的禁带一般很宽,禁带宽度 ΔE_g 约为 $3 \sim 6$ eV,

如图 17.19 所示. 若用一般的热激发、光照或外加电场不强
时, 满带中的电子很少能被激发到空带中去, 所以在外电场
作用下, 一般没有电子参与导电, 表现出电阻率很大. 大多
数的离子型晶体(如 NaCl, KCl 等)和分子型晶体(如 Cl_2,
CO_2 等)都是绝缘体.

　　导体的情况就完全不同, 其能带结构或者是能带中只
填入部分电子而成导带, 或者是满带与另一相邻空带紧密
相连或部分重叠, 或者是导带与另一空带重叠, 如图 17.20
所示. 如有外电场作用, 它们的电子很容易从一个能级跃迁

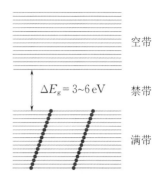

图 17.19　绝缘体的能带结构示意图

至另一个能级, 从而形成电流, 显示出很强的导电能力. 单价金属如 Li, 其能带结构大体如
图 17.20(a) 所示. 一些二价金属如 Be, Ca, Mg, Zn, Sr, Cd, Ba 等的能带结构如图 17.20(b) 所
示. 另一些金属如 Na, K, Cu, Al, Ag 等的能带结构大致如图 17.20(c) 所示.

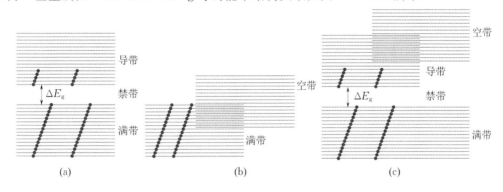

图 17.20　导体的能带结构示意图

　　应该指出, 能带和能级之间有时并不存在简单的对应关系, 而且也不是永远可以根据原
来原子中各能级是否填满电子来判断晶体的导电性质的. 例如二价金属 Ca 和 Mg, 它们最外
层的价电子能级中有两个电子, 组成晶体时, 与价电子能级相应的能带好像应该填满电子,
但是由于价电子能带和它上面的空带相重叠, 如图 17.20(b) 所示, 因而晶体中所有的价电子
填不满叠合后的能带, 所以这种晶体是导体.

　　总之, 一个好的导体, 它最上面的能带或是未被电子填满, 或是虽被填满但填满的能带
却与空带相重叠.

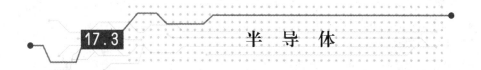

17.3　半　导　体

从能带理论知道,半导体的满带和空带之间存在着禁带,但这个禁带宽度要比绝缘体的小得多.热运动的结果可使一部分电子从满带跃迁到空带,这不但使空带具有导电性能,而且使满带也具有导电性能.因为这时满带出现了空位,通常称为空穴.在外电场作用下,进入空带的电子可参与导电,称为**电子导电**.而满带中的其他电子在电场作用下填充空穴,并且它们又留下新的空穴,因而引起空穴的定向移动,效果就像是一些带正电的粒子在外电场作用下定向运动一样,这种由于满带中存在空穴所产生的导电性能称为**空穴导电**.对于没有杂质和缺陷的半导体,其导电机构是电子和空穴的混合导电,这种导电称为本征导电,参与导电的电子和空穴称为本征载流子.这种没有杂质和缺陷的半导体称为本征半导体.

在纯净半导体里,可以用扩散的方法掺入少量其他元素的原子.所掺入的原子,对半导体基体而言称为杂质.掺有杂质的半导体称为杂质半导体.杂质半导体的导电性能较本征半导体有很大的改变.

由能带理论可知,当原子相互接近形成固体时,外层电子的显著特点是电子的共有化.电子共有化是由电子在不同原子的相同能级上转移而引起的,电子不能在不同能级上转移,因为不同能级具有不同的能量值.杂质原子与原来组成晶体的原子不一样,因而杂质原子的能级和晶体中其他原子的能级并不相同,在这些能级上的电子由于能量的差异,不能过渡到其他原子的能级上去,即它不参与电子的共有化.尽管如此,杂质能级在半导体导电上却起着很重要的作用.

量子力学证明,杂质原子的能级处于禁带中.不同类型的杂质,其能级在禁带中的位置亦不同.有些杂质能级离导带较近,有些离满带较近.杂质能级的位置不同,杂质半导体的导电机理也不同,按照其导电机理,杂质半导体一般可以分为两类:一类以电子导电为主,称为n型(或电子型)半导体;另一类以空穴导电为主,称为p型(或空穴型)半导体.

17.3.1　n型半导体和p型半导体

1. n型半导体

在四价元素如硅或锗的纯净半导体中,掺入少量五价元素如磷或砷等杂质,可形成n型半导体.如图17.21(a)所示,四价元素硅或锗的原子,最外层有四个价电子,形成共价键晶体.掺入五价元素的杂质磷后,这些杂质原子将在晶体中分散地替代一些硅原子或锗原子.由于磷原子有五个价电子,其中四个可以和邻近的硅原子或锗原子形成共价键,结果是杂质原子在其所在位置上成为具有净正电荷$+e$的离子,多余的一个电子在该离子的电场范围内运动.理论计算表明,这种多余的价电子的能级处在禁带中,而且靠近导带,如图17.21(b)所示.

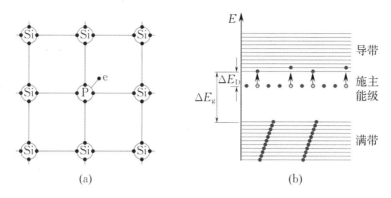

图 17.21　n 型半导体的形成及能带结构

　　这种杂质价电子很容易被激发到导带中去,所以这类杂质原子称为施主,相应的杂质能级称为施主能级.施主能级与导带底部之间的能量差值 ΔE_D 比禁带宽度 ΔE_g 小得多,约为 10^{-2} eV. 在较低温度下,施主能级中的电子就可以被激发到导带中去.因此,这种半导体中杂质原子的数目虽然不多,但是在常温下,导带中的自由电子浓度却比同温度下纯净半导体的导带中自由电子浓度大好多倍,这就大大提高了半导体的导电性能.这种主要靠施主能级激发到导带中去的电子来导电的半导体称为 n 型半导体或电子型半导体.

　　2. p 型半导体

　　如果在硅或锗的纯净半导体中,掺入少量三价元素如硼、镓、铟等杂质原子,那么这种杂质原子与相邻的四价硅或锗原子形成共价键结构时,将缺少一个电子,这相当于一个空穴,如图 17.22(a) 所示.相应于这种空穴的杂质能级也出现在禁带中,并且靠近满带,如图 17.22(b) 所示.满带顶部与杂质能级之间的能量差值 ΔE_A 一般不到 0.1 eV. 在温度不很高的情况下,满带中的电子很容易被激发到杂质能级,同时在满带中形成空穴.这种杂质能级收容从满带跃迁来的电子,所以这类杂质原子又称为受主,相应的杂质能级称为受主能级.这时,半导体中的空穴浓度较之纯净半导体中的空穴浓度增加了好多倍,其导电性能显著增加.这种杂质半导体的导电机构主要取决于满带中的空穴,称为 p 型半导体或者空穴型半导体.

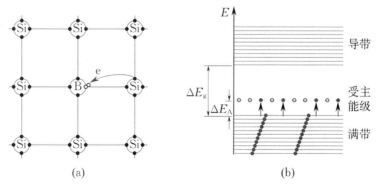

图 17.22　p 型半导体的形成及能带结构

17.3.2　pn 结

　　在同一半导体内部两侧,分别掺入施主型和受主型杂质,使部分区域是 n 型,另一部分区域是 p 型，则它们交界处的结构称为 pn 结. 由于 p 区中空穴多而电子少，n 区中电子多而空穴少，因此 n 区中的电子将向 p 区扩散，p 区中的空穴将向 n 区扩散，如图 17.23(a) 所示，如果在交界面两侧形成正负电荷的积累，在 p 区的一边是负电，而在 n 区的一边是正电，这些电荷在交界处形成一电偶层，如图 17.23(b) 所示，厚度约为 10^{-7} m，这就是上面所说的 pn 结. 显然，在 pn 结中出现的由 n 区指向 p 区的电场，将遏止电子和空穴的继续扩散，最后达到动平衡状态. 此时，在 pn 结处，n 区相对于 p 区存在电势差 U_0，此即所谓接触电势差. pn 结处的电势是由 p 区向 n 区递增的，如图 17.23(c) 所示.

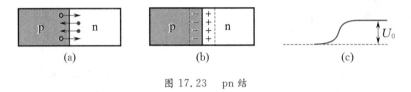

图 17.23   pn 结

从半导体的能带结构来看，pn 结的形成将使其附近的能带形状变化. 这是因为 pn 结中存在电势差 U_0，使电子的静电势能改变了 $-eU_0$，于是 p 区导带中电子的能量将比 n 区导带中的电子能量高，其差值为 $|eU_0|$，这就导致 pn 结附近的能带发生了弯曲，如图 17.24 所示（为了简明起见，图中只画出满带的顶部及导带的底部）.

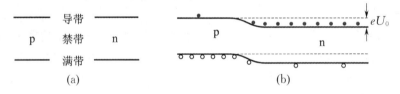

图 17.24   p 型半导体和 n 型半导体接触前后的能带

能带的弯曲对 n 区的电子和 p 区的空穴都形成了一个势垒，它阻碍着 n 区的电子进入 p 区，同时也阻碍着 p 区的空穴进入 n 区，这一势垒区通常称为阻挡层.

由于 pn 结中阻挡层的存在，把电压加到 pn 结两端时，阻挡层处的电势差将发生改变. 如把正极接到 p 端，负极接到 n 端（称为正向连接，如图 17.25(a) 所示），外电场方向与 pn 结中的电场方向相反，致使结中电场减弱，势垒高度降低，能量差为 $e(U_0-U)$，其中 U 为外加电压，或者说阻挡层减薄，于是 n 区中的电子和 p 区中的空穴易于通过阻挡层，继续向对方扩

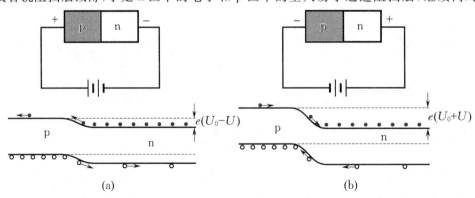

图 17.25   pn 结的整流效应

散,形成由 p 区流向 n 区的正向宏观电流.外加电压增加,电流也随之增大.

反过来,如果把正极接到 n 端,负极接到 p 端(称为反向连接,如图 17.25(b) 所示),外电场方向与 pn 结中的电场方向相同.这时 pn 结中电场增强,势垒升高,能量差值变成 $e(U_0+U)$,或者说阻挡层增厚.于是 n 区中的电子和 p 区的空穴更难通过阻挡层.但是 p 区中的少量电子和 n 区的少量空穴在结区电场的作用下却有可能通过阻挡层,分别向对方流动,形成了由 n 区向 p 区的反向电流.

17.3.3　半导体器件

利用 pn 结可以制成很多具有独特功能的元器件,下面是几个比较常见的例子.

1.热敏电阻

半导体的电阻随温度的升高而呈指数下降.这是因为随着温度的升高,由于热激发,半导体中的载流子(电子或空穴)显著增加的缘故.这种热激发载流子称为热生载流子.特别在杂质半导体中,因施主和受主能级处于禁带中,所需要的激发能量远比禁带宽度对应的能量小,所以热生载流子的增加尤为显著.其导电性能随温度的变化十分灵敏.通常把这种电阻随温度的升高而降低的半导体器件称为热敏电阻.由于热敏电阻具有体积小、热惯性小、寿命长等优点,已广泛应用于自动控制.

2.光敏电阻

在可见光照射下,半导体硒的电阻值将随光强的增加而急剧地减小.这是由于光激发使半导体中载流子迅速增加的缘故.这种光激发的载流子称为光生载流子,由于光生载流子并没有逸出体外,因此又称之为内光电效应.

应该注意,光电导和热电导不同,热敏电阻是一种没有选择性的辐射能接收器.而光敏电阻是有选择性的,和光电效应类似,要求照射光的频率大于红限频率.在此条件下,光强愈强,电导率越大.电导率随光强的变化十分灵敏.利用这种特性制成的半导体器件称为光敏电阻,是自动控制、遥感等技术中的一个重要元件.

3.温差电偶

两种不同的金属导体组成的闭合回路,如果两个接头处于不同的温度,那么在回路中将产生温差电动势.这个回路称为温差电偶或热电偶.如果把两种不同的半导体组成回路,并使两个接头处于不同温度,也会产生温差电动势,而且比金属组成的热电偶的电动势大得多.这是因为半导体中的自由电子或空穴是由热激发产生的,随着温度的升高,自由电子或空穴的浓度极为迅速地增长.

由于存在温度差,半导体中的电子或空穴就由浓度大、运动速度较大的热端跑到冷端,同时也有少量电子或空穴由冷端运动到热端.在 n 型半导体中,载流子是电子,结果造成冷端带负电,热端带正电;而在 p 型半导体中,则冷端带正电,热端带负电.因而在冷热两端产生电势差.

随着电势差的增加,半导体内电场也开始增强,并且阻止由热端向冷端载流子的扩散而加速其由冷端到热端的运动,最后达到动态平衡.这种动态平衡决定了半导体中因温差而形成的温差电动势.它比金属中的温差电动势要大数十倍,温度每差 1 ℃,能够达到甚至超过 10^{-3} V.半导体温差电偶如图 17.26 所示.

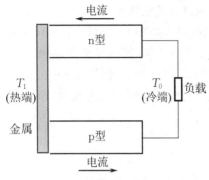

图 17.26 半导体温差电偶示意图

4. 发光二极管(LED)

当正向电流通过 pn 结时,在结处电子和空穴的湮没在能级图上表现为导带下部的电子越过禁带与价带内的空穴中和的过程,在这一过程中因电子的能量减少而有能量放出. 很多情况下,这种能量转化为晶格离子的热振动能量. 但是在有些半导体,如砷化镓中,这种能量转化为光子能量放出,这就是发光二极管发光的基本原理. 要发出足够的光需要有足够多的电子和空穴配对,一般的本征半导体只是 p 型或 n 型的,达不到这一要求,因为它们不是电子和空穴较少,就是空穴数大大超过电子数,或是电子数大大超过空穴数. 但是用 pn 结就可以达到目的,因 p 区有大量空穴而 n 区有大量电子,它们成对湮没时就能发出足够强的光. 红光发光二极管就是在镓中掺入大量砷、磷而成的,在适当大的电流通过时发出红光.

应注意的是,在发光二极管的 pn 结内的大量电子处于导带内而能量较高,这是一种粒子数反转状态,因而有可能产生递增的受激辐射,半导体激光器正是利用这个原理制成的. 当然,为了产生激光,pn 结晶体的两端必须磨平而且严格平行,以便形成谐振腔. 现在这种激光器已得到广泛的应用. 光盘播放机中就有这种半导体激光器,它发出的光在光盘的音轨上反射后被收集再转换成声音. 这种激光器还大量应用在光纤通信系统中.

5. 光电池

原则上讲,发光二极管反向运行,就成了一个光电池. 也就是说,当光照射到 pn 结上时,会在结处产生电子空穴对. 在结内电场作用下,电子移向 n 区,空穴移向 p 区,其结果是 p 区电势高于 n 区. 当 p 区和 n 区分别与负载相连时,就有电流通过负载了,这时的 pn 结就成了电源. 目前用硅做的光电池电压约为 0.6 V,光能转换为电能的效率不超过 15%.

6. 半导体三极管

半导体三极管由一薄层杂质半导体夹在相反类型的杂质半导体间构成,这三部分半导体分别称为集电极(c)、基极(b)和发射极(e). 图 17.27 表示一个 npn 型半导体三极管. 工作时,发射极和基极间取正向偏置而集电极和基极间取反向偏置. 这样就有大量电子从发射极进入基极. 由于基极很薄,进入的电子在此处只能和少数空穴湮没,大部分电子都游走到集电极和基极间的 pn 结处. 此处结内电场方向由 n 区指向 p 区,游来的电子将被电场拉入集电极而形成集电极电流 I_c,另有少量电子从基极流出形成电流 I_b,I_c 和 I_b 取决于半导体三极管的几何结构和各部分半导体的性质. 对于给定的三极管,I_c 与 I_b 之比是一个常数,一般在

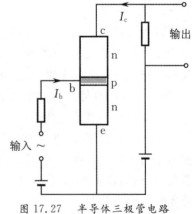

图 17.27 半导体三极管电路

$20 \sim 200$ 之间. 当电流 I_b 有微小变化时,I_c 可以发生较大的变化,因此这种晶体管常被用作放大器.

7.集成电路

现代计算机和各种电子设备都要使用成千上万的半导体器件和电阻、电容等元件.这么多的元件并不是一个一个地单独连接在一起的,而是极其精巧地制备在一小片半导体基底上形成一块集成电路.集成电路的元件数从上千、上万不断增加,目前的超大规模集成电路在 $1\ cm^2$ 基片上可以包含几十万、上百万个元件,布线的间距已接近纳米数量级,而且还在向更多元件、更小间距发展.各种各样的集成电路具有各种各样的功能,它们的组合更是创造了当今信息时代难以想象的奇迹.

17.4　超　导　电　性

超导电现象的研究,从 1911 年荷兰物理学家昂内斯(K. Onnes)首先发现超导现象,到 1987 年高温超导材料的获得并在世界上激起"超导热",前后经历了 70 多年的历史.迄今超导物理学已成为凝聚态物理学的一个重要分支.本节将简要介绍超导的基本特性、超导电性的微观理论、超导材料及超导的一些重要应用.

17.4.1　超导电现象

1908 年昂内斯成功地液化了氦,从而得到一个新的低温区($4.2\ K$ 以下),他在这低温区内测量了各种纯金属的电阻.1911 年他发现,当温度降到 $4.2\ K$ 附近时,Hg 样品的电阻突然降到零,如图 17.28 所示.加入杂质后的 Hg,Hg 和 Sn 合金也具有这种性质,这种性质称为超导电性.具有超导电性的材料称为超导体.超导体电阻降为零的温度称为转变温度或临界温度,通常用 T_c 表示.当 $T > T_c$ 时,超导材料与正常的金属一样,具有一定的电阻值,这时超导材料处于正常态;而当 $T < T_c$ 时,超导材料处于零电阻状态,称为超导态.昂内斯成功地实现了氦的液化并发现了超导态,于 1913 年获得了诺贝尔物理学奖.

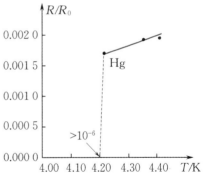

图 17.28　低温下 Hg 的电阻-温度关系

昂内斯的发现,开辟了研究和应用超导电性的新领域.目前,人们已陆续发现,在正常压强下有近 30 种元素、约 8 000 种合金和化合物具有超导电性.在金属元素中,Nb 的临界温度最高($T_c \approx 9.26\ K$).1986 年 1 月,IBM(国际商业机器公司)苏黎世实验室发现了临界温度达 35 K 的 Ba-La-Ca-O 系列超导材料后,在世界范围内掀起了一股探索高温超导材料的热潮.在此后的短短几年中,又研制成 Y-Ba-Ca-O 系列的高温超导材料,进一步把超导临界温度提高到 90 K 以上.1987 年 2 月,我国科学家成功研制出临界温度为 92.8 K 高温超导材料,为高温超导的发展做出了卓越的贡献.

17.4.2 超导体的主要特性

1.零电阻现象

所谓零电阻现象,是指当某些金属、合金及化合物的温度低于某一值时,电阻突然为零的现象.当物质具有零电阻现象时,我们把这种状态就称为超导态,而把在某一温度下能呈现出超导态的物质称为超导体.当超导体在某一温度值时它的电阻突然消失,这个温度值即为该超导体的临界温度 T_c.

需要说明的是,只有在稳恒电流的情况下才有零电阻效应.或者说,超导体在其临界温度以下也只是对稳恒电流没有阻力.

法奥(J. File)和米尔斯(R. G. Mills)利用精确核磁共振方法测量超导电流产生的磁场来研究螺线管内超导电流的衰变,他们的结论是超导电流的衰减时间不低于十万年.

2.临界磁场与临界电流

1913 年,昂内斯曾企图用超导铅线绕制超导磁体.但他发现,当超导铅线中的电流超过某一临界值时,铅线就转变为正常态.1914 年,他从实验中发现,材料的超导态可以被外加磁场破坏而转入正常态.这种破坏超导态所需的最小磁场强度称为临界磁场,以 H_c 表示.临界磁场与材料的种类和超导态所处的温度有关,一般来说,临界磁场与温度有如下关系:

$$H_c(T) = H_c(0)\left[1 - \left(\frac{T}{T_c}\right)^2\right], \tag{17.9}$$

式中 $H_c(0)$ 表示 $T = 0\ \mathrm{K}$ 时的临界磁场,不同材料的 $H_c(0)$ 是不同的.

由于临界磁场的存在,超导体中能够通过的电流也受到了限制.当通过超导体导线的电流超过一定数值 I_c 后,其超导态便被破坏,I_c 就称为超导体临界电流.这是因为当超导体通上电流以后,该电流也将产生磁场,当该电流在超导体表面所产生的磁场强度等于 H_c 时,电流自身产生的磁场破坏了超导态.可见,超导态存在三个临界条件:临界温度 T_c、临界磁场 H_c 和临界电流 I_c,它们之间密切相关.概括地说,超导材料只有同时满足 $T < T_c$,$H < H_c$,$I < I_c$ 时才能处于超导态,其中任何一项不能满足,其超导态就会受到破坏.

3.迈斯纳效应 —— 完全抗磁性

发现超导电现象以后的 22 年间,对于超导体的认识,仅限于它的零电阻特性,而对于它的磁特性并没有真正认识.1933 年迈斯纳(W. Meissner)等人将 Pb 和 Sn 样品放入外磁场中,对样品处于正常态(即有电阻的状态)和超导态时的磁场分布进行细致观察.结果发现,当样品处于正常态时,样品内有磁通量分布;当样品冷却到临界温度 T_c 以下而处于超导态时,原来进入样品内的磁感应线立即被完全排斥到样品外.这就是说超导体处于超导态时,不管有无外磁场存在,超导体内的磁通量总是等于零的,即 $B \equiv 0$.在外磁场中,处于超导态的超导体内磁感应强度总是为零的特性称为超导体的完全抗磁性.这种现象称为迈斯纳效应.

实际上,迈斯纳效应是外磁场与外磁场在超导体中激起的感生电流所产生的附加磁场在超导体内叠加的结果.当把一个处于超导态的超导体样品放入外磁场中时,穿过样品的磁通量就要发生变化,由于电磁感应,在样品表面就会产生感生电流(这种电流可以永久存在),电流将在样品内部产生附加磁场,将样品内部的外磁场完全抵消掉,从而使超导体内部的磁场为零. 根据公式 $H = \dfrac{B}{\mu_0} - M$ 和 $M = \chi_m H$,由于超导体内 $B = 0$,故 $\chi_m = -1$,所以超导体具有完全抗磁性,其磁感应线的分布示意图如图 17.29 所示. 由图可以看出,当一个超导体由正常态转为超导态时,就会把样品内的磁感应线完全地排斥到样品外.

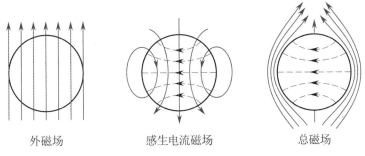

外磁场　　　　　　　感生电流磁场　　　　　　　总磁场

图 17.29　超导体对外磁场的作用

零电阻特性和完全抗磁性,是超导体处于超导态时的两个最基本的特征.

4. 同位素效应

1950 年雷诺(Reynolds)等和 E. 麦克斯韦(E. Maxwell)分别独立发现超导临界温度 T_c 与元素的同位素质量 M 有关,即

$$M^\alpha T_c = 常量 \quad (\alpha = 0.50 \pm 0.03), \tag{17.10}$$

这就是同位素效应. 同位素效应说明超导现象不仅与超导体的电子状态有关,而且也与金属的离子晶格有关.

5. 能隙

理论研究表明,超导体中电子的能量存在着类似半导体禁带的情况,只不过这个禁带非常窄,只有 10^{-4} eV 的数量级,吸收一个红外光子即可跃迁通过这一能量间隙,故谓之能隙.

超导体处于超导态时,除了上述基本特性外,还有磁通量量子化、约瑟夫森效应等一些奇特性质.

17.4.3　BCS 理论

对于超导现象所具有的这些超导特性,从 20 世纪 30 年代起就陆续地提出了不少唯象的理论. 这些理论可以帮助人们理解零电阻现象和迈斯纳现象,但不能说明超导电性的起源问题. 这个谜底直到 20 世纪 50 年代才由美国的三位物理学家揭开.

1. 金属导体电阻的电子理论

早期的超导现象都是在金属及它们的合金中发现的. 当它们由正常态转变为超导态时电阻一下子就消失了,那么它们的微观结构到底发生了什么变化呢?为此,我们简略地介绍一下金属导体电阻的电子理论.

按照量子力学的观点,电子的行为要由满足薛定谔方程的电子波来描述. 理论证明,在一个严格的周期性势场中,电子波是没有散射的,电子也不与晶格交换能量,因此也就没有电阻. 由于缺陷和热振动的存在,使得金属中原子实所形成的势场就不能是严格周期性的,电子波在非严格周期性势场中传播将会发生散射,散射的结果使自由电子的动量发生变化,

即使得电子在电流方向上的加速运动受到阻碍,这就是电阻. 由于散射的原因有缺陷和热振动两个方面,因而金属中的电阻也可分成两部分,即杂质电阻 ρ_i 和热振动电阻 ρ_t. 杂质电阻与杂质浓度有关而与温度无关. 热振动电阻与温度有关. 理论研究表明 $\rho_t \propto T$,即非超导物质的电阻随温度下降的曲线是平缓而光滑的. 如上所述,一个排列非常整齐,没有杂质的理想离子晶体,只有在晶格没有热振动时(即 $T = 0K$),才没有电阻. 而超导体,在临界温度 T_c 以上,即处于正常态时,它的电阻随温度下降的曲线也是平缓而光滑的. 但是到了临界温度时,其电阻值突然消失,如图 17.30 所示. 显然处于超导态的物质,其电子的行为是有异于这种自由无序化电子波的.

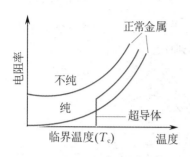

图 17.30　超导体的电阻图,电阻在转变点完全消失

2. 弗罗里希的电子声子互作用理论

由于超导体从正常态向超导态的转变是一种突变,因此人们根据金属导体电阻的电子理论,认为这种转变应是电子态的转变,即应该是电子由自由态转变为束缚态,由无序化转变为有序化. 但是这种转变是通过什么物理机制实现的呢?1950 年弗罗里希(Frohlich) 提出的"电子声子互作用"的图像对上述问题做出了初步回答.

弗罗里希认为,金属中的共有化价电子在离子实组成的晶格间运动时,电子密度是有起伏的,即电子的密度在局部范围内有大有小. 如果在某时刻,电子在某处 A 比较集中,这时高密度的电子便会对 A 点附近的离子晶格产生较大的吸引力,而使 A 处的离子实离开自己的平衡位置而产生振动,该振动在局部区域内的传播即为晶格波(有时简称格波). 按量子力学的理论,格波的能量是量子化的,其每一份能量为 $h\nu$,ν 为格波的频率. 格波波场能量的能量子 $h\nu$ 称为声子. 另一方面,格波的波场区域内,在沿着高密度电子流运动的轨迹方向上晶格会发生畸变(极化),即在局部区域内形成正离子高浓度区域,如图 17.31 所示.

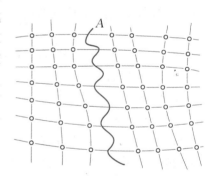

图 17.31　由于电子密度起伏引起的晶格振动而产生的格波和极化径迹

当第一个电子由上述的格波波场区域出来而该波场还没有消退时,第二个电子刚好进入该格波区域. 由于格波区域内是正离子高浓度区,因此第二个电子就会受到较大的吸引而沿着晶格离子极化的方向去追随第一个电子运动. 现在假如我们忘掉晶格离子的极化,而把注意力集中到这一对电子上,那么就会看到这一对电子间存在着一种有效吸引.

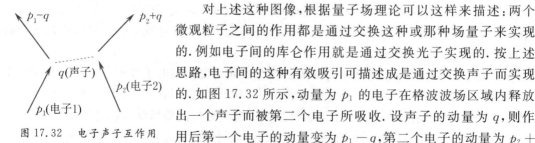

图 17.32　电子声子互作用

对上述这种图像,根据量子场理论可以这样来描述:两个微观粒子之间的作用都是通过交换这种或那种场量子来实现的. 例如电子间的库仑作用就是通过交换光子实现的. 按上述思路,电子间的这种有效吸引可描述成是通过交换声子而实现的. 如图 17.32 所示,动量为 p_1 的电子在格波波场区域内释放出一个声子而被第二个电子所吸收. 设声子的动量为 q,则作用后第一个电子的动量变为 $p_1 - q$,第二个电子的动量为 $p_2 +$

q,这两个电子通过交换声子便产生了吸引作用,这种作用即为电子声子互作用.

3. BCS 理论

对超导电微观理论最有成效的探索是美国物理学家巴丁(Bardeen)、库珀(Cooper)和施里弗(Schrieffer)在 1957 年做出的,并被称作 BCS 理论.

在弗罗里希电子声子互作用理论的基础上,1956 年库珀用量子场论的理论证明:只要两个电子之间存在有净的吸引作用,不论多么微弱,结果总能形成电子对束缚态.形成束缚态的一对电子就称为库珀电子对,简称库珀对.即处于超导态的价电子,不再是单独的一个个地处于自由态,而是配成一对对的束缚态.

在库珀对的基础上,施里弗提出了超导体超导基态波函数,并证明了由于电子配成库珀对,使整个导体处于更为有序化的状态,因此它的能量更低.处于束缚态的库珀对电子的能量与处于正常态的两个自由电子的能量差值,就是超导体中的能隙.反之,这个能隙也可称为库珀对的结合能,即拆散一个库珀对所需的能量.

计算表明,库珀对的结合能是非常微弱的(约 10^{-4} eV),这就意味着电子对中的两个电子相隔较远,相隔距离约为 10^{-4} cm,但这却是晶格间距的 1 万倍左右.也就是说,在每一个束缚电子对伸延成的体积内包含成百万对别的电子对,它们是彼此交叠的.而根据泡利不相容原理,不能有相同量子态的两个电子占据同一能态.与此限制相适应,这些相互交叠的库珀对电子的动量就只能统一到每个电子对的总动量为零,每个电子对的自旋角动量也必须为零,即要求每对库珀对电子的动量大小相等、方向相反,且自旋方向相反.至于对与对之间,每个电子的动量可以各不相同.也就是说,在超导态中,电子的有序化是指它们动量的有序化而不是指它们位置的有序化.

简言之,BCS 理论的核心是:在超导态中,电子通过电子声子互作用而结成束缚态的库珀对,而泡利不相容原理则使所有的库珀对电子有序化为群体电子的动量和角动量相应为零.

当超导体处于超导态时,所有价电子都是以库珀对作为整体与晶格作用,即它的一个电子与晶格作用而得到动量 p' 时,另一个电子必同时失去动量 p',使总动量仍然保持不变.也就是说,库珀对作为整体不与晶体交换动量,也不交换能量,能自由地通过晶格.当有外加电场并形成传导电流后,库珀对的动量沿着电流方向增加而形成定向流动,但所有电子对携带的动量还是相同的,若此时撤去外场,便没有电子对的加速运动了.这时库珀对虽然也受到晶格的散射,但在 T_c 以下,散射提供的能量还不足以把库珀对分解,故库珀对电子在散射前后总动量仍然保持不变,即电流的流动不发生变化,因此没有电阻.但在临界温度 T_c 以上,这种散射就使库珀对被拆散.这时单个自由电子的散射将使它的动量发生变化而出现电阻.

BCS 理论不仅成功地解释了零电阻效应,还成功地解释了迈斯纳效应、超导态比热、临界磁场等实验结果.这个曾"使理论物理蒙上耻辱的"的物理难题经历了大约半个世纪之后,终于得到了比较满意的解决,因此巴丁等人在 1972 年获得了诺贝尔物理学奖.

17.4.4　超导材料的分类

人们把超导材料按照超导体在临界磁场 H_c 时将磁通量排斥在超导体外的方式不同,把超导材料分为以下两类.

1. 第 Ⅰ 类超导材料

这类超导材料在磁场 H_c 以下,磁通量是完全被排斥在超导体之外的,而只要磁场高于 H_c,磁场就会完全透入超导体中,材料也恢复到正常态,即这类超导材料由超导态向正常态的转变没有任何中间态,只要出现 $T > T_c$,$H > H_c$,$I > I_c$ 中的任何一种情况,就立即恢复到正常态.

属于第 Ⅰ 类超导材料的是除铌(Nb)、钒(V)、锝(Tc)以外的纯超导元素,如铱(Ir,$T_c = 0.14$ K),镉(Cd,$T_c = 0.56$ K),锌(Zn,$T_c = 0.85$ K),汞(Hg,$T_c = 4.15$ K),铅(Pb,$T_c = 7.2$ K)……这类超导材料的 T_c 和 H_c 一般都很低,由于在实际应用中难以获得这样的低温,故这类超导材料的应用前景有限.

2. 第 Ⅱ 类超导材料

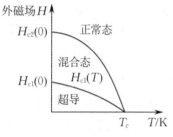

图 17.33　第 Ⅱ 类超导材料的临界磁场

这类超导材料存在两个临界磁场,即下临界磁场 H_{c1} 和上临界磁场 H_{c2}.当材料处于下临界磁场 H_{c1} 时是完全超导态.当磁场超过 H_{c1} 但仍在 H_{c2} 以下,即 $H_{c1} < H < H_{c2}$ 时,处于混合态,这时材料的大部分处于超导态,小部分处于正常态.即从 H_{c1} 开始,磁通量就部分地透入超导体中,而且随着磁场的增强,透入的磁通量也随之增加,当磁场达到上临界磁场 H_{c2} 时,磁场完全透入材料中并完全恢复到有电阻的正常态,如图 17.33 所示.

值得注意的是,第 Ⅱ 类超导材料在其处于混合态时,虽然完全抗磁性开始部分地受到破坏,但零电阻效应依然保持.在磁场透入的部分,电流与磁场之间存在相互作用,这种作用在材料中会引起电阻效应并会局部升温,使得磁通量透入的范围更大,进而使局部升温范围扩大而导致超过临界温度,对于这种情况,在具体运用时可以通过技术处理而防止其出现.

属于第 Ⅱ 类超导材料有 Nb,V,Tc 及合金、化合物等.第 Ⅱ 类超导材料,尤其是化合物的超导材料,其临界温度相对较高,在技术上有重要应用的主要是指第 Ⅱ 类超导材料.

3. 高温超导材料

超导最惹人注目的特点,就是在临界温度以下的零电阻效应.然而在 1986 年以前,人们发现的超导材料都只能在液氦温区工作.而氦气的稀少、液氦制备技术的复杂和成本之高昂,极大地限制了超导体的研究与应用.

经过科学家们不懈的努力,从 1986 年开始,新的高温超导材料不断地被研制成功.目前已成功研制出临界温度超过 130 K 的超导材料,远远高出液氮的沸点(77 K).高温超导材料的研制成功,给超导电性的实际应用带来了非常广阔的前景.

17.4.5　超导电性在工业上的应用

1. 超导磁体

无论是现代的科学研究还是现代工业,都需要研制出大尺度、强磁场、低消耗的磁体.但现有材料制成的磁体却不能全面满足上述要求.

用铁磁材料制成的永久磁体,它两极附近的磁场只能达到 0.7～0.8 T;由于受铁芯磁饱和效应的限制,电磁铁也只能产生 2.5 T 的磁场;用通以大电流的铜线圈,它产生的磁场虽然可以高达 10 T,但耗电功率达 1 600 kW,且每分钟须用 4.5 t 的水来冷却,此外体积庞大也是它的一个缺点,一个能产生 5 T 的铜线圈重达 20 t.

用超导线圈制成的磁体却能做到大尺度、强磁场、低消耗.例如可以产生几特斯拉的超导磁体只需耗电几百瓦(主要用于维持超导材料需要的低温),其质量也只有几百千克,而且还无须耗用大量的冷却水.目前,世界上已制成超导磁体产生的磁场已高达 17 T.此外,超导磁体所产生的磁场,无论在持久工作时的稳定性、大空间范围内的均匀性和磁场梯度等方面都要比普通磁体强得多.

目前,超导磁体已被广泛应用于高能物理、磁悬浮列车和医用核磁共振成像设备中.在未来新能源磁流体发电机中和在受控核聚变中用于约束等离子体,能在大尺度范围内产生强磁场的超导磁体都必将发挥重要的作用.由于高温超导材料的研制成功,可以预计,高温超导磁体的应用将会更为广泛.

2.超导电缆

电能在零电阻输送时是完全没有损耗的,这无疑是用超导电缆进行电力输送最充分的理由.将超导电缆用于超高压特大容量的电力传输,在技术上是完全可行的.虽然目前还存在很多问题,然而由于世界能源的日益枯竭和对电能需求的迅速增长,超导材料临界温度的提高,超导电缆在传输电力时的无能量损耗的优势正在吸引越来越多的人去开发.可以相信,超导电缆的实际应用已经为时不远了.

3.超导储能

将一个超导体圆环置于磁场中,降温至圆环材料的临界温度以下,撤去磁场,由于电磁感应,圆环中便有感生电流产生.只要温度保持在临界温度以下,电流便会持续下去,已有实验表明,这种电流的衰减时间不低于 10 万年,显然这是一种理想的储能方式,称为超导储能.

超导储能的优点很多,主要是功率大、重量轻、体积小、损耗小、反应快等,因此应用很广,如大功率激光器,需要在瞬时提供数千至上万焦耳的能量,这就可由超导储能装置来承担.超导储能还可用于电网,当大电网中负荷小时,把多余的电能储存起来,负荷大时又把电能送回电网,这样就可以避免用电高峰和低谷时的供求矛盾.

4.超导电子器件

利用超导材料的约瑟夫森效应制成的各种超导电子器件,对磁场的电磁辐射的灵敏度比常规半导体器件要高出上千倍.将这一特性用作计算机的开关元件,其开关速度只需要几皮秒(10^{-12} s),比一般半导体器件的开关速度要快 1 000 倍左右,而功耗却只有半导体器件的千分之一.因此,超导计算机的特点就是运算速度快、功耗小,不存在散热问题.

总之,超导电性的应用范围十分广泛.目前尽管还有许多基础问题需要研究,也有许多工艺技术问题亟待解决,但是随着时代的进步,科学技术的发展,超导电性的应用必将深入到人类生活的各个领域,给人类带来更加幸福美好的明天.

17.4.6　约瑟夫森效应及其应用

如果将两块处于超导态的超导体以不同的方式相接触以组成各种不同形式的"超导结",那么将会出现哪些奇特的现象呢?相关的实验导致了贾埃弗(Giaever)单电子隧道效应和约瑟夫森的库珀对隧道效应（即约瑟夫森效应）的发现.近20多年来,人们对约瑟夫森效应进行了深入研究并已发展成为超导电子学.

1.单电子隧道效应

1960—1961年,贾埃弗将正常态金属膜（N）、超导体（S）、薄氧化物绝缘层（I）组成不同的超导结:N-I-N结、N-I-S结和S-I-S结,做了一些有趣的实验,如图17.34所示.根据接触电势差理论可知,薄的绝缘层对于电子来说就是一个势垒.根据量子力学理论,具有波粒二象性的微观粒子,即使在其动能 E_0 小于势垒高度时,仍有一定的概率从势垒的一侧贯穿至另一侧,即量子隧道效应.贾埃弗在上述超导结中发现了单电子隧道效应.实验观测到,当外加电压 $V > 0$ 时,单电子隧道效应产生的隧道电流 I 和外加电压 V 之间的 I-V 曲线,N-I-N结与N-I-S结和S-I-S结之间有显著的不同.N-I-N结的 I-V 曲线如图17.34(a)所示,是直线,而N-I-S结和S-I-S结的 I-V 曲线不再是直线,而是在超导能隙电压 Δ/e 处或 $(\Delta_1+\Delta_2)/e$ 处（式中 Δ 表示超导能隙）,隧道电流突然增加,如图17.34(b)和(c)所示.贾埃弗单电子隧道效应的发现,直接观测了超导能隙,证明了BCS理论的正确,并可为超导理论的新发展——强耦合理论——提供实验依据.

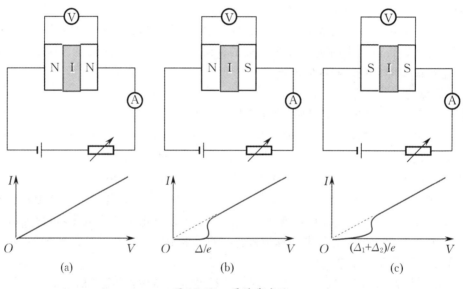

图 17.34　贾埃弗实验

2.约瑟夫森效应

既然实验中已指出超导结中有单电子隧道效应存在,那么库珀对电子作为整体能否隧穿绝缘层的势垒而发生隧道效应呢?1962年正在英国剑桥大学攻读物理博士学位的研究生、年仅22岁的约瑟夫森在其导师安德森的指导下研究了这个问题.约瑟夫森运用BCS理论研究了超导能隙的性质,计算了S-I-S结（后人称之为约瑟夫森结）的隧道效应,从理论上预言,只要隧道结的势垒层（I）足够薄（10 Å 左右）时,库珀对也能隧穿势垒层,并且具有如下一些性质.

（1）直流约瑟夫森效应

根据BCS理论,总动量为 p 的库珀对也可以用具有德布罗意波波长为 h/p 的一个波函数来表示.当存在超导电流时,每对库珀对的总动量 p 都是相同的,即所有电子对的德布罗意波长相同；又由于这些库珀对电子是大范围内彼此交叠的，亦即大量的电子对的波函数在空间内是相互交叠的，因此各电子对的波函数的相位也必须相同.计算表明，至少在人体尺度的超导体内，库珀对电子的波函数的相位都能保持相同.

如图 17.34(c) 所示 S－I－S 结中的这两块超导体，电子对的相位在每一块的内部是相同的，但是在这两块之间，它们的相位则是不同的.若在约瑟夫森结的外侧加上一直流电压，当电压小于 $2\Delta/e$ 时，几乎没有电流，但当电压达到 $2\Delta/e$ 时，电流突然上升，但这时电压不变，即结电压（S－I－S 结两端的电压）为零，这也就是零电阻效应，此时的电流就是超导隧道电流，如图 17.35 所示.当电流超过最大约瑟夫森电流 I_J 时，曲线 bc 部分就显示出正常态的电流电压关系.

结电压为零时的超导电流满足如下关系：

$$I = I_J \sin \varphi, \tag{17.11}$$

式中 I_J 为最大约瑟夫森电流，$\varphi = \varphi_2 - \varphi_1$，是绝缘层两侧库珀对波函数的相位差.可以证明在结电压为零时，φ 为常数，即此时是恒定的无阻超导电流.

进一步的研究发现，最大约瑟夫森电流 I_J 对外磁场很敏感.若在结电压为零时，在平行于结的平面上加上外磁场，I_J 就会减少，而且出现周期性的变化，如图 17.36 所示.当通过结面的磁通量为磁通量子[①] $\Phi_0 = \dfrac{h}{2e}$ 的整数倍时，I_J 就降为零.I_J 与磁通量 Φ 的关系曲线与光单缝衍射的光强分布曲线非常相似.

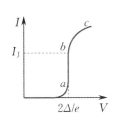
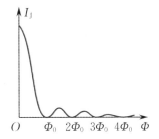

图 17.35　S－I－S 结电流电压关系　　　图 17.36　最大约瑟夫森电流 I_J 与磁通量 Φ 的关系曲线

（2）交流约瑟夫森效应

当外加电压继续增大，使隧道电流超过最大约瑟夫森电流 I_J 时，亦即当结电压 $V \neq 0$ 时，约瑟夫森指出，这时超导结两侧的超导体内电子对的量子态波函数的相位差对时间的变化率为

$$\frac{\mathrm{d}\varphi}{\mathrm{d}t} = \left(\frac{2e}{h}\right)V_0. \tag{17.12}$$

对上式积分可得 $\varphi = \dfrac{2e}{h}V_0 t + \varphi_0$，这时通过约瑟夫森结的电流为

$$I = I_c \sin\left(\frac{2e}{h}V_0 t + \varphi_0\right). \tag{17.13}$$

---

① 磁通量的量子化现象是阿伯利柯索夫在 1957 年预言的，1961 年由第埃尔和弗埃贝在实验中所证实.近代测出的磁通量子 $\Phi_0 = 2.067\,853\,8 \times 10^{-15}$ T·m^2.

这说明,当结电压不为零时,会出现一个基频为 $\nu_0 = \dfrac{2e}{h}V_0$ 的交变电流.计算表明 $\dfrac{2e}{h} = 483.6\,\text{MHz}/\mu\text{V}$,即每微伏电压对应的交变电流频率为 $483.6\,\text{MHz}$.这种高频的正弦电流将会产生电磁辐射,辐射的频段在微波至红外部分($5\times10^{12} \sim 10\times10^{12}\,\text{Hz}$).这是因为库珀对从结电压处获得能量,又以辐射形式发射出去的结果.这就是交流约瑟夫森效应.

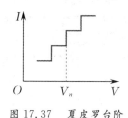

图 17.37 夏皮罗台阶

如果在 S-I-S 结外侧的外加直流电压的基础上再外加一个交变电压(例如用微波照射在结上),同时又改变结上的直流电压时,则在某些特定的电压值,电流会突然增大,如图 17.37 所示,在 I-V 曲线上出现了"台阶".由于这种现象是夏皮罗(Shapiro)在 1963 年做交流约瑟夫森效应的逆效应实验时发现的,故这种电压"台阶"称为夏皮罗台阶.实验发现这一系列电压值为

$$V_n = n\frac{h}{2e}\nu \quad (n=0,1,2,\cdots),$$

式中 ν 是辐照的微波频率.这说明相邻台阶间的电压间隔是 $\dfrac{h}{2e}\nu$.显然,当辐照频率一定时,这时的电压值也是量子化的,这就为电压的自然标准提供了实验基础.

约瑟夫森和贾埃弗共享了 1973 年的诺贝尔物理学奖.

3.约瑟夫森效应的主要应用

(1) 超导量子干涉器

超导量子干涉器简称 SQUID(全称是 super conducting quantum interference device),如图 17.38 所示,把两个约瑟夫森结并联起来即成为一个 SQUID,超导电流从 P 通过 a 结和 b 结到达 Q.若用波函数来描述库珀对的量子态,则经过 a 结和 b 结后,它们的波函数的相位改变是不同的,因此波函数到达 Q 点因产生相位差而干涉,这与光通过双缝而干涉的情况相似,不过这里是描述库珀对的量子态波函数的干涉而已.

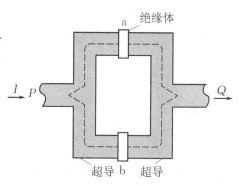

图 17.38 超导量子干涉器原理

如果把器件放在外磁场中,则理论证明,当通过干涉器回路中的磁通量是磁通量子 Φ_0 的整数倍时,通过 SQUID 的电流出现极大.即 $I_m = 2I_J\left|\cos\dfrac{\pi\Phi_c}{\Phi_0}\right|$,式中 I_J 是单结的最大约瑟夫森电流,Φ_c 为外场穿过器件回路的磁通量,Φ_0 为磁通量子.I_m 与 Φ_c 的关系如图 17.39 所示.

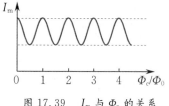

图 17.39 I_m 与 Φ_c 的关系

在具体运用时,根据偏置电流的不同又可分为直流(DC)和射频(RF)两类.

目前应用较广的是以直流 SQUID 为磁传感元件制成的超导磁强计.由于采用了干涉原理,故灵敏度特别高,其可测出 $10^{-15}\,\text{T}$ 的弱磁.超导磁强计作为探测微弱磁场的精密仪器已被广泛应用于科学技术和生产实践各个领域,如探矿、地震预报、生物磁场探测等.

（2）电压标准

1893 年开始,国际上采用硫酸镉电池组作为标准电池并置于恒温、恒湿、防震实验室内.由于物理化学因素的变化,电压值不断变化,为消除各国电压标准的差异,规定每隔三年到法国巴黎的国际计量局进行一次直接比对.这不仅麻烦,精确度也不能满足科技发展的需要.

根据约瑟夫森结受微波辐照时 $I-V$ 曲线上会出现夏皮罗台阶,电压值为

$$V_n = n\frac{h}{2e}\nu.$$

频率测量精度可达 10^{-10} Hz,而 $\frac{h}{2e}$ 为常量,监测精度可达 10^{-8} V.故从 1976 年起国际计量局决定,改用约瑟夫森效应方法确定电压标准.这样不仅精度高,而且与测量地点、环境无关,保存、比较都方便.

（3）超导计算机器件

计算机最基本的元件是开关元件.用一个磁场可使约瑟夫森结从零压状态变为有压状态,结的这一特性便可作为计算机的开关元件,它的开关速度只需几个皮秒（10^{-12} s）,比半导体的开关速度快 1 000 倍.而功耗约为半导体元件的千分之一.因此,超导计算机器件的特点是速度快、功耗小,不存在散热问题.

此外,利用超导隧道效应制备的敏感元件,其能量分辨可以接近量子力学不确定关系所限定的量级,这是其他器件所不能达到的.

 习 题 17

17.1 试比较受激辐射和自发辐射的特点.

17.2 实现粒子数反转要求具备什么条件?

17.3 如果在激光的工作物质中,只有基态和另一激发态,能否实现粒子数反转?

17.4 已知 Ne 原子的某一激发态和基态的能量差 $E_2 - E_1 = 16.7$ eV,试计算 $T = 300$ K 时,热平衡条件下,处于两能级上的原子数的比.

17.5 谐振腔在激光的形成过程中起什么作用?

17.6 什么叫电子的共有化?原子的内层电子和外层电子参与共有化运动的情况有何不同?

17.7 能带是怎样形成的?如何从晶体的能带结构图来区分导体、半导体和绝缘体?

17.8 半导体的导电机理是什么?适当掺入杂质和加热都能使半导体的导电能力增强,这两种情况有什么不同?

17.9 本征半导体和杂质半导体在导电性能上有何区别?

17.10 p 型半导体和 n 型半导体接触后形成 pn 结,n 区中的电子能否无限地向 p 区扩散?为什么?

17.11 利用霍尔效应可以判断半导体中载流子的正负,试说明判断方法.

17.12 处于超导态的超导体有哪些主要特性?

17.13 BCS 理论的基本内容是什么?该理论是如何解释超导的零电阻效应的?

17.14 超导材料可分为几类?其划分的依据是什么?人们为什么致力于高温超导材料的研究?

17.15 超导在工业上有哪些主要应用?

17.16 什么是约瑟夫森效应?

17.17 试简述超导量子干涉器的基本原理,其主要有哪些应用.

阅读材料一　半导体激光器简介

半导体激光器是以一定的半导体材料作为工作物质而产生激光的器件.其工作原理是通过一定的激励方式,在半导体物质的能带(导带与价带)之间,或者半导体物质的能带与杂质(受主或施主)能级之间,实现非平衡载流子的粒子数反转,当处于粒子数反转状态的大量电子与空穴复合时,便产生受激辐射作用.半导体激光器的激励方式主要有三种,即电注入式、光泵式和高能电子束激励式.电注入式半导体激光器,一般是由砷化镓(GaAs)、硫化镉(CdS)、磷化铟(InP)、硫化锌(ZnS)等材料制成的半导体面结型二极管,沿正向偏压注入电流进行激励,在结平面区域产生受激辐射.光泵式半导体激光器,一般用 n 型或 p 型半导体单晶(如 GaAS,InAs,InSb 等)作工作物质,以其他激光器发出的激光作光泵激励.高能电子束激励式半导体激光器,一般也是用 n 型或者 p 型半导体单晶(如 PbS,CdS,ZhO 等)作工作物质,通过由外部注入高能电子束进行激励.在半导体激光器件中,性能较好,应用较广的是具有双异质结构的电注入式 GaAs 二极管激光器.

(扫二维码阅读详细内容)

阅读材料二　量子计算与超导量子计算机简介

量子计算是一种基于量子力学相干叠加原理的新型计算体系,具有超越传统计算体系的优越性能.超导量子计算因为其在规模可扩展性方面的潜力而得到广泛的重视.超导约瑟夫森结是超导量子计算机方案中的关键器件,可用来控制超导体中的宏观波函数.本阅读材料阐述了量子计算的发展和优势,介绍了约瑟夫森结的原理以及三种超导量子比特的特性,并分析了面临的挑战.

量子计算作为一种新型的计算体系,已经证明具有超越传统计算机的优越性能.量子计算机的超导方案具有制备工艺成熟、便于规模化等优势,并且在基本原理上完全可行.但是尚需在制备工艺、电路设计、系统设计等多方面加以探索,提高器件和电路以及系统设计的水平,提升抗干扰能力,易于操纵和测量,以期达到实用的大规模量子计算的水平,才能真正地应用于计算科学的实践中.

(扫二维码阅读详细内容)

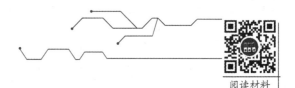

阅读材料

第9篇 原子核物理和粒子物理基础

　　人类对物质微观结构的探索经历了漫长的过程.19世纪末,物质结构的研究进入微观领域,在几十年内,人们在这方面取得了飞速的进展.物理学中建立了研究物质微观结构的三门分支学科,即原子物理学、原子核物理学和粒子物理学.原子物理学主要是研究原子的内部结构及其运动规律的科学;原子核物理学主要是研究原子核的性质、结构及其转变规律的科学;粒子物理学又称高能物理学,是研究比原子核更深层次的微观世界中场和粒子的性质、运动、相互作用、相互转化规律的科学.这三门学科反映了物质微观结构的不同层次,每一层次的物质运动规律有其特有的特点.19世纪以前,人们认为构成物质的基本单元是原子.进入20世纪后,开始认识到原子是由原子核和核外电子构成的.到了20世纪30年代,知道原子核是由质子和中子构成的.20世纪60年代以后,理论和实验都证实质子、中子等称为强子的粒子都有内部结构,是由夸克构成的.自由夸克至今尚未找到.夸克有没有内部结构?人们还在继续探索之中.

第 18 章　原子核物理和粒子物理简介

原子核是原子的中心体,原子核物理是以原子核为研究对象,研究原子核的性质、结构、变化以及核技术的应用.粒子是比原子核更深的物质结构层次,粒子物理研究粒子的性质、结构、粒子间相互作用和转化的规律.本章将分别对这些内容做简要介绍.

18.1　原子核的基本性质

18.1.1　原子核的组成

1911 年卢瑟福的 α 粒子散射实验,确立了原子的核式模型.原子核集中了原子的全部正电荷和几乎全部质量.由于原子核的正电荷是氢核正电荷的整数倍,因此人们认为氢核应是其他原子核的组成部分并称其为**质子**(proton).1932 年查德威克在实验中发现原子核内存在一种质量与质子相近但不带电的中性粒子,称为**中子**(neutron).此后人们公认原子核是由质子和中子组成的.质子带有正电荷 e,质量 $m_p = 1.007\,276$ u(u 为原子质量单位,$1u = 1.660\,540\,2 \times 10^{-27}$ kg).中子不带电,其质量 $m_n = 1.008\,665$ u.质子和中子统称为**核子**.

不同的原子核由数目不同的质子和中子组成.核中的质子数也称**核电荷数**,它等于该元素的**原子序数** Z.质子数 Z 和中子数 N 之和称为**核的质量数** A,即 $A = Z + N$.质量数 A 和核电荷数 Z 是表征原子核特征的两个重要物理量,常用符号 $_{Z}^{A}X$ 表示原子核,其中 X 表示与 Z 相应的元素符号.例如质量数为 14 的氮标记为 $_{7}^{14}N$,质量数为 16 的氧标记为 $_{8}^{16}O$.通常把具有相同质子数 Z 和相同中子数 N 的一类原子核称为一种**核素**.例如 $_{8}^{16}O, _{8}^{17}O, _{8}^{18}O$ 是 $Z = 8, N = 8$,9,10 的三种核素.具有相同的质子数 Z 而中子数 N 不同的原子核称为**同位素**,如 $_{8}^{16}O, _{8}^{17}O, _{8}^{18}O$ 是氧的三种同位素.再例如氢有三种同位素 $_{1}^{1}H, _{1}^{2}H, _{1}^{3}H$,分别称为氢(氕)、重氢(氘)和超重氢(氚).

实验发现原子核的体积总是正比于它的质量数 A.如果把原子核看成球体,其半径 R 与质量数 A 的关系为

$$R = R_0 A^{\frac{1}{3}}, \tag{18.1}$$

式中 R_0 是比例常数,已由实验测定为 $R_0 = 1.20 \times 10^{-15}$ m.原子核的体积与核质量数成正比,**说明在一切原子核中,核物质的密度是一个常数**.容易算出核物质密度 $\rho = 2.29 \times 10^{17}$ kg/m³.对比一下大理石的密度 $2.6 \times 10^3 \sim 2.8 \times 10^3$ kg/m³ 和钢铁的密度 7.9×10^3 kg/m³,可见核物质的密度值是非常大的.

18.1.2 核自旋和磁矩

理论和实验都说明原子核也有自旋. 原子核的自旋角动量为

$$P_I = \sqrt{I(I+1)}\hbar, \tag{18.2}$$

式中 I 称为核自旋角动量量子数,简称**核自旋**. 不同的原子核其自旋的取值可以是整数,也可以是半奇数. 质子和中子的自旋都是 $I = \frac{1}{2}$. 当原子核的质子数和中子数都是偶数(偶-偶核)时,其自旋为零,例如 $_2^4\mathrm{He}$, $_8^{16}\mathrm{O}$, $I = 0$. 当质子数和中子数都是奇数(奇-奇核)时,其自旋为非零整数,例如 $_1^2\mathrm{H}$, $_3^6\mathrm{Li}$, $_7^{14}\mathrm{N}$, $I = 1$; $_5^{10}\mathrm{B}$, $I = 3$. 当原子核的核子数为奇数(奇-偶核)时,其自旋为 $\frac{1}{2}$ 的奇数倍,例如 $_2^3\mathrm{He}$, $I = \frac{1}{2}$; $_3^7\mathrm{Li}$, $_4^9\mathrm{Be}$, $I = \frac{3}{2}$. 这是原子核的质子-中子模型的证据之一.

原子核带有电荷且有自旋运动,故原子核也有磁矩. 原子核磁矩通常以核磁子为单位,核磁子表示为

$$\mu_{\mathrm{N}} = \frac{e\hbar}{2m_{\mathrm{p}}},$$

形式上与玻尔磁子相似,只是用质子的质量 m_{p} 代替了玻尔磁子中的电子质量 m_{e}. 因为 $m_{\mathrm{p}} = 1\,836.5m_{\mathrm{e}}$,所以

$$\mu_{\mathrm{N}} = \frac{1}{1\,836.5}\mu_{\mathrm{B}} = 5.050 \times 10^{-27}\,\mathrm{A \cdot m^2},$$

式中 μ_{B} 是玻尔磁子.

实验测得质子的磁矩不等于核磁子 μ_{N}. 质子的磁矩 $\mu_{\mathrm{p}} = 2.792\,847\mu_{\mathrm{N}}$. 不带电的中子也有磁矩,中子的磁矩 $\mu_{\mathrm{n}} = -1.913\,043\mu_{\mathrm{N}}$,负号表示中子的自旋角动量与磁矩方向相反. 中子磁矩不为零,说明中子内部也有一定的正负电荷分布,但正负电量相等,所以整个中子对外显示电中性.

原子核的磁矩 μ_I 与核自旋角动量 P_I 的关系(仿电子自旋假设)可以写成

$$\mu_I = g_I \frac{e}{2m_{\mathrm{p}}} P_I = g_I \frac{e}{2m_{\mathrm{p}}} \sqrt{I(I+1)}\hbar = g_I \sqrt{I(I+1)}\mu_{\mathrm{N}}, \tag{18.3}$$

式中 g_I 称为原子核的 g 因子. μ_I 在某一特殊方向的投影为

$$\mu_{Iz} = g_I M_I \mu_{\mathrm{N}}, \tag{18.4}$$

式中 M_I 称为核磁量子数,它的取值为

$$M_I = I, I-1, I-2, \cdots, -(I-2), -(I-1), -I.$$

通常是测 μ_I 在特定方向的最大投影

$$\mu_I' = g_I I \mu_{\mathrm{N}}, \tag{18.5}$$

并用 μ_I' 来衡量核磁矩的大小. 由式(18.5),只要知道 I(由光谱的超精细结构可以测出),测得 g_I 就可以算出核磁矩.

表 18.1 列出了一些原子核核自旋和磁矩的测量结果. $\mu_I' > 0$,是因为 $g_I > 0$, μ_I 和 P_I 平行; $\mu_I' < 0$,则是因为 $g_I < 0$, μ_I 和 P_I 反平行.

表 18.1　部分原子核核自旋和磁矩的测量结果

原子核	I	μ_I'/μ_N	原子核	I	μ_I'/μ_N
$_1^1\mathrm{H}$	$\frac{1}{2}$	2.792 847	$_5^{11}\mathrm{B}$	$\frac{3}{2}$	2.688 57
$_1^2\mathrm{H}$	1	0.857 406	$_7^{14}\mathrm{N}$	1	0.403 61
$_3^6\mathrm{Li}$	1	0.822 010	$_7^{15}\mathrm{N}$	$\frac{1}{2}$	$-0.283\ 09$
$_3^7\mathrm{Li}$	$\frac{3}{2}$	3.256 28	$_{10}^{20}\mathrm{Ne}$	0	$<2\times10^{-4}$
$_4^9\mathrm{Be}$	$\frac{3}{2}$	$-1.177\ 44$	$_{11}^{23}\mathrm{Na}$	$\frac{3}{2}$	2.217 51
$_5^{10}\mathrm{B}$	3	1.800 6	$_{19}^{40}\mathrm{K}$	4	$-1.298\ 1$

18.1.3　核力

组成原子核的质子之间存在着较强的库仑斥力,力图使原子核解体,而万有引力比电磁力小 10^{37} 倍,远不能抵消静电力的作用而把核子束缚在一起.由此推测,核子之间必定存在着另一种相互作用力,称为**核力**.多年的理论和实验研究证明核力具有以下特性.

(1) 核力是一种比电磁力强得多的强相互作用力,主要是吸引力.

(2) 核力是短程力,只有当核子间距离小于 10^{-15} m 时才显示出来,在大于 10^{-15} m 时核力远小于库仑力.

(3) 核力与核子的带电状况无关.大量实验表明,质子之间、中子之间、质子和中子之间所表现的核力作用大致相同.

(4) 核力具有饱和性.一个核子只能与附近的有限个数的核子发生核力作用,而不能与原子核内所有核子发生这种作用.

关于核力的作用机制,至今尚未圆满解决.1935 年,日本物理学家汤川秀树提出了核力的介子理论,认为核子之间通过交换 π 介子而发生核力作用,可以定性解释某些实验现象.1947 年,在宇宙射线中发现了 π 介子.但是,这一理论还有与实验不符之处,尚待进一步完善.

18.1.4　原子核的结合能

实验发现,任何一个原子核的质量总是小于组成该原子核的核子质量之和,它们之间的差额称为原子核的质量亏损.设原子核 X 的质量为 M_X,质子的质量为 m_p,中子的质量为 m_n,在原子核中共有 Z 个质子和 $(A-Z)$ 个中子,则质量亏损为

$$\Delta m = [Zm_p + (A-Z)m_n] - M_X. \tag{18.6a}$$

由于质子质量 m_p 等于氢原子质量 m_H 减去 1 个核外电子的质量 m_e,即 $m_p = m_H - m_e$;原子序数为 Z 的原子核的质量 M_X 等于原子的质量 M 减去 Z 个核外电子的质量,即 $M_X = M - Zm_e$,代入式(18.6a),得

$$\Delta m = Z(m_H - m_e) + (A - Z)m_n - (M - Zm_e)$$
$$= Zm_H + (A - Z)m_n - M. \tag{18.6b}$$

由于实验中用质谱仪测出的元素质量是原子的质量 M 而不是原子核的质量 M_X,因此要用式(18.6b)计算质量亏损.

造成质量亏损的原因是核子在结合成原子核时,由于它们之间核力的强烈作用,使体系能量降低,从而释放出一定的能量,相应的质量也减少了.根据相对论质能关系 $\Delta E = \Delta mc^2$,对应的能量改变为

$$\Delta E = [Zm_H + (A - Z)m_n - M]c^2. \tag{18.7}$$

这种由质子和中子形成原子核时所放出的能量叫作**原子核的结合能**.反之,要使原子核分裂成单个的自由质子和自由中子,外界必须克服核子之间的相互作用力做功,即供给与结合能同样大小的能量.

原子核的结合能与原子核内所包含的总核子数 A 的比值称为**平均结合能**(或**比结合能**),用 $\overline{E}_0$ 表示,即

$$\overline{E}_0 = \frac{\Delta E}{A} = \frac{\Delta mc^2}{A}. \tag{18.8}$$

核子的平均结合能大小反映了原子核的稳定程度.核子的平均结合能越大,原子核就越稳定.图 18.1 画出了核子平均结合能与核子数 A 的关系曲线,称为核子平均结合能曲线.由图可知,最轻的原子核和最重的原子核的核子平均结合能较小,中等质量($A = 40 \sim 100$)的原子核的核子平均结合能较大,并大致相等.平均结合能的最大值约为 8.8 MeV,其对应的质量数 $A = 60$,因而原子核的组合或演化的后果,是向 $A = 60$ 的核趋近,并释放原子能.在重核区,如果将一个重核分裂成两个中等质量的核时,核子的平均结合能将升高,从而释放出核能,这就是**核裂变**的理论基础;在轻核区,将两个平均结合能小的核聚合成平均结合能大的核,也会释放出核能,这是**核聚变**的理论基础.

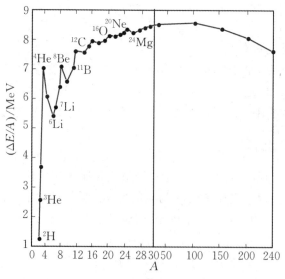

图 18.1 核子的平均结合能与核子数的关系曲线

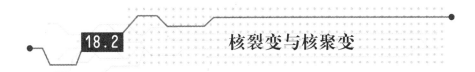

核裂变与核聚变

18.2.1　核反应的能量

核反应通常是指原子核与原子核或者其他粒子(如 α 粒子、质子、中子和光子等)与原子核之间的相互作用所引起的原子核的各种变化.在典型的核反应中,入射粒子 a 射向靶核 X,转化为一个出射粒子 b 和剩余核 Y,其反应可表示为

$$a + X \rightarrow Y + b,$$

a 和 X 是反应物,Y 和 b 是产物.

一个反应的**反应能**或 Q **值**定义为产物的动能和反应物的动能之差.如果这些动能是在相对于靶核静止的参考系中测量的,那么靶核的动能为零,以 E_Y,E_b,E_a 分别表示 Y,b 和 a 的动能,则有

$$Q = (E_Y + E_b) - E_a. \tag{18.9}$$

利用质能守恒,我们可用反应物和产物的静质量来表示 Q,在相对靶核静止的参考系中,有

$$(m_a c^2 + E_a) + m_X c^2 = (m_b c^2 + E_b) + (m_Y c^2 + E_Y), \tag{18.10}$$

其中 m_a,m_X,m_b 和 m_Y 分别是 a,X,b,Y 的静质量.联合式(18.9)和式(18.10)得

$$Q = [(m_a + m_X) - (m_b + m_Y)]c^2, \tag{18.11}$$

即反应能等于反应物和生成物之间静能之差.对不同的核反应,Q 可正可负,$Q > 0$ 称为放能反应,$Q < 0$ 称为吸能反应.

例如,历史上第一个人工核反应,即 1919 年卢瑟福用 ^{121}Po 放出的 α 粒子撞击氮原子核而放出质子的过程表示为

$$^{14}_{7}N + ^{4}_{2}He \rightarrow ^{17}_{9}O + ^{1}_{1}H.$$

其反应能为 $Q = -0.001\,28\,u = -1.19\,MeV$,这是吸能反应,只有补偿了这部分能量,反应才能进行,因此要求入射的 α 粒子至少应具有这么大的动能.

在吸能核反应中要求入射粒子具有一定的动能,需要的最低动能称为该**核反应阈值能**.对放能的核反应,原则上阈值能等于零.

18.2.2　核裂变

原子核裂变是指一个重核自发地或吸收外界粒子后分裂成两个质量相差不多的碎片的核反应.

1936 — 1939 年,哈恩、迈特纳和斯特拉斯曼用慢中子(能量在 1 eV 以下)轰击铀核,发

现 $_{92}^{235}$U 分裂成两个质量相近的中等质量的核,同时释放出 $1 \sim 3$ 个快中子,例如

$$_{92}^{235}\text{U} + _{0}^{1}\text{n} \rightarrow _{56}^{137}\text{Ba} + _{36}^{97}\text{Kr} + 2_{0}^{1}\text{n}.$$

裂变形成的核具有过多的中子,是不稳定的,通过一系列的 β 衰变,可以转变为正常的稳定核.铀核裂变过程中能放出 2 个或 2 个以上的中子,如果这些中子全部被别的铀核吸收,又会引起新裂变,裂变数目按指数增大,结果形成发散式链式反应,如图 18.2 所示.

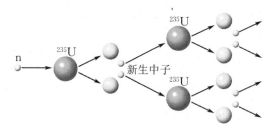

图 18.2　链式反应

原子弹、核反应堆都是通过链式反应来释放核能的,前者不对反应进行控制而形成爆炸,后者实际上是一个控制链式反应的装置,它能使链式反应平稳地进行,并控制放出能量的大小.如果用核反应堆提供的热推动蒸汽轮机来发电,就构成核电站.

18.2.3　核聚变

两个轻原子核($A < 20$)聚合成一个较重原子核的反应称为**聚变反应**.在聚变反应中由于平均结合能增加,因而有大量的能量放出.例如,由氘核 $_{1}^{2}\text{H}$ 生成氦核 $_{2}^{3}\text{He}$,其反应为

$$_{1}^{2}\text{H} + _{1}^{2}\text{H} \rightarrow _{2}^{3}\text{He} + _{0}^{1}\text{n} + 3.27 \text{ MeV},$$

$$_{1}^{2}\text{H} + _{1}^{2}\text{H} \rightarrow _{1}^{3}\text{H} + _{1}^{1}\text{p} + 4.04 \text{ MeV},$$

$$_{1}^{3}\text{H} + _{1}^{2}\text{H} \rightarrow _{2}^{4}\text{He} + _{0}^{1}\text{n} + 17.58 \text{ MeV},$$

$$_{2}^{3}\text{He} + _{1}^{2}\text{H} \rightarrow _{2}^{4}\text{He} + _{1}^{1}\text{p} + 18.34 \text{ MeV}.$$

若温度足够高,上述反应都可发生,总的效果是

$$6_{1}^{2}\text{H} \rightarrow 2_{2}^{4}\text{He} + 2_{1}^{1}\text{p} + 2_{0}^{1}\text{n} + 43.24 \text{ MeV}.$$

每个核子平均放出 3.60 MeV 的能量.1 g 氘聚变时放出的能量是 1 g 铀裂变时放出能量的 4 倍,相当于 10 t 煤完全燃烧时放出的能量.地球表面海水中有七千分之一是由氘组成的重水.若其中所有氘发生聚变反应,可放出 10^{25} kW·h 的能量,可供人类使用 100 亿年.而且聚变反应产物中只有中子有放射性,放射性污染比裂变反应要小得多,有"干净的核反应"之称.

由于原子核之间存在库仑排斥力作用,两核必须具有足够的动能来克服库仑势垒,而且势垒随着原子序数的增加而增大,因此只有低原子序数的核在极高温度($10^8 \sim 10^9$ K)下才能发生核聚变反应,这种通过加热而引起的聚变反应称为**热核反应**.

与裂变反应相比,聚变反应有如下特点:可释放更多的能量,聚变原料十分丰富,聚变产物基本上是稳定核素,没有放射性,不污染环境.

18.3　原子核的放射性衰变

18.3.1　原子核的稳定性

原子核的稳定性,是指原子核是否自发地改变其质子数、中子数及其他基本性质. 按原子核的稳定性可分为稳定原子核和不稳定(或放射性)原子核两类.

（1）原子核中的质子数等于和大于 84 的原子核是不稳定的,即原子序数 84 以后的元素均为放射性元素.

（2）具有少于 84 个质子的原子核,质子数和中子数均为偶数时,其核稳定.

（3）质子数或中子数等于 2,8,20,28,50,82,126 的原子核特别稳定. 这些数称为**幻数**. 例如 $_2^4\mathrm{He}$,$_8^{16}\mathrm{O}$ 很稳定,质子数和中子数都是幻数,称为双幻数核.天然放射性最后稳定产物都是铅 $_{82}^{208}\mathrm{Pb}$,属于双幻数核.

（4）在 $Z < 20$ 时,中子数和质子数之比 Z/N 为 1,原子核稳定. 随着原子序数增加,Z/N 值增大. Z 为中等数值时,Z/N 约为 1.4;Z 为 90 左右时,Z/N 约为 1.6,比值越大,稳定性越差.

18.3.2　原子核衰变

不稳定的原子核都会自发地转变成另一种核而同时放出射线,这种变化叫作**放射性衰变**. 实验发现原子核在衰变过程中放出的射线有三种:α 射线、β 射线和 γ 射线.

α 射线是 α 粒子流,它是带正电的氦核 $_2^4\mathrm{He}$. 例如,镭核($_{88}^{226}\mathrm{Ra}$)衰变成氡核($_{86}^{222}\mathrm{Rn}$)的过程中放出 α 粒子,这一过程可表示为

$$_{88}^{226}\mathrm{Ra} \rightarrow {}_{86}^{222}\mathrm{Rn} + {}_2^4\mathrm{He}.$$

β 射线是高速运动的电子流. 例如,钴核($_{27}^{60}\mathrm{Co}$)衰变成镍核($_{27}^{60}\mathrm{Ni}$)的过程中放出 β 射线,可表示为

$$_{27}^{60}\mathrm{Co} \rightarrow {}_{27}^{60}\mathrm{Ni} + e^- + \tilde{\nu}_e.$$

β 衰变有 β^+ 衰变、β^- 衰变和电子俘获三种类型.

β^+ 衰变是原子核内中子数较少,质子转变成中子(留在核内),同时放出一个正电子 e^+ 和一个中微子 ν_e,即

$$_1^1\mathrm{p} \rightarrow {}_0^1\mathrm{n} + e^+ + \nu_e.$$

β^+ 衰变发生在人工放射性同位素中,例如

$$_{15}^{30}\mathrm{P} \rightarrow {}_{14}^{30}\mathrm{Si} + e^+ + \nu_e.$$

β^- 衰变是原子核内中子转变成质子(留在核内)同时放出一个电子 e^- 和与电子相联系的反中微子 $\tilde{\nu}_e$,即

$$_0^1\mathrm{n} \rightarrow {}_1^1\mathrm{p} + e^- + \tilde{\nu}_e.$$

电子俘获是与 β^- 衰变相反的过程,某些放射性元素原子核可以俘获与之最接近的内层电子,使核内的一个质子转变为中子,同时放出一个中微子,即

$$_Z^A X + e^- \rightarrow _{Z-1}^A Y + \nu_e.$$

最初认为中微子 ν_e 和 $\tilde{\nu}_e$ 静止质量为零,近几年理论指出中微子仍有静止质量.1979年实验测得电子中微子 ν_e 的质量上限是 $30 \sim 40$ eV.

γ 射线是光子流.通常是在 α 衰变或 β 衰变后形成新核时辐射出来的.这是因为放射性母核经上述衰变后,变成处于激发态的子核,子核在跃迁到正常态时,一般辐射出 γ 光子.例如母核镭($_{88}^{226}$Ra)发生 α 衰变后,子核氡($_{86}^{222}$Rn)发出 γ 射线后回到正常态.

放射性衰变过程总是遵守电荷守恒、质量数守恒、能量守恒、动量守恒、角动量守恒等守恒定律.因此,衰变前粒子的电荷总数和质量总数与衰变后所有粒子的电荷总数和质量总数相等.用 $_Z^A X$ 表示衰变前的母核,用 Y 表示衰变后的子核,则对 α 衰变,一般可表示为

$$_Z^A X \rightarrow _{Z-2}^{A-4} Y + _2^4 He. \tag{18.12}$$

对 β 衰变一般可表示为

$$_Z^A X \rightarrow _{Z+1}^A Y + e^- + \tilde{\nu}_e \tag{18.13a}$$

或

$$_Z^A X \rightarrow _{Z-1}^A Y + e^+ + \nu_e. \tag{18.13b}$$

式(18.12)和式(18.13)分别称为 α 衰变和 β 衰变的**位移定则**.β 衰变必同时放出中微子,中微子的自旋为 $\frac{1}{2}$,以保证衰变前后角动量守恒和能量守恒.

18.3.3 放射性衰变定律

设有某种放射性同位素样品,单独存在时,某 t 时刻样品中有 N 个核.在 $t \sim t+dt$ 时间内有 dN 个核发生衰变,dN 应与 dt 成正比,与 t 时刻的核数 N 成正比,即

$$-dN = \lambda N dt, \tag{18.14}$$

式中 λ 是表征衰变快慢的比例常数,叫作**衰变常数**.负号表示衰变使原子核数减少.设 $t = 0$ 时 $N = N_0$,将式(18.14)积分,得

$$N = N_0 e^{-\lambda t}, \tag{18.15}$$

式(18.15)称为**放射性衰变定律**.

把式(18.14)写成

$$\lambda = \frac{-dN}{N dt},$$

表明衰变常数 λ 的物理意义是:在 t 时刻,单位时间内衰变的原子核数与该时刻原子核总数的比.也可以说 λ 是表征单位时间原子核衰变的概率.λ 越大,衰变越快.

习惯上常用**半衰期**来表征放射性元素衰变的快慢.半衰期是原子核衰变到 $N = \frac{1}{2} N_0$ 所需的时间,用 $T_{1/2}$ 表示.由式(18.15)可得

$$T_{1/2} = \frac{\ln 2}{\lambda} = \frac{0.693}{\lambda}. \tag{18.16}$$

半衰期 $T_{1/2}$ 越短,原子核衰变越快.

有时也用**平均寿命** τ 表示衰变的快慢.平均寿命是指每个原子核衰变前存在的时间的平均值.在 $t \sim t + \mathrm{d}t$ 时间内衰变的原子核数为 $-\mathrm{d}N$(因为 $\mathrm{d}N$ 是负值),存在的时间是 t,它们的寿命之和是 $t(-\mathrm{d}N)$,对全部时间积分,得到所有原子核的寿命之和为

$$L = \int t(-\mathrm{d}N) = \int_0^\infty t\lambda N \mathrm{d}t = \int_0^\infty t\lambda N_0 \mathrm{e}^{-\lambda t} \mathrm{d}t = \frac{N_0}{\lambda}.$$

平均寿命为

$$\tau = \frac{L}{N_0} = \frac{1}{\lambda}, \tag{18.17}$$

平均寿命等于它的衰变常数的倒数.由式(18.16),平均寿命与半衰期的关系为

$$T_{1/2} = \tau \ln 2 = 0.693\tau.$$

自然界各种放射性元素的半衰期相差很大.有的半衰期很长,如 $^{238}_{92}\mathrm{U}$ 的半衰期为 $4.5 \times 10^9 \, \mathrm{a}$;有的则很短,如 $^{212}_{84}\mathrm{Po}$ 的半衰期是 $3 \times 10^{-7} \, \mathrm{s}$.

放射性活度(也称**放射性强度**)是指一个放射源在单位时间内发生的核衰变次数 $\dfrac{-\mathrm{d}N}{\mathrm{d}t}$,用 I 表示,由式(18.14) 和式(18.15),省去负号,得

$$I = \frac{-\mathrm{d}N}{\mathrm{d}t} = \lambda N = \lambda N_0 \mathrm{e}^{-\lambda t}.$$

当 $t = 0$ 时,$I_0 = \lambda N_0$,则

$$I = I_0 \mathrm{e}^{-\lambda t}. \tag{18.18}$$

在国际单位制中,放射性活度的单位是贝可[勒尔](Bq).1 Bq 表示每秒发生一次核衰变的放射源的活度.常用的单位还有居里(Ci),$1 \, \mathrm{Ci} = 3.7 \times 10^{10} \, \mathrm{Bq}$.

贝可勒尔数相同的两个放射源,只表示两者每秒发生的核衰变次数相同,而不表示两者放出的粒子数相同.因为每一次衰变,不一定只放出一个粒子,如 $^{60}\mathrm{Co}$ 发生衰变,除放出 1 个 β 粒子外还放出 2 个 γ 光子.

例 18.1　已知某放射性元素在 5 min 内减少了 43.2%,求它的衰变常数、半衰期和平均寿命.

解　根据放射性衰变定律 $N = N_0 \mathrm{e}^{-\lambda t}$,在 $t = 300 \, \mathrm{s}$ 时有

$$(1 - 43.2\%)N_0 = N_0 \mathrm{e}^{-300\lambda},$$

$$\lambda = \frac{1}{300} \ln\left(\frac{1}{1 - 43.2\%}\right) \mathrm{s}^{-1} = 0.001\,88 \, \mathrm{s}^{-1}.$$

利用式(18.16),

$$T_{1/2} = \frac{\ln 2}{\lambda} = \frac{0.693}{\lambda} = 368 \, \mathrm{s}, \quad \tau = \frac{1}{\lambda} = 532 \, \mathrm{s}.$$

放射性同位素有广泛的应用,并已深入到多个学科领域.根据半衰期可算出地质年代,在考古学中有重要应用;在医学上用放射性医疗、诊断;农业上用放射性育种;工业上用于无损检测,等等.

例 18.2　已知 $^{40}\mathrm{K}$ 衰变为 $^{40}\mathrm{Ar}$ 的半衰期是 $1.28 \times 10^9 \, \mathrm{a}$.一块取自月球上的岩石经分析

含 92% 的 ^{40}K 和 8% 的 ^{40}Ar,试计算月球岩石的年龄.

解 根据式(18.15),得

$$t = \frac{1}{\lambda}\ln\frac{N_0}{N},$$

由式(18.16), $\dfrac{1}{\lambda} = \dfrac{T_{1/2}}{\ln 2}$,所以

$$t = \frac{T_{1/2}}{\ln 2}\ln\frac{N_0}{N} = \frac{1.28 \times 10^9}{0.693}\ln\frac{1}{8\%}\ \mathrm{a} = 4.66 \times 10^9\ \mathrm{a}.$$

该月球岩石的年龄约 47 亿年.

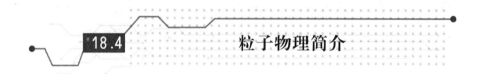

*18.4 粒子物理简介

    粒子物理研究的对象是比原子核更深入的一个物质结构层次,其空间尺度小于 10^{-16} m. 粒子是一个庞大的家族,至今已发现的粒子有 800 多种. 随着加速器能量的不断提高和实验技术的不断改进,新粒子还在不断地被发现. 到目前为止,只有光子、电子、正电子、质子、反质子、中微子是稳定的,其他粒子都会衰变. 在这一层次的物理现象极其丰富多彩. 这里只简单介绍粒子的基本特征、粒子间相互作用、粒子的分类和强子结构模型.

18.4.1 粒子的特征

    19 世纪末,物理学深入到物质结构的微观领域,电子的发现是一个重要标志. 到 20 世纪 30 年代,中子的发现又是一个重要标志. 至此,连同已发现的质子、光子四种粒子被称为基本粒子.

    粒子的特征可用如下几个物理量来描述.

    (1)**质量**. 常用能量表示,因为可按相对论的质能关系给出质量 $m = E/c^2$. 例如质子的静止质量是 938.279 6 MeV.

    (2)**电量**. 常以电子电量 e 为单位. 例如 π^+ 介子电量是 $+1$.

    (3)**自旋**. 常以 $\hbar$ 为单位,粒子自旋为整数或半奇数. 例如,电子的自旋为 $\dfrac{1}{2}$,光子的自旋为 1.

    (4)**平均寿命**. 绝大多数已经发现的粒子是不稳定的,在经过一定的时间后就衰变为其他粒子,它的衰变特征用平均寿命表示.

18.4.2 粒子间的相互作用

    在微观领域中,粒子间的相互作用有四种:引力相互作用、电磁相互作用、强相互作用和弱相互作用.

    微观粒子质量太小,引力实际上不起作用. 实验证明,电磁力的规律在微观领域依然成立. 原子核中的核力,是一种吸引性的力,这种作用比静电作用更强,称为强作用力. 在 β 衰变中,涉及不带电粒子,因此也不是电磁力的效果,定量分析表明这种作用力很弱,简称为弱作用力.

    至今,人们认识到自然界的基本相互作用力只有四种. 按强弱排序,它们是**强作用力**、**电磁力**、**弱作用力**、**引力**. 譬如,一对质子,在相距 10^{-15} m 时四种作用力的比值约为强作用力:电磁力:弱作用力:引力 $=$

$1 : 10^{-2} : 10^{-14} : 10^{-40}$. 强作用力和弱作用力只是在微观距离上起作用. 因此宏观上只有电磁力和引力. 这四种力通常称作四种相互作用. 表 18.2 列出了四种相互作用的基本特征.

表 18.2　四种相互作用比较

作用类别	引力作用	弱作用	电磁作用	强作用
作用力程 /m	∞	$< 10^{-16}$	∞	$10^{-15} \sim 10^{-16}$
举例	天体之间	β 衰变	原子结合	核力
相对强度	10^{-39}	10^{-15}	$1/137$	1
作用传递者	引力子(?)	中间玻色子($W^{\pm}$,Z^0)	光子(γ)	胶子
被作用粒子	一切物体	强子、轻子	强子,e,μ,γ	强子
特征时间 /s		$> 10^{-10}$	$10^{-20} \sim 10^{-16}$	$< 10^{-23}$

　　四种相互作用都严格遵守能量守恒、动量守恒、角动量守恒、电荷数守恒这四条守恒定律. 此外还有一些与粒子内部结构相联系的守恒定律, 如宇称守恒、同位旋守恒、奇异数守恒、重子数守恒、轻子数守恒等等, 这些守恒定律并不是在每一种相互作用中都成立, 它们只是一些近似的守恒定律. 例如, 杨振宁、李政道于 1956 年提出弱相互作用中宇称不守恒的假设, 后经吴健雄实验证实. 为此杨振宁、李政道获 1957 年度诺贝尔物理学奖.

　　自然界存在多种相互作用, 它们之间有没有联系? 能否在这些表面上看来很不相同的作用中找出简单的统一本原? 最早着手探索这一问题的是爱因斯坦, 他在建立了广义相对论之后, 致力于研究电磁力和引力的统一. 可是他花费了很大的精力, 最后没有成功. 在后来的物理学家看来, 爱因斯坦的失败并不是他追求统一的想法不对, 而是由于他错误地想在宏观物理的基础上寻求统一. 宏观物理规律是唯象性的, 而不是本原性的. 因此在微观粒子的动力学理论确立以后, 追求几种不同相互作用统一的努力又复活起来. 1968 年格拉肖、温伯格、萨拉姆三人在现代高能物理实验的基础上, 把弱作用和电磁相互作用统一起来, 这就是弱电统一理论. 弱电统一理论已被大量实验证实. 1979 年, 格拉肖、温伯格、萨拉姆因建立弱电统一理论而获得诺贝尔物理学奖.

　　弱电统一理论的成功, 是人类认识微观世界的重大成果, 它鼓舞物理学家建立更大的统一理论. 把强相互作用和弱电作用统一起来的理论叫作大统一理论. 1974 年乔奇和格拉肖以弱电统一理论和量子色动力学为基础建立了一个大统一理论, 可是这个理论至今没有得到实验验证. 物理学家还设想把引力也统一进来, 也就是四种相互作用都统一起来的理论, 叫作超大统一理论. 如果超大统一成功了, 那就意味着自然界只有一种基本相互作用. 可是, 经多年来的尝试, 还没有出现实验可证实的结果.

18.4.3　粒子的分类

　　粒子有几种常用的分类方法.

　　(1) 按粒子的质量可分为以下三类.

　　① 轻子: 这些粒子的质量都很小, 如电子、中微子、μ 子.

　　② 介子: 粒子的质量介于电子与质子之间. 如 π 介子, K 介子.

　　③ 重子: 重子可分为核子和超子. 核子如质子、中子, 其质量是电子的 1 000 多倍, 超子的质量超过质子, 包括 Λ 超子、Σ 超子、Ξ 超子、Ω 超子.

　　(2) 按粒子的自旋(量子数)可分为以下两类.

　　① 玻色子: 自旋为整数的粒子, 例如光子等.

　　② 费米子: 自旋为半奇数的粒子, 例如电子、质子、中微子等.

(3) 按粒子参与相互作用的性质可分为以下三类.

① 规范粒子:规范粒子是传递作用力的粒子.光子是电磁力的传递者,$W^{\pm}$ 和 Z^0 是弱力的传递者.强力的传递者(按目前的理论)是胶子,符号为 g.胶子是不能单独出现的粒子,因此无法记录在仪器上.引力是通过交换引力子来实现的,但是它的存在还没有充足的理论根据.

② 轻子:轻子完全不受强作用力的影响.轻子有电子、μ 子、τ 子和电子中微子、μ 子中微子、τ 子中微子以及它们的反粒子,它们的自旋都是 $\frac{1}{2}$.带电的轻子也参与电磁相互作用,不带电的轻子(只有中微子)则只参与弱相互作用.

③ 强子:强子分为介子和重子两类,绝大多数粒子都属于这一类.介子有 π 介子、η 介子、K 介子、D 介子、F 介子和 B 介子等,重子有质子、中子、Λ_0 超子、Σ 超子、Ξ 超子、Ω^- 超子和 Λ_c^+ 重子等.它们可参与强相互作用,也可参与弱相互作用,两种作用同时存在时,强相互作用是主要的.

18.4.4　强子的夸克结构

到目前为止,还未发现轻子有内部结构.但是强子情况却相反,越来越大的加速器使人们不断看到有新的强子出现,至今已发现的强子有 800 多种.这是使人们想到强子不是基本粒子的重要原因.

当强子种类已很多时,人们开始从现象上对不同强子进行分类.在分类规律的指引下,提出了强子不是基本粒子,而是若干个夸克构成的复合体.

夸克共有 6 种,粒子物理学家称夸克有 6 种不同的味道.表 18.3 给出了这 6 种夸克.

表 18.3　夸克的一些性质

夸克种类	上	下	奇	粲	底	顶
符号	u	d	s	e	b	t
质量	5.6 MeV	10 MeV	200 MeV	1.35 GeV	5.0 GeV	174 GeV
电荷	$2e/3$	$-e/3$	$-e/3$	$2e/3$	$-e/3$	$2e/3$
自旋 /$\hbar$	1/2	1/2	1/2	1/2	1/2	1/2
重子数	1/3	1/3	1/3	1/3	1/3	1/3

夸克模型认为,所有重子都是由三个夸克组成的,所有介子都是由一个夸克和一个反夸克组成.例如质子是由 uud 三个夸克组成,p = (uud);中子是由 udd 三个夸克组成,n = (udd);π^+ 介子是由一个上夸克 u 和一个反夸克 $\bar{d}$ 组成,$\pi^+ = (u\bar{d})$;π^- 介子是由一个下夸克 d 和一个反夸克 $\bar{u}$ 组成,$\pi^- = (\bar{u}d)$.由强子的夸克结构式可以算出强子的电荷、自旋、重子数、同位旋等量子数.例如,质子的电荷量为 $\frac{2}{3}e + \frac{2}{3}e - \frac{1}{3}e = e$,自旋为 $\frac{1}{2} + \frac{1}{2} - \frac{1}{2} = \frac{1}{2}$;中子的电荷量为 $\frac{2}{3}e - \frac{1}{3}e - \frac{1}{3}e = 0$,自旋为 $\frac{1}{2} + \frac{1}{2} - \frac{1}{2} = \frac{1}{2}$;$\pi^+$ 介子的电荷量为 $\frac{2}{3}e + \frac{1}{3}e = e$,自旋为 $\frac{1}{2} - \frac{1}{2} = 0$.表 18.4 给出了一些强子的夸克谱.

夸克的自旋都是 $\frac{1}{2}$,在组成强子时,应遵守泡利不相容原理.因此质子的两个上夸克就不允许处于同一状态.为解决这一问题,引入了新的量子数,提出夸克除只有"味"以外,还有颜色,分别用红、黄、蓝来描述.反夸克则具有相应颜色的补色,组成重子的三个夸克具有不同的颜色,组成介子的夸克和反夸克互为补色,这样所有强子对外都是白色.但到目前为止,尚未在实验室中观察到自由夸克.

表 18.4　一些强子的夸克谱

介子	重子	介子	重子
$\pi^+ = (u\bar{d})$	$p = (uud)$	$K^- = (s\bar{u})$	$\Sigma^- = (dds)$
$\pi^0 = \dfrac{1}{\sqrt{2}}(u\bar{u} - d\bar{d})$	$n = (udd)$	$K^0 = (d\bar{s})$	$\Xi^0 = (uus)$
$\pi^- = (d\bar{u})$	$\Sigma^+ = (uus)$	$\overline{K}^0 = (s\bar{d})$	$\Xi^- = (dss)$
$K^+ = (u\bar{s})$	$\Sigma^0 = \dfrac{1}{\sqrt{2}}(uds + sdu)$	$\eta = \dfrac{1}{\sqrt{6}}(u\bar{u} + d\bar{d} - 2s\bar{s})$	$\Lambda^0 = \dfrac{1}{\sqrt{2}}(sdu - sud)$

　　夸克理论的建立使人们对微观粒子的认识迈进了一大步. 按当今人类的认识水平, 可以认为夸克和轻子是组成世界的基本粒子. 轻子有六味, 即 $e, \nu_e, \mu, \nu_\mu, \tau, \nu_\tau$, 它们都无色, 各有正反粒子, 共 12 个. 夸克有六味, 每味各有三色, 又各有正反粒子, 一共 36 个. 至于这些粒子是否是物质的终极本原, 这是未来物理学家才能回答的问题.

习　题　18

18.1　在几种元素的同位素 $^{12}_6C, ^{13}_6C, ^{14}_6C, ^{14}_7C,$ $^{15}_7C, ^{16}_8O$ 和 $^{17}_8O$ 中, 哪些同位素的核包含有相同的 (1) 质子数, (2) 中子数, (3) 核子数? 哪些同位素有相同的核外电子数?

18.2　核自旋量子数等于整数或半奇整数是由核的什么性质决定? 核磁矩与核自旋角动量有什么关系? 核磁矩的正负是如何规定的?

18.3　什么叫核力? 核力具有哪些主要性质?

18.4　什么叫原子核的质量亏损? 如果原子核 X 的质量亏损是 Δm, 其平均结合能是多少?

18.5　为什么重核裂变或轻核聚变能够放出原子核能?

18.6　什么叫放射性衰变? α, β, γ 射线是什么粒子流? 写出 $^{238}_{92}U$ 的 α 衰变和 $^{234}_{90}Th$ 的 β 衰变的表示式. 写出 α 衰变和 β 衰变的位移定则.

18.7　什么叫原子核的稳定性? 哪些经验规则可以预测核的稳定性?

18.8　由放射性的 $^{232}_{90}Th$ 经过四次 α 衰变和两次 β 衰变, 会形成什么核素?

18.9　核 $^{14}_8O$ 和 $^{19}_8O$ 均将通过 β 衰变而趋于稳定, 你认为哪一个核将发生 β^+ 衰变, 哪一个将发生 β^- 衰变?

18.10　写出放射性衰变定律的公式. 衰变常数 λ 的物理意义是什么? 什么叫半衰期 $T_{1/2}$? $T_{1/2}$ 和 λ 有什么关系? 什么叫平均寿命 τ? 它和半衰期 $T_{1/2}$ 以及 λ 的关系?

18.11　已知 $^{232}_{90}Th$ 的原子质量为 $232.03821\,u$, 计算其原子核的平均结合能.

18.12　已知 $^{208}_{82}Pb$ 核的平均结合能近似为 $8\,MeV/$ 核子.

　　(1) Pb 的这一同位素的总结合能是多少?

　　(2) 总结合能相当于多少个核子的静止质量?

　　(3) 总结合能相当于多少个电子的静止质量?

18.13　在温度比太阳高的恒星内氢的燃烧被认为是通过碳循环进行的, 其分过程如下:

$$^1H + ^{12}C \rightarrow ^{13}N + \gamma,$$
$$^{13}N \rightarrow ^{13}C + e^+ + \nu_e,$$
$$^1H + ^{13}C \rightarrow ^{14}N + \gamma,$$
$$^1H + ^{14}N \rightarrow ^{15}O + \gamma,$$
$$^{15}O \rightarrow ^{15}N + e^+ + \nu_e,$$
$$^1H + ^{15}N \rightarrow ^{12}C + ^4He.$$

　　(1) 说明此循环并不消耗碳;

　　(2) 计算此循环中每一反应或衰变所释放的能量;

　　(3) 释放的总能量是多少?

　　给定一些原子的质量如下:

^{1}H:1.007 825 u,

^{13}N:13.005 738 u,

^{14}N:14.003 074 u,

^{15}N:15.000 109 u,

^{4}He:4.002 603 u,

^{13}C:13.003 355 u,

^{15}O:15.003 065 u.

18.14 测得地壳中铀元素$^{235}_{92}$U 只占 0.72%，其余为$^{238}_{92}$U，已知$^{238}_{92}$U 的半衰期为 4.468 × 10^{9}a，$^{235}_{92}$U 的半衰期为 7.038 × 10^{8}a，设地球形成时地壳中的$^{238}_{92}$U 和$^{235}_{92}$U 是同样多的，试估计地球的年龄.

18.15 已知^{238}U 核 α 衰变的半衰期为 4.50 × 10^{9}a，问：

(1) 它的衰变常数是多少？

(2) 要获得 1 Ci 的放射性强度，需要多少^{238}U？

(3) 1 g ^{238}U 每秒将放出多少 α 粒子？

18.16 经过 100 d 后，铊的放射性强度减少到 $\dfrac{1}{1.07}$，试确定铊的半衰期.

阅读材料　磁共振成像技术简介

磁共振成像(MRI)的基本原理是利用了核磁共振现象.理论和实验已证实电子、质子以及不带电的中子都有自旋磁矩,因此原子核也有自旋磁矩.在外加的稳定磁场中,由于原子核磁矩与磁场的相互作用,将使原有能级在磁场中分裂.在与外磁场的垂直方向上再加一个交变磁场(又称射频场),调整频率使其能量等于相邻两条分裂能级间的能量差时,将发生共振吸收,处于低能级的核将吸收射频磁场的能量而跃迁到相邻的高能级上去,使核处于激发态,这种现象称为核磁共振.去掉射频场后,处于激发态的核通过电磁辐射退激发到低能级.这种电磁辐射能在环绕待测物的线圈上感应出电压信号,此信号即为核磁共振信号,简称 NMR 信号.例如人体,各种组织的含水比例不一样,即氢核密度不一样,因此 NMR 信号强度有差异,可区分各种组织.处于激发态的氢核的退激,还可把能量传递给周围核或晶格以非辐射跃迁形式回到低能态,这种过程称为核磁弛豫过程.有两类核磁弛豫过程.正常组织与病变组织的 NMR 信号强度除了与这些组织的氢核数密度有关外,还与两个弛豫时间有关,实际测量中可得三种图像.磁共振成像技术对软组织的病变诊断,更显示其优点,除了医学方面,在物理、化学、生物、材料等方面也有着广泛应用.

(扫二维码阅读详细内容)

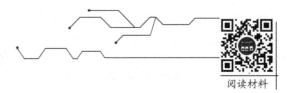

阅读材料

第 10 篇　大学物理学学习指导

第 19 章　内容提要与典型题解

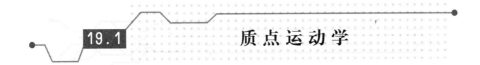

19.1　质点运动学

19.1.1　基本要求

1. 理解描述运动的三个必要条件:参考系(坐标系),物理模型(质点等),初始条件.

2. 熟练掌握用矢量描述运动的方法,即掌握 $\vec{r},\Delta\vec{r},\vec{v},\vec{a}$ 的矢量定义式及其在直角坐标系、自然坐标系中的表示式.

3. 掌握用微积分的方法处理运动学中的两类问题.

4. 掌握质点做圆周运动的线量、角量的描述.

5. 了解相对运动的有关概念和基本计算方法.

19.1.2　内容提要

1. 描述物体运动的三个必要条件

（1）参考系(坐标系)

由于自然界物体的运动是相对的,只能在相对的意义上讨论运动,因此需要引入参考系.为定量描述物体的运动又必须在参考系上建立坐标系.

（2）物理模型

真实的物理世界是非常复杂的,在具体处理时必须分析各种因素对所涉及问题的影响,忽略次要因素,突出主要因素,提出理想化模型.质点是我们在物理学中遇到的最基本模型,以后还会遇到许多其他的理想化模型.

质点适用的范围是:物体自身的线度远远小于物体运动的空间范围,或者是物体做平动.如果一个物体在运动时,上述两个条件一个也不满足,我们可以把这个物体看成是由许多个都能满足第一个条件的质点所组成的,这就是所谓质点系的模型.

如果在所讨论的问题中,物体的形状及其在空间的方位取向是不能忽略的,而物体的细微形变是可以忽略不计的,则引入刚体模型.刚体是各质元之间无相对位移的质点系.

（3）初始条件

初始条件是指开始计时时刻物体的位置和速度(或角位置、角速度),即运动物体的初始状态.在建立了物体的运动方程之后,若要预知未来某个时刻物体的位置及其运动速度,还必须知道在某个已知时刻物体的运动状态,即初始条件.

2.描述质点运动和运动变化的物理量

(1) 位置矢量

由坐标原点引向质点所在处的有向线段,通常用 $\vec{r}$ 表示,简称位矢或矢径.在直角坐标系中,

$$\vec{r} = x\vec{i} + y\vec{j} + z\vec{k};\tag{19.1.1}$$

在自然坐标系中,

$$\vec{r} = \vec{r}(s);\tag{19.1.2}$$

在平面极坐标系中,

$$\vec{r} = r\vec{r^0}.\tag{19.1.3}$$

(2) 位移

由初始位置指向末态位置的有向线段,就是位矢的增量,即

$$\Delta\vec{r} = \vec{r}_2 - \vec{r}_1.\tag{19.1.4}$$

位移是矢量,只与始、末位置有关,与质点运动的轨迹及质点在其间往返的次数无关.

路程是质点在空间运动所经历的轨迹的长度,恒为正,用符号 Δs 表示.路程的大小与质点运动的轨迹形状有关,与质点在其间往返的次数有关.故在一般情况下,

$$|\Delta\vec{r}| \neq \Delta s,$$

当 $\Delta t \to 0$ 时,有

$$|d\vec{r}| = ds.$$

由于矢量的增量既有方向的改变又有大小的改变,故应区分 $|\Delta\vec{r}|$ 与 Δr 不同,$|d\vec{r}|$ 与 dr 不同.

(3) 速度 $\vec{v}$ 与速率 v

平均速度

$$\vec{\bar{v}} = \frac{\Delta\vec{r}}{\Delta t}.\tag{19.1.5}$$

平均速率

$$\bar{v} = \frac{\Delta s}{\Delta t}.\tag{19.1.6}$$

因此,平均速度的大小不等于平均速率 $\left(|\vec{\bar{v}}| = \left|\frac{\Delta\vec{r}}{\Delta t}\right| \neq \frac{\Delta s}{\Delta t}\right)$.

质点在 t 时刻的瞬时速度

$$\vec{v} = \frac{d\vec{r}}{dt}.\tag{19.1.7}$$

质点在 t 时刻的瞬时速率

$$v = \frac{ds}{dt}.\tag{19.1.8}$$

由 $|d\vec{r}| = ds$ 知,$|\vec{v}| = \left|\frac{d\vec{r}}{dt}\right| = v$,即瞬时速度的大小就是瞬时速率.

在直角坐标系中,

$$\vec{v} = \frac{d\vec{r}}{dt} = \frac{dx}{dt}\vec{i} + \frac{dy}{dt}\vec{j} + \frac{dz}{dt}\vec{k} = v_x\vec{i} + v_y\vec{j} + v_z\vec{k},\tag{19.1.9}$$

式中 $v_x = \dfrac{\mathrm{d}x}{\mathrm{d}t}, v_y = \dfrac{\mathrm{d}y}{\mathrm{d}t}, v_z = \dfrac{\mathrm{d}z}{\mathrm{d}t}$，分别称为速度在 x 轴、y 轴、z 轴的分量.

在自然坐标系中，

$$\vec{v} = v\vec{\tau}, \tag{19.1.10}$$

式中 $\vec{\tau}$ 是轨迹切线方向的单位矢量.

位矢 $\vec{r}$ 和速度 $\vec{v}$ 是描述质点机械运动的状态参量.

（4）加速度

$$\vec{a} = \frac{\mathrm{d}\vec{v}}{\mathrm{d}t} = \frac{\mathrm{d}^2\vec{r}}{\mathrm{d}t^2}, \tag{19.1.11}$$

加速度是描述质点速度变化率的物理量.

在直角坐标系中，

$$\vec{a} = \frac{\mathrm{d}v_x}{\mathrm{d}t}\vec{i} + \frac{\mathrm{d}v_y}{\mathrm{d}t}\vec{j} + \frac{\mathrm{d}v_z}{\mathrm{d}t}\vec{k} = \frac{\mathrm{d}^2x}{\mathrm{d}t^2}\vec{i} + \frac{\mathrm{d}^2y}{\mathrm{d}t^2}\vec{j} + \frac{\mathrm{d}^2z}{\mathrm{d}t^2}\vec{k} = a_x\vec{i} + a_y\vec{j} + a_z\vec{k}, \tag{19.1.12}$$

式中 $a_x = \dfrac{\mathrm{d}v_x}{\mathrm{d}t} = \dfrac{\mathrm{d}^2x}{\mathrm{d}t^2}, a_y = \dfrac{\mathrm{d}v_y}{\mathrm{d}t} = \dfrac{\mathrm{d}^2y}{\mathrm{d}t^2}, a_z = \dfrac{\mathrm{d}v_z}{\mathrm{d}t} = \dfrac{\mathrm{d}^2z}{\mathrm{d}t^2}$，分别称为加速度在 x 轴、y 轴、z 轴的分量.

在自然坐标系中，

$$\vec{a} = \frac{\mathrm{d}v}{\mathrm{d}t}\vec{\tau} + \frac{v^2}{\rho}\vec{n} = \vec{a}_\tau + \vec{a}_n, \tag{19.1.13}$$

式中 $\vec{a}_\tau = \dfrac{\mathrm{d}v}{\mathrm{d}t}\vec{\tau}, \vec{a}_n = \dfrac{v^2}{\rho}\vec{n}$ 是加速度 $\vec{a}$ 在轨迹切线方向和法线方向的分量式.

3. 运动学中的两类问题（以直线运动为例）

（1）已知运动方程求质点的速度、加速度. 这类问题主要是利用求导数的方法. 如已知质点的运动方程为

$$x = x(t),$$

则质点的位移、速度、加速度分别为

$$\Delta x = x_2 - x_1, \quad v = \frac{\mathrm{d}x}{\mathrm{d}t}, \quad a = \frac{\mathrm{d}v}{\mathrm{d}t} = \frac{\mathrm{d}^2x}{\mathrm{d}t^2}. \tag{19.1.14}$$

（2）已知质点加速度函数 $a = a(t)$（或 $a = a(v)$，或 $a = a(x)$）以及初始条件，建立质点的运动方程. 这类问题主要用积分方法.

设初始条件为 $t = 0$ 时，$v = v_0, x = x_0$. 若 $a = a(t)$，则因 $a = \dfrac{\mathrm{d}v}{\mathrm{d}t}$，故 $\displaystyle\int_{v_0}^{v} \mathrm{d}v = \int_0^t a(t)\mathrm{d}t$，即

$$v = v_0 + \int_0^t a(t)\mathrm{d}t, \tag{19.1.15}$$

$$x = x_0 + \int_0^t v(t)\mathrm{d}t. \tag{19.1.16}$$

若 $a = a(v)$，则因 $\dfrac{\mathrm{d}v}{\mathrm{d}t} = a(v)$，故

$$\int_{v_0}^{v} \frac{\mathrm{d}v}{a(v)} = \int_0^t \mathrm{d}t, \tag{19.1.17}$$

求出 $t = \displaystyle\int_{v_0}^{v} \frac{\mathrm{d}v}{a(v)}$，再解出 $v = v(t)$ 代入式(19.1.16)即可求出运动方程.

若 $a = a(x)$,则因 $a = \dfrac{\mathrm{d}v}{\mathrm{d}t} = \dfrac{\mathrm{d}v}{\mathrm{d}x} \cdot \dfrac{\mathrm{d}x}{\mathrm{d}t} = v\dfrac{\mathrm{d}v}{\mathrm{d}x} = a(x)$,有

$$\int_{v_0}^{v} v\mathrm{d}v = \int_{x_0}^{x} a(x)\mathrm{d}x. \qquad (19.1.18)$$

4. 两类典型的曲线运动

(1) 抛体运动

若以抛出点为原点,水平前进方向为 x 轴正向,向上为 y 轴正向,初速度 $\vec{v}_0$ 与 x 轴正向夹角为 θ_0,则有

① 运动方程为

$$\begin{cases} x = (v_0\cos\theta_0)t, \\ y = (v_0\sin\theta_0)t - \dfrac{1}{2}gt^2. \end{cases}$$

② 速度方程为

$$\begin{cases} v_x = v_0\cos\theta_0, \\ v_y = v_0\sin\theta_0 - gt. \end{cases}$$

③ 在最高点时 $v_y = 0$,故达最高点的时间为

$$t_H = \frac{v_0\sin\theta_0}{g}, \qquad (19.1.19)$$

所以射高为

$$H = \frac{v_0^2\sin^2\theta_0}{2g}. \qquad (19.1.20)$$

飞行总时间 $T = 2t_H$,水平射程为

$$R = \frac{v_0^2\sin 2\theta_0}{g}. \qquad (19.1.21)$$

④ 轨迹方程为

$$y = x\tan\theta_0 - \frac{g}{2(v_0\cos\theta_0)^2}x^2. \qquad (19.1.22)$$

(2) 圆周运动

① 描述圆周运动的角量:

角位移 $\mathrm{d}\theta$,角速度 $\omega = \dfrac{\mathrm{d}\theta}{\mathrm{d}t}$,角加速度 $\beta = \dfrac{\mathrm{d}\omega}{\mathrm{d}t} = \dfrac{\mathrm{d}^2\theta}{\mathrm{d}t^2}$.

线量与角量的关系为

$$\begin{cases} |\,\mathrm{d}\vec{r}\,| = R\mathrm{d}\theta, \\ v = R\omega, \\ a_\tau = R\beta, a_n = R\omega^2. \end{cases} \qquad (19.1.23)$$

② 匀角加速(即 $\beta = $ 常数)圆周运动:可与匀加速直线运动类比,故有

$$\begin{cases} \omega = \omega_0 + \beta t, \\ \theta = \theta_0 + \omega_0 t + \dfrac{1}{2}\beta t^2, \\ \omega^2 - \omega_0^2 = 2\beta(\theta - \theta_0). \end{cases} \qquad (19.1.24)$$

③ 匀变速率(即 $a_\tau =$ 常数)曲线运动:以轨迹为一维坐标轴,以弧长为坐标,亦可与匀加速直线运动类比而有

$$\begin{cases} v = v_0 + a_\tau t, \\ s = s_0 + v_0 t + \dfrac{1}{2} a_\tau t^2, \\ v^2 - v_0^2 = 2a_\tau (s - s_0). \end{cases} \qquad (19.1.25)$$

④ 匀速率(即 $a_\tau = 0$)圆周运动:它在直角坐标系中的运动方程为

$$\begin{cases} x = R\cos \omega t, \\ y = R\sin \omega t. \end{cases} \qquad (19.1.26)$$

轨迹方程为

$$R = \sqrt{x^2 + y^2}. \qquad (19.1.27)$$

5.相对运动的概念

(1) 我们只讨论两个参考系的相对运动是平动而没有转动的情况.设相对于观察者静止的参考系为 S,相对于 S 系做平动的参考系为 S',则运动物体 A 相对于 S 系和 S' 系的位矢、速度、加速度变换关系分别为

$$\begin{cases} \vec{r}_{AS} = \vec{r}_{AS'} + \vec{r}_{S'S}, \\ \vec{v}_{AS} = \vec{v}_{AS'} + \vec{v}_{S'S}, \\ \vec{a}_{AS} = \vec{a}_{AS'} + \vec{a}_{S'S}. \end{cases} \qquad (19.1.28)$$

(2) 上述变换关系仅在低速(即 $v \ll c$)运动条件下成立.如果 S' 系相对于 S 系有转动,则式(19.1.28)中的速度变换关系亦成立,而加速度变换关系不成立.

19.1.3　重点、难点分析

1.关于矢量性

(1) 注意区分矢量 $\vec{A}$ 的增量的模 $|\Delta\vec{A}| = |\vec{A}_2 - \vec{A}_1|$ 和模的增量 $\Delta A = |\vec{A}_2| - |\vec{A}_1|$. 如图 19.1.1 所示,$\Delta\vec{A} = \vec{A}_2 - \vec{A}_1$ 表示矢量的增量,故矢量增量的模表示为 $|\Delta\vec{A}| = |\vec{A}_2 - \vec{A}_1|$,而 $\Delta A = |\Delta\vec{A}_2| = |\vec{A}_2| - |\overrightarrow{Oc}| = |\vec{A}_2| - |\vec{A}_1|$,表示矢量 $\vec{A}$ 的模的增量.

在运动学中要区分:

① 位矢增量的模 $|\Delta\vec{r}| = |\vec{r}_2 - \vec{r}_1|$ 与位矢的模的增量 $\Delta r = |\vec{r}_2| - |\vec{r}_1|$;

② 速度增量的模 $|\Delta\vec{v}| = |\vec{v}_2 - \vec{v}_1|$ 与速度的模的增量 $|\Delta v| = |\vec{v}_2| - |\vec{v}_1|$.

由此可知:

① $\left|\dfrac{d\vec{r}}{dt}\right| = v \neq \dfrac{dr}{dt} = v_r$,$v$ 表示速度的大小,v_r 表示位矢的模的变化率,是速度径向分量的大小;

② $\left|\dfrac{d\vec{v}}{dt}\right| = a \neq \dfrac{dv}{dt} = a_\tau$,$a$ 表示加速度的大小,a_τ 表示切向加速度大小.

(2) 切忌将矢量与其模用等号相连.例如,等式 $\Delta\vec{r} = 4\vec{i} + 2\vec{j} =$

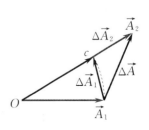

图 19.1.1　矢量的增量

4.47 m 就是一种错误的书写方式.

（3）用矢量方法来描述物理规律,其优越性在于:具有鲜明的物理意义,具有简洁的数学形式及对于各种坐标系保持不变的形式.具体运算时,常将各矢量写成坐标分量式,如一个做平面曲线运动的质点,其加速度 $\vec{a}$ 可表示为

$$\vec{a} = \frac{\mathrm{d}^2 x}{\mathrm{d}t^2}\vec{i} + \frac{\mathrm{d}^2 y}{\mathrm{d}t^2}\vec{j} = a_x\vec{i} + a_y\vec{j} \quad \text{或} \quad \vec{a} = \frac{\mathrm{d}v}{\mathrm{d}t}\vec{\tau} + \frac{v^2}{\rho}\vec{n} = \vec{a}_\tau + \vec{a}_n,$$

如图 19.1.2 所示.

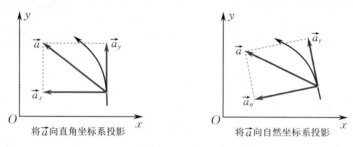

将 $\vec{a}$ 向直角坐标系投影　　　　　　将 $\vec{a}$ 向自然坐标系投影

图 19.1.2　加速度在不同坐标系中的分解

2.关于瞬时性

在中学时学习的物理量大都是恒量,如匀加速度（即 $\vec{a}$ = 常量）、恒力作用（即 $\vec{F}$ = 常量）.在大学物理中我们接触到的基本上是变量,如 $\vec{a} = \vec{a}(t)$,$\vec{F} = \vec{F}(t)$ 等.因此,必须应用微积分的知识.

在运动学中,从运动方程求速度、加速度主要是用求导的方法;从速度、加速度和初始条件求运动方程主要是用积分的方法.当被积函数的变量与积分元的变量不一致时,要通过恒等变换使得两者一致.

例如,一质点的加速度 $a = 3 - 5x$,求其速度表示式.显然,若只是简单地写成

$$a = \frac{\mathrm{d}v}{\mathrm{d}t} = 3 - 5x, \quad \mathrm{d}v = (3 - 5x)\mathrm{d}t,$$

不能获得速度表达式.因为等式右边被积函数 $(3 - 5x)$ 是 x 的函数,而积分变量是 t.必须进行下面的恒等变换:

$$a = \frac{\mathrm{d}v}{\mathrm{d}t} = \frac{\mathrm{d}v}{\mathrm{d}x}\frac{\mathrm{d}x}{\mathrm{d}t} = \frac{\mathrm{d}v}{\mathrm{d}x}v,$$

即

$$v\mathrm{d}v = (3 - 5x)\mathrm{d}x.$$

若设初始条件为 $x_0 = 0$,$v_0 = 0$,则有

$$\int_0^v v\mathrm{d}v = \int_0^x (3 - 5x)\mathrm{d}x,$$

积分得

$$v = \sqrt{6x - 5x^2}.$$

做定轴转动的刚体同样存在两类运动学问题:已知刚体定轴转动的运动方程求角速度、角加速度;已知刚体定轴转动的角加速度的函数及初始条件,求运动方程.对这些知识、能力

的要求与质点在直线运动中的要求相同,此处不再重复.

3. 关于相对性

式(19.1.28)描述了同一个运动在两个平动参考系中的运动学量之间的转换关系. 正确运用式(19.1.28)的关键是明确每个运动学量与观察者之间的关系,即要区分"牵连""相对""绝对"等物理量. 例如:$\vec{r}_{S'S}$ 为牵连位矢,$\vec{r}_{AS'}$ 为相对位矢,$\vec{r}_{AS}$ 为绝对位矢.

遵从式(19.1.28)适用的条件和范围是正确运用的另一个关键.

4. 自然坐标系

自然坐标系是运动学中的难点之一. 掌握自然坐标系的关键是理解下面一组公式并能熟练应用:

$$\begin{cases} v = \dfrac{\mathrm{d}s}{\mathrm{d}t}, \\[2mm] a_\tau = \dfrac{\mathrm{d}v}{\mathrm{d}t} = \dfrac{\mathrm{d}^2 s}{\mathrm{d}t^2}, \\[2mm] a_n = \dfrac{v^2}{\rho}. \end{cases}$$

例如,一个质点沿半径为 R 的圆周按规律 $s = bt - \dfrac{1}{2}ct^2$ 运动,b,c 均为常数,且 $b > \sqrt{Rc}$,则其切向加速度和法向加速度相等所经历的最短时间是多少?由于

$$v = \frac{\mathrm{d}s}{\mathrm{d}t} = b - ct, \quad a_\tau = \frac{\mathrm{d}^2 s}{\mathrm{d}t^2} = -c, \quad a_n = \frac{v^2}{R} = \frac{(b-ct)^2}{R},$$

故当 $a_\tau = a_n$ 时,即 $\dfrac{(b-ct)^2}{R} = |-c|$,有

$$t_{\min} = \frac{b}{c} - \sqrt{\frac{R}{c}}.$$

19.1.4 典型题解

例 1.1 一质点做平面曲线运动,已知 $x = 3t\,\mathrm{m}$,$y = (1 - t^2)\,\mathrm{m}$. 求:(1)质点运动的轨迹方程;(2)$t = 3\,\mathrm{s}$ 时的位矢;(3)第 2 s 内的位移和平均速度;(4)$t = 2\,\mathrm{s}$ 时的速度和加速度;(5)t 时刻的切向加速度和法向加速度;(6)$t = 2\,\mathrm{s}$ 时质点所在处轨迹的曲率半径.

解 (1)由运动方程消去 t,得轨迹方程为

$$y = 1 - \frac{x^2}{9} \quad (x \geqslant 0).$$

(2)$t = 3\,\mathrm{s}$ 时的位矢

$$\vec{r}(3) = x(3)\vec{i} + y(3)\vec{j} = 9\vec{i} - 8\vec{j},$$

大小为

$$|\vec{r}(3)| = \sqrt{81 + 64}\,\mathrm{m} \approx 12\,\mathrm{m},$$

$\vec{r}(3)$ 与 x 轴正向的夹角

$$\alpha = \arctan \frac{y(3)}{x(3)} = -41° 38'.$$

(3) 第 2 s 内的位移为

$$\Delta \vec{r} = [x(2) - x(1)]\vec{i} + [y(2) - y(1)]\vec{j} = 3\vec{i} - 3\vec{j},$$

大小

$$|\Delta \vec{r}| = \sqrt{9 + 9} \text{ m} = 3\sqrt{2} \text{ m},$$

方向与 x 轴正向成

$$\alpha = \arctan \frac{\Delta y}{\Delta x} = -45°.$$

第 2 s 内的平均速度的大小

$$|\bar{\vec{v}}| = \left|\frac{\Delta \vec{r}}{\Delta t}\right| = 3\sqrt{2} \text{ m/s},$$

方向与 x 轴正向成 $-45°$.

平均速度 $\bar{\vec{v}}$ 的大小不能用 $\bar{v}$ 表示,但它的 x, y 分量可表示为 $\bar{v}_x = \frac{\Delta x}{\Delta t}, \bar{v}_y = \frac{\Delta y}{\Delta t}$.

(4) 由 $\vec{v} = \frac{\mathrm{d}\vec{r}}{\mathrm{d}t} = \frac{\mathrm{d}x}{\mathrm{d}t}\vec{i} + \frac{\mathrm{d}y}{\mathrm{d}t}\vec{j} = 3\vec{i} - 2t\vec{j}$,当 $t = 2$ s 时,有

$$\vec{v}(2) = 3\vec{i} - 4\vec{j},$$

大小为 $v(2) = \sqrt{9 + 16}$ m/s $= 5$ m/s,方向与 x 轴正向夹角 $\alpha = \arctan\left(\frac{-4}{3}\right) = -53°8'$.

$$\vec{a} = \frac{\mathrm{d}\vec{v}}{\mathrm{d}t} = -2\vec{j},$$

即 $\vec{a}$ 为恒矢量,$a = a_y = -2$ m/s^2,沿 y 轴负方向.

(5) 由质点在 t 时刻的速度 $v = \sqrt{v_x^2 + v_y^2} = \sqrt{9 + 4t^2}$,得切向加速度

$$a_\tau = \frac{\mathrm{d}v}{\mathrm{d}t} = \frac{4t}{\sqrt{9 + 4t^2}},$$

法向加速度

$$a_n = \sqrt{a^2 - a_\tau^2} = \frac{6}{\sqrt{9 + 4t^2}}.$$

注意:$\left|\frac{\mathrm{d}\vec{v}}{\mathrm{d}t}\right| \neq \frac{\mathrm{d}v}{\mathrm{d}t}$,因为 $\frac{\mathrm{d}v}{\mathrm{d}t}$ 表示速度大小随时间的变化率,而 $\left|\frac{\mathrm{d}\vec{v}}{\mathrm{d}t}\right|$ 表示速度对时间变化率的大小. 切向加速度 a_τ 是质点的(总)加速度 $\vec{a}$ 的一部分,即切向分量,其物理意义是描述速度大小的变化;法向加速度 a_n 则描述速度方向的变化.

(6) 由 $a_n = \frac{v^2}{\rho}$,$t = 2$ s 时轨迹的曲率半径为

$$\rho = \frac{|v(2)|^2}{a_n(2)} = \frac{25}{1.2} \text{ m} \approx 20.8 \text{ m}.$$

例 1.2　一个质点沿 x 轴做直线运动,其加速度为 $a = 6t$,$t = 2$s 时,质点以 $v = 12$ m/s 的速度通过坐标原点,求该点的运动方程.

解　　　　　　　$v = \int a\mathrm{d}t + c_1 = \int 6t\mathrm{d}t + c_1 = 3t^2 + c_1,$

因为 $t = 2$ 时,$v = 12$,故 $c_1 = 0$. 又

$$x = \int v\mathrm{d}t + c_2 = \int 3t^2\,\mathrm{d}t + c_2 = t^3 + c_2.$$

因为 $t = 2$ 时, $x = 0$, 故 $c_2 = -8$, 则

$$x = (t^3 - 8)\mathrm{m}.$$

例 1.3　如图 19.1.3 所示, 一根轻弹簧 B 的右端固定, 左端与小球 A 连接, 自然放置在光滑水平面上. 因受到来自左方的突然打击, 使小球获得水平向右的初速度 v_0, 此后小球的加速度与它离开初始位置 O 的位移的关系为 $a = -\beta x$, β 为正常数. 求: (1) 小球速度与位移 x 的函数关系; (2) 小球的运动方程.

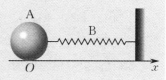

图 19.1.3　例 1.3 图

解　本题未明确给出初始条件, 但初始条件可任意给定. 现取小球在初始位置的时刻为零时刻, O 为坐标原点, 则初始条件为 $t = 0, x(0) = 0$, $v(0) = v_0$.

(1) 由 $a = -\beta x = \dfrac{\mathrm{d}v}{\mathrm{d}t} = \dfrac{\mathrm{d}v}{\mathrm{d}x}\dfrac{\mathrm{d}x}{\mathrm{d}t} = v\dfrac{\mathrm{d}v}{\mathrm{d}x}$, 即有 $v\mathrm{d}v = -\beta x\mathrm{d}x$, 两边积分

$$\int_{v_0}^{v} v\mathrm{d}v = -\beta \int_0^x x\mathrm{d}x, \quad \frac{v^2}{2} - \frac{v_0^2}{2} = -\frac{1}{2}\beta x^2,$$

即

$$v = \sqrt{v_0^2 - \beta x^2}.$$

(2) 由 $v = \dfrac{\mathrm{d}x}{\mathrm{d}t}$, 有 $\dfrac{\mathrm{d}x}{\sqrt{v_0^2 - \beta x^2}} = \mathrm{d}t$, 两边积分, 得

$$\int_0^x \frac{\mathrm{d}x}{\sqrt{v_0^2 - \beta x^2}} = \int_0^t \mathrm{d}t.$$

利用积分公式 $\displaystyle\int \frac{\mathrm{d}x}{\sqrt{a^2 - x^2}} = \arcsin \frac{x}{a}$, 得

$$\frac{1}{\sqrt{\beta}}\arcsin \frac{\sqrt{\beta}x}{v_0} = t, \quad \arcsin \frac{\sqrt{\beta}x}{v_0} = \sqrt{\beta}\,t,$$

所以运动方程为 $x = \dfrac{v_0}{\sqrt{\beta}}\sin\sqrt{\beta}\,t$, 即小球在 O 点附近做简谐振动.

例 1.4　质点沿半径为 R 的圆周运动, 运动方程为 $\theta = 7 - bt^3$, b 为正常数. (1) 求切向加速度和法向加速度; (2) 求加速度 $\vec{a}$; (3) t 为多少时加速度 $\vec{a}$ 与半径成 $45°$ 角; (4) $a_\tau = a_n$ 时质点转了多少圈?

解　(1) 由 $v = \dfrac{\mathrm{d}s}{\mathrm{d}t} = R\dfrac{\mathrm{d}\theta}{\mathrm{d}t} = -3Rbt^2$, 得

$$a_\tau = \frac{\mathrm{d}v}{\mathrm{d}t} = -6Rbt, \quad a_n = \frac{v^2}{R} = 9Rb^2t^4.$$

(2) $a = \sqrt{a_\tau^2 + a_n^2} = 3Rbt\sqrt{4 + 9b^2t^6}.$

$\vec{a}$ 与切向的夹角为 $\alpha = \arctan \dfrac{a_n}{a_\tau} = \arctan\left(-\dfrac{3bt^3}{2}\right).$

(3) 令 $a_n = |a_\tau|$,得 $t = \left(\dfrac{2}{3b}\right)^{\frac{1}{3}}$.

(4) 在运动方程 $\theta = 7 - bt^3$ 中,令 $t^3 = \dfrac{2}{3b}$,得 $\theta = \dfrac{19}{3}$,故转过的圈数

$$N = \frac{\theta}{2\pi} = \frac{19}{6\pi}\,\mathrm{r} \approx 1\,\mathrm{r}.$$

例 1.5　火车停止时窗上雨痕向前倾斜 θ_0 角,火车以速率 v_1 前进时窗上雨痕向后倾斜 θ_1 角,火车加快以另一速率 v_2 前进时窗上雨痕向后倾斜 θ_2 角,求 v_1 与 v_2 的比值.

解　设雨对地速度为 $\vec{v}_0$,则当车以 $\vec{v}_1$ 前进时,$\vec{v}_{1雨车} = \vec{v}_0 - \vec{v}_1 = \vec{v}_0 + (-\vec{v}_1)$,当车以 $\vec{v}_2$ 前进时,$\vec{v}_{2雨车} = \vec{v}_0 - \vec{v}_2 = \vec{v}_0 + (-\vec{v}_2)$,根据以上两式可作出图 19.1.4.若以竖直向下为 x 轴正向,火车前进方向为 y 轴正向,则有

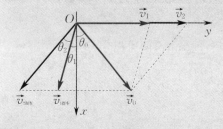

$$\begin{cases} v_0 \cos\theta_0 = v_{1雨车}\cos\theta_1, \\ v_0 \sin\theta_0 = v_1 - v_{1雨车}\sin\theta_1; \end{cases}$$

$$\begin{cases} v_0 \cos\theta_0 = v_{2雨车}\cos\theta_2, \\ v_0 \sin\theta_0 = v_2 - v_{2雨车}\sin\theta_2. \end{cases}$$

联立上面四式,消去 v_0,$v_{1雨车}$,$v_{2雨车}$ 得

$$\frac{v_1}{v_2} = \frac{1 + \cot\theta_0 \tan\theta_1}{1 + \cot\theta_0 \tan\theta_2}.$$

图 19.1.4　例 1.5 图

19.2　运动定律和力学中的守恒定律

19.2.1　基本要求

1. 理解牛顿运动定律的内容及实质,明确牛顿运动定律的适用范围及条件.掌握微积分的方法处理变力作用下简单的力学问题.

2. 掌握动量定理、动量守恒定律.

3. 理解功的概念,会计算变力的功;掌握动能定理、功能原理、机械能守恒定律.

4. 掌握质点的角动量定理、角动量守恒定律.

5. 能综合运用三大守恒定律解决质点力学中的一些简单问题.

6. 理解转动惯量的概念,掌握刚体定轴转动的转动定律;理解刚体定轴转动的转动动能,对轴的角动量;掌握定轴转动的动能定理及机械能守恒定律,定轴转动的角动量定理及角动量守恒定律.

7. 了解伽利略变换为代表的力学相对性原理.

19.2.2　内容提要

解决动力学的方法有三种:一是突出过程矢量性和瞬时性关系的牛顿运动定律(在刚体

中则是标量关系的转动定律),二是突出始末状态矢量关系的动量定理、角动量定理,三是突出始末状态标量关系的功能原理.

1.牛顿运动定律

牛顿第一定律指出了任何物体都有惯性,运动无需力来维持,力是改变物体运动状态的原因.

牛顿第二定律确定了力与加速度之间瞬时的矢量关系,而质量是物体惯性大小的量度.

牛顿第三定律指出了作用力与反作用力总是成对出现的,作用力与反作用力是属于同一性质的力.

注意:牛顿运动定律只适用于质点模型,只在惯性系中成立,只在低速($v \ll c$)、宏观的条件下适用.

牛顿运动定律在平面直角坐标系和平面自然坐标系中的坐标分量式分别为

$$\begin{cases} F_x = ma_x, \\ F_y = ma_y, \end{cases} \tag{19.2.1}$$

$$\begin{cases} F_\tau = ma_\tau = m\dfrac{\mathrm{d}v}{\mathrm{d}t}, \\ F_n = ma_n = m\dfrac{v^2}{\rho}. \end{cases} \tag{19.2.2}$$

2.动量定理、动量守恒定律

(1) 动量

动量 $\vec{p} = m\vec{v}$ 是矢量,方向由物体的运动方向(即速度方向)决定;动量是相对量,与参考系的选择有关.

(2) 单个质点的动量定理

$$\int_{t_1}^{t_2} \vec{F}\mathrm{d}t = \vec{p}_2 - \vec{p}_1 = m\vec{v}_2 - m\vec{v}_1, \tag{19.2.3}$$

即力的冲量等于质点动量的增量.

(3) 质点系的动量定理

$$\int_{t_1}^{t_2} \Big(\sum_{i=1}^{n} \vec{F}_{i外}\Big)\mathrm{d}t = \sum_{i=1}^{n} m_i\vec{v}_{i2} - \sum_{i=1}^{n} m_i\vec{v}_{i1}, \tag{19.2.4}$$

即质点系的动量的增量等于合外力的冲量,而与内力无关.

对质点系进行受力分析时,要注意内力和外力之分.例如,一个由 n 个质点组成的质点系,其中质点 i 所受合力为

$$\vec{F}_{i外} + \sum_{j=1}^{n-1} \vec{f}_{ji},$$

式中 $\sum\limits_{j=1}^{n-1} \vec{f}_{ji}$ 表示质点 i 受到的质点系内力之和.

由于内力总是成对出现,在求整个质点系的内力之和时,即再对 i 求和时必然为零,即

$$\sum_{i=1}^{n} \sum_{j=1}^{n-1} \vec{f}_{ji} = \vec{0}.$$

所以说,内力对系统的总动量无贡献.

(4) 动量守恒定律

当质点系所受合外力为零时,质点系的总动量保持不变,即

$$\sum_{i=1}^{n} m_i \vec{v}_{i2} = \sum_{i=1}^{n} m_i \vec{v}_{i1} = 恒矢量. \tag{19.2.5}$$

注意,守恒条件只能是 $\sum_{i=1}^{n} \vec{F}_{i\text{外}} = \vec{0}$,而不能是 $\int_{t_1}^{t_2} \left(\sum_{i=1}^{n} \vec{F}_{i\text{外}} \right) \mathrm{d}t = \vec{0}$.前者表示在 $t_1 \rightarrow t_2$ 这段时间内,系统与外界无动量交换,因此在 $t_1 \rightarrow t_2$ 这段时间内的任一时刻,系统的总动量 $\sum_{i=1}^{n} m_i \vec{v}_i$ 都与初始时刻的总动量相同;而后者表示在 $t_1 \rightarrow t_2$ 这段时间内,系统与外界动量的交换量为零,它只能保证系统初始时刻与终了时刻的动量相等,不能称之为动量守恒.

3. 动能定理、功能原理、机械能守恒定律

(1) 功

$$A = \int_a^b \vec{F} \cdot \mathrm{d}\vec{r}, \tag{19.2.6}$$

即某力的功等于在力的作用下质点的位移 $\mathrm{d}\vec{r}$ 与力 $\vec{F}$ 的标积之和.在直角坐标系中,

$$A = \int_a^b (F_x \mathrm{d}x + F_y \mathrm{d}y + F_z \mathrm{d}z). \tag{19.2.7}$$

(2) 能量

能量是物体做功本领的量度;机械能 E 是机械运动状态参量 $\vec{r}, \vec{v}$ 的函数;E 是相对量,与参考系的选择有关.

动能 $E_k = \dfrac{1}{2} m v^2$ 是状态参量 v 的函数.因 v 与参考系的选择有关,所以 E_k 也是相对量.

势能 E_p 是状态参量 $\vec{r}$ 的函数,是一种由一对保守力的功来度量的能量,因此势能是彼此作用的系统所共有的.

$$\int_a^b \vec{F}_\text{保} \cdot \mathrm{d}\vec{r} = -(E_{p2} - E_{p1}) = -\Delta E_p, \tag{19.2.8}$$

即一对保守力的功等于相关势能增量的负值.势能大小与势能零点的选择有关.势能函数的形式取决于保守力的函数形式,例如:

① 重力势能 $E_p = mgh$ 为地表附近的质点与地球之间的相互作用能,其力函数 $\vec{F} = m\vec{g}$,势能零点可任取,h 即为质点所在位置与势能零点间的高度差.

② 弹性势能 $E_p = \dfrac{1}{2} k x^2$ 是弹簧形变时所具有的能量,力函数为 $\vec{F} = -kx\vec{i}$,此时系统弹性势能零点在弹簧自然伸长处.

③ 引力势能 $E_p = -G\dfrac{m_1 m_2}{r}$ 是彼此以万有引力相互作用的物体间的相互作用能,力函数为 $\vec{F} = -G\dfrac{mM}{r^2}\vec{e}_r$,此时是以无穷远处为引力势能的零点.

(3) 单个质点的动能定理

$$\int_a^b \vec{F} \cdot \mathrm{d}\vec{r} = \frac{1}{2} m v_2^2 - \frac{1}{2} m v_1^2, \tag{19.2.9}$$

即质点动能的增量等于合外力对质点做的功.

（4）质点系的动能定理、功能原理、机械能守恒定律

① 质点系的动能定理

$$A_\text{外} + A_\text{内保} + A_\text{内非} = E_{k2} - E_{k1}. \tag{19.2.10}$$

② 质点系的功能原理

$$A_\text{外} + A_\text{内非} = E_2 - E_1, \tag{19.2.11}$$

即系统机械能的增量等于外力功与内部非保守力功之总和.

③ 机械能守恒定律

如果 $A_\text{外} = 0$，即系统与外界无机械能交换，同时 $A_\text{内非} = 0$，即系统内部无机械能与其他形式能量的转换，则系统的机械能始终保持一个常量，即

$$\Delta E_k = -\Delta E_p. \tag{19.2.12}$$

（5）能量守恒与转换定律

在孤立系统内不论发生何种变化过程，各种形式的能量之间无论怎样转换，系统的总能量将保持不变.

4. 角动量定理、角动量守恒定律

（1）力矩 $\vec{M} = \vec{r} \times \vec{F}$. 力矩是质点产生转动效应的外在因素. 力矩与参考点的选取有关.

（2）角动量 $\vec{L} = \vec{r} \times m\vec{v}$. 角动量是相对量，既与参考系的选择有关，又与坐标原点的选择有关.

（3）角动量定理

$$\int_{t_0}^{t} \vec{M} \mathrm{d}t = \vec{L} - \vec{L}_0, \tag{19.2.13}$$

作用在质点上的冲量矩等于质点角动量的增量.

（4）角动量守恒定律. 如果质点所受外力对某固定点的力矩为零，则质点对该固定点的角动量守恒，即若 $\vec{M} = \vec{0}$，则

$$\vec{L} = \vec{r} \times m\vec{v} = \text{恒矢量}. \tag{19.2.14}$$

若质点受有心力作用，则质点对力心的角动量一定守恒.

5. 刚体定轴转动的描述

（1）定轴转动的角量描述

在研究刚体定轴转动时，定义垂直于转轴的平面为转动平面，刚体上各质点均在各自的转动平面内做圆心在轴上的圆周运动.

在刚体中任选一转动平面，以轴与转动平面的交点为坐标原点，过原点任引一条射线为极轴，则从原点引向考察质点的位矢 $\vec{r}$ 与极轴的夹角 θ 即为角位置，同样可引入角速度 ω 和角加速度 β，即本书对质点圆周运动的描述在刚体的定轴转动中依然成立.

（2）刚体定轴转动的运动学特点

角量描述的是共性，即所有质点都有相同的角位移、角速度、角加速度；线量描述的是个性，即各质点的位移、速度、加速度与质点到轴的距离成正比.

6. 刚体定轴转动的转动定律

（1）转动惯量. 表征刚体转动惯性大小的物理量，通常用符号 J 表示.

单个质点 $\qquad\qquad\qquad J = mr^2.$

质点系 $\qquad\qquad\qquad J = \sum m_i r_i^2.$

质量连续分布的刚体 $\qquad\qquad J = \int_m r^2 \, \mathrm{d}m.$ $\qquad$ (19.2.15)

上述定义式中的 r 均为所考察的质点到轴的距离.

　　转动惯量的大小与三个因素有关:与质点系的总质量有关;与质量的分布有关;与转动轴的位置有关. 对于给定的转轴,刚体的转动惯量为常量.

　　(2)对轴的力矩. 力矩是刚体转动状态发生变化的原因,即获得角加速度的原因,用 $\vec{M}$ 表示. 对轴的力矩的定义式为

$$\vec{M} = \vec{r} \times \vec{F},$$

式中 $|\vec{r}|$ 是力的作用点到转轴的距离,力矩对轴的方向沿着转轴的方向.

　　(3)转动定律

$$M = J\beta = J \frac{\mathrm{d}\omega}{\mathrm{d}t},$$ $\qquad$ (19.2.16)

即刚体所获得的角加速度与转动惯量成反比,与作用于刚体的外力矩之和成正比.

　　转动定律在刚体定轴转动中的地位与牛顿运动定律在质点力学中的地位相当.

7. 刚体定轴转动的动能定理

　　(1)转动动能为刚体定轴转动时所有各质点的动能之和,即

$$E_k = \sum_{i=1}^{n} \frac{1}{2} \Delta m_i v_i^2 = \frac{1}{2} \left(\sum_{i=1}^{n} \Delta m_i r_i^2 \right) \omega^2 = \frac{1}{2} J\omega^2.$$ $\qquad$ (19.2.17)

　　(2)力矩对定轴转动的刚体所做的功为

$$A = \int_{\theta_1}^{\theta_2} M \mathrm{d}\theta.$$ $\qquad$ (19.2.18)

　　(3)定轴转动的动能定理

$$\int_{\theta_1}^{\theta_2} M \mathrm{d}\theta = \frac{1}{2} J\omega_2^2 - \frac{1}{2} J\omega_1^2.$$ $\qquad$ (19.2.19)

　　(4)刚体的势能由刚体质心(在一般情况下质心位置与重心位置相同)的高度来决定,即

$$E_p = mg y_C.$$ $\qquad$ (19.2.20)

　　(5)机械能守恒定律的守恒条件为外力矩的功 $A_{外} = 0$,同时内部非保守力矩的功 $A_{内非} = 0$.

8. 定轴转动的角动量定理

　　(1)对轴的角动量是所有质点在各自的转动平面内对圆心(即轴与转动平面的交点)的角动量之和,即

$$L = \sum_i \left(r_i m_i v_i \sin \frac{\pi}{2} \right) = \left(\sum_i m_i r_i^2 \right) \omega = J\omega,$$ $\qquad$ (19.2.21)

即刚体对某轴的角动量等于刚体对该轴的转动惯量与角速度的乘积. 可见,角动量的大小与轴的位置有关.

　　(2)对轴的角动量定理

$$\int_{t_1}^{t_2} M \mathrm{d}t = J\omega_2 - J\omega_1.$$ $\qquad$ (19.2.22)

上式表明:定轴转动的刚体所受合外力矩的冲量矩等于刚体对该轴角动量的增量.

（3）对轴的角动量守恒定律.若外力对某轴的力矩之和为零,则该物体对同一轴的角动量守恒,即若 $M = 0$,则

$$J_1\omega_1 = J_2\omega_2. \tag{19.2.23}$$

注意:

① 若系统为一定轴转动的刚体,由于转动惯量对于给定轴为常量,故 $M = 0$ 时,$\omega =$ 常数.这与转动定律的结果一样.

② 若刚体组绕同一轴转动而角动量守恒,由于此时总角动量为

$$L = J_1\omega_1 + J_2\omega_2 + \cdots,$$

故守恒时只是总角动量守恒,但各个刚体的角动量则在内力矩的作用下进行再分配.

③ 若是以相同角速度绕同一轴转动的质点系（即刚体组）角动量守恒,由于转动惯量是变量,故有

$$\omega \propto \frac{1}{J}, \tag{19.2.24}$$

即质点系转动角速度与转动惯量成反比.由此可解释许多体育运动.

19.2.3　重点、难点分析

1.关于牛顿运动定律的应用

（1）牛顿运动定律只在惯性系中成立.

在运用牛顿运动定律解题时,首先要确认所选参考系是惯性系.如果所研究的问题是地面上物体的运动,一般可选地球作为惯性系.在确定研究对象后,除了正确地画出隔离体受力图,还要对研究对象的运动情况进行分析.如图 19.2.1 所示,以加速度 a_0 上升的升降机内有一定滑轮,质量不计.滑轮两边各挂质量分别为 m_1 和 m_2 的物体（$m_1 > m_2$）,求 m_1,m_2 对地的加速度.

不少读者这样解题:

设 m_1,m_2 对升降机的加速度为 a',则因为

$$\begin{cases} m_1 g - T = m_1 a', \\ T - m_2 g = m_2 a', \end{cases}$$

所以 m_1,m_2 对地加速度为

$$a_1 = a_0 - a' = a_0 - \frac{m_1 - m_2}{m_1 + m_2}g,$$

$$a_2 = a_0 + a' = a_0 + \frac{m_1 - m_2}{m_1 + m_2}g.$$

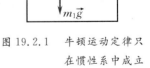

图 19.2.1　牛顿运动定律只在惯性系中成立

这样解是错误的,错就错在上面的动力学方程.因为这时升降机有对地的加速度 a_0,是非惯性系,在升降机参考系中牛顿运动定律不成立.此时只能以地面为参考系,取向上为 x 轴正向,则 m_1,m_2 对地加速度分别是（$a_0 - a'$）和（$a_0 + a'$）,动力学方程为

$$\begin{cases} T - m_1 g = m_1(a_0 - a'), \\ T - m_2 g = m_2(a_0 + a'), \end{cases}$$

解得

$$a' = \frac{(m_1 - m_2)g + (m_1 - m_2)a_0}{m_1 + m_2}.$$

然后再利用 $a_1 = a_0 - a'$，$a_2 = a_0 + a'$ 来求解 m_1，m_2 对地的加速度.

（2）运用微积分处理力学问题.

解决这类问题的关键有两点：其一是根据力函数的形式选择运动定律的形式；其二是正确地分离变量，见典型题解示例中例 2.3、例 2.4.

2. 关于动量定理、动量守恒定律的应用

（1）在运用动量定理解题时，通常要注意如下几点.

① 明确研究对象并进行受力分析. 若是变力，则须明确力函数的形式. 在碰撞问题中若 Δt 很小（一般当 $\Delta t \leqslant 10^{-2}$ s 时），重力等恒力可略去不计.

② 正确分析出研究对象始、末态的动量，并向选定的坐标轴进行投影；列出坐标轴的分量式方程. 由于动量是矢量，因此要特别注意始、末态动量在坐标轴上分量的正、负号；若遇到的是变质量系统，则要正确地分析出 t 时刻和 $(t + \mathrm{d}t)$ 时刻的动量.

（2）在应用质点系的动量守恒定律时要注意以下几点.

① 首先应明确系统的范围以便正确地分析出内力和外力.

② 若 $\sum_{i=1}^{n} \vec{F}_{i外} = \vec{0}$，则系统无论在哪个方向动量都守恒；若 $\sum_{i=1}^{n} \vec{F}_{i外} \neq \vec{0}$，但系统在某一方向上的合外力为零，则该方向上动量守恒.

③ 必须把系统内各量统一到同一惯性系中.

判断哪一方向上的合外力为零时要注意的原则是在 Δt 很小时，只能忽略恒定的有限大小的主动外力（例如重力），而随碰撞而变化的被动外力（例如支持力）一般是不能忽略的.

例如，质量为 M 的木块在光滑的固定斜面上，由 A 点从静止开始下滑，当经过路程 l 运动到 B 点时，木块被一个水平飞来的子弹击中，子弹立即陷入木块内，如图 19.2.2(a) 所示，设子弹的质量为 m，速度为 v. 求子弹击中木块后，子弹与木块的共同速度.

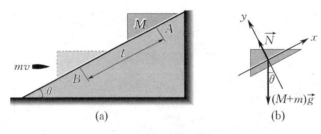

图 19.2.2　必须把系统中各量统一到同一惯性系中

对此题，若以子弹、木块为一个系统，则子弹、木块间的相互作用力为内力；子弹、木块系统所受外力有重力 $(M+m)\vec{g}$，支持力 $\vec{N}$，如图 19.2.2(b) 所示. 重力为有限恒力，在子弹击中木块瞬间可略去，而支持力 $\vec{N}$ 是与碰撞有关的变化的外力，不能略去. 但 $\vec{N}$ 垂直于斜面，因此若以斜面方向为 x 轴，则系统在斜面方向合外力为零因而动量守恒. 设木块滑至 B 点时的末速度为 v_B，则 $v_B = \sqrt{2gl\sin\theta}$，方向沿斜面向下，在子弹击中木块瞬间，$x$ 方向动量守恒，即

$$mv\cos\theta - Mv_B = (m+M)V,$$

于是有

$$V = \frac{mv\cos\theta - M\sqrt{2gl\sin\theta}}{m+M},$$

式中 V 是子弹击中木块后的瞬间系统沿斜面方向的共同速度.

在做该题时常犯的一个错误,是忽视了斜面对木块的支持力 $\vec{N}$ 与水平方向不垂直,认为水平方向动量守恒.

涉及质点系的动量守恒时,由于质点系内各质点间可能存在着相对运动,因此必须把所有动量统一到同一惯性系中.

3. 关于功、机械能及机械能守恒定律

(1) 关于变力的功

此处难点有二:其一,已知的力函数的变量与元位移 $\mathrm{d}\vec{r}$ 的变量不一致;其二,如何选取积分元.

例如,一个物体按 $x = ct^3$ 在介质中做直线运动,设介质的阻力正比于速度的平方,即 $f = -kv^2$,求物体由 $x = 0$ 运动到 $x = l$ 时阻力所做的功.由于力函数 $f = -kv^2$ 与积分元 $\mathrm{d}x$ 的变量不一致,应进行如下变换:

因为 $v = \dfrac{\mathrm{d}x}{\mathrm{d}t} = 3ct^2$,所以

$$f = -kv^2 = -9kc^2t^4.$$

由 $x = ct^3$,得 $t = \left(\dfrac{x}{c}\right)^{\frac{1}{3}}$,故

$$f = -9kc^2\left(\frac{x}{c}\right)^{\frac{4}{3}} = -9kc^{\frac{2}{3}}x^{\frac{4}{3}}.$$

这时被积函数与积分元 $\mathrm{d}x$ 的变量一致,故有

$$A = \int_0^l -9kc^{\frac{2}{3}}x^{\frac{4}{3}}\mathrm{d}x = -\frac{27}{7}kc^{\frac{2}{3}}l^{\frac{7}{3}}.$$

功的定义源于恒力的功 $A = \vec{F}\cdot\Delta\vec{r}$,那么在选取积分元之时,必须使积分元内的功可视为恒力的功,即有 $\mathrm{d}A = \vec{F}\cdot\mathrm{d}\vec{r}$.

例如,有一地下蓄水池,面积为 S,蓄水深为 h.如水面低于地面高度为 H,要将这些水全部抽到地面至少需做功多少(即假定将水匀速提升到地面)?如图 19.2.3 所示,以地面为坐标原点,向上为 y 轴的正向,向下在 y 处取厚度为 $\mathrm{d}y$ 的一层水为研究对象,则有

$$\mathrm{d}m = \rho S\mathrm{d}y.$$

匀速将质量为 $\mathrm{d}m$ 的水提至地面需加的外力为

$$F_外 = \mathrm{d}mg = \rho gS\mathrm{d}y,$$

而且 $F_外$ 把这部分水提至地面所做功可视为恒力做功,即

$$\mathrm{d}A = yF_外 = y\rho gS\mathrm{d}y,$$

所以

$$A = \int\mathrm{d}A = \int_{-H}^{-(H+h)}\rho gSy\mathrm{d}y = \frac{1}{2}\rho gS[(H+h)^2 - h^2].$$

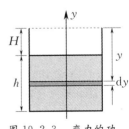

图 19.2.3　变力的功

(2) 关于作用力的功与反作用力的功

　　有一种错误认识,认为作用力与反作用力大小相等、方向相反,因此作用力的功与反作用力的功之和,就像作用力的冲量与反作用力的冲量之和一样,其和为零.这种认识之所以错误,是因为在作用力 $\vec{f}_{ji}$ 作用下的质点 i 的位移 $\mathrm{d}\vec{r}_i$ 与在反作用力 $\vec{f}_{ij}$ 作用下的质点 j 的位移 $\mathrm{d}\vec{r}_j$ 在一般情况下各不相同.因此,作用力的功与反作用力的功之和不一定为零.例如,将一物体在地面上拖动,若以地面为参考系,地面对运动物体的摩擦力做了功,而运动物体对地面的摩擦力就没有做功.因此,物体与地面之间一对作用力与反作用力的功之和不为零.

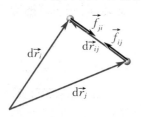

图 19.2.4　作用力与反作用力的功

　　那么作用力与反作用力做功之和为多少呢?如图 19.2.4 所示,设 $\vec{f}_{ji}$ 与 $\vec{f}_{ij}$ 为一对内力,则它们做功之和为

$$\mathrm{d}A = \vec{f}_{ji} \cdot \mathrm{d}\vec{r}_i + \vec{f}_{ij} \cdot \mathrm{d}\vec{r}_j.$$

因为 $\vec{f}_{ij} = -\vec{f}_{ji}$,所以

$$\mathrm{d}A = \vec{f}_{ji} \cdot (\mathrm{d}\vec{r}_i - \mathrm{d}\vec{r}_j) = \vec{f}_{ji} \cdot \mathrm{d}(\vec{r}_i - \vec{r}_j) = \vec{f}_{ji} \cdot \mathrm{d}\vec{r}_{ij},$$

式中 $\mathrm{d}\vec{r}_{ij}$ 是 i,j 两质点的相对位移.由此可知,一对作用力与反作用力做功之和等于力与相对位移的标积.欲使一对内力功之和为零,须使这一对内力处处与它们的相对位移垂直.例如,当一个物体沿着一个光滑斜面下滑时,那么物体对斜面的压力与斜面对物体的支持力这一对内力就与它们的相对位移(即物体沿斜面滑动的距离)处处垂直,故这一对内力功之和为零,而且该结论与斜面是否固定无关.

　　一对内力功之和仅由它们的相对位移决定,这一结论给解题带来许多方便.

　　(3) 关于势能函数

　　势能函数的形式不仅取决于保守力的力函数,还与势能零点的选取有关.求势能函数的通式为

$$E_{\mathrm{p}} = -\int \vec{F}_{\text{保}} \cdot \mathrm{d}\vec{r} + C.$$

　　例如,已知地球的半径为 R,质量为 M,一个质量为 m 的物体在距地面高为 h 处.若取地面为引力势能零点,则地球-物体系统的引力势能应取什么形式?因为 M 与 m 之间的引力大小为 $F = G\dfrac{Mm}{r^2}$,式中 r 是 m 到地心的距离,所以

$$E_{\mathrm{p}} = -\int -G\frac{mM}{r^2}\vec{e}_r \cdot \mathrm{d}\vec{r} + C = -G\frac{mM}{r} + C \quad (\vec{e}_r \text{ 从地心指向 } m).$$

依题意 $r = R$ 时,$E_{\mathrm{p}} = 0$,故有 $C = G\dfrac{Mm}{R}$. m 在离地面为 h 处(即 $r = R+h$)的引力势能为

$$E_{\mathrm{p}} = -G\frac{Mm}{R+h} + G\frac{Mm}{R}.$$

　　(4) 关于功能原理、机械能守恒定律的应用

　　对于质点系的动能定理(式(19.2.10))和质点系的功能原理(式(19.2.11)),两者的区别在于:式(19.2.10) 中功是一切力做的功,包括作用于系统的外力的功,系统内保守力的功和非保守力的功,即 $A = A_{\text{外}} + A_{\text{内保}} + A_{\text{内非}}$;而式(19.2.11) 中的功不能包含系统内部保守力的功,这时系统内部保守力的功已用相关的势能变化表示了.

　　在运用功能原理、机械能守恒定律解题时,通常要注意如下几点.

① 应指明系统的范围,以便区分内力和外力.对于内力还要分清保守内力和非保守内力,并判断守恒条件是否成立;对于保守内力,则可引入一种相关的势能.

② 在列方程之前必须将质点系内各物理量统一到同一惯性系中,以便正确地计算每一个力的功和每一个质点的动能.

③ 交代各相关势能的势能零点位置,然后明确系统始末状态的机械能.

4. 关于角动量守恒定律

(1) 为什么要引入角动量

我们知道,质点做匀速圆周运动时,其动量 $\vec{p} = m\vec{v}$ 是不守恒的,但是质点对圆心的位矢 $\vec{r}$ 与质点动量 $m\vec{v}$ 的矢积 $\vec{r} \times m\vec{v}$ 却是守恒的.另外,大量的事实表明行星绕太阳转动时,行星对太阳的位矢 $\vec{r}$ 与行星的动量 $m\vec{v}$ 的矢积 $\vec{r} \times m\vec{v}$ 也是守恒的.卫星的运动、微观粒子的运动中也存在这一类物理现象.这就是引入角动量 $\vec{L} = \vec{r} \times m\vec{v}$ 的理由.

(2) 关于角动量守恒定律的应用

角动量守恒的条件是:质点所受外力对某固定点的力矩为零,则质点对该固定点的角动量守恒.由此可知,在应用角动量守恒定律时,除了要选择惯性系以外,还必须指明是对哪一点的角动量守恒.

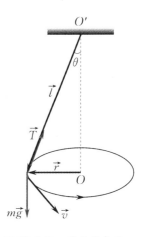

图 19.2.5　质点的角动量守恒定律

例如,在圆锥摆的运动中,如图 19.2.5 所示,质点 m 对圆心 O 的角动量守恒,而对悬点 O' 的角动量就不守恒.这是因为

$$\vec{M}_O = \vec{r} \times m\vec{g} + \vec{r} \times \vec{T} = \vec{r} \times (m\vec{g} + \vec{T}).$$

由图 19.2.5 可看出,$m\vec{g} + \vec{T} = \vec{F}_n$,是质点做圆锥摆动所需的向心力,它与 $\vec{r}$ 共线,故 $\vec{M}_O = \vec{0}$;而

$$\vec{M}_{O'} = \vec{l} \times \vec{T} + \vec{l} \times m\vec{g} = \vec{l} \times m\vec{g} \neq \vec{0},$$

式中 $\vec{T}$ 与 $\vec{l}$ 共线,故 $\vec{l} \times \vec{T} = \vec{0}$.

在质点力学中遇到碰撞一类问题时,如果在已经运用了能量守恒定律、动量守恒定律等后仍然不能回答题设要求,则要考虑是否还要运用角动量守恒定律.

5. 关于刚体中对轴力矩的计算

(1) 对轴力矩的一般特点

① 由于刚体是特殊的质点组,即各质点间无相对位移,因此对于一个刚体的运动不用考虑内力矩.如果是刚体组合,则要考虑刚体与刚体之间内力矩的作用.

② 在定轴转动中,若力的作用线与轴平行,或力的作用线(或延长线)与轴相交,则该力对定轴无力矩.

③ 由 $\vec{M} = \vec{r} \times \vec{F}$(式中 $\vec{r}$ 为轴矢径)知,对轴的力矩的方向沿轴,故力矩的方向只有两个,或正或负,所以对轴的力矩的合成可用代数和完成.

④ 恒力力矩的数学式为 $M = rF\sin\varphi$.

所谓合外力矩,应理解成每一个外力对同一轴的力矩之和,而不能理解成合外力对某一轴的力矩,这是因为每一个外力的作用点对同一轴的轴矢径是不相同的.

（2）变力矩的计算

处理这类问题的关键是正确写出作用在刚体上各部分的力对轴的力矩 $dM = rdf$.

例如,有一个质量为 m、长为 l 的均匀细杆,可在水平桌面上绕通过其一端的竖直固定轴转动,已知细杆与桌面的滑动摩擦系数为 μ,求杆转动时受到的摩擦力矩的大小. 如图 19.2.6 所示,在杆上取质元 $dm = \frac{m}{l}dr$,则质元 dm 受摩擦力为

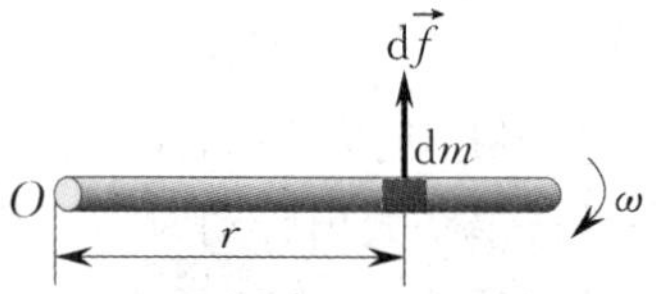

图 19.2.6　摩擦力矩

$$df = \mu dmg = \mu g \frac{m}{l}dr,$$

摩擦力矩

$$dM = rdf = \frac{\mu mg}{l}rdr,$$

则杆转动时受到的摩擦力矩为

$$M = \int_0^l \frac{\mu mg}{l}rdr = \frac{1}{2}\mu mgl.$$

又例如,叶片绕 OO' 轴转动时,单位面积上所受阻力与速度的平方成正比,如图 19.2.7 所示,求叶片以速度 ω 转动时所受的阻力矩.

在距轴 r 处取一个面积元 $dS = bdr$,则该面积元所受阻力大小为

$$df = kv^2 dS = bk\omega^2 r^2 dr,$$

df 产生的阻力矩为

$$dM = -rdf = -bk\omega^2 r^3 dr,$$

则整个叶片所受阻力矩为

$$M = \int_0^a -bk\omega^2 r^3 dr = -\frac{bk\omega^2 a^4}{4}.$$

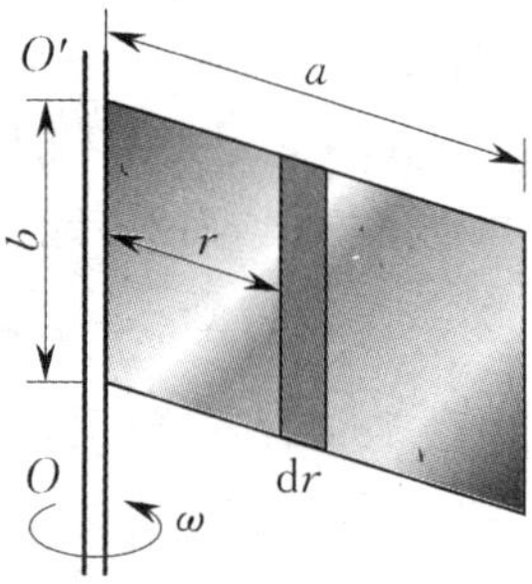

图 19.2.7　变力的力矩

6. 转动定律的应用

在涉及滑轮的力学题中,如题中交代了滑轮质量不计,则是质点力学问题;如题中交代了滑轮的质量及半径,并说明绳与滑轮间无相对滑动,则属于刚体力学问题,这时滑轮两边绳中的张力不相等.

对于变力矩作用下刚体的转动,则要根据变力矩的函数形式来选择转动定律的形式. 例如,若阻力矩是角速度的函数,即 $M = M(\omega)$,则有

$$M(\omega) = J\frac{d\omega}{dt},$$

进行变量分离,即得

$$\int_{\omega_0}^{\omega} \frac{d\omega}{M(\omega)} = \int_{t_0}^t \frac{dt}{J}.$$

7. 刚体定轴转动中守恒定律的应用

（1）关于机械能守恒. 在刚体运动中机械能守恒的条件是 $A_{外} = 0$,$A_{内非} = 0$. 即外力不做功,内部非保守力不做功. 只是需要注意,刚体的转动动能不能用其质心的动能代替,而刚体的势能与它的质心位置相关,即

$$E_p = mgy_C.$$

（2）在质点与刚体的相互作用中,初学者往往习惯用动量守恒而不考虑角动量守恒的问题.为区分这两个守恒定律,必须注意如下两点.

① 动量守恒定律只适用于质点模型,对转动的刚体,讨论动量是没有意义的;角动量守恒定律既适用于刚体模型也适用于质点模型.

② 一个质点系所受合外力为零,并不意味着合外力矩一定为零.例如,对于一对力偶,其合力为零,合力矩不为零.因此动量守恒的系统,其角动量不一定守恒.

19.2.4　典型题解

例 2.1 　如图 19.2.8 所示,两个物体 A 和 B 位于无摩擦的桌面上,它们系于绕过轻滑轮的轻绳两端,另外用一根轻绳把滑轮和悬挂着的物体 C 连接起来,求每个物体的加速度.设 A,B,C 的质量分别为 m_1, m_2 和 m_3.

解　设 A,B 两物体相对于滑轮的加速度为 a',且 A,B 相对于滑轮的加速度方向如图所示.又设滑轮的加速度为 a,则 A,B 两物体对桌面的加速度分别为

$$a_A = a + a', \quad a_B = a - a'.$$

由牛顿运动定律,对 C 有

$$m_3 g - T = m_3 a,$$

对 A 有

$$T' = m_1 a_A = m_1(a + a'),$$

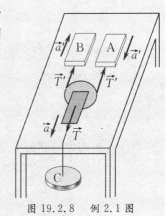

图 19.2.8　例 2.1 图

对 B 有

$$T' = m_2 a_B = m_2(a - a'),$$

对滑轮有

$$T - 2T' = 0.$$

联立以上四式得

$$a_A = \frac{2m_2 m_3 g}{4m_1 m_2 + m_1 m_3 + m_2 m_3}, \quad a_B = \frac{2m_1 m_3 g}{4m_1 m_2 + m_1 m_3 + m_2 m_3},$$

$$a = \frac{m_3(m_1 + m_2)g}{4m_1 m_2 + m_1 m_3 + m_2 m_3}.$$

例 2.2 　一桶水以角速度 ω 绕铅直轴做匀速转动,试证明当水与水桶处于相对静止时,桶内水的自由面形状是一个旋转抛物面.

证明　如图 19.2.9 所示,取液面底为原点建立坐标系,在液面上取一个质量元 $\mathrm{d}m$,其受重力 $\mathrm{d}m\vec{g}$ 和周围流体对 $\mathrm{d}m$ 的压力 $\mathrm{d}\vec{N}$,它们的合力 $\mathrm{d}\vec{F}$ 就是使 $\mathrm{d}m$ 绕 y 轴转动的向心力,有

$$\mathrm{d}F = \mathrm{d}mg\tan\theta = \mathrm{d}m\omega^2 x,$$

而切线与 x 轴夹角的正切是该处斜率,即 $\tan\theta = \dfrac{\mathrm{d}y}{\mathrm{d}x}$.于是有

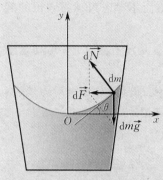

图 19.2.9　例 2.2 图

$$\frac{\mathrm{d}m\omega^2 x}{\mathrm{d}mg} = \tan\theta = \frac{\mathrm{d}y}{\mathrm{d}x},$$

即 $\mathrm{d}y = \dfrac{\omega^2}{g}x\,\mathrm{d}x$，积分得 $y = \dfrac{\omega^2}{2g}x^2 + C.$

因 $x = 0$ 时，$y = 0$，所以 $C = 0$，故 $y = \dfrac{\omega^2}{2g}x^2$，得证.

例 2.3　一个质量为 45 kg 的物体，由地面以初速 60 m/s 竖直向上发射，空气的阻力为 $F = -kv$，其中 $k = 0.03$，力 F 的单位是 N，速率 v 的单位是 m/s. 求：(1) 物体发射到最大高度所需的时间；(2) 物体发射的最大高度.

解　(1) 物体竖直向上发射后将受到向下的重力 P 和向下的阻力 F 的作用，取地面为原点，坐标 h 轴的正方向向上，按牛顿第二定律有

$$-mg - kv = m\frac{\mathrm{d}v}{\mathrm{d}t}, \quad \mathrm{d}t = -\frac{1}{g + \dfrac{k}{m}v}\mathrm{d}v.$$

由题意知，$t = 0$ 时，物体位于地面，其速度为 v_0；$t = t$ 时，物体位于最高点，其速度为零，故对上式积分有

$$\int_0^t \mathrm{d}t = \int_{v_0}^0 -\frac{\mathrm{d}v}{g + \dfrac{k}{m}v},$$

得物体自地面发射到最大高度所需的时间为

$$t = \frac{m}{k}\ln\frac{g + \dfrac{k}{m}v_0}{g} = \frac{45}{0.03}\ln\frac{9.8 + \dfrac{0.03}{45}\times 60}{9.8}\ \mathrm{s} = 6.11\ \mathrm{s}.$$

(2) 因为 $\mathrm{d}t = -\dfrac{1}{g + \dfrac{k}{m}v}\mathrm{d}v$，故

$$\int_0^t \mathrm{d}t = \int_{v_0}^v -\frac{1}{g + \dfrac{k}{m}v}\mathrm{d}v, \quad t = \frac{m}{k}\ln\frac{g + \dfrac{k}{m}v_0}{g + \dfrac{k}{m}v},$$

得

$$v = \left(\frac{mg}{k} + v_0\right)\mathrm{e}^{-\frac{k}{m}t} - \frac{mg}{k}.$$

又因 $v = \dfrac{\mathrm{d}h}{\mathrm{d}t}$，所以

$$\mathrm{d}h = \left[\left(\frac{mg}{k} + v_0\right)\mathrm{e}^{-\frac{k}{m}t} - \frac{mg}{k}\right]\mathrm{d}t,$$

$$\int_0^H \mathrm{d}h = \int_0^{6.11\,\mathrm{s}}\left[\left(\frac{mg}{k} + v_0\right)\mathrm{e}^{-\frac{k}{m}t} - \frac{mg}{k}\right]\mathrm{d}t,$$

解得物体到达的最大高度为

$$H = \frac{m}{k}\left(\frac{mg}{k} + v_0\right)\left(1 - \mathrm{e}^{-\frac{k}{m}\times 6.11\,\mathrm{s}}\right) - \frac{mg}{k}\times 6.11\ \mathrm{s}$$

$$= \frac{45}{0.03}\left(\frac{45 \times 9.8}{0.03} + 60\right)\left(1 - e^{-\frac{0.03 \times 6.11}{45}}\right) \text{m} - \frac{45 \times 9.8}{0.03} \times 6.11 \text{ m} = 182 \text{ m}.$$

例 2.4　如图 19.2.10 所示,光滑水平面上固定一个半径为 r 的薄圆筒,质量为 m 的物体在筒内以初速率 v_0 沿筒的内壁逆时针方向运动,物体与筒内壁接触处的摩擦系数为 μ. 求:
(1) 作用在物体上的摩擦力;(2) 物体的切向加速度;(3) 物体速度从 v_0 减小到 $v_0/3$ 所需的时间和经历的路程.

解　由题意知物体做半径为 r 的圆周运动,设任一 t 时刻物体的速率为 v,受力情况如图 19.2.10 所示,$\vec{N}$ 和 $\vec{f}$ 分别是环内壁作用在物体上的支持力和摩擦力,物体所受重力和水平面的支持力在竖直方向相互平衡,图中未画出.

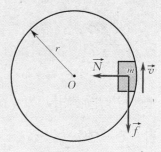

图 19.2.10　例 2.4 图

物体的动力学方程为 $\vec{N} + \vec{f} = m\vec{a}$,在自然坐标系中的分量式为

$$-f = ma_\tau = m\frac{\mathrm{d}v}{\mathrm{d}t}, \quad N = ma_n = m\frac{v^2}{r}.$$

(1) 由 $-f = -\mu N = -\mu m \dfrac{v^2}{r} = m\dfrac{\mathrm{d}v}{\mathrm{d}t}$,得 $\mathrm{d}t = -\dfrac{r}{\mu}\dfrac{\mathrm{d}v}{v^2}$,两边积分

$$\int_0^t \mathrm{d}t = -\frac{r}{\mu}\int_{v_0}^v \frac{\mathrm{d}v}{v^2}, \quad t = \frac{r}{\mu}\left(\frac{1}{v} - \frac{1}{v_0}\right),$$

故 $v = \dfrac{v_0 r}{r + \mu v_0 t}$. 可得

$$f = \mu N = \mu m \frac{v^2}{r} = \frac{\mu m v_0^2 r}{(r + \mu v_0 t)^2},$$

即摩擦力随时间 t 逐渐减小;方向沿圆周切向,与物体相对于筒的运动方向相反.

(2) $a_\tau = -\dfrac{f}{m} = -\dfrac{\mu v^2}{r} = -\dfrac{\mu v_0^2 r}{(r + \mu v_0 t)^2}$.

(3) 当 $v = \dfrac{v_0}{3}$ 时,有 $\dfrac{v_0}{3} = \dfrac{v_0 r}{r + \mu v_0 t}$,得

$$t = \frac{2r}{\mu v_0}.$$

再由 $v = \dfrac{\mathrm{d}s}{\mathrm{d}t}$,有 $\mathrm{d}s = v\mathrm{d}t = \dfrac{rv_0}{r + \mu v_0 t}\mathrm{d}t$,两边积分

$$\int_0^s \mathrm{d}s = rv_0 \int_0^{\frac{2r}{\mu v_0}} \frac{\mathrm{d}t}{r + \mu v_0 t},$$

得

$$s = \frac{r}{\mu}\ln(r + \mu v_0 t)\Big|_0^{\frac{2r}{\mu v_0}} = \frac{r}{\mu}\ln 3.$$

例 2.5　一个质量为 m 的人抓住一根挂在质量为 M 的气球下面的绳梯,最初气球相对于地面是静止的.(1) 如果人以相对于绳梯的速率 v 攀登绳梯,则气球将朝什么方向(相对于地球)运动?速率多大?(2) 人停止攀登后,气球的运动状态如何?

解　（1）由于系统（气球和人）最初处于静止状态，且在人攀登绳梯的过程中，系统所受合外力为零.设气球向着地面运动速度为 u，则人相对于地球的攀登速度将为 $v-u$.以地面作为参考系，列出系统的动量守恒方程

$$m(v-u)-Mu=0.$$

由上述方程得气球向着地面运动的速度为

$$u=\frac{mv}{M+m}.$$

（2）根据上述结果，当 $v=0$ 时，有 $u=0$，即当人停止攀登时，气球也静止不动.

例 2.6　设有一辆铁道炮车在水平线上运动，炮车及炮身的质量为 M，炮弹的质量为 m，炮筒与水平线的夹角为 α，如图 19.2.11 所示，在弹药爆炸后炮弹对炮车的相对速度为 $\vec{v}'$，求弹药爆炸的气体压力所做的功.

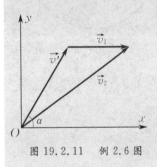

图 19.2.11　例 2.6 图

解　选定地面为静止参考系，设发射炮弹前炮车和炮弹对地的速度为 $\vec{v}_0$（水平方向）；爆炸后，炮车对地的水平速度为 $\vec{v}_1$；炮弹对地的速度为 $\vec{v}_2$，如图 19.2.11 所示，则 $\vec{v}_2=(v'\cos\alpha+v_1)\vec{i}+v'\sin\alpha\vec{j}$.炮车、炮弹系统沿水平方向动量守恒，有

$$Mv_1+m(v'\cos\alpha+v_1)=(M+m)v_0. \qquad ①$$

爆炸气体压力的功为

$$A=\frac{1}{2}Mv_1^2+\frac{1}{2}m[(v'\cos\alpha+v_1)^2+v'^2\sin^2\alpha]-\frac{1}{2}(M+m)v_0^2. \qquad ②$$

由式 ① 得

$$v_0=v_1+\frac{m}{M+m}v'\cos\alpha,$$

代入式 ② 得

$$A=\frac{1}{2}mv'^2\left(\frac{M}{M+m}\cos^2\alpha+\sin^2\alpha\right).$$

例 2.7　如图 19.2.12 所示，长为 L 的链条质量均匀分布，总质量为 m，置于水平桌面上，链条与桌面间的摩擦系数为 μ.开始时下垂部分的长度为 $4L/5$，处于静止状态.现沿水平方向施外力 F 将链条匀速拉上桌面，求外力做的功.

解　方法一　取坐标轴 Ox，设某时刻链条水平部分的长度为 x，受桌面的摩擦力为 $f=\mu\frac{m}{L}xg$，下垂部分的长度为 $L-x$，所受重力为 $P_2=\frac{m}{L}(L-x)g$.因链条匀速运动，故有

$$\vec{F}+\vec{f}+\vec{P}_2=\vec{0}.$$

当链条位移 $\mathrm{d}x$ 时，拉力做功

$$\mathrm{d}A=F\mathrm{d}x=(f+P_2)\mathrm{d}x,$$

故

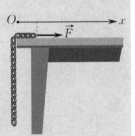

图 19.2.12　例 2.7 图

$$A = \frac{mg}{L} \int_{\frac{L}{5}}^{L} \left[L - (1-\mu)x \right] \mathrm{d}x = \frac{4(2+3\mu)}{25} mgL.$$

方法二　用功能原理求解. 对链条和地球组成的系统, 外力 F 和非保守内力 f 做功之和应等于系统机械能的增量, 即

$$A_F + A_f = \Delta E,$$

所以

$$A_F = \Delta E - A_f = \frac{8}{25} mgL - \int_{\frac{L}{5}}^{L} \mu \frac{m}{L} gx \, \mathrm{d}x \cos\pi = \frac{4(2+3\mu)}{25} mgL.$$

例 2.8　同一个人消耗同样的能量从河中的一只船上往岸上跳, 一次是从大船上起跳, 一次是从小船上起跳, 问哪次容易达到目的? 试定量说明 (设船、岸近似在同一水平高度).

解　设人的质量为 m, 船的质量为 M, 在人跳离时, 人对地的速度是 v, 船对地的速度是 v_0. 人之所以能跳上岸是因为人和船之间的一对非保守内力做了正功, 使人和船均获得了动能, 即有

$$E_k = \frac{1}{2} mv^2 + \frac{1}{2} Mv_0^2. \tag{①}$$

另外, 人、船这一系统在水平方向动量守恒, 即有

$$mv - Mv_0 = 0, \tag{②}$$

联立 ①, ② 两式可得

$$\frac{1}{2} mv^2 = \frac{M}{M+m} E_k, \quad \frac{1}{2} Mv_0^2 = \frac{m}{m+M} E_k.$$

这说明, 当人消耗同样的能量 E_k 时, 船的质量越大, 人获得的动能越大, 因而从大船往岸上跳要容易些.

例 2.9　如图 19.2.13(a) 所示, 两物体 A, B 的质量相同, 均为 m. A 放在倾角为 θ 的光滑斜面上, 斜面顶端固定一组合轮 C, 可绕水平 O 轴无摩擦地转动. 绕在组合轮小轮上的细绳与 A 相连, 绕在组合轮大轮上的细绳与 B 相连. 设小轮和大轮的质量分别为 m_1 和 m_2, 半径分别为 r_1 和 r_2, 细绳不可伸长且质量不计. 系统从静止释放, 求两段绳中的张力 T_1 和 T_2 以及两物体的加速度 a_A 和 a_B.

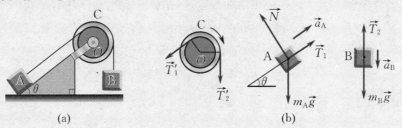

图 19.2.13　例 2.9 图

解　设组合轮顺时针方向转动, 角加速度为 β, 则物体 A 沿斜面上升, 物体 B 竖直下降. 分别画出 A, B 和组合轮的受力图, 如图 19.2.13(b) 所示. 已知组合轮的转动惯量 $J = \frac{1}{2} m_1 r_1^2 +$

$\frac{1}{2}m_2 r_2^2$,则由牛顿第二定律和转动定律,得

物体 A $\qquad\qquad T_1 - mg\sin\theta = ma_A,$ ①

物体 B $\qquad\qquad mg - T_2 = ma_B,$ ②

组合轮 C $\qquad\qquad r_2 T_2' - r_1 T_1' = J\beta.$ ③

又

$$T_1' = T_1, \quad T_2' = T_2, \quad a_A = r_1\beta, \quad a_B = r_2\beta.$$ ④

联立以上四式得

$$\beta = \frac{m(r_2 - r_1\sin\theta)}{m(r_1^2 + r_2^2) + J}g,$$

则

$$a_A = r_1\beta = \frac{mr_1(r_2 - r_1\sin\theta)}{m(r_1^2 + r_2^2) + J}g, \quad a_B = r_2\beta = \frac{mr_2(r_2 - r_1\sin\theta)}{m(r_1^2 + r_2^2) + J}g,$$

$$T_1 = m(a_A + g\sin\theta) = \frac{mr_2(r_1 + r_2\sin\theta) + J\sin\theta}{m(r_1^2 + r_2^2) + J}mg,$$

$$T_2 = m(g - a_B) = \frac{mr_1(r_1 + r_2\sin\theta) + J}{m(r_1^2 + r_2^2) + J}mg.$$

例 2.10 如图 19.2.14(a) 所示,均匀杆长为 L,质量为 m,静止在水平面上,可绕通过左端 O 的竖直光滑轴转动.一质量为 $m_0 = m/3$ 的小球以速度 v_0 在水平面上垂直击杆于 P 点,并以速度 $v = v_0/3$ 反弹回.设 $OP = 3L/4$,杆与水平面间的摩擦系数为 μ. 求:(1) 杆开始转动时的角速度;(2) 杆受摩擦力矩的大小;(3) 从杆开始转动到静止的过程中摩擦力矩做的功;(4) 杆从开始转动到静止所转过的角度和经历的时间.

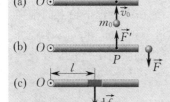

图 19.2.14 例 2.10 图

解 (1) 设球与杆碰撞时的相互作用力为 $\vec{F}$ 和 $\vec{F}'$,如图 19.2.14(b) 所示;碰撞后杆的角速度为 ω_0,则对球应用动量定理,有

$$\int_0^t F\mathrm{d}t = m_0 v - (-m_0 v_0),$$ ①

对杆应用角动量定理,碰撞瞬间忽略杆与水平面的摩擦力矩,因为 $M = \frac{3L}{4}F'$,则有

$$\int_0^t M\mathrm{d}t = \int_0^t \frac{3L}{4}F'\mathrm{d}t = J\omega.$$ ②

又 $F' = F$,$J = \frac{1}{3}mL^2$,联立 ①,② 两式得

$$\frac{3L}{4}m_0(v + v_0) = J\omega, \quad \omega = \frac{3L}{4J}m_0(v + v_0) = \frac{v_0}{L}.$$

事实上,碰撞瞬间小球、细杆系统对 O 轴的角动量守恒,即有

$$\frac{3L}{4}mv_0 = -\frac{3L}{4}mv + J\omega.$$

同样可求得 ω.

(2) 如图 19.2.14(c) 所示,在杆上距 O 轴为 l 处取质元 $dm = \dfrac{m}{L}dl$,dm 受摩擦力 $df = \mu g\, dm$,$d\vec{f}$ 对 O 轴的力矩的大小为

$$dM = l\,df = \frac{\mu mg}{L}l\,dl,$$

两边积分得摩擦力矩的大小为

$$M = \int dM = \frac{\mu mg}{L}\int_0^L l\,dl = \frac{1}{2}\mu mgL.$$

(3) 由刚体转动的动能定理可知,摩擦力矩做的功等于杆的转动动能的增量.得

$$\Delta E_k = 0 - \frac{1}{2}J\omega^2 = -\frac{1}{6}mv_0^2.$$

(4) 由 $\Delta E_k = \displaystyle\int_0^\theta -M d\theta = -\int_0^\theta \frac{1}{2}\mu mgL\,d\theta = -\frac{1}{2}\mu mgL\theta$,得杆转过的角度

$$\theta = -\frac{2\Delta E_k}{\mu mgL} = \frac{v_0^2}{3\mu gL}.$$

又由角动量定理 $\displaystyle\int_0^t M dt = M\Delta t = J\omega$,得

$$\Delta t = \frac{J\omega}{M} = \frac{2v_0}{3\mu g}.$$

或由匀变速转动公式,有 $\Delta\theta = \theta - 0 = \bar{\omega}\Delta t = \dfrac{\omega}{2}\Delta t$,同样可得

$$\Delta t = \frac{2\theta}{\omega} = \frac{2v_0}{3\mu g}.$$

例 2.11 　如图 19.2.15 所示,一条绳跨过一定滑轮 C 一端与放在桌面上的 m_A 相连,另一端与 m_B 相连,定滑轮 C 是半径为 R 的均匀圆盘,m_A 与桌面间的摩擦系数为 $\mu = 0.5$,$m_C = 2m_B$,$m_A = 3m_B$.开始 m_A 静止于桌面,m_B 自由下落 l 距离后绳子才被拉紧.求绳子刚拉紧的瞬间定滑轮 C 的角速度;绳子拉紧后 m_B 下落的最大距离 h.

解 　本题有三个运动过程:

(1) m_B 物体自由下落过程

当绳子刚拉紧时 m_B 的速度为 $v_0 = \sqrt{2gl}$.

(2) 冲击过程(绳的绷紧过程)

以相关联的 m_A,m_B 和定滑轮为研究系统.由于此过程非常短暂,系统所受的外力(见图 19.2.15)$\vec{N}_1$,$\vec{P}_A$,$\vec{P}_B$,$\vec{f}_r$ 均远小于冲力(内力),可忽略不计.定滑轮 C 的重力和支持力对定轴 O 不产生力矩.这时可近似认为系统对定轴 O 的合外力矩为零,角动量守恒.设冲击后 m_A,m_B 的速度为 v,定滑轮的角速度为 ω,则有

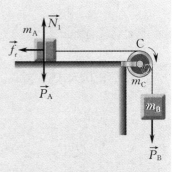

图 19.2.15 　例 2.11 图

$$m_B v_1 R = m_B v R + m_A v R + J_C \omega,$$

又 $v = \omega R$,$m_A = 3m_B$,$J_C = \dfrac{m_C}{2}R^2 = m_B R^2$,解得

$$\omega = \frac{v_0}{5R} = \frac{\sqrt{2gl}}{5R}.$$

(3) 下降过程

以 m_A,m_B,定滑轮和地球为研究系统,系统受的力有:m_A,m_B,m_C 的重力,这是保守内力;桌面对 m_A 的支持力,轴对 m_C 的支持力,虽为外力,但不做功.只有 m_A 受桌面的摩擦力做功(设 m_B 下降的最低位置为重力势能零点),根据功能原理可得

$$A = 0 - \left(\frac{1}{2} m_A v^2 + \frac{1}{2} J_C \omega^2 + \frac{1}{2} m_B v^2 + m_B gh \right).$$

因 $A = -\mu m_A gh$,$v = R\omega = \frac{v_0}{5}$,代入上式,可解得

$$h = \frac{v_0^2}{5g} = \frac{2}{5} l.$$

例 2.12 长度为 l、质量为 M 的均匀直杆可绕通过杆上端的水平光滑固定轴转动,最初杆自然下垂.一个质量为 m 的泥团在垂直于水平轴的平面内以水平速度 v_0 打在杆上并粘住.若要在打击时轴不受水平力作用,试求泥团应打击的位置(这一位置称为杆的打击中心).

解 选泥团和杆为系统,泥团打击时系统所受外力为 $M\vec{g}$,$m\vec{g}$,$\vec{N_1}$(水平力),$\vec{N_2}$(竖直力),如图 19.2.16 所示.杆的质心 C 点在距轴 $0.5l$ 处,设刚打击后,系统的角速度为 ω,则 C 点速度为 $v_C = \frac{1}{2} l\omega$.

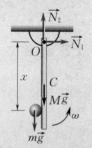

设打击处距轴的距离为 x,将动量定理用于水平方向,有

$$\int N_1 dt = mv + Mv_C - mv_0 = mx\omega + M \cdot \frac{1}{2} l\omega - mv_0. \tag{①}$$

系统对轴 O 的角动量守恒,有

$$xmv_0 = xmv + J\omega = mx^2 \omega + \frac{1}{3} Ml^2 \omega = \left(mx^2 + \frac{1}{3} Ml^2 \right)\omega,$$

故

图 19.2.16　例 2.12 图

$$\omega = \frac{xmv_0}{mx^2 + \frac{1}{3} Ml^2}. \tag{②}$$

将式 ② 代入式 ① 得

$$\int N_1 dt = \left(mx + \frac{1}{2} Ml \right) \frac{xmv_0}{\left(mx^2 + \frac{1}{3} Ml^2 \right)} - mv_0,$$

若要 $N_1 = 0$,应有

$$\left(mx + \frac{1}{2} Ml \right) \frac{xmv_0}{\left(mx^2 + \frac{1}{3} Ml^2 \right)} - mv_0 = 0,$$

得

$$x = \frac{2}{3} l.$$

自 测 题 1

一、选择题(每题 3 分,共 36 分)

1. 一个质点在平面上运动,已知质点位置矢量的表示式为 $\vec{r} = at^2\vec{i} + bt^2\vec{j}$(其中 a,b 为常量),则该质点做　　　　　　　　　　　　　　　　　　[　　]

　(A) 匀速直线运动.　　　(B) 变速直线运动.　　　(C) 抛物线运动.　　　(D) 一般曲线运动.

2. 对于沿曲线运动的物体,以下几种说法中哪一种是正确的?　　　　　　　[　　]

　(A) 切向加速度必不为零.

　(B) 法向加速度必不为零(拐点处除外).

　(C) 由于速度沿切线方向,法向分速度必为零,因此法向加速度必为零.

　(D) 若物体做匀速率运动,其总加速度必为零.

　(E) 若物体的加速度 $\vec{a}$ 为恒矢量,它一定做匀变速率运动.

3. 如题 3 图所示,在升降机天花板上拴有轻绳,其下端系一重物,当升降机以加速度 $\vec{a}_1$ 上升时,绳中的张力正好等于绳子所能承受的最大张力的一半,问升降机以多大加速度上升时,绳子刚好被拉断?　　　　　　　　　　　　　　　　[　　]

　(A) $2a_1$.

　(C) $2a_1 + g$.

　(B) $2(a_1 + g)$.

　(D) $a_1 + g$.

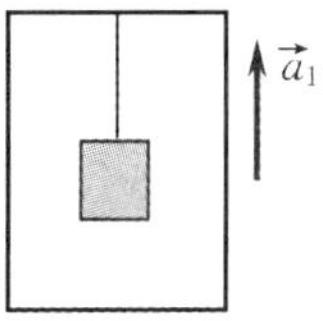

题 3 图

4. 质量为 20 g 的子弹沿 x 轴正向以 500 m/s 的速率射入一木块后,与木块一起仍沿 x 轴正向以 50 m/s 的速率前进,在此过程中木块所受冲量的大小为　　　　　[　　]

　(A) 9 N·s.　　　(B) −9 N·s.　　　(C) 10 N·s.　　　(D) −10 N·s.

5. 一个质量为 M 的斜面原来静止于水平光滑平面上,将一质量为 m 的木块轻轻放于斜面上,如题 5 图所示,如果此后木块能静止于斜面上,则斜面将　　　　[　　]

　(A) 保持静止.　　　　　　　　　　　(B) 向右加速运动.

　(C) 向右匀速运动.　　　　　　　　　(D) 向左加速运动.

6. A,B 两木块质量分别为 m_A 和 m_B,且 $m_B = 2m_A$,两者用一轻弹簧连接后静止于光滑水平桌面上,如题 6 图所示.若用外力将两木块压近使弹簧被压缩,然后将外力撤去,则此后两木块运动动能之比 $\dfrac{E_{kA}}{E_{kB}}$ 为　　[　　]

　(A) $\dfrac{1}{2}$.　　　(B) $\dfrac{\sqrt{2}}{2}$.　　　(C) $\sqrt{2}$.　　　(D) 2.

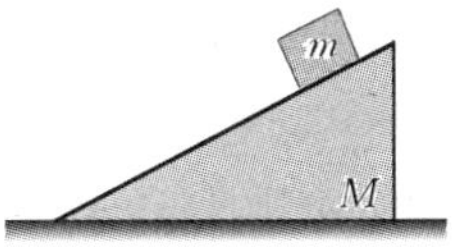

题 5 图 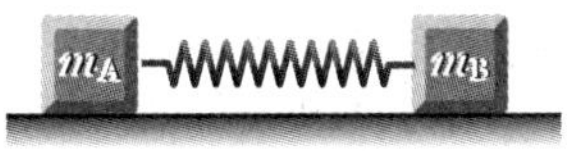　　　　　　　　　题 6 图

7. 人造地球卫星绕地球做椭圆轨道运动,地球在椭圆的一个焦点上,则卫星的　[　　]

　(A) 动量不守恒,动能守恒.　　　　　(B) 动量守恒,动能守恒.

　(C) 对地心的角动量守恒,动能不守恒.　(D) 对地心的角动量不守恒,动能守恒.

8. 一个质量为 m 的滑块由静止开始沿着 1/4 圆弧形光滑的木槽滑下.设木槽的质量也是 m,槽的圆半径为 R,放在光滑水平地面上,如题 8 图所示.则滑块离开槽时的速度是　[　　]

　(A) $\sqrt{2Rg}$.　　　(B) $2\sqrt{Rg}$.　　　(C) $\sqrt{Rg}$.　　　(D) $\dfrac{1}{2}\sqrt{Rg}$.

(E) $\frac{1}{2}\sqrt{2Rg}$.

9. 如题 9 图所示,一个小物体位于光滑的水平桌面上,与一条绳的一端相连接,绳的另一端穿过桌面中心的小孔 O. 该物体原以角速度 ω 在半径为 R 的圆周上绕 O 旋转,今将绳从小孔缓慢往下拉. 则物体   [   ]

(A) 动能不变,动量改变.   (B) 动量不变,动能改变.

(C) 角动量不变,动量不变.   (D) 角动量改变,动量改变.

(E) 角动量不变,动能、动量都改变.

10. 两个匀质圆盘 A 和 B 的密度分别为 ρ_A 和 ρ_B,若 $\rho_A > \rho_B$,但两圆盘的质量与厚度相同,如两盘对通过盘心垂直于盘面轴的转动惯量各为 J_A 和 J_B,则   [   ]

(A) $J_A > J_B$.   (B) $J_B > J_A$.

(C) $J_A = J_B$.   (D) J_A,J_B 哪个大,不能确定.

11. 一条轻绳跨过一个具有水平光滑轴、质量为 M 的定滑轮,绳的两端分别悬有质量为 m_1 和 m_2 的物体($m_1 < m_2$),如题 11 图所示. 绳与轮之间无相对滑动. 若某时刻滑轮沿逆时针方向转动,则绳中的张力   [   ]

(A) 处处相等.   (B) 左边大于右边.

(C) 右边大于左边.   (D) 无法判断哪边大.

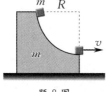
题 8 图

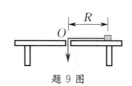
题 9 图

题 11 图

12. 一个水平圆盘可绕通过其中心的固定竖直轴转动,盘上站着一个人. 把人和圆盘取作系统,当此人在盘上随意走动时,若忽略轴的摩擦,此系统   [   ]

(A) 动量守恒.   (B) 机械能守恒.   (C) 对转轴的角动量守恒.

(D) 动量、机械能和角动量都守恒.   (E) 动量、机械能和角动量都不守恒.

二、填空题(共 14 分)

13. 一质点从静止出发,沿半径 $R = 3$ m 的圆周运动. 切向加速度 $a_\tau = 3$ m/s² 保持不变,当总加速度与半径成角 45° 时,所经过的时间 $t =$ _____ ,在上述时间内质点经过的路程 $s =$ _____ .

14. 设作用在质量为 1 kg 的物体上的力 $F = 6t + 3$(SI). 如果物体在该力的作用下由静止开始沿直线运动,在 $0 \sim 2.0$ s 的时间间隔内,该力作用在物体上的冲量大小 $I =$ _____ .

15. 质点在两恒力共同作用下,位移为 $\Delta \vec{r} = 3\vec{i} + 8\vec{j}$(SI);在此过程中,动能增量为 24 J,已知其中一恒力 $\vec{F_1} = 12\vec{i} - 3\vec{j}$(SI),则另一恒力所做的功为 _____ .

16. 一个长为 l、质量可以忽略的直杆,两端分别固定有质量为 $2m$ 和 m 的小球,杆可绕通过其中心 O 且与杆垂直的水平光滑固定轴在铅直平面内转动. 开始杆与水平方向成某一角度 θ,处于静止状态,如题 16 图所示. 释放后,杆绕 O 轴转动. 则当杆转到水平位置时,该系统所受到的合外力矩的大小 $M =$ _____ ,此时该系统角加速度的大小 $\beta =$ _____ .

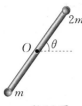
题 16 图

三、计算题(共 50 分)

17. 如题 17 图所示,一条轻绳跨过一轻滑轮(滑轮与轴间摩擦可忽略),在绳的一端挂一个质量为 m_1 的物体,在另一侧有一质量为 m_2 的环,求当环相对于绳以恒定的加速度 $\vec{a_2}$ 沿绳向下滑动时,物体和环相对地面的加速度各是多少?环与绳间的摩擦力多大?

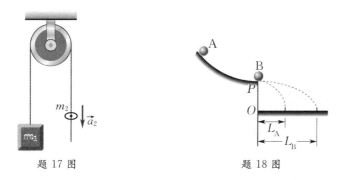

题 17 图　　　　　　　　　　题 18 图

18. 如题 18 图所示,质量为 m_A 的小球 A 沿光滑的弧形轨道滑下,与放在轨道端点 P 处(该处轨道的切线为水平的)的静止小球 B 发生弹性正碰撞,小球 B 的质量为 m_B,A,B 两小球碰撞后同时落在水平地面上.如果 A,B 两球的落地点距 P 点正下方 O 点的距离之比 $\dfrac{L_A}{L_B} = \dfrac{2}{5}$,求两小球的质量比 $\dfrac{m_A}{m_B}$.

19. 如题 19 图所示,两个带理想弹簧缓冲器的小车 A 和 B,质量分别为 m_1 和 m_2.B 不动,A 以速度 v_0 与 B 碰撞,如已知两车的缓冲弹簧的劲度系数分别为 k_1 和 k_2,在不计摩擦的情况下,当两车相对静止时,其间的作用力为多大?(弹簧质量忽略不计)

20. 质量 $m = 1.1\,\mathrm{kg}$ 的匀质圆盘可以绕通过其中心且垂直盘面的水平光滑固定轴转动,对轴的转动惯量 $J = \dfrac{1}{2}mr^2$(r 为盘的半径).圆盘边缘绕有绳子,绳子下端挂一质量 $m_1 = 1.0\,\mathrm{kg}$ 的物体,如题 20 图所示.起初在圆盘上加一恒力矩使物体以速率 $v_0 = 0.6\,\mathrm{m/s}$ 匀速上升,如撤去所加力矩,问经历多少时间圆盘开始做反方向转动?

21. 如题 21 图所示,两个大小不同、具有水平光滑轴的定滑轮,顶点在同一水平线上.小滑轮的质量为 m,半径为 r,对轴的转动惯量 $J = \dfrac{1}{2}mr^2$.大滑轮的质量 $m' = 2m$,半径 $r' = 2r$,对轴的转动惯量 $J' = \dfrac{1}{2}m'r'^2$.

一根不可伸长的轻质细绳跨过这两个定滑轮,绳的两端分别挂着物体 A 和 B.A 的质量为 m,B 的质量 $m' = 2m$.这一系统由静止开始转动.已知 $m = 6.0\,\mathrm{kg}$,$r = 5.0\,\mathrm{cm}$.求两滑轮的角加速度和它们之间绳中的张力.

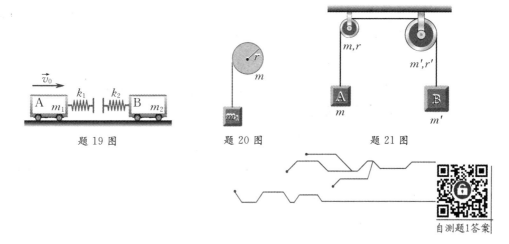

题 19 图　　　　　　题 20 图　　　　　　题 21 图

自测题1答案

机 械 振 动

19.3.1 基本要求

1. 理解描述简谐振动的三个重要参量：振幅、周期(频率)、相位,能熟练确定这三个参量,特别是相位和初相位.

2. 理解描述简谐振动的旋转矢量法.

3. 掌握简谐振动的动力学特征、运动学特征、能量特征.

4. 掌握同方向、同频率简谐振动的合成,了解拍振动.

5. 了解阻尼振动、受迫振动和共振.

19.3.2 内容提要

1. 简谐振动的特征和定义

(1) 简谐振动的动力学特征

做简谐振动的系统,一定在其稳定平衡位置附近受到一个线性回复力的作用：

$$F = -kx,\tag{19.3.1}$$

式中 x 表示系统偏离平衡位置的位移,负号表示力的方向始终与振动位移方向相反,即始终指向平衡位置.

若某系统在其稳定平衡位置附近受力为 $F = a - bx$(式中 a,b 为常数),则该系统也一定做简谐振动. 因为,通过坐标平移,上式可写成 $F = -kx'$. 例如竖直悬挂的弹簧振子受力为 $mg - kx$,依然做简谐振动. 故有的教材将 $F = a - bx$ 形式的力称为准弹性力,实为线性力.

凡做简谐振动的系统,其运动微分方程的通式为

$$\frac{\mathrm{d}^2\zeta}{\mathrm{d}t^2} + \omega^2\zeta = 0,\tag{19.3.2}$$

式中 ζ 是系统偏离平衡位置的位移, ω 是系统的固有角频率.

例如,单摆的运动微分方程为

$$\frac{\mathrm{d}^2\theta}{\mathrm{d}t^2} + \omega^2\theta = 0,\tag{19.3.3}$$

式中 θ 是摆球偏离平衡位置的角位移,角频率为

$$\omega = \sqrt{\frac{g}{l}}.\tag{19.3.4}$$

弹簧振子的运动微分方程为

$$\frac{\mathrm{d}^2 x}{\mathrm{d}t^2} + \omega^2 x = 0,\tag{19.3.5}$$

式中 x 为振子偏离平衡位置的位移,角频率为

$$\omega = \sqrt{\frac{k}{m}}. \tag{19.3.6}$$

（2）简谐振动的运动学特征（以弹簧振子为例）

偏离平衡位置的位移

$$x = A\cos(\omega t + \varphi), \tag{19.3.7}$$

式（19.3.7）实际上就是运动微分方程式（19.3.5）的解.ω 为角频率,振幅 A 和初相位 φ 由系统初始条件决定.

速度

$$v = \frac{\mathrm{d}x}{\mathrm{d}t} = -\omega A\sin(\omega t + \varphi). \tag{19.3.8}$$

由式（19.3.7）和式（19.3.8）可解出

$$v = \pm \omega \sqrt{A^2 - x^2}. \tag{19.3.9}$$

式（19.3.9）表明,振子位于平衡位置（$x = 0$）时,速度有极大值 $v_{max} = \pm\omega A$;而振子偏离平衡位置的位移最大（$x = \pm A$）时,速度有极小值 $v_{min} = 0$.

由式（19.3.9）还可看出,系统对应于每一个 x 值,都有正、负两种可能的运动方向.

加速度

$$a = \frac{\mathrm{d}^2 x}{\mathrm{d}t^2} = -\omega^2 A\cos(\omega t + \varphi) = \pm\omega^2 x, \tag{19.3.10}$$

即加速度与位移成正比且反向.

由式（19.3.10）知,振子在通过平衡位置时加速度最小 $a_{min} = 0$;振子的位移最大时,加速度有极大值 $a_{max} = \pm\omega^2 A$.

另外,速度的相位超前位移 $\frac{\pi}{2}$,加速度与位移反相.

（3）简谐振动的能量特征（以弹簧振子为例）

动能

$$E_k = \frac{1}{2}mv^2 = \frac{1}{2}kA^2\sin^2(\omega t + \varphi). \tag{19.3.11}$$

势能

$$E_p = \frac{1}{2}kx^2 = \frac{1}{2}kA^2\cos^2(\omega t + \varphi), \tag{19.3.12}$$

式中 x 应理解为振子偏离平衡位置的位移.在弹簧竖直悬挂时平衡位置不是弹簧的自然长度.比较上面两式,可以看出动能有极大值时,振动势能一定为极小值,而总机械能守恒,即

$$E = E_k + E_p = \frac{1}{2}kA^2. \tag{19.3.13}$$

动能、势能在一个周期内的平均值为

$$\bar{E_k} = \bar{E_p} = \frac{1}{2}E = \frac{1}{4}kA^2. \tag{19.3.14}$$

（4）简谐振动的定义

① 动力学定义.凡系统的运动微分方程具有 $\frac{\mathrm{d}^2 \zeta}{\mathrm{d}t^2} + \omega^2 \zeta = 0$ 形式的运动即为简谐振动.这

种定义不仅适用于机械振动,也适用于电磁振荡.

　　还有一种说法,系统在弹性力或准弹性力作用下的运动是简谐振动.但它只在机械振动范围有效,在其他领域中不成立.

　　② 运动学定义.凡运动方程满足 $x = A\cos(\omega t + \varphi)$ 的运动为简谐振动.

　　这是一种广义的定义.它既包含了无阻尼的自由振动,也包含了弱阻尼下稳定的受迫振动.

2.描述简谐振动的三个参量

(1) 振幅

做简谐振动的物体离开平衡位置最大位移的绝对值,用 A 表示.它给出了振动系统的运动范围($-A \leqslant x \leqslant A$),反映了振动的强弱$\left(E = \dfrac{1}{2}kA^2\right)$,其大小由初始条件决定,即

$$A = \sqrt{x_0^2 + \left(\dfrac{v_0}{\omega}\right)^2}. \tag{19.3.15}$$

(2) 周期、频率、角频率

① 周期.系统完成一次完全振动所需要的时间,用 T 表示.它是振动状态重复出现的时间间隔,即每经历一个周期振动状态(指振动物体的位移和速度)就完全重复一次.而在一个周期内,振动状态则是不重复地不断变化.

② 频率.系统在单位时间内完成的完全振动的次数,用 ν 表示.频率与周期互为倒数,即

$$\nu = \dfrac{1}{T}. \tag{19.3.16}$$

③ 角频率.系统在单位时间内完成的相位角度,相当于 2π 秒内所完成的完全振动的次数,用 ω 表示.故有

$$\omega = 2\pi\nu = \dfrac{2\pi}{T}. \tag{19.3.17}$$

　　又因为 ω 就是旋转矢量旋转的角速度,所以角频率 ω 的单位与角速度相同,为 rad/s.

　　系统的固有角频率是由系统本身的固有属性所决定,是一个常量.它就是简谐振动系统的运动微分方程式(19.3.2) 中的 ω.例如:

$$\begin{cases} \text{弹簧振子} \ \omega = \sqrt{\dfrac{k}{m}}, \\[2mm] \text{单摆} \ \omega = \sqrt{\dfrac{g}{l}}, \\[2mm] \text{复摆} \ \omega = \sqrt{\dfrac{mgh}{J}}. \end{cases} \tag{19.3.18}$$

(3) 相位和初相位

对于给定的振动系统,在已知 A 和 ω 的前提下,系统的振动状态

$$x = A\cos(\omega t + \varphi), \quad v = -\omega A\sin(\omega t + \varphi)$$

仅由$(\omega t + \varphi)$来决定,这个物理量就叫作相位.

　　初相位:开始计时时刻,即 $t = 0$ 时刻的相位,用 φ 表示,其值由初始条件决定,即

$$\varphi = \arctan\left(-\dfrac{v_0}{x_0\omega}\right). \tag{19.3.19}$$

　　注意:选取不同的开始计时时刻,初相位 φ 的值是不同的;反之,知道了初相位 φ 的值,初

始时刻的振动状态(x_0, v_0)即被唯一确定.

3.简谐振动的旋转矢量表示法

（1）简谐振动振幅A是旋转矢量的模,固有角频率ω是旋转矢量逆时针匀速转动的角速度,相位$(\omega t + \varphi)$是旋转矢量与x轴的夹角.

（2）旋转矢量端点在x轴上的投影表示简谐振动的位移.

（3）由位移和速度方向可以很方便地判断相位的范围,如图19.3.1所示,即

$$x > 0, \quad v < 0, \quad 第\ \mathrm{I}\ 象限;$$
$$x < 0, \quad v < 0, \quad 第\ \mathrm{II}\ 象限;$$
$$x < 0, \quad v > 0, \quad 第\ \mathrm{III}\ 象限;$$
$$x > 0, \quad v > 0, \quad 第\ \mathrm{IV}\ 象限.$$

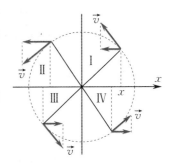

图 19.3.1　用参考圆的方法确定相位所在的象限

必须明确,旋转矢量本身不做简谐振动,而是旋转矢量在x轴上的投影点在做简谐振动.

4.简谐振动的曲线

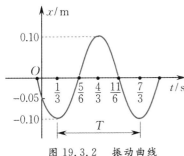

图 19.3.2　振动曲线

$x\text{-}t$图称为振动曲线,如图19.3.2所示.由图可以直观地读出振幅$A = 0.10$ m,周期$T = 2$ s,还可以分析出振动初相位$(t = 0)$或其他任一时刻的相位.如图 19.3.2 中$\varphi_0 = \dfrac{2}{3}\pi$,而在$t = \dfrac{5}{6}$ s时的相位$\varphi = \dfrac{3}{2}\pi$（详细计算过程见后面"重点、难点分析"中的"振动相位的确定"）.

读$v\text{-}t$图、$a\text{-}t$图同样可以读出振动的周期,但此时幅值分别是速度振幅和加速度振幅.

5.简谐振动的合成

（1）同方向、同频率简谐振动的合成

两个同方向、同频率简谐振动的合成仍是同方向、同频率的简谐振动.

设两个分振动分别为

$$x_1 = A_1 \cos(\omega t + \varphi_1), \quad x_2 = A_2 \cos(\omega t + \varphi_2),$$

则它们的合振动可表示为

$$x = A\cos(\omega t + \varphi).$$

其合振动的合振幅、初相位为

$$\begin{cases} A = \sqrt{A_1^2 + A_2^2 + 2A_1 A_2 \cos(\varphi_2 - \varphi_1)}, \\ \varphi = \arctan \dfrac{A_1 \sin \varphi_1 + A_2 \sin \varphi_2}{A_1 \cos \varphi_1 + A_2 \cos \varphi_2}. \end{cases} \quad (19.3.20)$$

合振动加强或减弱的条件如下:

当$\Delta \varphi = \pm 2k\pi (k = 0, 1, 2, \cdots)$时,$A = A_1 + A_2$,合振动加强;

当$\Delta \varphi = \pm (2k+1)\pi (k = 0, 1, 2, \cdots)$时,$A = |A_1 - A_2|$,合振动减弱.

熟悉并理解以上的结论,它们是讨论波的干涉的基础知识,同时也适用于电磁波、光波的合成及干涉.

（2）拍

拍是两个同方向不同频率(但频率很接近)的简谐振动合成后所形成的一种振幅时大时小的(具体的规律是振幅大小随时间按余弦规律变化)振动现象.

拍振幅变化的频率称为拍频 ν',可以证明：

$$\nu' = |\nu_2 - \nu_1|,\qquad(19.3.21)$$

即拍频等于两分振动频率之差.人耳能区分的拍频为每秒 $6 \sim 8$ 次,超过这个限度人耳就不能区分了.

19.3.3 重点、难点分析

1.运用动力学方法求系统固有角频率

为了确定一个简单的力学系统是否做简谐振动,只需分析该系统在其稳定平衡位置附近是否受到一个线性回复力的作用.但若要求其振动的固有角频率,则须写出其运动微分方程.

例如,一个底面积为 S 的圆柱体的质量为 m,浸泡在密度为 ρ 的液体里,如图 19.3.3 所示,从平衡位置下压 l_0,由静止释放,试求物体上、下振动的周期.若取液面为原点,向下为 x 轴正向,平衡位置为 x_0,则在平衡位置处有

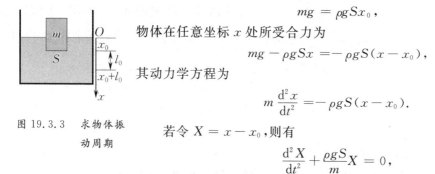

$$mg = \rho g S x_0,$$

物体在任意坐标 x 处所受合力为

$$mg - \rho g S x = -\rho g S(x - x_0),$$

其动力学方程为

$$m\frac{\mathrm{d}^2 x}{\mathrm{d}t^2} = -\rho g S(x - x_0).$$

图 19.3.3 求物体振动周期

若令 $X = x - x_0$,则有

$$\frac{\mathrm{d}^2 X}{\mathrm{d}t^2} + \frac{\rho g S}{m}X = 0,$$

故知振动的固有角频率和振动周期分别为

$$\omega = \sqrt{\frac{\rho g S}{m}}, \quad T = \frac{2\pi}{\omega} = 2\pi\sqrt{\frac{m}{\rho g S}}.$$

2.振动相位的确定

确定振动系统的初相位或某一时刻的相位是一个重点.除了用式(19.3.19)确定初相位外,当已知初始条件时,常用下面的方法确定初相位.

例如有一个系统在 B,C 两点之间做简谐振动.设振子在 P_1 点向 x 轴正向运动时开始计时,即 $t = 0$ 时,$x_{10} = \frac{\sqrt{2}}{2}A, v_{10} > 0$,如图 19.3.4 所示,求 φ_{10} 的值.

方法一 解析法,即从位移、速度表达式计算.因为 $t = 0$ 时,$x_{10} = \frac{\sqrt{2}}{2}A, v_{10} > 0$,所以有

$$x_{10} = A\cos\varphi_{10} = \frac{\sqrt{2}}{2}A, \quad v_{10} = -\omega A\sin\varphi_{10} > 0,$$

即

$$\cos \varphi_{10} = \frac{\sqrt{2}}{2}, \quad \sin \varphi_{10} < 0.$$

要满足上面两个条件,应有 $\varphi_{10} = -\dfrac{\pi}{4}$ 或 $\dfrac{7}{4}\pi$.

方法二　用旋转矢量法求解. 如图 19.3.5 所示,取 Ox 轴,以 O 为圆心、A 为半径作参考圆.

过 x 轴上 $x_{10} = \dfrac{\sqrt{2}}{2}A$ 的点作 Ox 轴的垂线交于参考圆第 Ⅰ 象限的 a 点和第 Ⅳ 象限的 b 点. 因为 $x_{10} = A\cos \varphi_{10} > 0, v_{10} = -\omega A\sin \varphi_{10} > 0$ 时初相位 φ_{10} 一定在第 Ⅳ 象限,所以 $\overrightarrow{Ob}$ 表示该简谐振动在 $t = 0$ 时的矢量,由图可知 $\varphi_{10} = -\dfrac{\pi}{4}$ 或 $\dfrac{7\pi}{4}$.

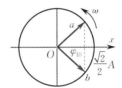

图 19.3.4　用解析法确定初相位　　　　图 19.3.5　用旋转矢量确定初相位

若选振子在 P_2 点向 x 轴负向运动时为计时起点(见图 19.3.4),即 $t = 0$ 时,$x_{20} = -\dfrac{\sqrt{3}}{2}A, v_{20} < 0$,那么用以上两种方法同样可求得 $\varphi_{20} = \dfrac{5}{6}\pi$.

若求任一 t 时刻的相位,则只要知道 t 时刻的 x, v 值,利用方程组

$$\begin{cases} x = A\cos(\omega t + \varphi), \\ v = -\omega A\sin(\omega t + \varphi) \end{cases}$$

即可迅速确定其相位 $(\omega t + \varphi)$.

还可以根据振动曲线来确定初始时刻或某个时刻的相位. 关键是根据振动曲线来确定给定时刻的振动状态(即 x, v),然后运用上面介绍的方法分析. 例如,对图 19.3.2 中 $t = 0$ 的时刻,由图可看出,$t = 0, x_0 = -\dfrac{A}{2} < 0, v < 0$(因为这时振子继续向负方向运动),所以

$$x_0 = A\cos \varphi_0 = -\frac{A}{2}, \quad v_0 = -\omega A\sin \varphi_0 < 0$$

同时成立,应取 $\varphi_0 = \dfrac{2}{3}\pi$;而在 $t = \dfrac{5}{6}$ s 时,$x = 0, v > 0$(此时振子由负方向穿过平衡位置向正方向运动),故知,$\varphi = \dfrac{3}{2}\pi$,因为只有 $\varphi = \dfrac{3}{2}\pi$,才能使

$$x = A\cos \varphi = 0, \quad v = -\omega A\sin \varphi > 0$$

同时成立.

3. 应用旋转矢量讨论有关问题

(1) 首先必须熟练掌握将一个简谐振动用旋转矢量描述出来,或者根据已知的旋转矢量来描述该简谐振动.

例如,有一用余弦函数表示的简谐振动,其振动曲线如图 19.3.6 所示.

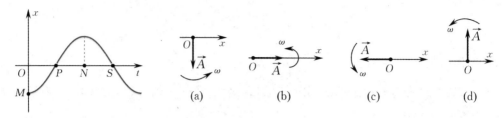

图 19.3.6　旋转矢量的应用

① 描述 P 点处简谐振动的旋转矢量.

我们首先分析 P 点的振动状态:此时,$x_P = 0$,$v_P > 0$(因振子是由负向穿过平衡位置向正向运动),旋转矢量应与 Ox 轴垂直且 $\varphi_P = \dfrac{3}{2}\pi$,如图 19.3.6(a) 所示.

② 通过类似的分析,读者自己不难证明:图 19.3.6(b) 反映的是 N 点的振动;图 19.3.6(c) 反映的是 M 点的振动;图 19.3.6(d) 反映的是 S 点的振动.

(2)用旋转矢量描述相位差及相关的计算.例如,一物体做简谐振动,t_1 时刻位于 $x_1 = \dfrac{A}{2}$ 处且向着平衡位置运动,t_2 时刻位于 $x_2 = -\dfrac{\sqrt{3}}{2}A$ 处,也向着平衡位置运动,求这两个时刻相位差的最小值及振子由 x_1 运动到 x_2 所需时间的最小值是周期 T 的多少倍?

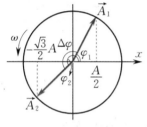

图 19.3.7　旋转矢量法分析简谐振动

由题意可画出对应 x_1 与 x_2 的旋转矢量 $\vec{A}_1$ 与 $\vec{A}_2$,如图 19.3.7 所示.图中 $\vec{A}_1$ 的端点是过 $x_1 = \dfrac{A}{2}$ 点且与 Ox 垂直的垂线与参考圆在第 Ⅰ 象限的交点,可见 $\varphi_1 = \dfrac{\pi}{3}$;$\vec{A}_2$ 的端点是过 $x_2 = -\dfrac{\sqrt{3}}{2}A$ 点且与 Ox 轴垂直的垂线与参考圆在第 Ⅲ 象限的交点,可见 $\varphi_2 = \dfrac{7}{6}\pi$.故知

$$\Delta\varphi = \varphi_2 - \varphi_1 = \dfrac{5}{6}\pi.$$

因为旋转矢量是以角速度 ω 逆时针匀速转动,故由 φ_1 转到 φ_2 时所需最短时间为

$$\Delta t = \dfrac{\Delta\varphi}{\omega} = \dfrac{5\pi/6}{2\pi/T} = \dfrac{5}{12}T.$$

可见,用旋转矢量的方法计算这一类问题既直观又简便.

19.3.4　典型题解

例3.1　如图 19.3.8 所示,劲度系数为 k 的直立弹簧下端固定,上端与物块 C 相连,另一物块 B 在离 C 为 h 高处自由落下与 C 发生完全非弹性碰撞,设两物块质量均为 m.(1)试写出该系统的振动表达式;(2)使两物块碰后能一起振动而不分离时 h 的最大值.

解　(1)B 下落 h 时末速度 $v = \sqrt{2gh}$.

B,C 发生完全非弹性碰撞,动量守恒,即 $mv = 2mV$,得

$$V = \sqrt{\frac{gh}{2}}.$$

图 19.3.8　例 3.1 图

以 B,C 均压在弹簧上的静平衡点为坐标原点,向下为 x 轴正向,B,C 发生碰撞后瞬时开始计时,则该简谐振动系统的初始条件为

$$x_0 = -\frac{mg}{k}, \quad v_0 = \sqrt{\frac{gh}{2}},$$

则

$$\tan \varphi = -\frac{v_0}{x_0 \omega} = \sqrt{\frac{kh}{mg}} \ (\text{第 Ⅲ 象限}), \quad A = \sqrt{x_0^2 + \frac{v_0^2}{\omega^2}} = \sqrt{\frac{m^2 g^2}{k^2} + \frac{mgh}{k}},$$

其中 $\omega = \sqrt{\frac{k}{2m}}$.

系统的振动表达式为

$$x = \sqrt{\frac{m^2 g^2}{k^2} + \frac{mgh}{k}} \cos\left(\sqrt{\frac{k}{2m}} t + \arctan\sqrt{\frac{kh}{mg}}\right).$$

(2) 两物块沿竖直方向向下运动时的加速度不能大于 g,即 $\omega^2 A \leqslant g$,故有

$$\frac{k}{2m}\sqrt{\frac{m^2 g^2}{k^2} + \frac{mgh}{k}} \leqslant g, \quad \frac{m^2 g^2}{k^2} + \frac{mgh}{k} \leqslant \frac{4m^2 g^2}{k^2},$$

得

$$h \leqslant \frac{3mg}{k}.$$

例 3.2　如图 19.3.9 所示,一个水平放置的弹簧振子(轻弹簧的劲度系数为 k,所系物体质量为 M) 做振幅为 A 的无阻尼自由振动时,有一块质量为 m、从高度 h 处自由下落的黏土正好落在物体 M 上,问:(1) 振动的周期有何变化?(2) 振幅有何变化?按下述两种情况分别计算:①M 在平衡位置;②M 在最大位移处.

解　(1) 在黏土未落 M 上时,系统的振动周期为

$$T_0 = 2\pi\sqrt{\frac{M}{k}},$$

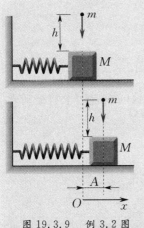

黏土落到 M 上,系统的振动周期为

$$T = 2\pi\sqrt{\frac{M+m}{k}} T > T_0.$$

(2) 当振子正处于平衡位置时,黏土落在 M 上,系统在平衡位置 $x = 0$ 时,

$$v = \pm v_{\max} = \pm A\omega_0 = \pm A\sqrt{\frac{k}{M}},$$

图 19.3.9　例 3.2 图

式中 A 为原系统振幅.

黏土落下与 M 相碰后速度为 v',则

$$(M+m)v' = Mv,$$

所以

$$v' = \frac{M}{M+m}v = \pm\frac{MA}{M+m}\sqrt{\frac{k}{M}} = \pm\frac{\sqrt{kM}}{M+m}A.$$

此时 $x_0 = 0, v_0 = v'$，黏土与 M 一起振动，振幅为

$$A' = \sqrt{x_0^2 + \left(\frac{v_0}{\omega}\right)^2} = \frac{\frac{\sqrt{kM}}{M+m}A}{\sqrt{\frac{k}{M+m}}} = \sqrt{\frac{M}{M+m}}A < A.$$

当振子正好处于最大位移处，即 $x = \pm A$ 时，此时 $v = 0$，黏土落下相碰后 x 方向 $v' = v = 0$ 不变，此时 $x_0 = A, v_0 = 0$. 所以 $A' = x_0 = A$，振幅不变.

例 3.3　一简谐振动的振动曲线如图 19.3.10 所示，求此简谐振动的振动周期.

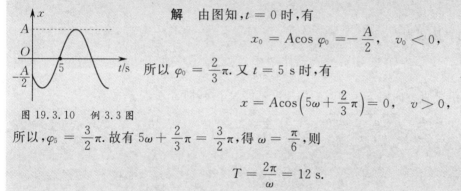

图 19.3.10　例 3.3 图

解　由图知，$t = 0$ 时，有

$$x_0 = A\cos\varphi_0 = -\frac{A}{2}, \quad v_0 < 0,$$

所以 $\varphi_0 = \frac{2}{3}\pi$. 又 $t = 5$ s 时，有

$$x = A\cos\left(5\omega + \frac{2}{3}\pi\right) = 0, \quad v > 0,$$

所以，$\varphi_5 = \frac{3}{2}\pi$. 故有 $5\omega + \frac{2}{3}\pi = \frac{3}{2}\pi$，得 $\omega = \frac{\pi}{6}$，则

$$T = \frac{2\pi}{\omega} = 12 \text{ s}.$$

例 3.4　质量为 100 g 的物体悬于轻质弹簧的下端，把物体从平衡位置向下拉 10 cm，然后放手，若弹簧的劲度系数为 1.0 N/m，问物体经过平衡位置时的速度多大？

解　以物体平衡位置为原点，向下为 x 轴正向，释放物体时计时，则 $t = 0$ 时，$x_0 = 0.1$ m，$v_0 = 0$，则

$$A = \sqrt{x_0^2 + \left(\frac{v_0}{\omega}\right)^2} = x_0 = 0.1 \text{ m}.$$

而 $\omega = \sqrt{\frac{k}{m}}$，物体经过平衡位置时速度最大，故有

$$v_{\max} = |\omega A| = \sqrt{\frac{k}{m}}A = \sqrt{\frac{1}{0.1}} \times 0.1 \text{ m/s} \approx 0.32 \text{ m/s}.$$

例 3.5　已知某简谐振动的速度与时间的关系曲线如图 19.3.11(a) 所示，求其振动方程.

解　方法一　解析法.

设振动方程为 $x = A\cos(\omega t + \varphi_0)$，则

$$v_0 = -\omega A\sin\varphi_0 = -15.7 \text{ cm/s}, \quad v_{\max} = \omega A = 31.4 \text{ cm/s},$$

所以

$$\sin\varphi_0 = -\frac{v_0}{\omega A} = \frac{15.7}{31.4} = \frac{1}{2}.$$

故 φ_0 可取 $\frac{\pi}{6}$ 或 $\frac{5\pi}{6}$.

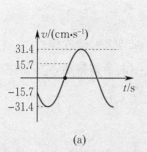

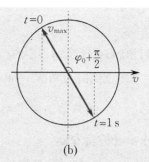

图 19.3.11　例 3.5 图

又由图 19.3.11(a) 可看出，$t=0$ 时，振动速度向着 x 轴的负方向且在增大，所以振子位于 x 轴正方向，即应有 $\cos\varphi_0 > 0$，所以

$$\varphi_0 = \frac{\pi}{6}.$$

同理 $t=1\,\text{s}$ 时，有 $v_1 = 15.7\,\text{cm/s}$，所以

$$\sin\left(\omega+\frac{\pi}{6}\right) = -\frac{v_1}{\omega A} = -\frac{1}{2},$$

即 $\left(\omega+\frac{\pi}{6}\right)$ 可取 $\frac{7}{6}\pi$ 或 $\frac{11}{6}\pi$.

而由图可看出，此时振子的速度是向正方向增大，所以振子在 x 轴负方向，即应有

$$\cos(\omega+\varphi_0) < 0,$$

所以 $\omega+\frac{\pi}{6} = \frac{7}{6}\pi$，即 $\omega = \pi$，则

$$A = \frac{v_{\max}}{\omega} = \frac{31.4}{3.14}\,\text{cm} = 10\,\text{cm}.$$

故振动方程为

$$x = 10\cos\left(\pi t+\frac{\pi}{6}\right)\,\text{cm}.$$

方法二　旋转矢量法.

因为 $x = A\cos(\omega t+\varphi_0)$，所以

$$v = -\omega A\sin(\omega t+\varphi_0) = v_{\max}\cos\left(\omega t+\varphi_0+\frac{\pi}{2}\right),$$

即速度要比位移超前 $\frac{\pi}{2}$.

由前面分析知 $t=0$ 时，$x_0 > 0$，$v_0 < 0$，故知 φ_0 在第 Ⅰ 象限，如果取 v 为 x 轴，则 $\left(\varphi_0+\frac{\pi}{2}\right)$ 应在第 Ⅱ 象限，如图 19.3.11(b) 所示，由图可知 $\varphi_0+\frac{\pi}{2} = \frac{2}{3}\pi$，所以

$$\varphi_0 = \frac{\pi}{6}.$$

同理，$t=1$ 时，$x_1 < 0$，$v_1 > 0$，故 φ_1 在第 Ⅲ 象限，当然 $\left(\varphi_1+\frac{\pi}{2}\right)$ 就在第 Ⅳ 象限，由图 19.3.11(b) 知 $\varphi_1+\frac{\pi}{2} = \frac{5}{3}\pi$，所以

$$\varphi_1 = \frac{7\pi}{6}.$$

与前面的分析相同,可得 $\omega = \pi, A = 10$ cm,从而写出振动方程.

例 3.6　一个质点同时参与两个同方向、同频率的简谐振动,它们的振动方程分别为

$$x_1 = 6\cos\left(2t + \frac{\pi}{6}\right)\text{cm}, \quad x_2 = 8\cos\left(2t - \frac{\pi}{3}\right)\text{cm}.$$

试用旋转矢量法求出合振动方程.

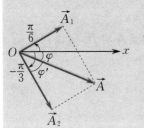

图 19.3.12　例 3.6 图

解　依题意作出旋转矢量图,如图 19.3.12 所示,可知 $\vec{A}_1, \vec{A}_2$ 相互垂直,所以

$$A = \sqrt{A_1^2 + A_2^2} = 10 \text{ cm},$$

$$\varphi' = \arctan\frac{A_1}{A_2} = \arctan\frac{3}{4} = 36.9°.$$

于是 $\varphi = -\frac{\pi}{3} + \varphi' = -60° + 36.9° = -23.1°.$

故合振动方程为

$$x = 10\cos(2t - 23.1°) \text{ cm}.$$

例 3.7　在竖直悬挂的轻弹簧下端系一质量为 100 g 的物体,当物体处于平衡状态时,再对物体加一拉力使弹簧伸长,然后从静止状态将物体释放.已知物体在 32 s 内完成 48 次振动,振幅为 5 cm.(1)上述的外加拉力是多大?(2)当物体在平衡位置以下 1 cm 处时,此振动系统的动能和势能各是多少?

解　方法一

(1)取平衡位置为原点,向下为 x 轴正方向.设物体在平衡位置时弹簧的伸长量为 Δl,则有 $mg = k\Delta l$,加拉力 F 后弹簧又伸长 x_0,则

$$F + mg - k(\Delta l + x_0) = 0,$$

解得

$$F = kx_0.$$

由题意,$t = 0$ 时,$v_0 = 0, x = x_0$,则

$$A = \sqrt{x_0^2 + \left(\frac{v_0}{\omega}\right)^2} = x_0.$$

又由题设,物体振动周期 $T = \frac{32}{48}$ s,可得角频率 $\omega = \frac{2\pi}{T}$,劲度系数 $k = m\omega^2$,所以

$$F = kA = \left(\frac{4\pi^2 m}{T^2}\right)A = 0.444 \text{ N}.$$

(2)平衡位置以下 1 cm 处,$v^2 = \left(\frac{2\pi}{T}\right)^2(A^2 - x^2)$,有

$$E_k = \frac{1}{2}mv^2 = 1.07 \times 10^{-2} \text{ J},$$

$$E_p = \frac{1}{2}kx^2 = \frac{1}{2}\left(\frac{4\pi^2 m}{T^2}\right)x^2 = 4.44 \times 10^{-4} \text{ J}.$$

方法二

（1）从静止释放,显然伸长量等于振幅 A,即

$$F = kA,$$

式中 $k = m\omega^2 = 4m\pi^2\nu^2$, $\nu = 1.5\,\text{Hz}$. 故

$$F = 0.444\,\text{N}.$$

（2）总能量

$$E = \frac{1}{2}kA^2 = \frac{1}{2}FA = 1.11 \times 10^{-2}\,\text{J}.$$

当 $x = 1\,\text{cm}$ 时, $x = \dfrac{A}{5}$, E_p 占总能量的 $\dfrac{1}{25}$, E_k 占总能量的 $\dfrac{24}{25}$, 所以

$$E_\text{k} = \frac{24}{25}E = 1.07 \times 10^{-2}\,\text{J}, \quad E_\text{p} = \frac{E}{25} = 4.44 \times 10^{-4}\,\text{J}.$$

19.4　机　械　波

19.4.1　基本要求

1. 理解描述波动的三个重要参量:波长、周期(频率)、波速的物理意义,并能熟练地确定这些量.

2. 掌握由波动方程求位于某位置处质点的振动方程或某时刻的波形方程的方法,并能熟练地求出同一波线上两点间的相位差,或同一位置处质点不同时刻的振动相位差;掌握如何写出波源不在坐标原点时的波动方程的方法;掌握由已知时刻的波形曲线写出波动方程或写出(画出)某位置处质点的振动方程(振动曲线)的方法.

3. 理解波动能量的特点,理解平均能量密度、平均能流密度的概念及相关的计算.

4. 理解波动叠加原理,掌握波的相干条件及相长、相消干涉的条件.

5. 掌握驻波的振幅和相位的分布特点,理解半波损失的概念、产生半波损失的条件.

6. 了解与多普勒效应有关的问题.

19.4.2　内容提要

1.描述波动的三个重要参量

（1）波长

同一时刻同一波线上相位差为 2π 的两质点间的距离称为波长,亦即一个完整波的长度,用符号 λ 表示. 波长描述了波动在空间上的周期性. 因此,同一波线上凡相隔距离为波长整数倍的点,它们的振动状态完全相同;凡相隔距离为半波长奇数倍的点,它们的振动状态相反.

（2）波动周期(频率)

一个完整波通过波线上某点所需的时间称为波动周期,用 T 表示;单位时间内通过波线

上某点完整波的数目称为波动频率,用 ν 表示. T 与 ν 互为倒数,即

$$T = \frac{1}{\nu}. \tag{19.4.1}$$

当波源相对于介质静止时,波源完成一个周期的振动,恰好就有一个完整的波传播出去,所以介质中的波动频率就等于波源的振动频率. 在波动中同样有

$$T = \frac{2\pi}{\omega} \tag{19.4.2}$$

成立,式中的 ω 就是波源振动的角频率.

波动周期反映了波动传播过程中时间上的周期性. 因此,一列行进中的波,$(t+kT)$ 时刻(k 为整数)的波形图与 t 时刻的波形图相同.

(3) 波速

振动状态在介质中传播的速度称为波速,用 u 表示. 由于振动状态是由相位确定的,故波速又称为相速.

简谐波在理想介质中传播时,波速仅由介质的力学性质决定,与波源的运动状态及观察者的运动状态无关. 研究表明,在固体中传播的横波和纵波的速度大小分别为

$$u_\perp = \sqrt{\frac{G}{\rho}}, \tag{19.4.3}$$

$$u_\parallel = \sqrt{\frac{E}{\rho}}, \tag{19.4.4}$$

式中 G 为切变模量,E 为弹性模量,ρ 为介质的密度. 在流体中传播纵波的速度为

$$u_\parallel = \sqrt{\frac{B}{\rho}}, \tag{19.4.5}$$

式中 B 为流体的容变模量. 在弦中传播横波的速度为

$$u_\perp = \sqrt{\frac{T}{\mu}}, \tag{19.4.6}$$

式中 T 为弦线的张力,μ 为其质量线密度.

(4) u, λ, T(或 ν) 的关系

由于波长又可表述为某振动状态在一个周期内传播的距离,故有

$$\lambda = uT = \frac{u}{\nu}. \tag{19.4.7}$$

又因为 $T = \frac{2\pi}{\omega}$,所以又有

$$\lambda = u \frac{2\pi}{\omega} \tag{19.4.8}$$

或

$$u = \frac{\omega\lambda}{2\pi} = \frac{\omega}{k}, \tag{19.4.9}$$

式中

$$k = \frac{2\pi}{\lambda} \tag{19.4.10}$$

表示 2π 长度上波的数目,矢量 $\vec{k}$ 称为波矢.

2. 平面简谐波的数学表示式

(1) 数学表达式

基本表达式为

$$y = A\cos\left[\omega\left(t - \frac{x}{u}\right) + \varphi\right]. \tag{19.4.11}$$

式(19.4.11)表示原点($x = 0$)的振动初相位为 φ、以波速 u 向 x 轴正向传播的一列简谐行波.

若波沿 x 轴负向传播,则波动方程为

$$y = A\cos\left[\omega\left(t + \frac{x}{u}\right) + \varphi\right]. \tag{19.4.12}$$

如果考虑到式(19.4.7)和式(19.4.8),则波动方程常用形式还有如下几种:

$$y = A\cos\left[2\pi\left(\frac{t}{T} \mp \frac{x}{\lambda}\right) + \varphi\right], \tag{19.4.13}$$

$$y = A\cos\left[2\pi\nu t \mp \frac{2\pi}{\lambda}x + \varphi\right], \tag{19.4.14}$$

$$y = A\cos\left[\frac{2\pi}{\lambda}(ut \mp x) + \varphi\right]. \tag{19.4.15}$$

(2) 由波动方程求 x_0 处的振动方程

只需令波动方程中的 x 为常数 x_0,则

$$y = A\cos\left(2\pi\nu t - \frac{2\pi}{\lambda}x_0 + \varphi\right), \tag{19.4.16}$$

即为 x_0 处的振动方程,其振动的初相位为

$$-\frac{2\pi}{\lambda}x_0 + \varphi = -\frac{\omega x_0}{u} + \varphi. \tag{19.4.17}$$

x_0 前面的负号表示在一列沿 x 轴正向传播的行波中,当 $x_0 > 0$ 时,x_0 处质点的振动相位落后于原点的振动相位,而且 x_0 值越大,落后的相位就越大;当 $x_0 < 0$ 时,x_0 处质点的振动相位超前于原点的振动相位,而且 x_0 的绝对值 $|x_0|$ 越大,超前的相位就越大.

显然,同一时刻在同一波线上的 x_1,x_2 两个质点的振动相位差为

$$\Delta\varphi = -\frac{2\pi}{\lambda}(x_2 - x_1) = -\frac{\omega}{u}(x_2 - x_1), \tag{19.4.18}$$

故知,当 $x_2 - x_1 = \pm k\lambda(k = 0, 1, 2, \cdots)$ 时,有 $\Delta\varphi = \pm 2k\pi$;当 $x_2 - x_1 = \pm(2k+1)(k = 0, 1, 2, \cdots)$ 时,有 $\Delta\varphi = \pm(2k+1)\pi$.这说明波长反映波动在空间上的周期性.

对于一列向 x 轴负向传播的波,其振动的初相位为

$$+\frac{2\pi}{\lambda}x_0 + \varphi = +\frac{\omega x_0}{u} + \varphi. \tag{19.4.19}$$

这时 x_0 前面的正号表示当 $x_0 > 0$ 时,x_0 处质点的振动相位超前于原点的振动相位,而且 x_0 值越大,超前得越多;当 $x_0 < 0$ 时,x_0 处质点的振动相位落后于原点的振动相位,而且 x_0 的绝对值 $|x_0|$ 越大,落后得越多.

(3) 由波动方程求 t_0 时刻的波形方程,只需令波动方程中的 t 为常数 t_0,则

$$y = A\cos\left(2\pi\nu t_0 - \frac{2\pi}{\lambda}x + \varphi\right), \tag{19.4.20}$$

式(19.4.20)表示 t_0 时刻同一波线上各质点的位移,即波形方程. 可见,波形曲线随时间变化.

显然,同一质点在 t_1 和 t_2 两个时刻的振动相位差为

$$\Delta\varphi = \frac{2\pi}{T}(t_2 - t_1). \tag{19.4.21}$$

当 $t_2 - t_1 = \pm kT(k = 0,1,2,\cdots)$ 时,$\Delta\varphi = \pm 2k\pi$,波形曲线将重复显现,这说明波动周期反映了波动在时间上的周期性.

3. 波动曲线与振动曲线的区别

波动曲线和振动曲线不同,波动曲线有 y-t 图和 y-x 图,而振动曲线只有 y-t 图.

波动图像中的 y-t 图就是 $x = x_0$ 处的振动曲线. 所谓 y-x 图,则是当 $t = t_0$ 时刻的波形图.

4. 波的干涉

(1) 波的叠加原理

当几列线性波同时在同一介质中传播时,每列波都保持各自的波动特性(传播方向、振动方向、波动频率)不变,就好像途中没有遇到其他波一样,继续向前传播,而在几列波相重叠的区域里介质的振动就是每列波单独传到此处时所引起的分振动的叠加. 这就是波的叠加原理. 叠加原理包含了波传播的独立性和叠加性.

波的叠加原理是波的干涉的理论基础.

(2) 波的干涉

满足相干条件的几列简谐波在相遇区域内叠加后形成的稳定叠加即为干涉.

波的相干条件是:两列简谐波的频率相同,振动方向相同,在相遇点有恒定的相位差.

由此可知,讨论波的干涉的基本思路是:在叠加区域内的各质点的振动是每列相干简谐波在该处引起的分振动的合成振动;而由相干条件知,这种振动的合成就是两个同方向、同频率简谐振动的合成. 这时相遇区域内介质的振动是与分振动同频率、同方向的简谐振动,只是此时的振幅是波程差 $(r_2 - r_1)$ 的函数,即

$$A = \sqrt{A_1^2 + A_2^2 + 2A_1 A_2 \cos\Delta\varphi}, \tag{19.4.22}$$

式中 $\Delta\varphi = (\varphi_2 - \varphi_1) - 2\pi\frac{r_2 - r_1}{\lambda}$. 而该处的振动初相位亦为波程 r_1 和 r_2 及 φ_1,φ_2 的函数,即

$$\varphi = \arctan\frac{A_1\sin\left(\varphi_1 - \frac{2\pi}{\lambda}r_1\right) + A_2\sin\left(\varphi_2 - \frac{2\pi}{\lambda}r_2\right)}{A_1\cos\left(\varphi_1 - \frac{2\pi}{\lambda}r_1\right) + A_2\cos\left(\varphi_2 - \frac{2\pi}{\lambda}r_2\right)}. \tag{19.4.23}$$

(3) 干涉极值的条件

由式(19.4.22)很容易分析出:

当 $\Delta\varphi = (\varphi_2 - \varphi_1) - 2\pi\frac{r_2 - r_1}{\lambda} = \pm 2k\pi$ 时,有 $A = A_1 + A_2$,即为干涉相长;

当 $\Delta\varphi = (\varphi_2 - \varphi_1) - 2\pi\frac{r_2 - r_1}{\lambda} = \pm(2k+1)\pi$ 时,有 $A = |A_1 - A_2|$,即为干涉相消.

5. 驻波

驻波是一列波在有限长介质中传播时正入射的波与反射波相干叠加后在介质中引起的

一种特殊振动.

(1) 驻波的振幅分布特点

按简化假设,取沿 x 轴正、负方向传播的两列相干波为

$$y_1 = A\cos 2\pi \left(\frac{t}{T} - \frac{x}{\lambda} \right), \quad y_2 = A\cos 2\pi \left(\frac{t}{T} + \frac{x}{\lambda} \right),$$

则驻波方程为

$$y = 2A\cos \frac{2\pi}{\lambda}x \cos 2\pi \frac{t}{T}. \tag{19.4.24}$$

驻波振幅的分布特点是:介质中各质点的振幅随位置 x 按余弦规律变化,即

$$驻波振幅 = \left| 2A\cos \frac{2\pi}{\lambda}x \right|. \tag{19.4.25}$$

由此可知,相邻两波腹(或两波节)间的距离为 $\frac{\lambda}{2}$,相邻的波腹、波节间距为 $\frac{\lambda}{4}$.

需要说明的是,由此导出的波节坐标公式 $x = (2k+1)\frac{\lambda}{2}$ 和波腹坐标公式 $x = k\frac{\lambda}{2}$ 不是普遍规律,它是由简化的驻波方程导出的.但导出上两式的方法及两相邻波节(波腹)间距为 $\frac{\lambda}{2}$ 等结论则具有普遍性.

(2) 驻波的相位分布特点

驻波的振动相位是分段相同,相邻两段的相位相差为 π.以相邻的两波节为一段,在同一段内的各质点的振动相位完全相同,而同一波节两侧的小段中,振动相位刚好相反.

正因为驻波的振幅、相位分布有上述特点,故驻波的实质是一段有限长的介质的一种分段振动 —— 驻波振动.

(3) 半波损失的问题

所谓半波损失,是反射波与入射波在界面上存在 π 的相位差的现象,究其原因是反射波在界面上产生了 π 的相位突变.

产生半波损失的条件:波由波疏介质入射到波密介质反射;对于机械波要求波正入射.产生半波损失时,因反射波、入射波在界面上始终存在着 π 的相位差,故两列波在界面上始终为相消干涉,故而形成波节.

6. 波动的能量特点

(1) 在同一体积元内波动动能和波动势能始终同步变化,即

$$\mathrm{d}E_k = \mathrm{d}E_p = \frac{1}{2}\rho \mathrm{d}VA^2\omega^2\sin^2\left[\omega\left(t - \frac{x}{u} \right) + \varphi \right]. \tag{19.4.26}$$

可见,在体积元 $\mathrm{d}V$ 内总的波动能量不守恒.以上特点与孤立的简谐振动系统不相同.孤立的简谐振动系统动能和势能均随时间变化,且相位不同;动能与势能的总和保持不变.究其原因,我们讨论的波动能量是从无限大介质中选取的一个小体积元内的能量,即它不是一个孤立的系统,该体积元不断地从外界接收能量,又不断地把能量传输出去.也就是说,波动本身是一种能量的传播.

(2) 平均能量密度

单位体积内的波动能量在一个周期内的平均值称为平均能量密度,即

$$\overline{w} = \frac{1}{T} \int_0^T \rho A^2 \omega^2 \sin^2\left[\omega\left(t - \frac{x}{u}\right) + \varphi\right] dt = \frac{1}{2}\rho A^2 \omega^2. \qquad (19.4.27)$$

这正好说明在无吸收的介质中，波动只是在传播能量，整个波动过程既不能产生、堆积能量，也不消失能量.由此可知，要想维持一个稳定的波动，就必须有一个稳定的振源——一个能源源不断提供能量的振源.

（3）平均能流密度

能流是单位时间内通过介质中某横截面的能量.

平均能流是能流在一个周期内的平均值，用符号 $\overline{P}$ 表示，即

$$\overline{P} = \overline{w} u \Delta S = \frac{1}{2}\rho A^2 \omega^2 u \Delta S. \qquad (19.4.28)$$

平均能流密度是通过垂直于波的传播方向的单位面积的平均能流，用符号 I 表示，即

$$I = \frac{\overline{P}}{\Delta S} = \overline{w} u = \frac{1}{2}\rho A^2 \omega^2 u. \qquad (19.4.29)$$

平均能流密度又叫作波的强度，简称波强，是描述波强弱的物理量.波强的单位是 W/m^2.

7.多普勒效应

所谓多普勒效应，指当波源或波的观察者相对于介质运动时，观察者接收到的频率不等于波源振动频率的现象.

假定波源和观察者的运动发生在两者的连线上，v_R 表示观察者相对于介质的速度，v_S 表示波源相对于介质的速度，u 表示波在介质中的传播速度，ν 表示波源的振动频率，则这时观察者接收到的频率：

$$\nu' = \frac{u + v_R}{u - v_S}\nu. \qquad (19.4.30)$$

当波源靠近观察者时 v_S 取正值，远离时 v_S 取负值；当观察者靠近波源时 v_R 取正值，远离时 v_R 取负值.

19.4.3　重点、难点分析

1.由波动方程获取的信息

（1）将给定的波动方程与波动方程的标准形式比较，可获得波的振幅 A、波动角频率 ω（或周期 T，频率 ν）、波长 λ（或波速度 u）.

设一个平面简谐波的波动方程为

$$y = A\cos(Bt - Cx).$$

式中 A, B, C 为正恒量.试写出波的振幅 A、波速 u、频率 ν、周期 T、波长 λ.

如果选取波的标准形式为 $y = A\cos\omega\left(t - \frac{x}{u}\right)$，同时，并将题设波改写成

$$y = A\cos B\left(t - \frac{x}{B/C}\right),$$

则可知振幅为 A，角频率 $\omega = B$，波速 $u = \frac{B}{C}$.

如果选取波的标准形式为

$$y = A\cos\left(2\pi\nu t - 2\pi\frac{x}{\lambda}\right),$$

同时,并将题设波改写成 $y = A\cos\left(Bt - 2\pi\dfrac{x}{2\pi/C}\right)$,则可知

$$\nu = \frac{B}{2\pi}, \quad \lambda = \frac{2\pi}{C}.$$

当然,也可根据 $T = \dfrac{2\pi}{\omega}$ 或 $\nu = \dfrac{\omega}{2\pi}, \lambda = \dfrac{u}{\nu}$ 等关系来计算所求问题.

（2）波速与振动速度的区别.

波速是振动状态在介质中的传播速度.波速 u 仅由介质的力学性质决定,与介质的振动状态无关.而振动速度是介质中各质点偏离各自的平衡位置的速度.因此,振动速度是各质点位移对时间的变化率.

设波动方程为 $y = A\cos\left[\omega\left(t - \dfrac{x}{u}\right) + \varphi_0\right]$,设这个波动的某一相位为

$$\left[\omega\left(t - \frac{x}{u}\right) + \varphi_0\right] = C,$$

对此式微分得 $\omega\left(\mathrm{d}t - \dfrac{\mathrm{d}x}{u}\right) = 0$,即

$$u = \frac{\mathrm{d}x}{\mathrm{d}t}.$$

这是一个与时间无关的值,表示等于常量 C 的相位沿 x 轴传播的速度,即波速,也称为相速.

$$v = \frac{\partial y}{\partial t} = -\omega A\sin\left[\omega\left(t - \frac{x}{u}\right) + \varphi_0\right], \tag{19.4.31}$$

此式表示各质点的振动速度是随时间变化的.

（3）由波动方程还可读出波线上某点的振动相位与坐标原点相比是超前还是滞后.

例如,若波动方程为 $y = A\cos\omega\left(t - \dfrac{x}{u}\right)$,则可读出：$\dfrac{x}{u}$ 表示波从坐标原点传到 x 处所需要的时间；$-\dfrac{\omega x}{u}$ 表示 x 处质点的相位落后于原点的相位（若 x 前取正号,则表示超前）.

2.根据已知条件建立平面简谐波的波动方程

下面分四种情况加以讨论.

（1）波源不在坐标原点,已知波线上某点的振动方程、波速及传播方向建立波动方程.

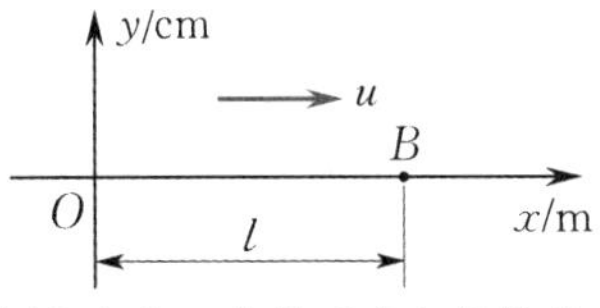

设已知 B 点距原点 O 的距离 $x_B = l$,如图 19.4.1 所示,其振动方程为

$$y_B = A\cos(\omega t + \varphi_0),$$

图 19.4.1　波源不在坐标原点

沿 x 轴正向传播,波速为 u,试建立该波的波动方程.

对于初学者,应先写出原点的振动方程,然后按规范方法写出波动方程.

因为波动向 x 轴正向传播,所以波先经过原点 O 后到达 B 点,故知原点的振动应超前于 B 点,超前的时间为 $\Delta t = \dfrac{l}{u}$,故 O 点的振动方程为

$$y_0 = A\cos\left[\omega\left(t + \frac{l}{u}\right) + \varphi_0\right],$$

则沿 x 轴正向传播的波动方程为

$$y = A\cos\left[\omega\left(t + \frac{l}{u} - \frac{x}{u}\right) + \varphi_0\right].$$

假设这列波是沿 x 轴负向传播，则 O 点的振动将落后于 B 点 $\Delta t = \dfrac{l}{u}$，O 点的振动方程为

$$y_0 = A\cos\left[\omega\left(t - \frac{l}{u}\right) + \varphi_0\right],$$

于是沿 x 轴负向传播的波动方程为

$$y = A\cos\left[\omega\left(t - \frac{l}{u} + \frac{x}{u}\right) + \varphi_0\right].$$

（2）由已知时刻的波形图建立波动方程（设传播方向已知）．

解决这类问题的关键是由波形图读取建立波动方程所需的振幅 A、波长 λ（或波速 u）及原点（或已知点）的振动相位（这一点是大多数读者容易忽略的）．

设有一个平面余弦波在 $t = \dfrac{T}{4}$ 时刻的波形图如图 19.4.2 所示，设波动频率 $\nu = 100$ Hz，且图中 a 点振动方向向下，试写出该波的波动方程．

首先，由波形图可读出：

$$A = 5 \times 10^{-2} \text{ m}, \quad \lambda = 0.4 \text{ m}.$$

又因为已知点 a 是向下振动，故知该列波是沿 x 轴负向传播，并由此可画出 $t = 0$ 时刻的波形图，即图 19.4.3 中的虚线所示的波形．由图 19.4.3 可判断出原点振动的初相位 $\varphi_0 = \pi$.

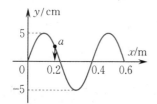

图 19.4.2　由波形图建立波动方程

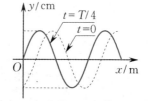

图 19.4.3　由题设条件画出 $t = 0$ 时刻波形图

如果选用波动方程标准式为

$$y = A\cos\left(2\pi\nu t + \frac{2\pi}{\lambda}x + \varphi_0\right),$$

则该波动方程为

$$y = 5 \times 10^{-2}\cos\left(200\pi t + \frac{2\pi}{0.4}x + \pi\right) \text{ m}.$$

（3）由已知点的振动曲线建立波动方程．

解决这类问题的关键是从振动曲线上读取建立波动方程所需的振幅 A、波动周期（即介质中质点的振动周期）及已知点的振动相位．

设一个平面余弦波沿 x 轴负向传播，波速 $u = 2$ m/s，已知 $x = 2$ m 处质点 B 的振动曲线如图 19.4.4 所示，试写出该波的波动方程．

首先由振动曲线可读出：
$$A = 2 \times 10^{-2} \text{ m}, \quad T = 4 \text{ s},$$
可得
$$\omega = \frac{2\pi}{T} = \frac{\pi}{2}.$$

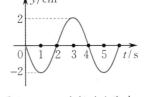

图 19.4.4　由振动曲线建
立波动方程

另由图 19.4.4 可读出质点 B 在 $t = 0$ 时，有
$$y_{B0} = 0, \quad v_{B0} < 0,$$
故知 $\varphi_{B0} = \frac{\pi}{2}$，质点 B 的振动方程为
$$y_B = 2 \times 10^{-2} \cos\left(\frac{\pi}{2}t + \frac{\pi}{2}\right) \text{ m}.$$
再由前面介绍的知识即可写出该波的波动方程.

如果选用如下形式的波动方程：
$$y = A\cos\left[\omega\left(t - \frac{l}{u} + \frac{x}{u}\right) + \varphi_0\right],$$
则有
$$y = 2 \times 10^{-2} \cos\left[\frac{\pi}{2}\left(t - \frac{2}{2} + \frac{x}{2}\right) + \frac{\pi}{2}\right] \text{ m} = 2 \times 10^{-2} \cos\left(\frac{\pi}{2}t + \frac{\pi}{4}x\right) \text{ m}.$$

（4）关于反射波的波动方程.

对于这类问题可按如下步骤进行：

① 根据入射波的信息（如入射波在坐标原点处的振动方程，或入射波的波形曲线等）写出入射波的波动方程；

② 写出入射波在界面反射处 P 点的振动方程；

③ 根据界面情况判断反射时有无半波损失，然后写出界面处 P 点的反射波的振动方程；

④ 最后根据坐标原点与界面间的位置距离，用前述方法写出反射波的波动方程.

3. 关于波的干涉

波的干涉是本章的另一个重点内容.

解决这类问题的关键是：正确计算两相干波在相遇点的相位差（或波程差），牢固地掌握相长干涉和相消干涉的条件.

（1）关于相位差的计算.

在运用计算相位差的公式
$$\Delta\varphi = (\varphi_2 - \varphi_1) - 2\pi\frac{(r_2 - r_1)}{\lambda}$$
时，要特别注意前后两个小括号内相减的顺序必须一致，否则就会出错.

设 S_1 和 S_2 是两相干波源且振幅相同，相距 $\frac{\lambda}{4}$，S_1 的相位比 S_2 超前 $\frac{\pi}{2}$，求 S_1，S_2 连线上在 S_1 外侧和 S_2 外侧各点处合成波的强度.

求解这个题的关键就是正确地计算相干波在相遇点的相位差.

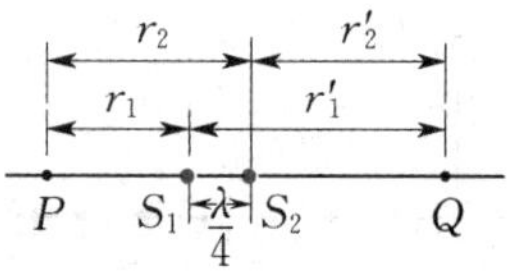

图 19.4.5　波的干涉

依题意画出图 19.4.5. 设 P 为 S_1 外侧之一点，且 $\varphi_1 - \varphi_2 = \dfrac{\pi}{2}$，$r_1 - r_2 = -\dfrac{\lambda}{4}$，则

$$\Delta\varphi = (\varphi_1 - \varphi_2) - 2\pi\frac{r_1 - r_2}{\lambda} = \frac{\pi}{2} - \frac{2\pi}{\lambda}\left(-\frac{\lambda}{4}\right) = \pi,$$

所以 P 点的合振幅为零，故强度 $I_P = 0$.

设 Q 为 S_2 外侧之一点，则 $r_1' - r_2' = \dfrac{\lambda}{4}$，于是

$$\Delta\varphi = (\varphi_1 - \varphi_2) - 2\pi\frac{r_1' - r_2'}{\lambda} = \frac{\pi}{2} - \frac{2\pi}{\lambda} \times \frac{\lambda}{4} = 0,$$

所以 Q 点的合振幅 $A = 2A_0$，故强度 $I_Q = 4I_0$，

（2）求相干区域内某质点的合振动方程.

对于这个问题，首先是要理解波的干涉的理论基础是波的叠加原理，其次要记住，相遇区域内某质点的振动方程是同频率、同方向简谐振动合成的结果.

设平面横波 Ⅰ 沿 BP 方向传播，它在 B 点的振动方程为

$$y_1 = 0.2 \times 10^{-2}\cos 2\pi t \ (\text{SI}),$$

平面横波 Ⅱ 沿 CP 方向传播，它在 C 点的振动方程为

$$y_2 = 0.2 \times 10^{-2}\cos(2\pi t + \pi) \ (\text{SI}),$$

且 $PB = 0.4\,\text{m}, PC = 0.5\,\text{m}$，波速为 $0.20\,\text{m/s}$，求 P 点的振动方程.

依题意画出图 19.4.6. 于是两分振动在 P 点的相位差为

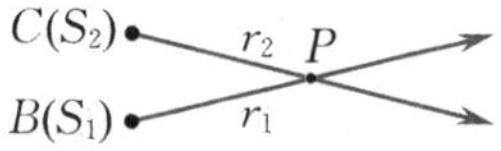

图 19.4.6　求相干区域内某质点的振动方程

$$\Delta\varphi = (\varphi_{20} - \varphi_{10}) - \frac{2\pi}{\lambda}(r_2 - r_1) = \pi - \frac{\omega}{u}(r_2 - r_1)$$

$$= \pi - \frac{2\pi}{0.2}(0.5 - 0.4) = 0,$$

所以

$$A = A_1 + A_2 = 0.4 \times 10^{-2}\,\text{m},$$

$$\tan\varphi = \frac{A_1\sin\left(\varphi_{10} - \dfrac{2\pi}{\lambda}r_1\right) + A_2\sin\left(\varphi_{20} - \dfrac{2\pi}{\lambda}r_2\right)}{A_1\cos\left(\varphi_{10} - \dfrac{2\pi}{\lambda}r_1\right) + A_2\cos\left(\varphi_{20} - \dfrac{2\pi}{\lambda}r_2\right)} = \frac{\sin\left(-\dfrac{\omega}{u}r_1\right) + \sin\left(\pi - \dfrac{\omega}{u}r_2\right)}{\cos\left(-\dfrac{\omega}{u}r_1\right) + \cos\left(\pi - \dfrac{\omega}{u}r_2\right)} = 0.$$

于是 P 点的振动方程为 $y_P = 0.4 \times 10^{-2}\cos 2\pi t$.

4. 关于驻波

（1）确切理解驻波的振幅分布特点，着重理解计算波腹、波节坐标位置的方法而不是生搬硬套公式.

设一入射波的表达式为

$$y_1 = A\cos\left[2\pi\left(\nu t + \frac{x}{\lambda}\right) + \pi\right],$$

在 $x = 0$ 处发生反射，反射点为固定端，求入射波和反射波形成的驻波的波腹位置.

因反射端为一固定端，说明存在着 π 的相位差. 为简化，设反射波为

$$y_2 = A\cos 2\pi\left(\nu t - \frac{x}{\lambda}\right),$$

则驻波为

$$y = y_1 + y_2 = 2A\cos\left(\frac{2\pi}{\lambda}x + \frac{\pi}{2}\right)\cos\left(2\pi\nu t + \frac{\pi}{2}\right).$$

对于波腹处,应有 $\frac{2\pi}{\lambda}x + \frac{\pi}{2} = k\pi$,故波腹的位置坐标表达式为

$$x = \left(k - \frac{1}{2}\right)\frac{\lambda}{2} \quad \text{或} \quad x = (2k-1)\frac{\lambda}{4} \quad (k = 1,2,\cdots).$$

(2) 理解驻波的相位是以相邻两波节内的介质为一段,同一段内各质点的振动相位相同,相邻两段内质点的振动相位相反.

例如,某时刻的驻波波形图如图 19.4.7 所示,则 a,b 两点的振动相位差为[　　].

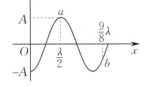

(A) π　　　　　　　(B) $\frac{9}{4}\pi$

(C) $\frac{1}{4}\pi$　　　　　　(D) 0

图 19.4.7　驻波相位分布特点

由驻波相位分布特点知,同一波节两侧各点相位相反,故应选(A).

5. 关于多普勒效应

(1) 首先必须明确波在介质中的传播速度只由介质性质决定,与波源、观察者的运动状态无关. 当波源的某个振动状态开始在介质中传播,它就脱离了波源,与波源的运动状态无关,而振动状态在介质中的传播是以介质为参考的,所以就与观察者的运动状态无关.

(2) 要正确理解多普勒效应,必须确切理解所涉及的三种频率的定义.

① 波源的振动频率 ν 是指波源在单位时间内完成的完全振动的次数;

② 介质的波动频率 $\nu_介$ 是指在单位时间内通过介质中某固定点的完整波的数目,故只有当波源相对于介质静止时,才有 $\nu_介 = \nu$;

③ 观察者的接收频率 ν' 是指接收器在单位时间内接收到的完整波的数目.

对于介质的波动频率和观察者的接收频率虽然都有 $\nu = u/\lambda$ 成立,但两者参考系不同. $\nu_介 = \frac{u}{\lambda_介}$ 是以介质为参考系,u 是波动在介质中的传播速度,$\lambda_介$ 的大小除了大家熟知的与介质有关外,还与波源的运动状况有关(见教材第一册图 4.25). 观察者的接收频率 $\nu' = \frac{u'}{\lambda'}$ 是以观察者为参考系,u' 是观察者测得的波的传播速度,因此 u' 与观察者的运动状态有关. 观察者测得的波长 λ',在不考虑相对论效应时,测得的就是波在介质中的波长,即波长应与观察者的运动状态无关.

(3) 在运用公式 $\nu' = \frac{u + v_R}{u - v_S}\nu$ 时,要注意 v_R 和 v_S 取值的正负.

19.4.4　典型题解

例 4.1　一平面波以 $u = 80$ cm/s 的速度沿 x 轴负方向传播,已知距坐标原点 $x_0 = 40$ cm 处质点的振动曲线如图 19.4.8(a) 所示,求:(1) $t = 0$ 时的波形图;(2) O 点的振动方程;(3) 该平面波的波动方程.

解　(1) 由 $y\text{-}t$ 图知 $T = 1.00$ s,则

$$\nu = \frac{1}{T} = 1 \text{ Hz}, \quad \omega = 2\pi\nu = 2\pi \text{ rad/s}, \quad \lambda = \frac{u}{\nu} = \frac{80}{1} \text{ cm} = 80 \text{ cm}.$$

由于 $x_0 = 40$ cm,坐标原点 O 与 x_0 相距 $\frac{\pi}{2}$,它们的振动相位相反,$t = 0$ 时 x_0 处质点的位移 $A = 5$ cm,则 O 点处质点的位移为 -5 cm,$x = 80$ cm 处质点位移应与 O 点处相同,即为 -5 cm,据此可得 $t = 0$ 时的波形图,如图 19.4.8(b) 所示.

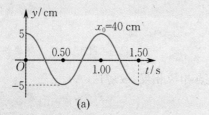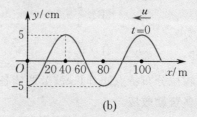

图 19.4.8　例 4.1 图

(2) $t = 0, x = 0, y_0 = -5$ cm,$v_0 = \dfrac{\partial y}{\partial t} = 0$,所以原点处初相位 $\varphi = \pm\pi$,由于波沿 x 轴负方向传播,O 点比 x_0 处的相位落后,而 $t = 0$ 时 x_0 处的相位为零,故取原点处初相位 $\varphi = -\pi$,所以坐标原点 O 的振动方程为

$$y = 5\cos(2\pi t - \pi) \text{ cm}.$$

(3) 波动方程为

$$y = 5\cos\left[2\pi\left(t + \frac{x}{80}\right) - \pi\right] \text{ cm}.$$

例 4.2　一平面简谐波沿 x 轴正向传播,振幅 $A = 10$ cm,角频率 $\omega = 7\pi$ rad/s,当 $t = 1.0$ s 时位于 $x = 10$ cm 处的质点 a 正经过平衡位置向 y 轴负方向运动,此时,位于 $x = 20$ cm 处的质点 b 的位移为 5.0 cm,且向 y 轴正方向运动.设该波波长 $\lambda > 10$ cm,试求该波的波动方程.

解　设该波的波动方程为

$$y = A\cos\left[\omega\left(t - \frac{x}{u}\right) + \varphi_0\right],$$

因此,求解的关键是求出波速 u 及原点初相位 φ_0.

方法一　解析法.

因波动方程为

$$y = 0.1\cos\left[7\pi\left(t - \frac{x}{u}\right) + \varphi_0\right] = 0.1\cos\left(7\pi t - 7\pi \frac{x}{u} + \varphi_0\right),$$

$$v = \frac{\partial y}{\partial t} = -0.7\pi\sin\left(7\pi t - 7\pi\frac{x}{u} + \varphi_0\right).$$

由题意知 $t = 1.0\,\mathrm{s}$ 时,有

$$y_a = 0.1\cos\left(7\pi - \frac{7\pi\times 0.1}{u} + \varphi_0\right) = 0,$$

故

$$7\pi - \frac{0.7\pi}{u} + \varphi_0 = \pm\frac{\pi}{2},$$

因 $v_a < 0$,所以,取

$$7\pi - \frac{0.7\pi}{u} + \varphi_0 = \frac{\pi}{2}. \qquad ①$$

同理,由 $y_b = 0.1\cos\left(7\pi - \frac{1.4\pi}{u} + \varphi\right) = 0.05, v_b > 0$,得

$$7\pi - \frac{1.4\pi}{u} + \varphi_0 = -\frac{\pi}{3}. \qquad ②$$

考虑到 $\lambda > 10\,\mathrm{cm}$ 以及 $x_b - x_a = 10\,\mathrm{cm}$,所以 a,b 两点同一时刻的相位差不应超过 2π. 由式 ① 和 ② 联立可得 $u = 0.84\,\mathrm{m/s}, \varphi_0 = -\frac{17}{3}\pi$. 取 $\varphi_0 = \frac{\pi}{3}$,故得波动方程为

$$y = 0.1\cos\left[7\pi\left(t - \frac{x}{0.84}\right) + \frac{\pi}{3}\right]\,\mathrm{m}.$$

方法二　旋转矢量法辅助求解.

先由题设条件画出 $t = 1.0\,\mathrm{s}$ 时 a 点与 b 点对应的旋转矢量,如图 19.4.9 所示,得

$$\varphi_a - \varphi_b = \frac{5\pi}{6}.$$

由公式 $\varphi_a - \varphi_b = \frac{2\pi}{\lambda}(x_b - x_a)$ 得

$$\lambda = 2\pi\frac{x_b - x_a}{\varphi_a - \varphi_b} = 2\pi\frac{0.1}{5\pi/6}\,\mathrm{m} = 0.24\,\mathrm{m},$$

所以

$$u = \frac{\lambda}{T} = \frac{\lambda}{2\pi/7\pi} = \frac{7}{2}\times 0.24\,\mathrm{m/s} = 0.84\,\mathrm{m/s}.$$

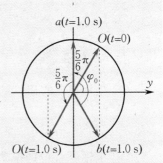

图 19.4.9　例 4.2 图

又因坐标原点处 $x = 0$,故 $t = 1.0\,\mathrm{s}$ 时刻原点 O 的相位与 a 点的相位差为

$$\varphi_0 - \varphi_a = 2\pi\frac{x_a - 0}{\lambda} = 2\pi\times\frac{0.1}{0.24} = \frac{5\pi}{6},$$

即 O 点超前 a 点 $\frac{5\pi}{6}$. 在矢量图上可画出 $t = 1.0\,\mathrm{s}$ 时 O 点对应的旋转矢量,再将此旋转矢量顺时针转过 $\omega t = 7\pi$ 的角度,得 $t = 0$ 时刻坐标原点 O 处质点振动对应的旋转矢量,从而得到原点 O 的初相位 $\varphi_0 = \frac{\pi}{3}$. 所得结论同方法一. 比较以上两种解法,方法二较简便,而方法一更基本.

例 4.3　一列沿 x 轴正向传播的平面余弦横波在 $t_1 = 0$ 和 $t_2 = 0.25\,\mathrm{s}$ 时的波形曲线如

图 19.4.10(a)所示.(1)写出 P 点的振动方程;(2)写出该波的波动方程;(3)画出坐标原点 O 的振动曲线.

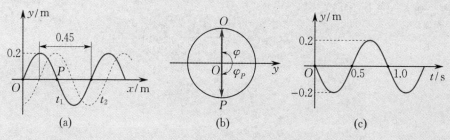

图 19.4.10   例 4.3 图

解 (1)由图 19.4.10(a)知 $A = 0.2$ m,$\frac{3}{4}\lambda = 0.45$ m,所以,$\lambda = 0.6$ m,而

$$u(t_2 - t_1) = \frac{\lambda}{4},$$

故

$$u = \frac{\frac{\lambda}{4}}{t_2 - t_1} = \frac{0.15}{0.25} \text{ m/s} = 0.6 \text{ m/s}, \quad T = \frac{\lambda}{u} = 1 \text{ s}, \quad \omega = 2\pi \text{ rad/s}.$$

由 $t_1 = 0$ 时的波形曲线知 P 点初始位移 $y_P = 0$,且此时 $v_P > 0$,如图19.4.10(b)所示,借助旋转矢量法可得 P 点振动初相位为

$$\varphi_P = -\frac{\pi}{2},$$

所以 P 点振动方程为 $y_P = 0.2\cos\left(2\pi t - \frac{\pi}{2}\right)$ m.

(2)坐标原点的相位超前于 P 点 π,故知 O 点初相位为 $\frac{\pi}{2}$,所以波动方程为

$$y = 0.2\cos\left[2\pi\left(t - \frac{x}{0.6}\right) + \frac{\pi}{2}\right] \text{m}.$$

(3)坐标原点 O 的振动方程为

$$y = 0.2\cos\left(2\pi t + \frac{\pi}{2}\right)\text{m} = -0.2\sin 2\pi t \text{ m}.$$

振动曲线如图 19.4.10(c)所示.

例 4.4   图 19.4.11(a)为某平面余弦横波在 $t = \frac{T}{4}$ 时的波形曲线,已知波的频率 $\nu = 100$ Hz,波速 $u = 40$ m/s,a 点振动方向向下.(1)试写出该波的波动方程;(2)今有一与上述波同振幅的相干波沿相反方向传播,致使图中 P 点恒处于静止状态,试写出此波的波动方程.

解 (1)由图 19.4.11(a)中 a 点的振动方向可判定,波沿 x 轴负方向传播.$t = \frac{T}{4}$ 时,O 点的振动状态为

$$y = 0, \quad v > 0.$$

可画出它此时对应的旋转矢量,并进一步可画出它在 $t = 0$ 时对应的旋转矢量,如图 19.4.11(b)

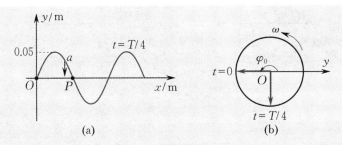

图 19.4.11　例 4.4 图

所示,所以原点 O 的初相位为 $\varphi_0 = \pi$. 又 $\omega = 2\pi\nu = 200\pi$ rad/s,故波动方程为

$$y_- = 0.05\cos\left[200\pi\left(t + \frac{x}{40}\right) + \pi\right] \text{ m}.$$

(2) 设所求波动方程为

$$y_+ = 0.05\cos\left[200\pi\left(t - \frac{x}{40}\right) + \varphi_0'\right] \text{ m},$$

两波在 P 点引起的分振动的相位差为

$$\Delta\varphi = \left[\left(200\pi\frac{x}{40} + \pi\right)\right] - \left[200\pi\left(-\frac{x}{40}\right) + \varphi_0'\right] = 100\pi x + \pi - \varphi_0'.$$

因 $\lambda = \dfrac{u}{\nu} = \dfrac{40}{100}$ m $= 0.4$ m,将 P 点的坐标 $x = 0.2$ m 代入 $\Delta\varphi$ 式,P 点静止,令

$$\Delta\varphi = 100\pi x + \pi - \varphi_0' = 20\pi + \pi - \varphi_0' = (2k+1)\pi,$$

取 φ_0' 小于 2π 的值,得 $\varphi_0' = 0$,故

$$y_+ = 0.05\cos\left[200\pi\left(t - \frac{x}{40}\right)\right] \text{ m}.$$

例 4.5　设入射波的波动方程为

$$y_1 = A\cos 2\pi\left(\frac{t}{T} - \frac{x}{\lambda}\right),$$

在 $x = 0$ 处发生反射,反射点为一节点,则反射波的波动方程为　　　　　[　　]

(A) $y_2 = A\cos 2\pi\left(\dfrac{t}{T} - \dfrac{x}{\lambda}\right)$.　　　　(B) $y_2 = A\cos\left[2\pi\left(\dfrac{t}{T} - \dfrac{x}{\lambda}\right) + \pi\right]$.

(C) $y_2 = A\cos 2\pi\left(\dfrac{t}{T} + \dfrac{x}{\lambda}\right)$.　　　　(D) $y_2 = A\cos\left[2\pi\left(\dfrac{t}{T} + \dfrac{x}{\lambda}\right) - \pi\right]$.

解　反射波的传播方向与入射波方向相反,反射点为波节,说明有半波损失,所以选(D).

例 4.6　如图 19.4.12 所示,原点 O 是一点波源,振动方向垂直于纸面,波长是 λ. AB 为波的反射平面,反射时无半波损失,O 点位于 A 点的正上方,$AO = h$,Ox 轴平行于 AB,求 Ox 轴上干涉加强点的坐标(限 $x \geqslant 0$).

解　设沿 Ox 轴传播的波与从 AB 面上 P 点反射来的波在坐标 x 处相遇,则两波的波程差为

$$\delta = 2\sqrt{\left(\frac{x}{2}\right)^2 + h^2} - x.$$

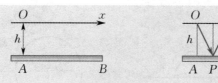

图 19.4.12   例 4.6 图

根据干涉加强的条件,应满足

$$2\sqrt{\left(\frac{x}{2}\right)^2 + h^2} - x = k\lambda,$$

整理得

$$x = \frac{4h^2 - k^2\lambda^2}{2k\lambda}, \quad k = 1, 2, \cdots, 且\ k < \frac{2h}{\lambda}.$$

例 4.7   在实验室中做驻波实验时,将一根长 3 m 的弦线的一端系于电动音叉的一臂上,这音叉在垂直于弦线长度的方向上以 60 Hz 的频率做振动,弦线的质量为 60×10^{-3} kg,如果要使这根弦线产生有 4 个波腹的振动,必须对这根弦线施加多大的张力?

解   由波速公式,有

$$u = \sqrt{\frac{T}{\mu}} = \sqrt{\frac{T}{\frac{m}{l}}} = \sqrt{\frac{Tl}{m}},$$

又 $u = \lambda\nu$. 而此弦线上只有 4 个波腹,每相邻两个波腹间距为 $\frac{\lambda}{2}$,故

$$l = 4 \cdot \frac{\lambda}{2}, \quad \lambda = \frac{1}{2}l.$$

联立上述公式得 $\frac{l}{2}\nu = \sqrt{\frac{Tl}{m}}$,则

$$T = \frac{1}{4}ml\nu^2 = \frac{1}{4} \times 60 \times 10^{-3} \times 3 \times 60^2\ \text{N} = 162\ \text{N}.$$

例 4.8   如图 19.4.13 所示,一平面简谐波沿 x 轴正方向传播,BC 为波密介质的反射面. 波由 P 点反射,$\overline{OP} = \frac{3\lambda}{4}$,$\overline{DP} = \frac{\lambda}{6}$. 在 $t = 0$ 时,O 处质点的合振动是经过平衡位置向负方向运动. 求 D 点处入射波与反射波的合振动方程. (设入射波和反射波的振幅皆为 A,频率为 ν)

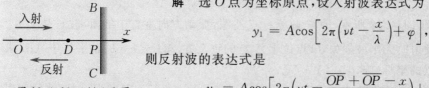

图 19.4.13   例 4.8 图

解   选 O 点为坐标原点,设入射波表达式为

$$y_1 = A\cos\left[2\pi\left(\nu t - \frac{x}{\lambda}\right) + \varphi\right],$$

则反射波的表达式是

$$y_2 = A\cos\left[2\pi\left(\nu t - \frac{\overline{OP} + \overline{OP} - x}{\lambda}\right) + \varphi + \pi\right].$$

合成波表达式(驻波)为

$$y = 2A\cos\frac{2\pi x}{\lambda}\cos(2\pi\nu t + \varphi).$$

在 $t = 0$ 时，$x = 0$ 处的质点 $y_0 = 0$，$\dfrac{\partial y}{\partial t} < 0$，故得

$$\varphi = \frac{\pi}{2}.$$

因此，D 点处的合成振动方程是

$$y = 2A\cos\left[2\pi\,\frac{\dfrac{3\lambda}{4} - \dfrac{\lambda}{6}}{\lambda}\right]\cos\left(2\pi\nu t + \frac{\pi}{2}\right) = \sqrt{3}A\sin 2\pi\nu t.$$

例 4.9　设机车以 $30\ \text{m/s}$ 的速度行驶，其汽笛声的频率为 $500\ \text{Hz}$，计算下列情况观察者听到的声音的频率（设声波在空气中的传播速度为 $330\ \text{m/s}$）：(1) 机车向观察者靠近；(2) 机车离开观察者．

解　根据多普勒效应中有关公式，有

(1) $\nu_1 = \dfrac{u}{u - v_{\text{S}}}\nu = \dfrac{330}{330 - 30} \times 500\ \text{Hz} = 550\ \text{Hz}.$

(2) $\nu_2 = \dfrac{u}{u + v_{\text{S}}}\nu = \dfrac{330}{330 + 30} \times 500\ \text{Hz} = 458\ \text{Hz}.$

自　测　题　2

一、选择题（每题 3 分，共 30 分）

1. 一个物体做简谐振动，振动方程为 $x = A\cos\left(\omega t + \dfrac{\pi}{4}\right)$．在 $t = \dfrac{T}{4}$（T 为周期）时刻，物体的加速度为　　　　　　　　　　　　　　　　　　　　　　　　　　[　　]

 (A) $-\dfrac{1}{2}\sqrt{2}A\omega^2$.　　(B) $\dfrac{1}{2}\sqrt{2}A\omega^2$.　　(C) $-\dfrac{1}{2}\sqrt{3}A\omega^2$.　　(D) $\dfrac{1}{2}\sqrt{3}A\omega^2$.

2. 对一个做简谐振动的物体，下面哪种说法是正确的？　　　　　　　　　　　　　　[　　]
 (A) 物体处在运动正方向的端点时，速度和加速度都达到最大值．
 (B) 物体位于平衡位置且向负方向运动时，速度和加速度都为零．
 (C) 物体位于平衡位置且向正方向运动时，速度最大，加速度为零．
 (D) 物体处在负方向的端点时，速度最大，加速度为零．

3. 一个质点做简谐振动，其运动速度与时间的曲线如题 3 图所示．若质点的振动规律用余弦函数描述，则其初相位应为　　　　　[　　]

 (A) $\dfrac{\pi}{6}$.　　　　　(B) $\dfrac{5\pi}{6}$.　　　　　(C) $-\dfrac{5\pi}{6}$.

 (D) $-\dfrac{\pi}{6}$.　　　　(E) $-\dfrac{2\pi}{3}$.

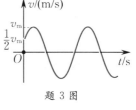

题 3 图

4. 一个质点沿 x 轴做简谐振动，振动方程为 $x = 4 \times 10^{-2}\cos\left(2\pi t + \dfrac{1}{3}\pi\right)$（SI），从 $t = 0$ 时刻起，到质点位置在 $x = -2\ \text{cm}$ 处，且向 x 轴正方向运动的最短时间间隔为　　　　　　　　　[　　]

 (A) $\dfrac{1}{8}$ s.　　(B) $\dfrac{1}{4}$ s.　　(C) $\dfrac{1}{2}$ s.　　(D) $\dfrac{1}{3}$ s.　　(E) $\dfrac{1}{6}$ s.

5. 一个质点在 x 轴上做简谐振动，振幅 $A = 4\ \text{cm}$，周期 $T = 2\ \text{s}$，其平衡位置取作坐标原点．若 $t = 0$ 时刻质点

为第一次通过 $x = -2$ cm 处,且向 x 轴负方向运动,则质点第二次通过 $x = -2$ cm 处的时刻为 　　[　　]

(A) 1 s. 　　　(B) $\dfrac{2}{3}$ s. 　　　(C) $\dfrac{4}{3}$ s. 　　　(D) 2 s.

6. 一平面简谐波的波动方程为 $y = 0.1\cos(3\pi t - \pi x + \pi)$ (SI),$t = 0$ 时的波形曲线如题 6 图所示,则

　　　　　　　　　　　　　　　　　　　　　　　　　　　　　　　　　　　　　　[　　]

(A) O 点的振幅为 -0.1 m. 　　　　(B) 波长为 3 m.

(C) a,b 两点间相位差为 $\dfrac{1}{2}\pi$. 　　(D) 波速为 9 m/s.

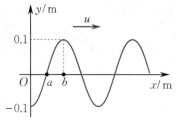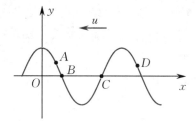

题 6 图 　　　　　　　　　　　　　　　　　　题 7 图

7. 横波以波速 u 沿 x 轴负方向传播,t 时刻波形曲线如题 7 图所示,则该时刻 　　[　　]

(A) A 点振动速度大于零. 　　　　(B) B 点静止不动.

(C) C 点向下运动. 　　　　　　　(D) D 点振动速度小于零.

8. 一平面简谐波在弹性介质中传播,在某一瞬时,介质中某质元正处于平衡位置,此时它的能量是 　　[　　]

(A) 动能为零,势能最大. 　　　　(B) 动能为零,势能为零.

(C) 动能最大,势能最大. 　　　　(D) 动能最大,势能为零.

9. 两列波长为 λ 的相干波在 P 点相遇,相干波源为 S_1,S_2.S_1 点的初相位是 φ_1,S_1 到 P 点的距离是 r_1;S_2 点的初相位是 φ_2,S_2 到 P 点的距离是 r_2.以 k 代表零或正、负整数,则 P 点是干涉极大的条件为 　　[　　]

(A) $r_2 - r_1 = k\lambda$. 　　　　(B) $\varphi_2 - \varphi_1 = 2k\pi$.

(C) $\varphi_2 - \varphi_1 + 2\pi\dfrac{r_2 - r_1}{\lambda} = 2k\pi$. 　　(D) $\varphi_2 - \varphi_1 + 2\pi\dfrac{r_1 - r_2}{\lambda} = 2k\pi$.

10. 沿着相反方向传播的两列相干波,其波动方程为 $y_1 = A\cos 2\pi\left(\nu t - \dfrac{x}{\lambda}\right)$ 和 $y_2 = A\cos 2\pi\left(\nu t + \dfrac{x}{\lambda}\right)$,叠加后形成的驻波中,波节的位置坐标为 　　[　　]

(A) $x = \pm k\lambda$. 　　　　(B) $x = \pm\dfrac{k\lambda}{2}$.

(C) $x = \pm(2k+1)\lambda$. 　　(D) $x = \pm\dfrac{(2k+1)\lambda}{4}$.

其中 $k = 0, 1, 2, \cdots$.

二、填空题(共 35 分)

11. 一个质点沿 x 轴以 $x = 0$ 为平衡位置做简谐振动,频率为 0.25 Hz.$t = 0$ 时,$x = -0.37$ cm 而速度等于零,则振幅是_____,振动的数学表达式为_____.

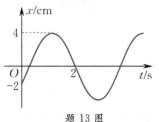

12. 一个物块悬挂在弹簧下方做简谐振动.当物块的位移等于振幅的一半时,其动能是总能量的_____(设平衡位置处势能为零).当物块在平衡位置时,弹簧的长度比原长长 Δl,这一振动系统的周期为_____.

13. 一个质点做简谐振动.其振动曲线如题 13 图所示.根据此图,它的周期 $T =$ _____,用余弦函数描述时初相位 $\varphi =$ _____.

题 13 图

14. 两个同方向同频率的简谐振动,其合振动的振幅为 20 cm,与第一个简谐振动的相位差为 $\varphi - \varphi_1 = \dfrac{\pi}{6}$. 若第一个简谐振动的振幅为 $10\sqrt{3}$ cm,则第二个简谐振动的振幅为 _____ cm,两个简谐振动的相位差 $\varphi_1 - \varphi_2$ 为 _____.

15. 如题 15 图所示,两相干波源 S_1 与 S_2 相距 $\dfrac{3}{4}\lambda$,λ 为波长. 设两波在 S_1,S_2 连线上传播时,它们的振幅都是 A,并且不随距离变化. 已知该直线上在 S_1 左侧各点的合成波强度为其中一个波强度的 4 倍,则两波源应满足的相位条件是 _____.

16. 如题 16 图所示的简谐波在 $t = 0$ 和 $t = \dfrac{T}{4}$（T 为周期）时的波形图,试画出 P 处质点的振动曲线.

17. 如题 17 图所示为 $t = \dfrac{T}{4}$ 时一平面简谐波的波形曲线,则其波动方程为 _____.

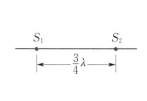

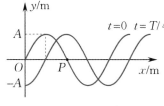

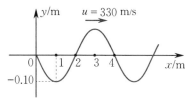

题 15 图 　　　　　　　　题 16 图 　　　　　　　　题 17 图

18. 一平面余弦波沿 x 轴正方向传播,波动方程为 $y = A\cos\left[2\pi\left(\dfrac{t}{T} - \dfrac{x}{\lambda}\right) + \varphi\right]$(SI),则 $x = -\lambda$ 处质点的振动方程是 _____;若以 $x = \lambda$ 处为新的坐标轴原点,且此坐标轴指向与波的传播方向相反,则对此新的坐标轴,该波的波动方程是 _____.

19. 如果入射波的方程式是 $y_1 = A\cos 2\pi\left(\dfrac{t}{T} + \dfrac{x}{\lambda}\right)$,在 $x = 0$ 处发生反射后形成驻波,反射点为波腹,设反射后波的强度不变,则反射波的方程式 $y_2 =$ _____;在 $x = \dfrac{2}{3}\lambda$ 处质点合振动的振幅等于 _____.

20. 一辆机车以 20 m/s 的速度行驶,机车汽笛的频率为 1 000 Hz,在机车前的声波波长为 _____.（空气中声速为 330 m/s）

三、计算题（共 35 分）

21. 一个质点做简谐振动,其振动方程为 $x = 0.24\cos\left(\dfrac{1}{2}\pi t + \dfrac{1}{2}\pi\right)$(SI),试用旋转矢量法求出质点由初始状态($t = 0$)运动到 $x = -0.12$ m,$v < 0$ 的状态所需的最短时间 Δt.

22. 在一个平板上放一个质量为 2 kg 的物体,平板在竖直方向做简谐振动,其振动周期为 $T = \dfrac{1}{2}$ s,振幅 $A = 4$ cm.(1) 求物体对平板的压力;(2) 平板以多大的振幅振动时,物体开始离开平板?

23. 一物体做简谐振动,其速度最大值 $v_m = 3 \times 10^{-2}$ m/s,其振幅 $A = 2 \times 10^{-2}$ m. 若 $t = 0$ 时,物体位于平衡位置且向 x 轴的负方向运动. 求:(1) 振动周期 T;(2) 加速度的最大值 a_m;(3) 振动方程的表达式.

24. 题 24 图所示为一平面余弦波在 $t = 0$ 时与 $t = 2$ s 时刻的波形图. 求:(1) 坐标原点处介质质点的振动方程;(2) 该波的波动方程.

25. 如题 25 图所示,一简谐波向 x 轴正向传播,波速 $u = 500$ m/s,$\overline{OP} = x_0 = 1$ m,P 点的振动方程为

$$y = 0.03\cos\left(500\pi t - \dfrac{1}{2}\pi\right) \text{ (SI)}.$$

(1) 按图所示坐标系,写出相应的波的表达式;(2) 在图上画出 $t = 0$ 时刻的波形曲线.

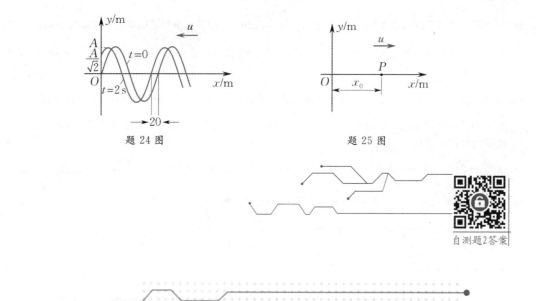

题 24 图　　　　　　　　　　　题 25 图

自测题2答案

19.5　　光 的 干 涉

19.5.1　基本要求

1.掌握光的干涉现象的特征及其产生的条件;了解获取相干光的方法,即分波阵面法和分振幅法.

2.理解光程、光程差的物理意义,牢固掌握光的干涉加强和减弱的条件;正确判断光在不同介质界面上反射时有无"半波损失"以及所引起的附加光程差.

3.掌握杨氏双缝干涉、薄膜干涉、劈尖干涉和牛顿环的特征,并能根据干涉装置熟练地计算光程差及光程差的变化与干涉条纹之间的关系.

4.理解半波损失的概念及其对干涉条纹分布规律的影响;了解迈克耳孙干涉仪的构造、工作原理及主要应用.

19.5.2　内容提要

1.相干光的条件

光的相干条件为两束光具有相同频率、相同振动方向及在相遇点有恒定的相位差.由于普通光源中分子或原子发光具有间歇性和独立性特征,每次发出的光波列有一定长度,但各分子或原子(乃至同一原子在不同时刻)发出的波列,其频率、振动方向以及相位一般都各不相同,所以不同光源或同一光源上不同部分发出的光不能相干.

2.相干光的获得

如何获得相干光呢?可以将同一光源同一点发出的光波分成两束,实际上就是把这一光波波列分成两个分波列,显然,这两个分波列是满足相干条件的.以后无论光源发出的光波振动方向、相位如何频繁变化,两分光束的振动方向和相位也随之改变,但它们之间的振动方向和相位始终相同,因而这两束光在空间经过不同路径传播后再使它们相遇时,才有可能产生干涉现象.产生这种相干光的方法一般有如下两种.

（1）分波阵面法：从同一波阵面上分离出两部分（或更多部分）作为初相位相同的相干光源，它们产生的次级波分别经不同路径后相遇时产生的干涉现象，如双缝干涉.

（2）分振幅法：利用透明薄膜的上、下表面对入射光波依次反射，将入射光的振幅（也是能量）分为若干部分，让这些部分的光波相遇产生干涉现象，如薄膜干涉、劈尖、牛顿环等.

3.光程与光程差

光波在介质中经历的几何路程与该介质折射率的乘积 nr 称为光程.

光程是表示光在介质中传播的路程相当于光在相同时间内在真空中的传播路程，所谓"相当"，是对波数而言，即两者有相同的波数（或者说有相同的相位改变）.由于光在不同介质中传播相同的几何路程所产生的相位改变是不同的，利用光程概念可以把光在不同介质中的传播路程都折算成光在真空中的路程.这样，可统一用真空中的波长来计算和比较光在不同介质中传播时的相位改变，更加简单、方便.

两束光的光程差应等于它们经过不同路径引起的光程之差与介质分界面上可能存在的半波损失引起的附加光程差之和.

两束光经历不同光程后产生的相位差 $\Delta\varphi$ 与光程差 δ 的关系为

$$\Delta\varphi = \frac{2\pi}{\lambda}\delta. \tag{19.5.1}$$

4.干涉明暗条纹的条件

两束相干光在空间某点相遇，若用相位差表示干涉明暗条纹的条件，有

$$\Delta\varphi = \begin{cases} \pm 2k\pi, & k=0,1,2,\cdots, \quad 干涉加强, \\ \pm(2k+1)\pi, & k=0,1,2,\cdots, \quad 干涉减弱; \end{cases} \tag{19.5.2}$$

若用光程差表示，则

$$\delta = \begin{cases} \pm k\lambda, & k=0,1,2,\cdots, \quad 干涉加强, \\ \pm(2k+1)\dfrac{\lambda}{2}, & k=0,1,2,\cdots, \quad 干涉减弱, \end{cases} \tag{19.5.3}$$

式中 k 称为干涉级.

5.双缝干涉

条纹位置

$$x = \begin{cases} \pm k\dfrac{D}{d}\lambda, & k=0,1,2,\cdots, \quad 明纹中心, \\ \pm(2k+1)\dfrac{D}{d}\dfrac{\lambda}{2}, & k=0,1,2,\cdots, \quad 暗纹中心. \end{cases} \tag{19.5.4}$$

条纹特点是等间距的，相邻明纹中心（或暗纹中心）间的距离为

$$\Delta x = \frac{D}{d}\lambda. \tag{19.5.5}$$

可见条纹间距 Δx 与 D，λ 成正比，与两缝间距离 d 成反比，如图 19.5.1 所示.

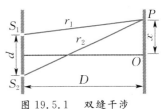

图 19.5.1 双缝干涉

6.薄膜干涉

薄膜干涉条纹定域于薄膜表面附近，所形成的条纹形状及条纹宽度取决于薄膜的厚度和上下表面的形状.对于平行平面和斜度不大的劈尖薄膜，两表面反射光的光程差为

$$\delta = 2e\sqrt{n_2^2 - n_1^2 \sin^2 i} + \frac{\lambda}{2},$$

干涉条件为

$$\delta = 2e\sqrt{n_2^2 - n_1^2 \sin^2 i} + \frac{\lambda}{2} = \begin{cases} 2k\dfrac{\lambda}{2}, & k = 1, 2, \cdots, & \text{明纹,} \\ (2k+1)\dfrac{\lambda}{2}, & k = 0, 1, 2, \cdots, & \text{暗纹,} \end{cases} \tag{19.5.6}$$

式中 e 为薄膜厚度，$\dfrac{\lambda}{2}$ 为附加光程差（因半波损失引起）.是否要加上附加光程差，由薄膜折射率 n_2 与膜上、下表面接触的介质折射率 n_1, n_3 决定.

（1）薄膜的上、下表面均为平面并夹有一微小角度 θ（即劈尖）时，干涉图样为明暗相间等间距的直条纹，条纹的空间位置取决于两反射光的光程差.如两平玻璃片（设 $n_1 = 1.50$）构成一空气劈尖（$n_2 = 1.0$），当单色平行光垂直照射时，则有

$$\delta = 2ne + \frac{\lambda}{2} = \begin{cases} k\lambda, & k = 1, 2, \cdots, & \text{明纹,} \\ (2k+1)\dfrac{\lambda}{2}, & k = 0, 1, 2, \cdots, & \text{暗纹.} \end{cases} \tag{19.5.7}$$

明纹的 k 值不能取 0，因为 $k = 0$，则 $e < 0$，无意义.

相邻明（或暗）纹对应的劈尖膜厚度差为

$$e_{k+1} - e_k = l\sin\theta = \frac{\lambda}{2n_2}. \tag{19.5.8}$$

相邻明（或暗）纹间距为

$$l = \frac{\lambda}{2n_2\sin\theta}. \tag{19.5.9}$$

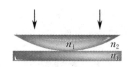

图 19.5.2　牛顿环

（2）薄膜的上下表面中一个是曲率半径为 R 的球面，另一个是平面（或两者都是球面）时，如图 19.5.2 所示，干涉图样为明暗相间的同心圆环，用圆环半径 r 来确定条纹的空间位置.如平面或球面均为玻璃（n_1），膜层为空气（n_2）时，当单色平行光垂直照射时，有

$$r = \begin{cases} \sqrt{\left(k - \dfrac{1}{2}\right)R\lambda}, & k = 1, 2, \cdots, & \text{明环半径,} \\ \sqrt{kR\lambda}, & k = 1, 2, \cdots, & \text{暗环半径.} \end{cases} \tag{19.5.10}$$

注意：从反射方向观察空气牛顿环的中心为一暗斑.

（3）迈克耳孙干涉仪采用分振幅法使两个相互垂直（或不严格垂直）的平面镜形成一等效薄膜，产生双光束干涉，干涉条纹移动一条，相当于薄膜厚度 d 改变 $\dfrac{\lambda}{2}$，即

$$\Delta d = \Delta N \frac{\lambda}{2}, \tag{19.5.11}$$

式中 ΔN 为条纹移动数.

19.5.3　重点、难点分析

1.半波损失

光从光疏介质掠射或垂直入射到光密介质并在界面反射时,反射光波会发生 π 的相位突变,用光程来计算,则相当于光波在反射过程中多走(或少走)了半个波长的距离,这种现象称为半波损失.为统一起见,在计算光程时,凡有半波损失的光波都一律加上 $\frac{\lambda}{2}$.无论采用何种相干方式,在计算两束光波的光程差时,一定要考虑因半波损失而引起的附加光程差.

2.关于干涉条纹的清晰度

在分波阵面法和分振幅法两种干涉中,应注意两束相干光的光程差不能太大,最大不能超过原子发光的波列长度(即相干长度),否则,在相遇处的两束光将来源于不同的波列,因而不能产生干涉.此外,为了使干涉条纹清晰、对比度强,两束光的强度要尽量接近,因为两相干光在空间某处相遇时合成光矢量的振幅 E 与光强 I 分别为

$$E = \sqrt{E_{10}^2 + E_{20}^2 + 2E_{10}E_{20}\cos\Delta\varphi}, \tag{19.5.12}$$

$$I = I_1 + I_2 + 2\sqrt{I_1 I_2}\cos\Delta\varphi, \tag{19.5.13}$$

式中 E_{10},E_{20} 和 I_1,I_2 分别为两相干光的光振幅和光强,$\Delta\varphi$ 为两相干光在相遇点的相位差.显然,当 $I_1 = I_2$ 时,有

$$I = 4I_1\cos^2\frac{\Delta\varphi}{2},$$

光强的极大值($I = 4I_1$)与极小值($I = 0$)相差最大,干涉条纹最清晰.

3.关于干涉条纹的移动

在光的干涉应用中,许多做法都与条纹的变动有关.在分析条纹的移动方向时,常常是"跟踪"视场中某一级条纹,观察它朝什么方向移动,则相应其他条纹也将朝这一方向移动.

如图 19.5.3 所示,在双缝干涉实验中,若光源 S 在两缝的中垂线上,则光程差为零的中央明纹(零级明纹)的中心在两缝的中垂面上,若将光源 S 向上做微小移动(如移至 S' 处),现要使从两缝发出的光的光程差仍为零,则两束光必须在中垂面的下方相遇(如 O' 处),即零级明纹下移至 O' 处,其他条纹亦随之下移.

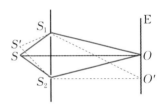

图 19.5.3　光源移动对
条纹的影响

在干涉仪器的任一光路中加入透明介质薄片时,也会引起干涉条纹的移动.由干涉相长公式 $\delta = k\lambda$ 知,光程差改变一个波长 λ,可观察到条纹移动一条,数出条纹的移动数 ΔN,便可知光程差改变为 $\Delta N\lambda$.在这里,光程差是指加薄片前、后的光程之差,显然,这种光程差只发生在加薄片的地方.双缝干涉中,如图 19.5.4(a) 所示,有

$$\delta = ne - e = (n-1)e.$$

而在迈克耳孙干涉仪中,如图 19.5.4(b) 所示,因光束两次经过介质薄片,有

$$\delta = 2(ne - e) = 2(n-1)e.$$

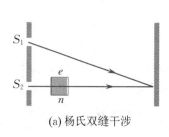

(a) 杨氏双缝干涉

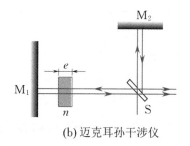

(b) 迈克耳孙干涉仪

图 19.5.4   光路中加介质片对干涉条纹的影响

19.5.4   典型题解

例 5.1   在双缝干涉中,(1) 当发生下列变化时,干涉条纹将如何变化?① 屏幕移近;② 缝距变小;③ 波长变长.(2)若用一透明薄片($n > 1$)盖住其中一条缝,将会看到什么现象?

解   (1) 由相邻明纹(或暗纹)间距 $\Delta x = \dfrac{D}{d}\lambda$ 可知:

① 若屏幕移近,则 D 变小,因而 Δx 变小,条纹变密集;

② 若缝距 d 变小,则 Δx 变大,条纹变稀疏;

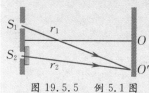

图 19.5.5   例 5.1 图

③ 对应同一级条纹,若波长 λ 愈长,则 Δx 愈大,因此,如用白光照射,则在中央明纹(白色)两侧会出现彩色条纹.(思考:靠近中央明纹的是什么颜色的光?)

(2)若用透明薄片盖住其中一条缝,如图 19.5.5 所示,则由该缝出射的光波光程增大,中央明纹将移至该缝一侧.

例 5.2   在光学仪器的玻璃上,常常涂上一层透明的薄膜,如 MgF_2 ($n = 1.38$),利用干涉消除玻璃上的反射光.如果垂直入射的是白光,其平均波长为 $\bar{\lambda} = 0.55\ \mu m$.问薄膜厚度应为多少才能使反射光最弱?已知玻璃的折射率为1.50.

解   现在考虑的是介质膜上、下表面两反射光的相干叠加.由能量守恒原理可知,当反射光干涉减弱时,透射光的光强最大;当反射光干涉加强时,透射光的光强最小.因此解这类题目,可以用透射光程差的公式,求 $\bar{\lambda} = 0.55\ \mu m$ 时对应的振幅极大值;也可以用反射光程差的公式,求 $\bar{\lambda} = 0.55\ \mu m$ 时对应的振幅极小值.一般可以把光线看成是垂直入射的.由于 $n_3 > n_2 > n_1$,因此来自空气的入射光在 MgF_2 上、下表面反射时都有半波损失,其附加光程差为零,两反射光之间的光程差为 $2n_2 e$.用反射光求振幅极小值,则有

$$\delta = 2n_2 e = (2k+1)\frac{\lambda}{2}, \quad k = 0,1,2,\cdots, \qquad ①$$

或者用两透射光求振幅的极大值,有

$$\delta = 2n_2 e + \frac{\lambda}{2} = k\lambda, \quad k = 1,2,\cdots. \qquad ②$$

两式解出的结果相同,一般都取膜厚为最小,对式 ① 取 $k = 0$,式 ② 取 $k = 1$,得

$$e_{\min} = \frac{\lambda}{4n_2} = 0.996 \times 10^{-7}\,\text{m}.$$

这种膜对 $\lambda = 0.55\ \mu\mathrm{m}$ 的黄绿光是增透膜.

例5.3 如图 19.5.6(a) 所示，由两平板玻璃片 $(n_1 = 1.50)$ 构成一空气劈尖 $(n_2 = 1.0)$，如用平行光垂直照射，由 ①，② 两束光相干，在空气劈尖的上表面产生干涉条纹. 问在下列情况下，干涉条纹将如何变化?(1) 若劈尖的上表面向上平移，如图 19.5.6(b) 所示；(2) 若劈尖的上表面向右平移，如图 19.5.6(c) 所示；(3) 若劈尖的劈夹角 θ 增大，如图 19.5.6(d) 所示；(4) 若在两玻璃片之间充满折射率 $n_2' = 1.55$ 的透明介质.

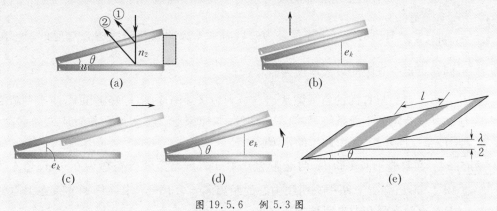

图 19.5.6　例 5.3 图

解　干涉条纹的变化是指两个方面：其一，跟踪某一级条纹，看它是否移动，向哪个方向移动. 这里问题的关键是应明确劈尖干涉是等厚干涉，在膜的厚度相同之处形成一条干涉条纹，若膜的厚度发生变化，则条纹随之移动；其二，条纹之间的距离是否变化. 设相邻明(或暗)纹之间的距离为 l，那么，应判断 l 的大小是否变化. 由劈尖干涉条件，有

$$l\sin\theta = \frac{\lambda}{2},$$

式中 θ 为劈尖的楔角，如图 19.5.6(e) 所示.

(1) 若劈尖的上表面向上平移，由于 θ 角不变，所以条纹间距 l 不变，但与 e_k 等厚度的位置向左移动，如图 19.5.6(b) 中竖直线的位置，因此干涉条纹向左移动. 如果上边的玻璃片向上移动太多，使膜的厚度增大太多，则相干条件得不到满足，干涉条纹将消失.

(2) 劈尖的上表面向右平移，因 θ 角不变，条纹间距 l 不变，与 e_k 等厚度的位置向右移动，故条纹向右移动.

(3) 当 θ 角增大时，条纹间距 l 减小，与 e_k 等厚度的位置向左移动，所以干涉条纹也向左移，且变得密集.

(4) 当两玻璃片间充满透明介质时，因介质的折射率 n_2' 大于空气的折射率，而 θ 角不变，可知条纹间距 l 变小，条纹变密.(此时半波损失发生在哪儿?)

例5.4 如图 19.5.7 所示是检验透镜曲率半径的牛顿环干涉装置. 在波长为 λ 的单色光垂直照射下，显示出图上方所示的干涉条纹(图上显示的是牛顿环的明纹位置). 试问透镜 L 下表面与标准模具 G 之间空气隙的厚度最大不超过多少?若轻轻下压透镜 L，看到干涉条纹扩大，试问透镜 L 的曲率半径 R_L 比标准模具的曲率半径 R_G 大，还是小?

解　从图中可看出明纹的最高级次为 $k = 4$，由牛顿环的明纹公式

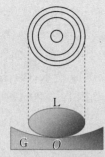

图 19.5.7　例 5.4 图

$$\delta = 2e + \frac{\lambda}{2} = k\lambda, \quad k = 1, 2, \cdots,$$

可得空气隙的最大厚度为

$$e = \frac{4\lambda - \dfrac{\lambda}{2}}{2} = \frac{7}{4}\lambda,$$

或者根据两相邻明纹对应的空气隙厚度差为 $\frac{\lambda}{2}$,现第 4 级与第 1 级明纹对应的空气隙厚度差为 $\frac{3}{2}\lambda$,而第 1 级明纹与暗纹中心对应的空气隙厚度差为 $\frac{\lambda}{4}$,同样可得空气隙的最大厚度为 $\frac{7}{4}\lambda$.

设 $R_L < R_G$,则 L 与 G 间的空气隙从切点 O 到边缘逐渐变厚,轻轻下压 L,使空气隙的厚度变小,注意某一特定的干涉条纹,如第 1 级明纹,与原来空气隙等厚的位置应向外移动,即可观察到干涉条纹向外扩大.由此可断定 $R_L < R_G$.

例 5.5　在双缝干涉实验中,两缝距为 0.4 mm,屏幕至狭缝距离为 0.5 m,光源波长 $\lambda = 6.4 \times 10^{-5}$ cm,已知 P 点距中央明纹中心的距离 $x = 0.1$ mm.求:(1)两光束在 P 点的相位差 $\Delta\varphi$;(2)P 点的光强和中央明纹光强之比.

解　(1) $r_2 - r_1 = d\sin\theta \approx d\tan\theta = d\dfrac{x}{D} = 0.04 \times \dfrac{0.01}{50}$ cm $= 8.0 \times 10^{-6}$ cm,

$$\Delta\varphi = \frac{2\pi}{\lambda}(r_2 - r_1) = \frac{2\pi}{6.4 \times 10^{-5}} \times 8.0 \times 10^{-6} = \frac{\pi}{4}.$$

(2)因光强 $I = E^2$,所以有

$$\frac{I_P}{I_0} = \frac{E_P^2}{E_0^2} = \frac{4I_1 \cos^2 \dfrac{\Delta\varphi}{2}}{4I_1 \cos^2 \dfrac{\Delta\varphi_0}{2}} = \frac{\cos^2\left(\dfrac{1}{2} \cdot \dfrac{\pi}{4}\right)}{\cos^2 0} = \cos^2\frac{\pi}{8} = 0.853\,6.$$

例 5.6　一束平面单色光波垂直照射在厚度均匀的薄油膜上,油膜覆盖在玻璃板上.油的折射率为 1.30,玻璃的折射率为 1.50,若单色光的波长可由光源连续可调,可观察到 500 nm 与 700 nm 这两个波长的单色光在反射中消失.试求油膜层的厚度.

解　据题意,薄膜上、下表面的反射光都有半波损失,所以在薄膜干涉的反射相消条件中,不必计入半波损失引起的附加光程差,应有

$$2ne = (2k+1)\frac{\lambda}{2}, \quad k = 0, 1, 2, \cdots, \tag{①}$$

式中 $n = 1.30$ 为油膜的折射率.

当 $\lambda_1 = 500$ nm 时,有

$$2ne = \left(k_1 + \frac{1}{2}\right)\lambda_1 = k_1\lambda_1 + 250 \text{ nm}. \tag{②}$$

当 $\lambda_1 = 700$ nm 时,有

$$2ne = \left(k_2 + \frac{1}{2}\right)\lambda_2 = k_2\lambda_2 + 350 \text{ nm}. \tag{③}$$

因为 $\lambda_2 > \lambda_1$，所以 $k_2 < k_1$；又因为在 λ_1 与 λ_2 之间不存在 λ_3 满足

$$2ne = \left(k_3 + \frac{1}{2}\right)\lambda_3,$$

式中，k_3 满足 $k_2 < k_3 < k_1$，所以 k_2, k_1 为连续整数，有

$$k_2 = k_1 - 1. \tag{④}$$

由式 ②，式 ③，式 ④ 可得

$$k_1 = \frac{k_2\lambda_2 + 100 \text{ nm}}{\lambda_1} = \frac{700k_2 + 100}{500} = \frac{7(k_1 - 1) + 1}{5},$$

所以

$$k_1 = 3, \quad k_2 = k_1 - 1 = 2.$$

由式 ② 可得油膜的厚度为

$$e = \frac{k_1\lambda_1 + 250 \text{ nm}}{2n} = \frac{3 \times 500 + 250}{2.6} \text{ nm} \approx 673.1 \text{ nm}.$$

例 5.7　白光垂直照射到空气中一厚度 e 为 380 nm 的肥皂膜上. 设肥皂膜的折射率 n 为 1.33，试问该膜的正面呈现什么颜色?背面呈现什么颜色?

解　正面呈现可见光颜色的波长必须满足反射干涉相长公式

$$2ne + \frac{\lambda}{2} = k\lambda, \quad k = 1, 2, \cdots,$$

由此求得波长为

$$\lambda = \frac{4ne}{2k - 1} = \frac{4 \times 1.33 \times 380}{2k - 1} = \frac{2\,021.6}{2k - 1}.$$

以 $k = 1, 2, \cdots$ 相继代入上式，可知

$$k = 2, \quad \lambda_2 = \frac{2\,021.6}{2 \times 2 - 1} \text{ nm} = 673.9 \text{ nm} \quad (\text{红色});$$

$$k = 3, \quad \lambda_3 = \frac{2\,021.6}{2 \times 3 - 1} \text{ nm} = 404.3 \text{ nm} \quad (\text{紫色})$$

恰好落在白光的波长范围内，而取其他 k 值，则 λ 落在白光波长范围之外. 由此可见，肥皂膜的正面呈现紫红色.

在垂直入射到肥皂膜的白光中，发生透射干涉相长的波长须满足

$$2ne = k\lambda, \quad k = 1, 2, \cdots,$$

于是可求得波长为

$$\lambda = \frac{2ne}{k} = \frac{1\,010.8}{k}, \quad k = 1, 2, \cdots.$$

显而易见，只有当 $k = 2$ 时所得的波长

$$\lambda = 505.4 \text{ nm} \quad (\text{蓝绿色})$$

落在白光范围内. 故肥皂膜的背面呈现蓝绿色.

例 5.8　在图 19.5.8 所示三种透明材料构成的牛顿环装置中，用单色光垂直照射，在反射光中看到干涉条纹. 试分析条纹分布的特点及接触点 P 处的圆斑特征.

解　P 点左边的两束反射光的光程差为

图 19.5.8 例 5.8 图

$$\delta = 2n_2 e.$$

当 $e = 0$ 有 $\delta = 0$,符合相干加强条件,所以 P 点处的圆斑左半圆是亮斑.

P 点右边,有

$$\delta = 2n_2 e + \frac{\lambda}{2}.$$

当 $e = 0$ 时,得

$$\delta = \frac{\lambda}{2},$$

符合相干减弱条件,所以 P 处右半圆斑是暗斑. 条纹分布的特点是:P 点右边,从中心向外为暗斑、亮环、暗环……交替变化;P 点左边,从中心向外为亮斑、暗环、亮环……交替变化.(公式中的 $n_2 = 1.62$)

例 5.9 (1)用波长不同的光观察牛顿环时,观察到用 $\lambda_1 = 600$ nm 时的第 k 个暗环与用 $\lambda_2 = 450$ nm 时的第 $k+1$ 个暗环重合,已知透镜的曲率半径是 190 cm,求用 λ_1 时第 k 个暗环的半径;(2)又如在牛顿环中用波长为 500 nm 时的第 5 个明环与用波长为 λ_2 时的第 6 个明环重合,求波长 λ_2.

解 (1)牛顿环中 k 级暗环半径为 $r_k = \sqrt{kR\lambda}$,依题意有

$$r = \sqrt{kR\lambda_1}, \quad r = \sqrt{(k+1)R\lambda_2}.$$

由上两式得 $k = \dfrac{\lambda_2}{\lambda_1 - \lambda_2}$. 故

$$r = \sqrt{\frac{R\lambda_1\lambda_2}{\lambda_1 - \lambda_2}} = \sqrt{\frac{190 \times 10^{-2} \times 600 \times 10^{-9} \times 450 \times 10^{-9}}{600 \times 10^{-9} - 450 \times 10^{-9}}} \text{ m} = 1.85 \times 10^{-3} \text{ m}.$$

(2)牛顿环的明环半径为 $r_k = \sqrt{\dfrac{(2k-1)R\lambda}{2}}$,据题意有

$$r = \sqrt{\frac{(2k_1 - 1)R\lambda_1}{2}} = \sqrt{\frac{(2k_2 - 1)R\lambda_2}{2}},$$

所以

$$\lambda_2 = \frac{2k_1 - 1}{2k_2 - 1}\lambda_1 = \frac{2 \times 5 - 1}{2 \times 6 - 1} \times 500 \text{ nm} = 409.1 \text{ nm}.$$

例 5.10 有一个劈尖,折射率 $n = 1.4$,劈尖楔角 $\theta = 10^{-4}$ rad. 在某一单色光的垂直照射下,可测得两相邻明条纹之间的距离为 0.25 cm.(1)求此单色光在空气中的波长;(2)如果劈尖长为 3.5 cm,那么总共可出现多少条明条纹?

解 (1)由劈尖干涉条件得两相邻明条纹间距为

$$\Delta x = \frac{\frac{\lambda}{2n}}{\sin\theta} \approx \frac{\lambda}{2n\theta},$$

所以

$$\lambda = 2n\theta\Delta x = 2 \times 1.4 \times 10^{-4} \times 0.25 \times 10^{-2} \text{ m} = 7.0 \times 10^{-7} \text{ m}.$$

(2)在长为 3.5×10^{-2} m 的劈尖上,明条纹总数为

$$k = \frac{L}{\Delta x} = \frac{3.5 \times 10^{-2}}{0.25 \times 10^{-2}} \text{条} = 14 \text{条}.$$

例 5.11　钠黄光中包含着两条相近的谱线,其波长分别为 $\lambda_1 = 589.0$ nm 和 $\lambda_2 = 589.6$ nm. 用钠黄光照射迈克耳孙干涉仪. 当干涉仪的可动反射镜连续地移动时,视场中的干涉条纹将周期性地由清晰逐渐变模糊、再逐渐变清晰、再变模糊 …… 求视场中的干涉条纹某一次由最清晰变为最模糊的过程中可动反射镜移动的距离 d.

解　设视场中的干涉条纹由最清晰(λ_1 的明纹与 λ_2 的明纹重合)变为最模糊(λ_1 的明纹与 λ_2 的暗纹重合)的过程中,可动反射镜移动的距离为 d,则在此过程中,对于 λ_1,光程差增加了

$$2d = k\lambda_1, \qquad\qquad ①$$

对于 λ_2,光程差增加了

$$2d = \left(k - \frac{1}{2}\right)\lambda_2. \qquad\qquad ②$$

由式 ① 和式 ② 联立解得

$$k = \frac{\lambda_2}{2(\lambda_2 - \lambda_1)}. \qquad\qquad ③$$

将式 ③ 代入式 ① 得

$$d = \frac{\lambda_1 \lambda_2}{4(\lambda_2 - \lambda_1)} = \frac{589.0 \times 589.6}{4(589.6 - 589.0)} \text{ nm} = 1.45 \times 10^5 \text{ nm} = 1.45 \times 10^{-4} \text{ m}.$$

19.6　光 的 衍 射

19.6.1　基本要求

1. 了解产生光波衍射现象的条件,弄清菲涅耳衍射与夫琅禾费衍射的区别.
2. 掌握单缝夫琅禾费衍射条纹的分布规律,能用半波带法对此分布规律进行解释.
3. 了解光栅衍射图样的特点及其成因,掌握光栅方程的应用以及光栅光谱的缺级现象.
4. 了解衍射对光学仪器分辨本领的影响.
5. 了解 X 射线的衍射现象,理解布拉格公式的物理意义.

19.6.2　内容提要

1. 惠更斯-菲涅耳原理

光的干涉现象和光的衍射现象都是光的波动性质的特征,但两种现象形成的条件不同. 干涉是由两束(或若干束)孤立的相干光叠加而成,而衍射现象中出现的明暗条纹,是从同一波阵面上各点发出的子波相互干涉的结果.

惠更斯原理成功地解释了光波通过障碍物后的传播方向问题,但不能解释衍射图样中

的光强分布. 为此, 菲涅耳用波的叠加与干涉原理做了进一步的充实和完善, 得到惠更斯-菲涅耳原理: 从同一波阵面上各点发出的子波, 经传播后在空间某处相遇时, 也能相互叠加而产生干涉现象. 利用这一原理可以计算出衍射图样中的光强分布, 但计算过程较复杂, 在大学物理教材中通常采用菲涅耳提出的半波带法来解释衍射现象.

2. 单缝夫琅禾费衍射

(1) 单缝衍射条纹的主要特点

① 中央明条纹(零级明纹)最亮, 同时也最宽(约为其他明条纹宽度的两倍);

② 各级明条纹的光强随级数增大而减小;

③ 当白光入射时, 中央明条纹仍为白色, 其两侧的各级明纹呈现彩色, 并按波长排列, 最靠近中央的为紫色, 最远离的为红色, 各单色条纹会产生重叠交错;

④ 条纹的级数有限.

(2) 屏幕明暗条纹位置

$$\begin{cases} a\sin\varphi = \pm k\lambda, & \text{暗条纹}, \\ a\sin\varphi = \pm(2k+1)\dfrac{\lambda}{2}, & \text{明条纹}, \quad k=1,2,\cdots. \\ -\lambda < a\sin\varphi < \lambda, & \text{中央明纹}, \end{cases} \tag{19.6.1}$$

(3) 条纹间距

中央明条纹的线宽度

$$l_0 = 2l = 2\frac{\lambda}{a}f; \tag{19.6.2}$$

中央明条纹的角宽度

$$2\varphi = 2\frac{\lambda}{a}; \tag{19.6.3}$$

其他明条纹宽度(相邻两暗纹中心间距)

$$l = x_{k+1} - x_k = \frac{\lambda}{a}f, \tag{19.6.4}$$

式中 a 为单缝宽度, f 为缝屏间所置透镜的焦距.

应该注意, 屏上条纹位置与衍射角之间有对应关系 $x = f\tan\varphi$. 当 φ 较小时, 有 $\sin\varphi \approx \tan\varphi$, 此时 $x = f\tan\varphi \approx f\sin\varphi$; 当 φ 较大时, 则要先求出 φ 值, 再代入 $x = f\tan\varphi$ 计算.

若用圆孔代替狭缝, 则为圆孔夫琅禾费衍射, 其衍射图样为明暗相间的同心圆环状条纹, 中央明纹是圆形亮斑(艾里斑), 它集中了入射光束中总光强的大约 84%, 其半角宽度为

$$\theta = 1.22\frac{\lambda}{D}, \tag{19.6.5}$$

式中 D 为圆孔直径.

3. 光栅衍射

光栅衍射图样的特点是明条纹细且亮, 两明条纹之间存在很宽的暗区. 这种衍射图样是单缝衍射和多缝干涉的综合效应.

由于单缝位置的变化对衍射图样的位置没有影响, 光栅中各条缝的衍射图样是重叠在一起的. 若光栅有 N 条缝, 则衍射图样中的明条纹亮度会增加 N^2 倍, 故光栅中狭缝数越多,

明条纹越亮.多光束干涉的结果又使两主极大明纹之间有$(N-1)$条暗纹,而各主极大的亮度又受到单缝衍射的调制.

（1）光栅方程

当平行光束垂直入射到光栅上,屏幕上主极大条纹的位置满足

$$(a+b)\sin \varphi =\pm k\lambda , \quad k = 0,1,2,\cdots , \tag{19.6.6}$$

式中$(a+b)$为光栅常数,k称为条纹级数.上式表明,相邻两单缝衍射的光波到达屏上某点（衍射角φ处）时,若光程差恰好是波长的整数倍,则叠加后相互加强,形成明条纹.

如果平行光束倾斜地入射到光栅上,入射方向与光栅平面法线之间的夹角为θ,则光栅方程将取下列形式:

$$(a+b)(\sin \varphi \pm \sin \theta)=\pm k\lambda , \quad k = 0,1,2,\cdots , \tag{19.6.7}$$

式中φ是衍射角（均取正）,若φ与θ在法线同侧,上式左边括号中取加号,在异侧时取减号.

（2）光栅光谱

当白光入射到光栅上时,与单缝衍射类似,除中央主极大仍为白色外,其他各级主极大都将呈现彩色,形成由紫到红的彩色光带,这些光带的整体称为衍射光谱.由$\sin \varphi = \dfrac{k\lambda }{a+b}$,对于同一级$k$,衍射角$\varphi$的大小正比于入射光波的波长$\lambda$,所以光谱中紫光靠近中央主极大,而红光则远离中央主极大.当级数较高时,第k级光谱中的长波明纹将与第$k+1$级短波明纹位置重合,光谱发生了重叠,级数愈高,重叠愈多,愈难分辨.

4.光学仪器的分辨本领

两发光点刚好能被圆孔光学仪器分辨,则它们对透镜光心所张的角叫作最小分辨角.由瑞利判据知,它等于艾里斑的半角宽度$\theta = 1.22\dfrac{\lambda }{D}$.光学仪器的最小分辨角的倒数,称为该仪器的分辨本领.因此,提高光学仪器分辨本领的途径之一是增大透光孔径D,如大型天文望远镜;另一种途径是减小入射光波的波长λ,如电子显微镜等.

5.X 射线衍射

利用天然晶体的空间点阵作为三维衍射光栅,观察到 X 射线的衍射图样 —— 劳厄斑.设晶体中各原子层间的距离为d（晶格常数）,平行相干的 X 射线以掠射角φ投射到晶体表面上,当满足

$$2d\sin \varphi = k\lambda , \quad k = 1,2,\cdots \tag{19.6.8}$$

时,衍射光波加强形成亮点,上式称为布拉格公式.

19.6.3　重点、难点分析

1.半波带法

用半波带法解释单缝衍射条纹的分布,可避免复杂的计算.如图 19.6.1 所示,单缝 AB 上各点发出的子波在φ方向的最大光程差$AC = a\sin \varphi$.作k个平行于BC的平面,把AC分成间隔为半波长$\dfrac{\lambda }{2}$的k个相等部分.同时,这些平面将把单缝处的波阵面AB分割成k个半波带.这样,相邻两半波带上对应点向φ方

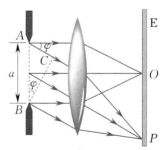

图 19.6.1　半波带法原理图

向发出的子波其光程差总是 $\frac{\lambda}{2}$,到达 P 点时则相互干涉抵消.因此,当单缝处的波阵面恰好分成偶数个半波带时,所有波带上各点发出的光振动都将在 P 点一一成对抵消,使 P 点形成暗条纹;当 AB 缝波阵面正好分成奇数个半波带时,则成对的波带抵消后,还剩下一个半波带未被抵消,将使 P 点成为明条纹.

若 φ 角不同,单缝处的波阵面分割成的半波带数目也不同.φ 角愈大,半波带数目也愈多,每个半波带透过的光通量(或能量)愈小,对应的明条纹亮度愈小.

若单缝处的波阵面 AB 不能分成整数个半波带时,光屏上 P 点总会有一些光线到达,但其亮度比明条纹要小,这就使得单缝衍射的明条纹有一定宽度.因此在用单缝衍射测量光波波长时,一般测量暗条纹的位置.

这里应该注意:图 19.6.1 中引入的 BC 平面与 AC 线(及沿 φ 方向的各衍射线)垂直,是借用了光线在各向同性介质中波线与波面垂直,且平行光经透镜后不产生附加光程差的原理,使单缝处波阵面上各点向 φ 方向发出的光波从 BC 面开始一直到 P 点,走过的光程都一样,相互间均没有附加光程差.因此,这些沿 φ 方向的衍射线之间若有光程差就应该是在 AB 面之后与 BC 面之前的这一段,其最大光程差即 $AC = a\sin\varphi$.但这里的 BC 平面并不是 φ 方向衍射线的波面,因为波面上各点的相位是相同的,而 BC 面上各点之间已有相位差,从 B 到 C 相位依次落后,所以它们在到达屏幕 E 时才会形成明(或暗)的干涉条纹.否则,若 BC 平面是 φ 方向衍射线的波面,之后又没有附加光程差,那么屏幕上将永远只能是明的.

2. 干涉与衍射的区别

若入射的是单色光,干涉与衍射都会产生明、暗相间的条纹,但干涉是两束(或多束)光的叠加,在纯干涉问题中,每束光都按几何光学的规律传播,例如双镜、劳埃德镜、劈尖、牛顿环和迈克耳孙干涉仪的干涉.而衍射是从同一波阵面上各点发出的无数个子波的叠加,从这个意义上说,衍射的本质也是干涉.在衍射现象中,光波不再遵循几何光学的直线传播规律.双缝干涉就不是纯干涉问题,因为每条缝出射的光都是衍射光.例如在杨氏双缝实验中,当缝宽 a 很小(与波长 λ 相近),而 $d \gg a$(d 为双缝间距离)时,则每个缝产生的中央明条纹都很宽,这时每个缝在光屏上的亮区都是由中央明条纹形成的,即干涉条纹是在两缝各自衍射形成的中央明条纹区域互相叠加而成.这时光屏上得到的双缝干涉条纹亮度都相近,如图 19.6.2(a) 所示.如果 a 不很小,而且 d 与 a 相差不多时,则从每个缝衍射后到达光屏的光线形成亮度不等的条纹分布.两个缝的条纹相互叠加产生干涉,得到的各级干涉明条纹亮度不等,各级明条纹强度的包络线与单缝衍射明条纹强度的分布相似,如图 19.6.2(b) 所示.人们常把这样两个缝形成的条纹分布叫作双缝衍射条纹.

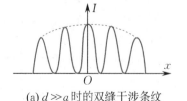

(a) $d \gg a$ 时的双缝干涉条纹　　　　　　(b) d 略大于 a 时的双缝衍射条纹

图 19.6.2　双缝干涉和双缝衍射

3. 光栅衍射的缺级现象

若屏幕上某处满足光栅方程

$$(a+b)\sin\varphi = \pm k\lambda$$

的主极大条件,同时又满足

$$a\sin\varphi = \pm k'\lambda$$

的单缝衍射暗条纹条件,则因从每个缝射出的衍射光已各自满足暗条纹条件,也就不会出现缝与缝之间的干涉加强,这种现象称为缺级. 例如当 $b=a$ 时,光栅出现的明纹条件是

$$(a+b)\sin\varphi = \pm k\lambda, \quad k=0,1,2,\cdots,$$

因 $(a+b)=2a$,故 $2a\sin\varphi = \pm k\lambda$,即

$$a\sin\varphi = \pm k\frac{\lambda}{2}.$$

而单缝衍射的暗纹条件为 $a\sin\varphi = \pm k'\lambda$, $k'=1,2,\cdots$. 由此可见,当 $k=2,4,\cdots$ 偶数级时,正好和单缝衍射暗条纹中心的位置重合,即每个单缝都没有能量沿这些方向输出,因此屏幕上就看不到偶数级明条纹,也就是偶数项缺级.

不难证明,当 $(a+b)$ 与 a 有简单整数比时,将可看到缺级现象.

4. 光栅衍射时屏上最多能见到的条纹级数分析

当平行光垂直入射到光栅上,由 $(a+b)\sin\varphi = \pm k\lambda$ 得

$$k = \pm\frac{(a+b)\sin\varphi}{\lambda},$$

式中取 $\varphi=90°$,计算出对应的 k 值,若 k 为非整数,则小于 k 的最大整数值就是所能看到的该光栅的最高衍射级 k_{max};若 k 为整数,则 $k_{max}=k-1$,因为 $\varphi=90°$ 时条纹在光栅的延长线上,实际观察不到. 此外,还要考虑到有无缺级的问题,例如,$k_{max}=9$,$\frac{a+b}{a}=3$,则所有与 3 成整数倍的级次均为缺级. 因此实际呈现的只有 $k=0,\pm1,\pm2,\pm4,\pm5,\pm7,\pm8$ 共 13 条明条纹.

如果平行光倾斜地入射到光栅上,则屏上实际呈现的衍射级 k 正、负值不对称.

19.6.4　典型题解

例 6.1 　求单缝衍射各级明纹的角宽度;并讨论出现下面三种情况对衍射条纹有何影响?(1)若单缝宽度变宽或变窄;(2)入射平行光与主光轴有一夹角;(3)透镜不动,缝上下平移.

解 　中央明纹的角宽度为两个第 1 级暗纹之间的角宽度,用 $\varphi_{1,-1}$ 表示,

$$\varphi_{1,-1} = 2\arcsin\frac{\lambda}{a}.$$

其他各级明纹的角宽度用 δ_φ 表示,即

$$\delta_\varphi = \varphi_{k+1} - \varphi_k = \arcsin\frac{\lambda}{a}.$$

可见,中央明纹的角宽度是其他各级明纹的两倍(在角宽度较小的情况下).

(1)若缝宽 a 较小但仍大于波长 λ,各级衍射条纹都有一定的宽度,衍射现象显著;当 $a \gg \lambda$ 时,$\varphi_{1,-1}$ 和 δ_φ 都很小,各级衍射条纹都密集于中央明纹附近,以致分辨不清,衍射现象不显

著,光可近似看成沿直线传播;当 $a \approx \lambda$ 时,中央明纹的半角宽度 $\dfrac{\varphi_{1,-1}}{2} = \delta_\varphi = \arcsin \dfrac{\lambda}{a} \approx 90°$,屏幕上只能看到中央明纹.因此,只有当缝宽 a 比入射波长 λ 大得不多时,才能观察到明显的衍射现象.

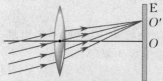

图 19.6.3 例 6.1 图

(2)因为中央明纹的中心是各衍射光光程差为零的位置,也就是几何光学的像点,所以,当入射平行光与主光轴有一夹角时,整个衍射条纹发生移动,如图 19.6.3 所示,中央明纹的中心由 O 点移至 O' 点(即该方向上透镜副光轴和焦平面的交点).

(3)根据几何光学成像规律,沿主光轴入射的平行光应会聚于焦平面的焦点 O 处,所以,只要透镜位置不动,缝上下平移对衍射条纹没有影响.

例 6.2 一束平行单色光垂直照射到 $a = 0.6\text{ mm}$ 的单缝上,缝后会聚透镜的焦距 $f = 40\text{ cm}$,在屏上观察到离中央明纹中心 1.4 mm 处的 P 点为一明条纹.(1)求入射光的波长;(2)求 P 点条纹的级数;(3)从 P 点看狭缝处的波阵面可分为几个半波带?

解 此题用半波带法分析,P 点处为明条纹,则狭缝处的波阵面应分成奇数个半波带,即

$$a\sin\varphi = (2k+1)\frac{\lambda}{2}.$$

在可见光范围,推算能满足上式的 k 值和 λ 值.

设屏幕上 P 点距中央明纹中心为 x,则 $x = f\tan\varphi \approx f\sin\varphi$,代入上式得

$$a\frac{x}{f} = (2k+1)\frac{\lambda}{2} = \left(k+\frac{1}{2}\right)\lambda,$$

所以

$$k = \frac{ax}{f\lambda} - \frac{1}{2} = \frac{0.6 \times 10^{-3} \times 1.4 \times 10^{-3}}{40 \times 10^{-2} \times \lambda} - \frac{1}{2}.$$

在可见光范围 $400 \sim 760\text{ nm}$ 内,求得对应 k 值范围是 $2.3 \sim 4.75$.因为 k 只能取整数,所以 $k = 3$ 或 $k = 4$.

当 $k = 3$,得 $\lambda_3 = 600\text{ nm}$(红光),对应从 P 点看狭缝处的波阵面可分为 $2k+1 = 7$ 个半波带;当 $k = 4$,得 $\lambda_4 = 466.7\text{ nm}$(蓝光),对应从 P 点看狭缝处的波阵面可分为 $2k+1 = 9$ 个半波带.

例 6.3 一个双缝的缝间距为 0.1 mm,每缝宽为 0.02 mm,用波长为 480 nm 的平行单色光垂直入射双缝,双缝后放一焦距为 50 cm 的透镜.(1)求透镜焦平面上单缝衍射中央明条纹的宽度;(2)单缝衍射的中央明条纹包络线内有多少条双缝衍射明条纹?

解 (1)中央明条纹的宽度即为 $k = \pm 1$ 两个衍射极小间距离.第 1 级衍射极小的衍射角 θ_1 满足

$$\theta_1 = \arcsin\frac{\lambda}{a} = \arcsin\frac{480 \times 10^{-9}}{0.02 \times 10^{-3}} = 0.024.$$

屏上对应的线距离为

$$l_1 = f\tan\theta_1 \approx f\theta_1 = 50 \times 10^{-2} \times 0.024\text{ m} = 1.2 \times 10^{-2}\text{ m} = 12\text{ mm}.$$

中央明条纹的宽度为

$$l_0 = 2l_1 = 24\text{ mm}.$$

(2) 中央明条纹包络线内双缝衍射明条纹级数 k 的最大值满足

$$d\sin\theta_1 = \pm k_{\max}\lambda,$$

得

$$\pm k_{\max} = \frac{d\sin\theta_1}{\lambda} \approx \frac{d\theta_1}{\lambda} = \frac{0.1\times10^{-3}\times0.024}{480\times10^{-9}} = 5.$$

由缺级条件 $\dfrac{d}{a} = \dfrac{k}{k'}$,将 $d = 0.1\,\text{mm}$,$a = 0.02\,\text{mm}$ 代入得 $\dfrac{k}{k'} = 5$,即当 $k' = 1$ 时,$k = 5$ 缺级.因此,中央明条纹包络线内有 $k = 0,\pm1,\pm2,\pm3,\pm4$ 共 9 条双缝衍射明条纹.

例 6.4　波长 $\lambda = 600\,\text{nm}$ 的单色光垂直入射到一光栅上,观察到第 2 级、第 3 级明纹分别出现在 $\sin\varphi = 0.20$ 与 $\sin\varphi = 0.30$ 的方向,第 4 级缺级.求:(1) 光栅常数;(2) 光栅上狭缝可能的最小宽度;(3) 按上述要求选定的 a,b 值,屏幕上实际呈现的全部条纹的级数.

解　(1) 由光栅公式 $(a+b)\sin\varphi = k\lambda$,以第 2 级明纹(第 3 级亦可)的数据代入,得光栅常数

$$a+b = \frac{k\lambda}{\sin\varphi} = \frac{2\times600\times10^{-9}}{0.20}\,\text{m} = 6.0\times10^{-6}\,\text{m}.$$

(2) 设第 4 级缺级时光栅的第 4 级明纹发生在单缝衍射的第 k' 级暗纹处,因此,由光栅方程和单缝暗纹条件

$$\begin{cases} (a+b)\sin\varphi = 4\lambda, \\ a\sin\varphi = k'\lambda, \end{cases}$$

联立解得 $\dfrac{a+b}{a} = \dfrac{4}{k'}$,所以

$$a = \frac{k'}{4}(a+b).$$

因为 k' 必须是整数,且 $k' < 4$,于是有

$$k' = 1, \quad a = \frac{a+b}{4} = 1.5\times10^{-6}\,\text{m};$$

$$k' = 2, \quad a = \frac{a+b}{2} = 3.0\times10^{-6}\,\text{m};$$

$$k' = 3, \quad a = \frac{3(a+b)}{4} = 4.5\times10^{-6}\,\text{m}.$$

依题意取最小值 $a = 1.5\times10^{-6}\,\text{m}$.因为缝越小,单缝衍射中央明纹宽度愈大,落在单缝衍射中央明纹区域内的光栅衍射条纹数愈多,而只有落在该区域内的光栅衍射明纹才更明显而清晰.

(3) 屏幕上能呈现的最高级数的条纹对应的衍射角 $\varphi < \dfrac{\pi}{2}$,在光栅公式 $(a+b)\sin\varphi = k\lambda$ 中取 $\sin\varphi = 1$,得条纹最高级数为

$$k < \frac{a+b}{\lambda} = 10,$$

考虑到缺级条件

$$\frac{a+b}{a} = \frac{k}{k'} = 4,$$

即 $k = 4k'$ 缺级,也就是第 4、第 8 级缺级.屏上实际呈现的全部条纹级数是:$k = 0, \pm 1, \pm 2,$ $\pm 3, \pm 5, \pm 6, \pm 7, \pm 9$ 共 15 条明条纹.

例 6.5　若有每毫米刻痕分别为 1 400 条,600 条,100 条的三块光栅,用它们来测定波长在 $400 \sim 700$ nm 范围内的可见光,应选用哪块光栅?

解　三块光栅的光栅常数分别为
$$d_1 \approx 7.1 \times 10^{-7} \text{ m}, \quad d_2 \approx 1.7 \times 10^{-6} \text{ m}, \quad d_3 \approx 1.0 \times 10^{-5} \text{ m}.$$
由光栅方程 $d\sin \varphi = k\lambda$,又因为第 1 级主极大的谱线较强,所以令 $k = 1$,得
$$\sin \varphi = \frac{\lambda}{a}.$$
若用第一块光栅测定 700 nm 的光,有
$$\sin \varphi = \frac{\lambda}{d_1} = \frac{7.0 \times 10^{-7} \text{ m}}{7.1 \times 10^{-7} \text{ m}} \approx 1, \quad \varphi \approx 90°,$$
所以不能选用它.

若用第二块光栅,得第 1 级主极大衍射角 φ 在 $14° \sim 24°$ 范围内,因此可以选用.

若用第三块光栅,第 1 级主极大衍射角在 $4°$ 以内,不同波长的光不易区分,所以也不宜选用.

由此可见,光栅常数并非越小越好,应根据所测光谱的波长范围选用适当的光栅.

例 6.6　有一个平面光栅,每毫米有刻痕 590 条.光谱范围在波长为 $0.4 \sim 0.7$ μm 的光垂直入射到光栅平面上.(1)求光栅衍射的第 1 级光谱的角宽度;(2)说明紫光的第 3 级谱线与红光的第 2 级谱线交叠;(3)如果要使第 2 级光谱全部形成,光栅缝宽的极大值是多少?

解　(1)光栅常数为
$$d = \frac{1}{590} \text{ mm} = 1.69 \times 10^{-6} \text{ m}.$$
对第 1 级紫光,有
$$\sin \varphi_1 = \frac{\lambda}{d} = \frac{0.4 \times 10^{-6}}{1.69 \times 10^{-4}} = 0.237, \quad \varphi_1 = 13° 40'.$$
对第 1 级红光,有
$$\sin \varphi_1' = \frac{0.7 \times 10^{-6}}{1.69 \times 10^{-4}} = 0.414, \quad \varphi_1' = 24° 28'.$$
第 1 级衍射光谱的角宽度为 $\varphi_1' - \varphi_1 = 10° 48'$.

(2)第 3 级紫光的衍射角满足 $\sin \varphi_3 = \dfrac{3 \times 4 \times 10^{-7}}{d}$,而第 2 级红光的衍射角满足 $\sin \varphi_2' = \dfrac{2 \times 7 \times 10^{-7}}{d}$.可见,$\varphi_3 < \varphi_2'$,所以在第 2 级出现重叠.

(3)实际上,可以认为由所有单缝衍射的光都落在中央衍射带,这个带的半角宽度至少应该等于第 2 级光谱的最大衍射角.第 2 级光谱最大衍射角满足
$$\sin \varphi = \frac{2 \times 7 \times 10^{-7}}{1.69 \times 10^{-6}} = 0.830, \quad \varphi = 56°.$$
设中央衍射带半角宽为 θ,则 $\sin \theta = \dfrac{\lambda}{a}$,其中 a 为缝宽.因为 $\varphi = \theta$,所以

$$a = \frac{\lambda}{\sin 56°} = 0.84 \times 10^{-4} \text{ cm}.$$

例 6.7 一束平行光垂直入射到某个光栅上,该光束有两种波长的光,$\lambda_1 = 440$ nm, $\lambda_2 = 660$ nm. 实验发现,两种波长的谱线(不计中央明纹)第二次重合于衍射角 $\varphi = 60°$ 的方向上. 求此光栅的光栅常数 d.

解 由光栅方程得 $d\sin\varphi_1 = k_1\lambda_1$,$d\sin\varphi_2 = k_2\lambda_2$,所以

$$\frac{\sin\varphi_1}{\sin\varphi_2} = \frac{k_1\lambda_1}{k_2\lambda_2} = \frac{k_1 \times 440}{k_2 \times 660} = \frac{2k_1}{3k_2}.$$

当两谱线重合时有 $\varphi_1 = \varphi_2$,所以

$$\frac{k_1}{k_2} = \frac{3}{2} = \frac{6}{4} = \frac{9}{6} = \cdots.$$

当第二次重合时有 $\frac{k_1}{k_2} = \frac{6}{4}$,即

$$k_1 = 6,\ k_2 = 4,$$

由光栅方程可知 $d\sin 60° = 6\lambda_1$,可得

$$d = \frac{6\lambda_1}{\sin 60°} = \frac{6 \times 440 \times 10^{-6}}{\sqrt{3}/2} \text{ mm} = 3.05 \times 10^{-3} \text{ mm}.$$

例 6.8 已知入射的 X 射线束含有 $0.095 \sim 0.130$ nm 范围内的各种波长,晶体的晶格常数 $d = 0.275$ nm. 当 X 射线以 45° 角掠射到晶体时,问对哪些波长的 X 射线能产生强衍射?

解 由布拉格公式 $2d\sin\theta = k\lambda$ 得 $\lambda = \frac{2d\sin\theta}{k}$ 时满足干涉相长.

$$k = 1,\quad \lambda_1 = 2 \times 0.275 \times \sin 45° \text{ nm} = 0.389 \text{ nm};$$

$$k = 2,\quad \lambda_2 = \frac{0.389}{2} \text{ nm} = 0.194 \text{ nm};$$

$$k = 3,\quad \lambda_3 = \frac{0.389}{3} \text{ nm} = 0.130 \text{ nm};$$

$$k = 4,\quad \lambda_4 = \frac{0.389}{4} \text{ nm} = 0.097 \text{ nm}.$$

故只有波长 $\lambda_3 = 0.130$ nm 和波长 $\lambda_4 = 0.097$ nm 能产生强衍射.

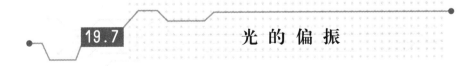

19.7　光　的　偏　振

19.7.1　基本要求

1. 理解自然光、线偏振光与部分偏振光的区别与表示.
2. 理解起偏器与检偏器的原理与作用,掌握马吕斯定律及其应用.

3.理解反射光完全偏振的条件及此时能量在反射光和折射光中传递的特点,掌握布儒斯特定律及其应用.

4.了解双折射现象中寻常光与非常光的区别,了解用双折射获取线偏振光的原理,了解偏振光的干涉、波片原理及应用.

19.7.2　　内容提要

1.自然光和偏振光

普通光源中同一时刻有许多原子同时发光,它们发出的光波波列是相互独立的,即它们的振动方向、初相位均是任意的,在观察时间(远大于原子发光持续时间)内,光矢量沿各个方向的振幅均相等,这样的光称为自然光.如果用某种方法滤去其他方向的光振动,只留下光束中某一方向的光矢量,这种光称为完全偏振光或线偏振光.不过这种单一方向的光矢量还是由众多原子发出的波列叠加而成的,所以还是包含着各种频率和各种不同的初相位.如果只滤去其他方向光矢量的部分能量,仍然留下某一方向光矢量的全部,则这时光束中仍旧含有各种振动方向,但各个方向的振幅已不再相等,这种光称为部分偏振光.

2.寻常光和非常光

一束光进入各向异性晶体后出现两束折射光的现象,叫作光的双折射.其中一束遵循普通的折射定律,叫作寻常光或 o 光;另一束不遵循普通的折射定律,叫作非常光或 e 光.寻常光在晶体内各方向上的传播速度相同,而非常光的传播速度会随传播方向的变化而变化.

3.起偏与检偏

除激光器外,一般光源发出的光都是自然光.通过某种装置使自然光成为偏振光叫作起偏,该装置叫作起偏振器(通常用偏振片).入射自然光通过偏振片时,只有光矢量振动方向与偏振片的偏振化方向相同的光透过,出射的光是线偏振光.由于自然光的光矢量均可分解为两个相互垂直方向的分量,因此出射光强是入射自然光光强的一半.起偏振器也可以用来检查某一光束是否为偏振光,叫作检偏,所以起偏器也可以作为检偏器.让光束垂直入射到检偏器上,并以入射光线为轴转动偏振片,若透射光强不随偏振片的转动而变化,则入射光是自然光;若透射光强发生变化,在一个位置上最强,而在与之垂直的位置上出现消光(光强为零),则入射光是线偏振光;若透射光强发生变化,在一个位置上最强,其他方向减弱,但不出现消光现象,则入射光是部分偏振光.

4.马吕斯定律

光强为 I_0 的线偏振光通过偏振片后,若不考虑吸收,则透射光强

$$I = I_0 \cos^2\alpha, \tag{19.7.1}$$

式中 α 是入射偏振光的振动方向与偏振片的偏振化方向(透光轴)之间的夹角.上式称为马吕斯定律.

5.布儒斯特定律

自然光入射到两种各向同性介质的分界面时,通常情况下反射光和折射光都是部分偏振光.在反射光束中,垂直入射面的光振动强,平行入射面的光振动弱;而在折射光束中,则是平行入射面的光振动强,垂直入射面的光振动弱.但当入射角 i_0 满足

$$\tan i_0 = \frac{n_2}{n_1} \tag{19.7.2}$$

时,反射光为线偏振光,其振动方向垂直入射面.这一关系称为布儒斯特定律.其中 n_1 和 n_2 分别表示入射光所在介质与折射光所在介质的折射率,i_0 称为布儒斯特角或起偏角,此时反射光与折射光之间夹角为 $\dfrac{\pi}{2}$.

19.7.3　重点、难点分析

1.关于光的偏振性

任一分子(或原子)发出的光波的光矢量振动方向总是与光的传播方向相互垂直,所以光波是横波.因为光束中所包含的众多波列都具有偏振性,使得沿各方向的光振动都有,所以才会出现自然光,也才有可能把自然光转换成偏振光.由于我们不可能把一个原子所发射的光波列分离出来,在实验中获取的线偏振光是包含众多原子发射的光波中光振动方向相互平行的成分(或分量).

2.关于光的双折射

在实际应用中,多是利用晶体的双折射性质来获取偏振光,故双折射是本章的重点内容,也是波动光学中难度较大的内容之一,因为它要求读者具有较丰富的空间想象和理解能力.下面分几点讨论.

(1) 光的双折射.光束进入各向异性晶体后,分裂成两束沿不同方向传播的折射光的现象叫作光的双折射现象.

(2) 光轴.晶体中存在一个(或两个)方向,光线沿该(或两个)方向传播时,不产生双折射现象,这个(或两个)方向叫作晶体的光轴.只有一个光轴的晶体称为单轴晶体;具有两个光轴(大多数晶体属此类)的晶体叫作双轴晶体.但应注意,沿光轴方向传播的自然光,离开晶体后仍是自然光.线偏振光入射晶体时,也可能产生双折射而形成 o 光和 e 光.

(3) 寻常光(o 光)与非常光(e 光)的主要区别.① o 光遵循折射定律,它在晶体内沿各个方向传播的折射率为一常数(对一定频率的单色光而言),折射面与入射面共面;而 e 光不遵循通常的折射定律,它在晶体中传播时的折射率随入射角 i 而变,折射面与入射面不一定共面.但这并不表明 e 光没有确定的传播规律,对于给定的入射角 i,e 光还是有一个与之对应的确定的折射率.② 因为光在介质中的折射率等于光在真空中的传播速率与光在介质中传播速率的比值,即 $n = \dfrac{c}{v}$,所以 o 光与 e 光折射率不同,说明它们在晶体中传播的速率不相等.o 光沿任何方向传播的速率都相同;e 光的传播速率则随入射角 i 而变(所以双折射只能发生在各向异性的透明介质中),但在光轴方向上,o 光与 e 光具有相同的速率.

(4) 判断 o 光与 e 光的振动方向.为了判断 o 光与 e 光的振动方向,先要按晶体结构规定一些特定的方向作为标记,除前面介绍的光轴外,还要引入主截面、主平面两个概念.

主截面是光轴与任一天然晶面法线组成的平面.主平面是光轴与晶体内任一折射线组成的平面.o 光的光振动垂直于自己的主平面,e 光的光振动在自己的主平面内.

当入射光在主截面内,即入射面是晶体的主截面时,o 光与 e 光的主平面重合,且就在入射面(主截面)内,这时 o 光与 e 光的振动方向相互垂直(亦即振动面相互垂直).在实际应用中,一般都选择这种情况,以使问题简化.

此外还应注意:o 光和 e 光是对一定取向的晶体而言,在一定取向的晶体中,某一振动方向的线偏振光为 o 光,但对同一晶体,如果晶体取向改变,它就会成为 e 光. 当 o 光、e 光从晶体中出射以后,它们只是振动面互相垂直的两束完全偏振光,而不再是 o 光与 e 光了.

19.7.4　典型题解

例 7.1　使自然光通过两个偏振化方向夹角为 60° 的偏振片,透射光强为 I_1. 今在这两个偏振片之间再插入另一偏振片,它的偏振化方向与前两个偏振片的偏振化方向均成 30° 角,问透射光强为多少?

解　设自然光的强度为 I_0,通过第一个偏振片后光强为

$$I' = \frac{1}{2}I_0.$$

由题意,偏振光再通过第二个偏振片后光强为

$$I_1 = I'\cos^2\alpha = \frac{1}{2}I_0\cos^2 60° = \frac{1}{8}I_0,$$

所以 $I_0 = 8I_1$.

今在两偏振片间再插入另一偏振片,由于其偏振化方向与第一、第二个偏振片的偏振化方向的夹角都是 30°,由马吕斯定律便可分别求得光线透过各个偏振片的光强变化,即

$$I' = \frac{1}{2}I_0 = \frac{1}{2}\times 8I_1 = 4I_1, \quad I'' = I'\cos^2 30° = 4I_1\times\left(\frac{\sqrt{3}}{2}\right)^2 = 3I_1.$$

所以透射光强为

$$I = I''\cos^2 30° = 3I_1\times\left(\frac{\sqrt{3}}{2}\right)^2 = 2.25I_1.$$

例 7.2　两个偏振片 P_1,P_2 叠在一起,由强度相同的自然光和线偏振光混合而成的光束垂直入射到偏振片上. 已知穿过 P_1 后的透射光强为入射光强的 $\frac{1}{2}$,连续穿过 P_1,P_2 后的透射光强为入射光强的 $\frac{1}{4}$.(1)若不考虑 P_1,P_2 对可透射分量的反射和吸收,入射光中线偏振光的光矢量振动方向与 P_1 的偏振化方向夹角 θ 为多大?P_1,P_2 的偏振化方向间的夹角 α 为多大?(2)若考虑每个偏振片对透射光的吸收率为 5%,且原光强之比仍不变,此时 θ 和 α 应为多少?

解　设 I_0 为自然光强;I_1,I_2 分别为穿过 P_1 和连续穿过 P_1,P_2 后的透射光强度. 由题意知入射光强为 $2I_0$.

(1)由马吕斯定律

$$I_1 = \frac{1}{2}I_0 + I_0\cos^2\theta = I_0,$$

得

$$\cos^2\theta = \frac{1}{2}, \quad \theta = 45°.$$

由题意 $I_2 = \frac{1}{2}I_1$,又 $I_2 = I_1\cos^2\alpha$,得

$$\cos^2\alpha = \frac{1}{2}, \quad \alpha = 45°.$$

(2) $I_1 = \left(\dfrac{1}{2}I_0 + I_0 \cos^2\theta\right)(1-5\%)$,得

$$\theta = 42°.$$

由题意仍有 $I_2 = \dfrac{1}{2}I_1$,同时还有 $I_2 = I_1 \cos^2\alpha(1-5\%)$,所以

$$\cos^2\alpha = \frac{1}{2 \times 0.95}, \quad \alpha = 43.5°.$$

例 7.3　如图 19.7.1 所示,三种透明介质 Ⅰ,Ⅱ,Ⅲ 的折射率分别为 $n_1 = 1.00, n_2 = 1.43$ 和 n_3.介质 Ⅰ,Ⅱ 和 Ⅲ 的界面相互平行,一束自然光由介质 Ⅰ 中入射,若在两个交界面上的反射光都是线偏振光,求:(1) 入射角 i;(2) 折射率 n_3.

解　(1) 根据布儒斯特定律,有

$$\tan i = \frac{n_2}{n_1} = 1.43,$$

所以

$$i = 55.03°.$$

图 19.7.1　例 7.3 图

(2) 设在介质 Ⅱ 中的折射角为 γ,则 $\gamma = \dfrac{\pi}{2} - i$,而 γ 即为介质 Ⅱ,Ⅲ 界面上的入射角,由布儒斯特定律 $\tan\gamma = \dfrac{n_3}{n_2}$,得

$$n_3 = n_2 \tan\gamma = n_2 \cot i = n_2 \frac{n_1}{n_2} = 1.00.$$

例 7.4　有一个平面玻璃板放在水中,板面与水面夹角为 θ,如图 19.7.2 所示.设水和玻璃的折射率分别为 1.333 和 1.517.若使图中水面和玻璃板面的反射光都是线偏振光,θ 角应为多大?

解　设 i_1 和 i_2 为相应的布儒斯特角,γ 为折射角,由布儒斯特定律知

$$\tan i_1 = n_1 = 1.333, \quad \tan i_2 = \frac{n_2}{n_1} = \frac{1.517}{1.333},$$

由此得

$$i_1 = 53.13°, \quad i_2 = 48.69°.$$

由 $\triangle ABC$ 可得

$$\theta + \left(\frac{\pi}{2} + \gamma\right) + \left(\frac{\pi}{2} - i_2\right) = \pi,$$

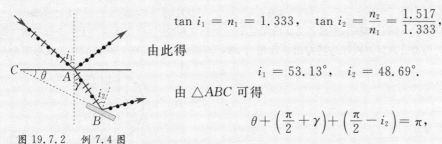

图 19.7.2　例 7.4 图

整理得 $\theta = i_2 - \gamma$.由布儒斯特定律可知 $\gamma = \dfrac{\pi}{2} - i_1$,所以

$$\theta = i_2 + i_1 - \frac{\pi}{2} = 53.13° + 48.69° - 90° = 11.82°.$$

* 例 7.5　将 $50\ \text{g}$ 的含杂质的糖溶解于纯水中,制成 $100\ \text{cm}^3$ 的糖溶液,然后将此溶液装入长 10 cm 的玻璃管中,用单色的线偏振光垂直于管的端面并沿管的中心轴线入射.从检偏器测得光的偏振面旋转了 $25°4'$.已知这种纯糖的旋光率为 $a_0 = 54.5\ (°)/(\text{g}/\text{cm}^2)$(即溶液浓度用 g/cm^3,管长用 cm,旋转角用 $(°)$ 作单位),试计算这种糖的纯度(即含有纯糖的百分比).

解 已知含有杂质的糖溶液的浓度为

$$c = \frac{m}{V} = \frac{50}{100} \text{ g/cm}^3 = 0.5 \text{ g/cm}^3.$$

糖溶液的厚度 $d = 10$ cm，旋转角 $\varphi = 25°4'$. 由公式 $\varphi = acd$ 可求得含杂质的糖溶液的旋光率为

$$a = \frac{\varphi}{cd} = \frac{25.07}{0.5 \times 10} \text{ (°)/(g/cm}^2) = 5.014 \text{ (°)/(g/cm}^2),$$

所以，这种糖的纯度

$$k = \frac{a}{a_0} \times 100\% = \frac{5.014}{54.5} \times 100\% = 9.2\%.$$

 自 测 题 3

一、选择题(每题 3 分，共 30 分)

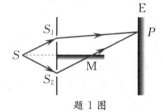

题 1 图

1. 在双缝干涉实验中，屏幕 E 上的 P 点处是明条纹. 若将缝 S_2 盖住，并在 S_1，S_2 连线的垂直平分面处放一反射镜 M，如题 1 图所示，则此时　　　　[　　]
(A) P 点处仍为明条纹.
(B) P 点处为暗条纹.
(C) 不能确定 P 点处是明条纹还是暗条纹.
(D) 无干涉条纹.

2. 两块平板玻璃构成空气劈尖，左边为棱边，用单色平行光垂直入射. 若上面的平板玻璃以棱边为轴，沿逆时针方向做微小转动，则干涉条纹的　　　　[　　]
(A) 间隔变小，并向棱边方向平移.
(B) 间隔变大，并向远离棱边方向平移.
(C) 间隔不变，向棱边方向平移.
(D) 间隔变小，并向远离棱边方向平移.

3. 在玻璃(折射率 $n_3 = 1.60$)表面镀一层 MgF_2(折射率 $n_2 = 1.38$)薄膜作为增透膜. 为了使波长为 500 nm 的光从空气($n_1 = 1.00$)正入射时尽可能少反射，MgF_2 薄膜的最小厚度应是　　　　[　　]
(A) 125 nm.　　　(B) 181 nm.　　　(C) 250 nm.　　　(D) 78.1 nm.　　　(E) 90.6 nm.

4. 用劈尖干涉法可检测工件表面缺陷，当波长为 λ 的单色平行光垂直入射时，若观察到的干涉条纹如题 4 图所示，每一条纹弯曲部分的顶点恰好与其左边条纹的直线部分的连线相切，则工件表面与条纹弯曲处对应的部分　　　　[　　]

(A) 凸起，且高度为 $\frac{\lambda}{4}$.

(B) 凸起，且高度为 $\frac{\lambda}{2}$.

(C) 凹陷，且深度为 $\frac{\lambda}{2}$.

(D) 凹陷，且深度为 $\frac{\lambda}{4}$.

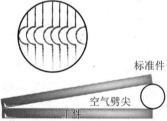

题 4 图

5. 在迈克耳孙干涉仪的一条光路中，放入一个折射率为 n、厚度为 d 的透明薄片，放入后，这条光路的光程改变了　　　　[　　]
(A) $2(n-1)d$.　　　(B) $2nd$.　　　(C) $2(n-1)d + \frac{1}{2}\lambda$.　　　(D) nd.　　　(E) $(n-1)d$.

6. 在如题 6 图所示的单缝夫琅禾费衍射装置中，设中央明纹的衍射角范围很小. 若使单缝宽度 a 变为原来的

$\dfrac{3}{2}$,同时使入射的单色光的波长 λ 变为原来的 $\dfrac{3}{4}$,则屏幕 C 上单缝衍射条纹中央明纹的宽度 Δx 将为原来的 　　　　　　　　　　　　　　　　　　　　　　　　　　　　　　　　　　　　[　]

(A) $\dfrac{3}{4}$.　　　　(B) $\dfrac{2}{3}$.　　　　(C) $\dfrac{9}{8}$.　　　　(D) $\dfrac{1}{2}$.　　　　(E) 2.

7. 在如题 7 图所示的单缝夫琅禾费衍射装置中,将单缝宽度 a 稍稍变宽,同时使单缝沿 y 轴正方向做微小位移,则屏幕 C 上的中央衍射条纹将 　　　　　　　　　　　　　　　　　　　　[　]

(A) 变窄,同时向上移.　　　　(B) 变窄,同时向下移.　　　　(C) 变窄,不移动.

(D) 变宽,同时向上移.　　　　(E) 变宽,不移动.

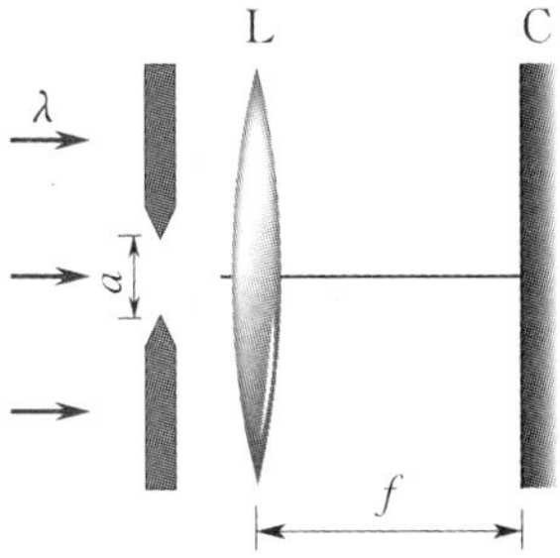

题 6 图 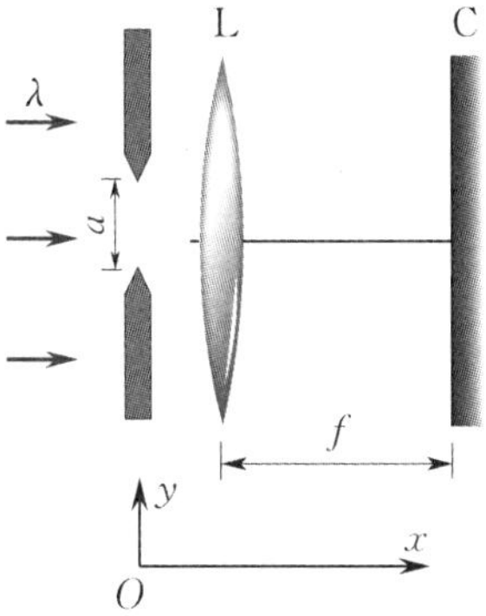　　　　　　　　　　　　　题 7 图

8. 在光栅光谱中,若所有偶数级次的主极大都恰好在每缝衍射的暗纹方向上,因而实际上不出现,那么此光栅每个透光缝宽度 a 和相邻两缝间不透光部分宽度 b 的关系为 　　　　　　　　　　[　]

(A) $a = b$.　　　　(B) $a = 2b$.　　　　(C) $a = 3b$.　　　　(D) $b = 2a$.

9. 一束光强为 I_0 的自然光,相继通过三个偏振片 P_1,P_2,P_3 后,出射光的光强为 $I = \dfrac{I_0}{8}$.已知 P_1 和 P_3 的偏振化方向相互垂直,若以入射光线为轴,旋转 P_2,要使出射光的光强为零,P_2 最少转过的角度是 　　　　　　　　　　[　]

(A) $30°$.　　　　(B) $45°$.　　　　(C) $60°$.　　　　(D) $90°$.

10. 自然光以 $60°$ 的入射角照射到不知其折射率的某一透明介质表面时,反射光为线偏振光,则 　　　　　　　　　　　　　　　　　　　　　　　　　　　　　　[　]

(A) 折射光为线偏振光,折射角为 $30°$.

(B) 折射光为部分偏振光,折射角为 $30°$.

(C) 折射光为线偏振光,折射角不能确定.

(D) 折射光为部分偏振光,折射角不能确定.

二、填空题(共 20 分)

11. 波长为 λ 的平行单色光垂直照射到如题 11 图所示的透明薄膜上,膜厚为 e,折射率为 n,透明薄膜放在折射率为 n_1 的介质中,$n_1 < n$,则上下两表面反射的两束反射光在相遇处的相位差 $\Delta \varphi =$ _____.

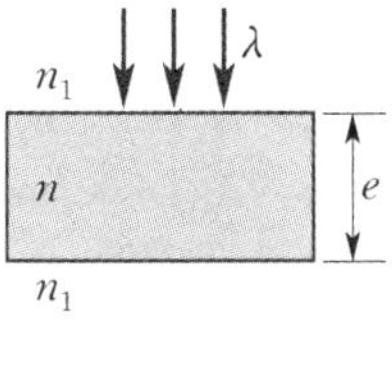

题 11 图 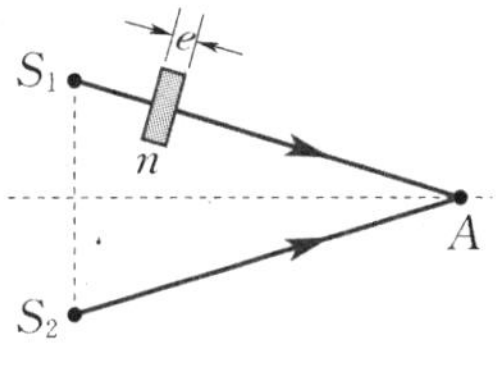　　　　　　　　　　　　　题 12 图

12. 如题 12 图所示,假设有两个同相的相干点光源 S_1 和 S_2,发出波长为 λ 的光.A 是它们连线的中垂线上的一点.若在 S_1 与 A 之间插入厚度为 e、折射率为 n 的薄玻璃片,则两光源发出的光在 A 点的相位差 $\Delta \varphi =$

　　_____. 若已知 $\lambda = 500$ nm, $n = 1.5$, A 点恰为第 4 级明纹中心, 则 $e =$ _____ nm.

13. 空气中有一劈尖形透明物, 其楔角 $\theta = 1.0 \times 10^{-4}$ rad, 在波长 $\lambda = 700$ nm 的单色光垂直照射下, 测得两相邻干涉明条纹间距 $l = 0.25$ cm, 此透明材料的折射率 $n =$ _____.

14. 平行单色光垂直入射单缝上, 观察夫琅禾费衍射. 若屏上 P 点处为第 2 级暗纹, 则单缝处波面相应地可划分为 _____ 个半波带. 若将单缝宽度缩小一半, P 点将是 _____ 级 _____ 纹.

15. 可见光的波长范围是 $400 \sim 760$ nm. 用平行的白光垂直入射在平面透射光栅上时, 它产生的不与另一级光谱重叠的完整的可见光光谱是第 _____ 级光谱.

16. 在题 16 图中, 前四个图表示线偏振光入射于两种介质分界面上, 最后一图表示入射光是自然光. n_1, n_2 为两种介质的折射率, 图中入射角 $i_0 = \arctan \dfrac{n_2}{n_1}$, $i \neq i_0$. 试在图上画出实际存在的折射光线和反射光线, 并用点或短线把振动方向表示出来.

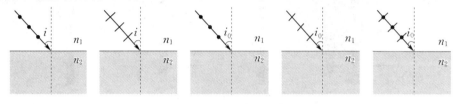

题 16 图

三、计算题(共 50 分)

17. 在杨氏双缝实验中, 设两缝之间的距离为 0.2 mm. 在距双缝 1 m 远的屏上观察干涉条纹, 若入射光是波长为 $400 \sim 760$ nm 的白光, 问屏上离零级明纹 20 mm 处, 哪些波长的光最大限度地加强? (1 nm $= 10^{-9}$ m)

18. 在折射率 $n = 1.50$ 的玻璃上, 镀上 $n' = 1.35$ 的透明介质薄膜. 入射光波垂直于介质膜表面照射, 观察反射光的干涉, 发现对 $\lambda_1 = 600$ nm 的光波干涉相消, 对 $\lambda_2 = 700$ nm 的光波干涉相长, 且在 $600 \sim 700$ nm 之间没有别的波长是最大限度相消或相长的情形. 求所镀介质膜的厚度.

题 19 图

19. 在如题 19 图所示的牛顿环装置中, 把玻璃平凸透镜和平面玻璃(设玻璃折射率 $n_1 = 1.50$)之间的空气($n_2 = 1.00$)改换成水($n_2' = 1.33$), 求第 k 个暗环半径的相对改变量 $\dfrac{r_k - r_k'}{r_k}$.

20. 波长为 $\lambda = 600$ nm 的单色光垂直入射到一光栅上, 测得第 2 级主极大的衍射角为 $30°$, 且第 3 级是缺级. (1) 光栅常数 $(a+b)$ 等于多少? (2) 透光缝可能的最小宽度 a 等于多少? (3) 在选定了上述 $(a+b)$ 和 a 之后, 求在衍射角 $-\dfrac{1}{2}\pi < \varphi < \dfrac{1}{2}\pi$ 范围内可能观察到的全部主极大的级次.

21. 两个偏振片 P_1, P_2 叠在一起, 由强度相同的自然光和线偏振光混合而成的光束垂直入射在偏振片上, 进行了两次测量. 第一次和第二次 P_1 和 P_2 偏振化方向的夹角分别为 $30°$ 和未知的 θ, 且入射光中线偏振光的光矢量振动方向与 P_1 的偏振化方向夹角分别为 $45°$ 和 $30°$. 不考虑偏振片对可透射分量的反射和吸收. 已知第一次透射光强为第二次的 $\dfrac{3}{4}$, 求: (1) θ 角的数值; (2) 每次穿过 P_1, P_2 的透射光强与入射光强之比; (3) 每次连续穿过 P_1, P_2 的透射光强与入射光强之比.

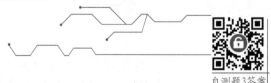

自测题3答案

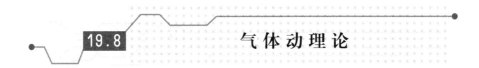

19.8　气体动理论

19.8.1　基本要求

1. 理解理想气体状态方程的意义,能熟练应用于有关气体状态量的计算.
2. 理解理想气体的微观模型,熟悉统计规律的基本原理,掌握理想气体压强、温度的概念及计算.
3. 理解分子自由度,能量按自由度均分定理,掌握理想气体内能的概念及应用.
4. 了解麦克斯韦分子速率分布和玻尔兹曼分布的物理意义.
5. 了解平均自由程、平均碰撞频率等概念.

19.8.2　内容提要

气体动理论是从物质的微观结构出发,依据每个粒子所遵循的力学规律,用统计的观点和统计平均的方法,寻求宏观量与微观量之间的关系,研究气体的性质.

本章从气体分子微观模型出发,揭示理想气体压强产生的原因和实质,然后用压强的微观表达式与理想气体状态方程进行比较,得到分子平均平动动能与温度的关系式,从而说明温度的微观本质.接着介绍理想气体平衡状态下的几个统计规律:能量按自由度均分定理、麦克斯韦速率分布律和玻尔兹曼分布律、平均碰撞频率和平均自由程等.

1. 理想气体状态方程

$$pV = \frac{M}{M_{\mathrm{mol}}}RT = \nu RT,\qquad(19.8.1)$$

式中 M,M_{mol} 分别为理想气体的质量和摩尔质量,$\nu = \dfrac{M}{M_{\mathrm{mol}}}$ 为物质的量,R 为普适气体常量,其值在国际单位制中为 $R = 8.31\ \mathrm{J/(mol \cdot K)}$.

2. 理想气体压强公式

$$p = \frac{2}{3}n\bar{\varepsilon}_{\mathrm{t}},\qquad(19.8.2)$$

式中 $\bar{\varepsilon}_{\mathrm{t}} = \dfrac{1}{2}m\overline{v^2}$ 为分子的平均平动动能.

3. 理想气体分子的平均平动动能与温度的关系

$$\bar{\varepsilon}_{\mathrm{t}} = \frac{3}{2}kT,\qquad(19.8.3)$$

式中 k 为玻尔兹曼常量,$k = \dfrac{R}{N_{\mathrm{A}}} = 1.38 \times 10^{-23}\ \mathrm{J/K}$.

4. 统计分布规律

(1) 能量按自由度均分定理

在温度为 T 的平衡态下,分子在任一个自由度的平均动能都为 $\frac{1}{2}kT$.

(2)麦克斯韦速率分布律

$$\frac{\mathrm{d}N}{N} = 4\pi \left(\frac{m}{2\pi kT}\right)^{\frac{3}{2}} \mathrm{e}^{-\frac{mv^2}{2kT}} v^2 \mathrm{d}v. \tag{19.8.4}$$

(3)玻尔兹曼分布律

$$\mathrm{d}N = n_0 \left(\frac{m}{2\pi kT}\right)^{\frac{3}{2}} \cdot \mathrm{e}^{-\frac{(E_k+E_p)}{kT}} \mathrm{d}v_x \mathrm{d}v_y \mathrm{d}v_z \mathrm{d}x \mathrm{d}y \mathrm{d}z. \tag{19.8.5}$$

上式为分子既按速率区间$(v \sim v + \mathrm{d}v)$又按位置区间$(x \sim x + \mathrm{d}x, y \sim y + \mathrm{d}y, z \sim z + \mathrm{d}z)$分布时的玻尔兹曼分布律.式中 n_0 为 $E_p = 0$ 处的分子数密度.

(4)三种速率

最概然速率 $\quad\quad v_p = \sqrt{\dfrac{2kT}{m}} = \sqrt{\dfrac{2RT}{M_{\mathrm{mol}}}} \approx 1.41\sqrt{\dfrac{RT}{M_{\mathrm{mol}}}};$ $\tag{19.8.6}$

平均速率 $\quad\quad \bar{v} = \sqrt{\dfrac{8kT}{\pi m}} = \sqrt{\dfrac{8RT}{\pi M_{\mathrm{mol}}}} \approx 1.60\sqrt{\dfrac{RT}{M_{\mathrm{mol}}}};$ $\tag{19.8.7}$

方均根速率 $\quad\quad \sqrt{\overline{v^2}} = \sqrt{\dfrac{3kT}{m}} = \sqrt{\dfrac{3RT}{M_{\mathrm{mol}}}} \approx 1.73\sqrt{\dfrac{RT}{M_{\mathrm{mol}}}}.$ $\tag{19.8.8}$

(5)平均碰撞频率和平均自由程

平均碰撞频率 $\quad\quad \bar{Z} = \sqrt{2}\pi d^2 \bar{v} n;$ $\tag{19.8.9}$

平均自由程 $\quad\quad \bar{\lambda} = \dfrac{1}{\sqrt{2}\pi d^2 n} = \dfrac{kT}{\sqrt{2}\pi d^2 p}.$ $\tag{19.8.10}$

19.8.3 重点、难点分析

1.理想气体状态方程

系统处于平衡状态时,具有一些可确定的宏观属性,这样的属性可以用相应的物理量来表示,从这些物理量中选取一些相互独立的、由系统本身性质决定的物理量来描述系统的平衡态,这些物理量称为状态参量.状态参量之间的关系式称为系统的状态方程.

在任意平衡态下,理想气体可以用压强 p、体积 V、温度 T 三个状态参量来描述,它们之间的关系式称为理想气体状态方程,

$$pV = \frac{M}{M_{\mathrm{mol}}} RT,$$

上式还可以改写为

$$p = nkT, \tag{19.8.11}$$

式中 n 为单位体积内气体分子数.

对于一定质量的理想气体,从一个平衡态(p_1, V_1, T_1)变化到另一个平衡态(p_2, V_2, T_2)时,其状态参量之间的关系是

$$\frac{p_1 V_1}{T_1} = \frac{p_2 V_2}{T_2}.$$

若在状态变化过程中,质量发生变化,上式不成立.

对于实际气体,在压强不太大、温度不太低情况下,可近似地当作理想气体来计算.

2. 理想气体的压强

为了推导理想气体的压强公式,首先在一定实验事实的基础上,提出了理想气体分子的微观模型:把理想气体分子看成是弹性小球且能自由运动的质点,然后根据力学规律计算单个分子对器壁碰撞的平均冲力;利用统计平均的方法,计算大量气体分子对器壁的平均冲力的总和.最后用气体压强的定义 —— 容器壁单位面积上所受气体的作用力,导出理想气体压强公式

$$p = \frac{2}{3} n \bar{\varepsilon}_t.$$

从压强公式的推导可以看出,上式表明了宏观量 p 与微观量 $\bar{\varepsilon}_t$,n 之间是一个统计规律的关系.注意,统计规律中未考虑外场的作用,忽略了重力.

从微观上看,个别分子对器壁的碰撞是断续的,作用在容器壁上的冲力的大小是不确定的、有起伏的,只有当所取容器壁单位面积足够大,观测时间足够长时,大量气体分子连续不断地作用在器壁单位面积上的平均冲力才有确定的值.气体压强应该是大量分子对容器壁不断碰撞的统计平均结果,p 是一个统计平均量.

3. 温度的统计解释

温度是一个直接表征系统热平衡状态的宏观物理量,气体分子平均平动动能与温度的关系式为

$$\bar{\varepsilon}_t = \frac{1}{2} m \overline{v^2} = \frac{3}{2} kT,$$

上式表明温度是分子平均平动动能的量度.而分子平均平动动能是大量分子热运动的一个统计平均值,因而温度也是一个统计平均量.分子平均平动动能不包括气体有规则运动提供的分子平动动能,只有分子无规则热运动的平均平动动能才对温度有贡献.气体分子永不停息做无规则热运动,平均平动动能不可能为零,因此,热力学温度不能达到零度.处于平衡状态下不同的热力学系统,只要温度相同,则分子平均平动动能相同,与分子的种类无关.

4. 能量按自由度均分定理

气体分子的自由度需要根据其结构进行具体分析才能确定.由 n 个原子组成的分子,最多有 $3n$ 个自由度,其中有 3 个平动自由度,3 个转动自由度和 $3n-6$ 个振动自由度.当分子受到某种限制时,其相应的自由度数就会减少.例如一个三原子分子共有 9 个自由度,其中 3 个平动自由度,3 个转动自由度和 3 个振动自由度;若把三原子分子看成刚性的,则只有 3 个平动和 3 个转动自由度,共 6 个自由度.

能量按自由度均分定理是在平衡态下,大量分子无规则热运动碰撞的结果,是经典统计物理学的结论.对个别分子来说,在任一瞬时,每一自由度上的能量和总能量完全可能与能量均分定理所得的平均能量值有很大的差别,而且每一种形式的能量也不一定按自由度均分.在温度不高时,因分子运动表现出明显的量子特性,这原理就不适用了.

能量均分定理可用来计算理想气体的内能.在平衡态下,每一个自由度的平均动能均为 $\frac{1}{2} kT$.一个自由度为 i 的气体分子,平均能量为

$$\bar{\varepsilon} = \frac{i}{2}kT, \tag{19.8.12}$$

式中 $i = t + r + 2s$,其中 t 为平动自由度,r 为转动自由度,s 为振动自由度,$2s$ 表示分子除有平均振动动能 $\frac{s}{2}kT$ 外,还具有 $\frac{s}{2}kT$ 的平均振动势能;对于理想气体,不计分子间相互作用力,分子间的势能可忽略.内能为气体分子平均能量之总和,即

$$E = \frac{M}{M_{mol}} \cdot \frac{i}{2}RT.$$

若是刚性分子理想气体,$s = 0$,$i = t + r$,内能为所有分子平均动能之总和,即

$$E = N\frac{t+r}{2}kT = \frac{M}{M_{mol}}\frac{t+r}{2}RT. \tag{19.8.13}$$

5.气体分子速率分布规律

在平衡态下,因大量气体分子做无规则热运动,每个分子的速度、能量都在不断地发生变化,在任一时刻,每个分子的速度、能量大小完全是偶然的,但对大量分子整体而言,气体分子热运动的速率、速度和能量等都遵循一定的统计规律.

在某一平衡态下,气体分子具有向各个方向从零到无限大的各种可能速率.然而,气体分子在各个速率区间的分子数 ΔN 占总分子数 N 的百分比是存在确定的统计分布规律的,是速率 v 的确定的函数,用 $f(v)$ 表示,则

$$f(v) = \lim_{\Delta v \to 0}\frac{\Delta N}{N\Delta v} = \frac{dN}{Ndv}, \tag{19.8.14}$$

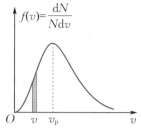

图 19.8.1　分子速率分布曲线

其物理意义是:气体分子在速率 v 附近处于单位速率区间内的分子数占总分子数的百分比.若以 $f(v)$ 为纵坐标,v 为横坐标,测得分子速率分布曲线如图 19.8.1 所示,图中窄条面积为

$$f(v)dv = \frac{dN}{Ndv}dv = \frac{dN}{N},$$

表示速率 v 附近 dv 区间内的分子数占总分子数的比率.曲线下的总面积表示分布在 $0 \sim \infty$ 的速率区间内所有分子与总分子数的比率,其值等于 1,即 $f(v)$ 满足 $\int_0^\infty f(v)dv = 1$ 的归一化条件.

麦克斯韦从理论上导出的速率分布函数的形式为

$$f(v) = 4\pi\left(\frac{m}{2\pi kT}\right)^{\frac{3}{2}}e^{-\frac{mv^2}{2kT}}v^2. \tag{19.8.15}$$

从麦克斯韦速率分布函数可求得最概然速率 v_p,可用来讨论速率分布函数的特征,分布曲线的变化情况.平均速率用来讨论分子的碰撞.方均根速率用来计算分子的平均平动动能等.

麦克斯韦速率分布是在没有考虑外力场作用时的分布规律,这时分子在空间是均匀分布的.如果有外力场作用(如重力场、电场、磁场等),这时麦克韦速率分布函数改为玻尔兹曼分布律:

$$dN = n_0\left(\frac{m}{2\pi kT}\right)^{\frac{3}{2}} \cdot e^{\frac{-(E_k + E_p)}{kT}}dv_xdv_ydv_z dxdydz.$$

玻尔兹曼分布律表明,分子的分布不仅按速率区间分布,还应按位置区间分布.若将上式对所有可能的速度积分,考虑到麦克斯韦速度分布函数的归一化条件,可得

$$\mathrm{d}N' = n_0 \mathrm{e}^{-E_\mathrm{p}/kT} \mathrm{d}x\mathrm{d}y\mathrm{d}z,$$

$$n = \frac{\mathrm{d}N'}{\mathrm{d}x\mathrm{d}y\mathrm{d}z} = n_0 \mathrm{e}^{-E_\mathrm{p}/kT}, \qquad (19.8.16)$$

式中 n_0 是 $E_\mathrm{p} = 0$ 处的分子数密度,n 是分布在坐标区间 $x \sim x+\mathrm{d}x, y \sim y+\mathrm{d}y, z \sim z+\mathrm{d}z$ 内单位体积内的分子数,即分子数密度按势能分布的玻尔兹曼分布律.

6. 平均碰撞频率和平均自由程

在任一时刻,大量分子的无规则热运动使得分子在连续两次碰撞之间所经过的自由路程是无规则的,真正有意义的是这些自由路程的统计平均值.同样,大量分子的无规则热运动使得分子在单位时间内与其他分子碰撞的次数不确定,具有偶然性,有意义的是其平均碰撞频率.平均碰撞频率、平均自由程和平均速率三者之间的关系式为

$$\overline{Z} = \frac{\overline{v}}{\overline{\lambda}}.$$

19.8.4　典型题解

例 8.1　容器中储存 2 L 某双原子分子理想气体,其压强为 $p = 1.5 \times 10^5$ Pa. 若在高温下气体分子可视为弹性双原子分子,求该气体的平均平动动能、平均转动动能、平均振动动能、平均动能、气体内能.

解　弹性双原子分子总自由度为 $3 \times 2 = 6$,其中平动自由度 $t = 3$,转动自由度 $r = 2$,振动自由度 $s = 1$. 设该气体有 N 个分子,则总平均平动动能为

$$E_\mathrm{t} = N\frac{3}{2}kT.$$

根据 $p = nkT$,则 $pV = NkT$. 因此,平动动能

$$E_\mathrm{t} = \frac{3}{2}pV = \frac{3}{2} \times 1.5 \times 10^5 \times 2 \times 10^{-3} \text{ J} = 450 \text{ J}.$$

转动动能

$$E_\mathrm{r} = N\frac{2}{2}kT = pV = 1.5 \times 10^5 \times 2 \times 10^{-3} \text{ J} = 300 \text{ J}.$$

振动动能

$$E_\mathrm{s} = N\frac{1}{2}kT = \frac{1}{2}pV = \frac{1}{2} \times 1.5 \times 10^5 \times 2 \times 10^{-3} \text{ J} = 150 \text{ J}.$$

平均动能

$$E_\mathrm{k} = N\frac{t+r+s}{2}kT = 900 \text{ J}.$$

气体的内能

$$E = N\frac{t+r+2s}{2}kT = \frac{t+r+2s}{2}pV = \frac{7}{2} \times 1.5 \times 10^5 \times 2 \times 10^{-3} \text{ J} = 1\,050 \text{ J}.$$

例 8.2　说明下列各物理量的意义:

(1) $f(v)\mathrm{d}v$;　　　　(2) $nf(v)\mathrm{d}v$;　　　　(3) $Nf(v)\mathrm{d}v$;

(4) $\int_{v_1}^{v_2}f(v)\mathrm{d}v$;　　　　(5) $\int_0^\infty vf(v)\mathrm{d}v$;　　　　(6) $\int_{v_1}^{v_2}Nf(v)\mathrm{d}v$.

解 (1) $f(v)\mathrm{d}v=\dfrac{\mathrm{d}N}{N}$ 表示在平衡态下,处在速率区间 $v\sim v+\mathrm{d}v$ 内的分子数占总分子数的比率.

(2) $nf(v)\mathrm{d}v=n\dfrac{\mathrm{d}N}{N}=\dfrac{\mathrm{d}N}{V}$ 表示在平衡态下,单位体积中处于速率区间 $v\sim v+\mathrm{d}v$ 内的分子数.

(3) $Nf(v)\mathrm{d}v=\mathrm{d}N$ 表示平衡态下,处在速率区间 $v\sim v+\mathrm{d}v$ 内的分子数.

(4) $\int_{v_1}^{v_2}f(v)\mathrm{d}v=\dfrac{\int_{v_1}^{v_2}\mathrm{d}N}{N}=\dfrac{\Delta N}{N}$ 表示在平衡态下,在速率 $v_1\sim v_2$ 内的分子数占总分子数的比率.

(5) $\int_0^\infty vf(v)\mathrm{d}v=\dfrac{\int_0^\infty vNf(v)\mathrm{d}v}{N}=\dfrac{\int_0^\infty v\mathrm{d}N}{N}$ 表示在平衡态下,所有分子的平均速率.

(6) $\int_{v_1}^{v_2}Nf(v)\mathrm{d}v=\int_{v_1}^{v_2}\mathrm{d}N$ 表示平衡态下,在速率区间 $v_1\sim v_2$ 内的分子数.

例 8.3 某种理想气体分子的平均自由程为 5×10^{-4} cm,方均根速率为 500 m/s,求分子的平均碰撞频率.

解 因为

$$\frac{\overline{v}}{\sqrt{\overline{v^2}}}=\frac{\sqrt{\dfrac{8RT}{\pi M_{\mathrm{mol}}}}}{\sqrt{\dfrac{3RT}{M_{\mathrm{mol}}}}}=\sqrt{\frac{8}{3\pi}},\quad \overline{v}=\sqrt{\frac{8}{3\pi}}\cdot\sqrt{\overline{v^2}},$$

所以

$$\overline{Z}=\frac{\overline{v}}{\overline{\lambda}}=\frac{\sqrt{\dfrac{8}{3\pi}}\cdot\sqrt{\overline{v^2}}}{\overline{\lambda}}=\sqrt{\frac{8}{3\pi}}\times\frac{500}{5\times10^{-6}}\ \mathrm{s}^{-1}=9.2\times10^{7}\ \mathrm{s}^{-1}.$$

例 8.4 由 N 个粒子组成的热力学系统,其速率分布函数为

$$f(v)=\begin{cases}C(v-v_0)v,&0<v<v_0,\\0,&v>v_0.\end{cases}$$

求:(1) 常数 C;(2) 作出速率分布示意图;(3) 速率在 $v_1(<v_0)$ 附近单位速率范围内的粒子数;(4)速率在 $\dfrac{v_0}{3}\sim v_0$ 间隔内的粒子数及粒子的平均速率;(5)粒子的最概然速率、平均速率、方均根速率.

解 (1) 由分布函数的归一化条件 $\int_0^\infty f(v)\mathrm{d}v=1$,有

$$\int_0^{v_0}C(v-v_0)v\mathrm{d}v+\int_{v_0}^\infty 0\mathrm{d}v=\frac{1}{3}Cv_0^3-\frac{1}{2}Cv_0^3=1,$$

解得

$$C = -\frac{6}{v_0^3}.$$

(2) 速率分布示意图如图 19.8.2 所示.

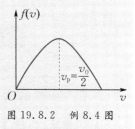

图 19.8.2 例 8.4 图

(3) 速率分布函数为 $f(v) = \dfrac{\mathrm{d}N}{N\mathrm{d}v}$,在 v_1 附近单位速率范围内的

粒子数为

$$\frac{\mathrm{d}N}{\mathrm{d}v} = Nf(v_1) = N\left[-\frac{6}{v_0^3}(v_1 - v_0)\right]v_1 = \frac{6N}{v_0^3}(v_0 - v_1)v_1.$$

(4) 在 $\dfrac{v_0}{3} \sim v_0$ 间隔内的粒子数为

$$\Delta N = \int_{\frac{v_0}{3}}^{v_0} Nf(v)\mathrm{d}v = -\frac{6N}{v_0^3}\int_{\frac{v_0}{3}}^{v_0}(v - v_0)v\,\mathrm{d}v = \frac{20}{27}N.$$

在 $\dfrac{v_0}{3} \sim v_0$ 范围内粒子的平均速率为

$$\overline{v}_{\frac{v_0}{3} \sim v_0} = \frac{\displaystyle\int_{\frac{v_0}{3}}^{v_0} vNf(v)\mathrm{d}v}{\displaystyle\int_{\frac{v_0}{3}}^{v_0} Nf(v)\mathrm{d}v} = \frac{3}{5}v_0.$$

(5) 由 $\dfrac{\mathrm{d}f(v)}{\mathrm{d}v} = 0$ 得粒子的最概然速率

$$v_p = \frac{1}{2}v_0.$$

粒子的平均速率为

$$\overline{v} = \frac{\displaystyle\int_0^\infty v\mathrm{d}N}{N} = \frac{1}{N}\int_0^\infty Nf(v)v\,\mathrm{d}v = \int_0^\infty -\frac{6}{v_0^3}(v - v_0)v^2\,\mathrm{d}v = \frac{1}{2}v_0.$$

粒子的方均速率为

$$\overline{v^2} = \frac{\displaystyle\int_0^\infty v^2\mathrm{d}N}{N} = \frac{1}{N}\int_0^\infty Nf(v)v^2\,\mathrm{d}v = \int_0^\infty -\frac{6}{v_0^3}(v - v_0)v^3\,\mathrm{d}v = 0.3v_0^2,$$

故粒子的方均根速率为

$$\sqrt{\overline{v^2}} = \sqrt{0.3}\,v_0 \approx 0.55v_0.$$

例 8.5 根据玻尔兹曼分布律,求在一定温度下,大气压随高度的变化规律.

解 设在 $y = 0$ 处单位体积内的大气分子数为 n_0,根据玻尔兹曼分布律

$$n = n_0\mathrm{e}^{-\frac{E_p}{kT}}, \quad n = n_0\mathrm{e}^{-\frac{mg}{kT}y}$$

和理想气体状态方程 $p = nkT$,得

$$p = n_0kT\mathrm{e}^{-\frac{mg}{kT}y} = p_0\mathrm{e}^{-\frac{mg}{kT}y},$$

其中 $p_0 = n_0kT$ 为 $y = 0$ 处的压强.

热力学基础

19.9.1　基本要求

1. 理解功、热量、内能的概念,掌握热力学第一定律意义,并能熟练将它运用于理想气体各过程的分析计算.

2. 理解摩尔热容的概念,能运用于理想气体各过程热量的计算.

3. 掌握理想气体等容、等压、等温及绝热过程的状态变化特征、能量转换关系和过程方程.

4. 掌握循环过程的特征,并能计算热循环、制冷循环的效率和制冷系数.

5. 理解热力学第二定律的意义,理解实际的宏观过程的不可逆性的意义.

6. 了解玻尔兹曼关于熵与热力学概率的关系式,理解克劳修斯熵公式的意义.理解熵增加原理,能进行熵变计算.

19.9.2　内容提要

热力学是根据实验和观察总结出来的热现象规律.它从能量的观点出发,研究物质状态变化过程中有关热功转换的关系以及过程进行的方向等,热力学是宏观理论.

引入了内能、准静态过程、体积功的概念,给出了状态变化过程中功、热量、内能增量三者之间的关系;介绍了热循环、制冷循环的特征;阐述了热力学第二定律的意义;介绍了热力学概率和熵的概念.

1.基本概念

(1)气体内能

$$E = E(V, T). \tag{19.9.1}$$

理想气体内能

$$E = \frac{M}{M_{mol}} \frac{i}{2} RT. \tag{19.9.2}$$

(2)准静态过程的功

$$dA = p dV \quad \text{或} \quad A = \int_{V_1}^{V_2} p dV. \tag{19.9.3}$$

(3)热量的计算

$$dQ = \frac{M}{M_{mol}} C_m dT, \tag{19.9.4}$$

其中 C_m 为摩尔热容.摩尔定容热容 $C_{V,m}$ 和摩尔定压热容 $C_{p,m}$ 的关系为迈耶公式:

$$C_{p,m} = C_{V,m} + R. \tag{19.9.5}$$

2. 基本定律和定理

（1）热力学第一定律

$$Q = (E_2 - E_1) + A, \quad \mathrm{d}Q = \mathrm{d}E + \mathrm{d}A. \tag{19.9.6}$$

（2）热力学第二定律的两种表述

开尔文表述：不可能制成一种循环动作的热机，它只从一个单一温度的热源吸取热量，并使其全部变为有用功，而不引起其他变化.

克劳修斯表述：热量不可能自动地由低温物体传向高温物体.

（3）卡诺定理

工作在高低温热源 T_1 与 T_2 之间的可逆热机的效率为

$$\eta_{可逆} = 1 - \frac{T_2}{T_1}. \tag{19.9.7}$$

不可逆热机效率

$$\eta_{不可逆} < 1 - \frac{T_2}{T_1}. \tag{19.9.8}$$

3. 循环及效率

（1）热机效率

$$\eta = \frac{A}{Q_1} = 1 - \frac{Q_2}{Q_1}, \tag{19.9.9}$$

式中 A 为整个循环中系统对外所做的净功，Q_1 为整个循环中吸收的热量之和，Q_2 为放出热量之和的绝对值.

卡诺热机的热机效率

$$\eta = 1 - \frac{T_2}{T_1}. \tag{19.9.10}$$

（2）制冷系数

$$\omega = = \frac{Q_2}{A_{净}} = \frac{Q_2}{Q_1 - Q_2}, \tag{19.9.11}$$

式中 Q_2 是工作物质从低温热源吸收的热量，Q_1 是向高温热源放出的热量的绝对值，A 是外界对系统所做净功的绝对值.

卡诺制冷机的制冷系数

$$\omega = \frac{T_2}{T_1 - T_2}. \tag{19.9.12}$$

4. 熵

（1）克劳修斯不等式

$$\sum_{i=1}^{N} \frac{Q_i}{T_i} \leqslant 0 \quad 或 \quad \oint \frac{\mathrm{d}Q}{T} \leqslant 0. \tag{19.9.13}$$

（2）熵

$$S = \int \frac{\mathrm{d}Q}{T} + C \quad 或 \quad S_B - S_A = \int_A^B \frac{\mathrm{d}Q_{可逆}}{T}, \tag{19.9.14}$$

常数 C 与熵的零点选取有关.

5.理想气体准静态过程的主要公式

理想气体准静态过程的主要公式如表 9.1 所示.

表 9.1　理想气体准静态过程的主要公式

过程	过程方程	系统做功	吸收热量	内能增量	摩尔热容
等容	$V = $ 恒量	0	$\dfrac{M}{M_{\mathrm{mol}}}C_{V,\mathrm{m}}(T_2 - T_1)$	$\dfrac{M}{M_{\mathrm{mol}}}C_{V,\mathrm{m}}(T_2 - T_1)$	$C_{V,\mathrm{m}} = \dfrac{i}{2}R$
等压	$p = $ 恒量	$p(V_2 - V_1)$ 或 $\dfrac{M}{M_{\mathrm{mol}}}R(T_2 - T_1)$	$\dfrac{M}{M_{\mathrm{mol}}}C_{p,\mathrm{m}}(T_2 - T_1)$	$\dfrac{M}{M_{\mathrm{mol}}}C_{V,\mathrm{m}}(T_2 - T_1)$	$C_{p,\mathrm{m}} = \dfrac{i}{2}R + R$
等温	$T = $ 恒量	$\dfrac{M}{M_{\mathrm{mol}}}RT\ln\dfrac{V_2}{V_1}$ 或 $\dfrac{M}{M_{\mathrm{mol}}}RT\ln\dfrac{p_1}{p_2}$	$\dfrac{M}{M_{\mathrm{mol}}}RT\ln\dfrac{V_2}{V_1}$ 或 $\dfrac{M}{M_{\mathrm{mol}}}RT\ln\dfrac{p_1}{p_2}$	0	∞
绝热	$pV^{\gamma} = $ 恒量	$-\dfrac{M}{M_{\mathrm{mol}}}C_{V,\mathrm{m}}(T_2 - T_1)$ 或 $\dfrac{p_1V_1 - p_2V_2}{\gamma - 1}$	0	$\dfrac{M}{M_{\mathrm{mol}}}C_{V,\mathrm{m}}(T_2 - T_1)$	0
多方	$pV^{n} = $ 恒量	$\dfrac{p_1V_1 - p_2V_2}{n - 1}$	$\dfrac{M}{M_{\mathrm{mol}}}\left(C_{V,\mathrm{m}} - \dfrac{R}{n-1}\right)$ $\times (T_2 - T_1)(n \neq 1)$	$\dfrac{M}{M_{\mathrm{mol}}}C_{V,\mathrm{m}}(T_2 - T_1)$	$C_{\mathrm{m}} = C_{V,\mathrm{m}} - \dfrac{R}{n-1}$

19.9.3　重点、难点分析

1.内能、功、热量

内能是由物质系统内部状态决定的能量,内能是状态的单值函数.实际气体内能是所有分子热运动的动能和分子的势能之总和,而动能与温度有关,势能与体积有关,故内能是温度和体积的单值函数,即 $E = E(T,V)$. 对于理想气体,忽略分子间相互作用,故内能仅是温度的函数,$E = E(T)$,即 $E = \dfrac{M}{M_{\mathrm{mol}}}E_0 = \dfrac{M}{M_{\mathrm{mol}}}\dfrac{i}{2}RT$. 在实际计算中,只需计算内能的变化值 $\Delta E = \dfrac{M}{M_{\mathrm{mol}}}C_{V,\mathrm{m}}(T_2 - T_1) = \dfrac{M}{M_{\mathrm{mol}}}\dfrac{i}{2}R(T_2 - T_1)$.

做功和传递热量都能使热力学系统状态发生变化,因而内能发生改变.在这一点上做功和传递热量是等效的,但它们在本质上存在差异:"做功"是外界有序的机械运动能量与系统分子无序热运动能量之间的转换,而"传递热量"是外界分子无序热运动能量与系统内分子的无序运动能量之间的传递.功和热量都是过程量.

2.热力学第一定律

热力学第一定律是包含热现象在内的能量守恒与转换定律.其数学表达式为

$$Q = \Delta E + A \quad \text{或} \quad \mathrm{d}Q = \mathrm{d}E + \mathrm{d}A.$$

要明确公式中的符号规定:吸热 Q 为正,放热 Q 为负;系统对外做功 A 为正,外界对系统

做功 A 为负.公式中各物理量的单位统一用国际单位制单位.

热力学第一定律运用于理想气体各过程的计算中,首先要熟悉各理想气体过程的特征.然后抓住三个基本公式:

① $Q = \Delta E + A$;② $A = \int_{V_1}^{V_2} p\mathrm{d}V$;③ $Q = \dfrac{M}{M_{\text{mol}}} C_{\text{m}} (T_2 - T_1)$.

最后与气体的过程方程和理想气体状态方程联立求解.

3.循环过程

系统从某一状态出发,经过一系列状态变化过程后,又回到初始状态,这样的过程叫作循环过程.其特征是:工作物质经一循环过程内能变化 $\Delta E = 0$;所有准静态的状态变化过程在 p-V 图上形成一条闭合曲线,系统循环一次所做净功就等于循环过程曲线所围面积.

在正循环中,由热力学第一定律有

$$Q_1 - Q_2 = A_{\text{净}},\tag{19.9.15}$$

即系统从高温热源吸收的热量 Q_1 减去向低温热源放出的热量 Q_2(取绝对值)就是系统所做的净功.于是热机的效率为

$$\eta = \frac{A_{\text{净}}}{Q_1} = 1 - \frac{Q_2}{Q_1}.$$

由于 $A_{\text{净}}$,Q_1 和 Q_2 与过程有关,因此效率 η 与过程有关.人们力求寻找一种最佳的循环过程来提高热机效率.卡诺定理证明,卡诺可逆热机效率最高,其循环效率为

$$\eta = 1 - \frac{T_2}{T_1}.$$

而要完成一个卡诺循环,必须有高、低温两个热源.提高热机效率最有效的途径是提高高温热源的温度.

4.热力学第二定律

热力学第一定律的实质是能量转化和守恒定律,说明任何物理过程中能量必须守恒,但它不能反映热力学过程进行的方向和条件.热力学第二定律是独立于热力学第一定律的另一条基本规律,反映了物理过程进行方向的规律.它说明满足能量守恒的过程不一定能实现.它指明了自然界自发发生的物理过程是有一定方向的,即一切与热现象有关的实际宏观过程是不可逆的.

一般说来,一个不受外界影响的孤立系统,其内部发生的过程总是由概率小的宏观状态向概率大的宏观状态进行,即由包含微观态数少的宏观状态向包含微观态数多的宏观状态进行.

5.熵

热力学第二定律是有关过程进行方向的规律.因此,我们可以引入一个新的物理量,用它来判断和确定在一定条件下过程进行的方向.由热力学第一定律确定了态函数内能,由热力学第二定律可确定态函数熵.

根据克劳修斯等式,对于任一可逆循环有 $\oint \dfrac{\mathrm{d}Q}{T} = 0$,由此引入态函数熵,

$$S_2 - S_1 = \int_1^2 \frac{\mathrm{d}Q}{T}.$$

根据热力学第一定律 $dQ = dE + pdV$,有

$$S_2 - S_1 = \int_1^2 \frac{dE + pdV}{T}.$$

对于不可逆过程,可以设计一个可逆过程,将始末两个状态连接起来,然后沿此可逆过程来计算熵变.

孤立系统中的可逆过程,其熵不变;孤立系统中的不可逆过程,其熵要增加,这就是熵增加原理.而从微观统计看,一个不受外界影响的孤立系统,其内部发生的过程,总是从概率小的状态向概率大的状态进行.这样,熵与热力学概率有一定的对应关系,统计物理学中证明,熵与热力学概率 Ω 存在如下关系:

$$S = k\ln \Omega, \tag{19.9.16}$$

式中 k 是玻尔兹曼常量.

熵是宏观量,热力学概率是微观量,上式给出了宏观量与微观量的联系,对熵做出了微观解释.

19.9.4　典型题解

例 9.1 标准状态下将 0.014 kg 氮气压缩为原体积的一半.分别经过(1) 等温过程,(2) 绝热过程,(3) 等压过程.试计算在这些过程中气体内能的改变、传递的热量和外界对气体所做的功,该氮气可看作理想气体.

解 把上述过程分别表示在图 19.9.1 的 p-V 图上.

(1) 等温过程

理想气体内能仅是温度的函数,等温过程中温度不变,故 $\Delta E = 0$.

$$A = \int_{V_1}^{V_2} pdV = \frac{M}{M_{mol}}RT \int_{V_1}^{V_2} \frac{dV}{V} = \frac{M}{M_{mol}}RT\ln \frac{V_2}{V_1},$$

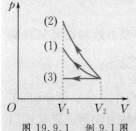

图 19.9.1　例 9.1 图

代入数据,得

$$A = \frac{14}{28} \times 8.31 \times 273 \times \ln \frac{1}{2}\, J = -786\, J,$$

故外界对气体做功为 786 J.

根据热力学第一定律 $Q = \Delta E + A$,

$$Q = A = -786\, J,$$

系统放热 786 J.

(2) 绝热过程

$$Q = 0.$$

由绝热方程 $p_1 V_1^{\gamma} = p_2 V_2^{\gamma}$,绝热过程外界做的功为

$$A_{外} = -A = \frac{1}{\gamma - 1}(p_2 V_2 - p_1 V_1) = \frac{1}{\gamma - 1}\left(2^{\gamma} p_1 \times \frac{1}{2}V_1 - p_1 V_1\right)$$

$$= \frac{1}{\gamma - 1}p_1 V_1 (2^{\gamma - 1} - 1) = \frac{1}{\gamma - 1}\frac{M}{M_{mol}}RT_1 (2^{\gamma - 1} - 1)$$

$$= \frac{1}{1.40 - 1} \times \frac{14}{28} \times 8.31 \times 273 \times (2^{1.40-1} - 1)\, J = 906\, J.$$

$$\Delta E = -A = A_{外} = 906\,\mathrm{J}.$$

(3) 等压过程

先求出终态温度 T_2.

$$\frac{V_1}{T_1} = \frac{V_2}{T_2}, \quad T_2 = \frac{V_2}{V_1}T_1 = \frac{1}{2}T_1.$$

摩尔定压热容为 $C_{p,\mathrm{m}} = C_{V,\mathrm{m}} + R = \dfrac{5}{2}R + R = \dfrac{7}{2}R$,传递的热量为

$$Q_p = \frac{M}{M_{\mathrm{mol}}}C_{p,\mathrm{m}}(T_2 - T_1) = \frac{M}{M_{\mathrm{mol}}}C_{p,\mathrm{m}}\times\left(-\frac{1}{2}T_1\right) = -1\,985\,\mathrm{J}.$$

气体对外做功为

$$A = p_1(V_2 - V_1) = -\frac{1}{2}p_1V_1 = -567\,\mathrm{J},$$

所以外界做功为

$$A_{外} = -A = 567\,\mathrm{J},$$

内能增量

$$\Delta E = Q - A = -1\,985\,\mathrm{J} - (-567)\mathrm{J} = -1\,418\,\mathrm{J}.$$

例 9.2　室温下一定量的氧气,其体积为 2.3 L,压强为 1 大气压,经一多方过程后体积变为 4.1 L,压强为 0.5 大气压.求:(1) 多方指数 n;(2) 氧气膨胀对外做的功;(3) 氧气吸收的热量;(4) 氧气内能的变化.

解　(1) 由多方过程方程 $p_1V_1^n = p_2V_2^n$ 得

$$\left(\frac{V_2}{V_1}\right)^n = \frac{p_1}{p_2}.$$

对上式取对数,得

$$n = \frac{\ln\dfrac{p_1}{p_2}}{\ln\dfrac{V_2}{V_1}} = \frac{\ln\dfrac{1}{0.5}}{\ln\dfrac{4.1}{2.3}} = 1.2.$$

(2) 由公式 $A = \dfrac{p_1V_1 - p_2V_2}{n-1}$ 有

$$A = \frac{(1\times2.3 - 0.5\times4.1)\times1.013\times10^5\times10^{-3}}{1.2-1}\,\mathrm{J} = 126.6\,\mathrm{J}.$$

(3) 由 $C_{\mathrm{m}} = C_{V,\mathrm{m}} - \dfrac{R}{n-1}$,得

$$C_{\mathrm{m}} = \frac{5}{2}R - \frac{R}{1.2-1} = -\frac{5}{2}R,$$

$$Q = \frac{M}{M_{\mathrm{mol}}}C_{\mathrm{m}}(T_2 - T_1) = -\frac{5}{2}(p_2V_2 - p_1V_1)$$

$$= -\frac{5}{2}\times(0.5\times4.1 - 1\times2.3)\times1.013\times10^5\times10^{-3}\,\mathrm{J} = 63.3\,\mathrm{J}.$$

(4) 由热力学第一定律,得

$$\Delta E = Q - A = (63.3 - 126.6)\mathrm{J} = -63.3\,\mathrm{J}.$$

例 9.3   1 mol 某双原子分子理想气体做如图 19.9.2 所示的循环. 求: (1) A, B, C 三态的温度; (2) 一个循环过程中, 系统对外所做的功; (3) $A \to B$ 过程中的平均摩尔热容 C_{AB}; (4) 循环效率.

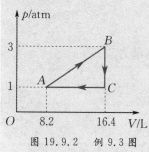

图 19.9.2   例 9.3 图

解   (1) 由 $pV = \nu RT$ 得

$$T_A = \frac{p_A V_A}{\nu R} = \frac{8.2}{R} = 100 \text{ K}.$$

同理有

$$T_C = 2T_A = 200 \text{ K}, \quad T_B = 6T_A = 600 \text{ K}.$$

(2) 一个循环系统对外做功的大小为 $\triangle ABC$ 的面积, 即

$$A = \frac{1}{2}(p_B - p_A)(V_B - V_A) = \frac{1}{2} \times 2p_A \times V_A = RT_A = 831 \text{ J}.$$

(3) $A \to B$ 过程中气体内能变化为

$$\Delta E = E_B - E_A = C_{V,m}(T_B - T_A) = \frac{5}{2}R(T_B - T_A) = \frac{5}{2}R \times 5T_A = \frac{25}{2}RT_A.$$

$A \to B$ 过程中气体所做的功为

$$A_{AB} = \frac{1}{2}(p_A + p_B)(V_B - V_A) = \frac{1}{2} \times 4p_A \times V_A = 2RT_A.$$

由 $Q = \Delta E + A$ 得 $A \to B$ 过程中气体吸收的热量

$$Q_{AB} = \Delta E + A_{AB} = \frac{29}{2}RT_A.$$

因为 $Q_{AB} = C_{AB}(T_B - T_A)$, 所以 $A \to B$ 过程中的平均摩尔热容为

$$C_{AB} = \frac{Q_{AB}}{T_B - T_A} = \frac{\frac{29}{2}RT_A}{5T_A} = \frac{29}{10}R.$$

(4) $B \to C$ 过程放热, $C \to A$ 过程放热, $A \to B$ 过程吸热, 故

$$Q_{吸} = Q_{AB} = \frac{29}{2}RT_A,$$

所以

$$\eta = \frac{A}{Q_{吸}} = \frac{RT_A}{\frac{29}{2}RT_A} = \frac{2}{29} = 6.90\%.$$

例 9.4   一只密闭的容器装有 1 mol 理想气体(此气体的分子自由度数为 i), 气体温度原先和环境温度 T_0 相同. 现用理想的卡诺制冷机从此气体吸取热量并使它的温度逐渐降低至 T_1, 制冷机放热给周围环境, 环境温度 T_0 保持不变, 求为了完成上述过程外界需要做的功(密闭容器的热容和容积变化可忽略不计).

解   该过程中作为低温热源的被制冷的气体的温度是在不断变化的. 而作为高温热源的环境的温度恒定为 T_0. 因此, 过程中制冷机的制冷系数也是在不断变化的.

设过程中某个任意状态下, 气体温度为 T. 经历一个元制冷循环后, 气体温度的增量为 $\mathrm{d}T$, 则气体内能增量为 $\mathrm{d}E = \frac{i}{2}R\mathrm{d}T$. 由于气体体积的变化可以忽略, 根据热力学第一定律,

元过程中气体放出的热量为

$$\mathrm{d}Q_2 = -\mathrm{d}E = -\frac{i}{2}R\mathrm{d}T.$$

设元制冷循环中外界对制冷机做功为 $\mathrm{d}A$，则该卡诺制冷机的制冷系数为

$$\omega = \frac{\mathrm{d}Q_2}{\mathrm{d}A} = \frac{T}{T_0 - T},$$

所以

$$\mathrm{d}A = \frac{T_0 - T}{T}\mathrm{d}Q_2 = -\frac{T_0 - T}{T}\frac{i}{2}R\mathrm{d}T.$$

使气体温度由 T_0 降至 T_1 外界所做的总功为

$$A = \int_{T_0}^{T_1} -\frac{i}{2}R\left(\frac{T_0}{T} - 1\right)\mathrm{d}T = \frac{i}{2}RT_0\ln\frac{T_0}{T_1} - \frac{i}{2}R(T_0 - T_1).$$

例 9.5　任意系统经历的任意不可逆绝热过程的始末态（平衡态），都可以用一个可逆绝热过程和一个可逆等温过程连接起来. 试证明此可逆等温过程必定吸热.

证明　如图 19.9.3 所示，若 $3 \rightarrow 2$ 过程放热，则在由 $1 \rightarrow 2 \rightarrow 3 \rightarrow 1$ 组成的循环过程中，在 $2 \rightarrow 3$ 过程必从单一热源吸热，而且在整个循环过程中也只在该过程吸热. 由热力学第一定律知，整个循环过程必对外做净功. 但这违背了热力学第二定律的开尔文表述，故不可能.

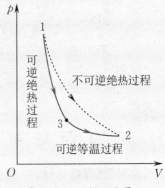

图 19.9.3　例 9.5 图

若 $3 \rightarrow 2$ 过程不吸热也不放热，则在由 $1 \rightarrow 2 \rightarrow 3 \rightarrow 1$ 组成的循环过程中，在 $2 \rightarrow 3$ 过程也必然不放热也不吸热，而且整个循环过程中各分过程都不吸热也不放热. 由热力学第一定律知，整个循环过程对外做的净功应为零. 这样，利用这个循环，可使进行了 $1 \rightarrow 2$ 过程的系统恢复原态，而且外界也可不留下变化，这与 $1 \rightarrow 2$ 为不可逆过程相矛盾，故不可能.

例 9.6　用一块隔板把两个容器隔开，两个容器内分别盛有不同种类的理想气体，温度为室温 T，压强为 p，一个容器的容积为 V_1，另一个容器的容积为 V_2. 当把隔板移去，求两种气体均匀混合后的总熵变. 设两种气体混合不发生化学变化.

解　气体混合前后的温度均不变，都等于室温 T. 体积内 V_1 的气体经历的过程可用等温可逆过程代替，其熵变为

$$\mathrm{d}S_1 = \frac{\mathrm{d}E + p\mathrm{d}V}{T} = \frac{p\mathrm{d}V}{T} = \nu_1 R\frac{\mathrm{d}V}{V},$$

$$\Delta S_1 = \nu_1 R\int_{V_1}^{V_2 + V_1} \frac{\mathrm{d}V}{V} = \nu_1 R\ln\frac{V_1 + V_2}{V_1} = \frac{pV_1}{T}\ln\frac{V_1 + V_2}{V_1}.$$

体积为 V_2 的气体经历的过程也可用等温可逆过程代替，用同样的方法求得

$$\Delta S_2 = \nu_2 R\ln\frac{V_1 + V_2}{V_2} = \frac{pV_2}{T}\ln\frac{V_1 + V_2}{V_2}.$$

故总熵变为

$$\Delta S = \Delta S_1 + \Delta S_2 = \frac{pV_1}{T}\ln\frac{V_1 + V_2}{V_1} + \frac{pV_2}{T}\ln\frac{V_1 + V_2}{V_2}.$$

例 9.7   1 mol 范氏气体的状态方程为 $\left(p+\dfrac{a}{V^2}\right)(V-b)=RT$,内能为 $E=C_{V,\mathrm{m}}T-\dfrac{a}{V}$ ($a,b,R,C_{V,\mathrm{m}}$ 皆为常量).(1) 试导出其熵作为状态参量 T,V 的函数;(2) 当气体做等温膨胀从体积 V_1 膨胀到 V_2 时,求其吸收的热量.

解   (1) $\mathrm{d}S=\dfrac{\mathrm{d}Q}{T}=\dfrac{\mathrm{d}E+p\mathrm{d}V}{T}=\dfrac{1}{T}\left[C_{V,\mathrm{m}}\mathrm{d}T+\dfrac{a}{V^2}\mathrm{d}V+\left(\dfrac{RT}{V-b}-\dfrac{a}{V^2}\right)\mathrm{d}V\right]$

$$=C_{V,\mathrm{m}}\dfrac{\mathrm{d}T}{T}+\dfrac{R\mathrm{d}V}{V-b},$$

两边积分,得

$$S=C_{V,\mathrm{m}}\ln\dfrac{T}{T_0}+R\ln\dfrac{V-b}{V_0-b}+S_0,$$

式中 T_0,V_0,S_0 皆为常数.

(2) $A=\displaystyle\int_{V_1}^{V_2}p\mathrm{d}V=\int_{V_1}^{V_2}\dfrac{RT}{V-b}\mathrm{d}V-\int_{V_1}^{V_2}\dfrac{a}{V^2}\mathrm{d}V=RT\ln\dfrac{V_2-b}{V_1-b}+a\left(\dfrac{1}{V_2}-\dfrac{1}{V_1}\right).$

$$\Delta E=-a\left(\dfrac{1}{V_2}-\dfrac{1}{V_1}\right),$$

$$Q=\Delta E+A=RT\ln\dfrac{V_2-b}{V_1-b}.$$

自 测 题 4

一、选择题(每题 3 分,共 30 分)

1. 一定量的某理想气体按 $pV^2=$ 恒量的规律膨胀,则膨胀后理想气体的温度   [   ]

   (A) 将升高.   (B) 将降低.

   (C) 不变.   (D) 升高还是降低,不能确定.

2. 若理想气体的体积为 V,压强为 p,温度为 T,一个分子的质量为 m,k 为玻尔兹曼常量,R 为普适气体常量,则该理想气体的分子数为   [   ]

   (A) $\dfrac{pV}{m}$.   (B) $\dfrac{pV}{kT}$.   (C) $\dfrac{pV}{RT}$.   (D) $\dfrac{pV}{mT}$.

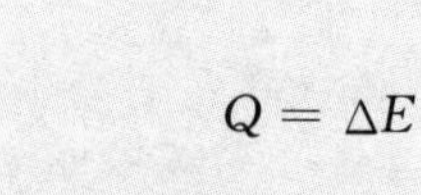

题 3 图

3. 如题 3 图所示,两个大小不同的容器用均匀的细管相连,管中有一水银作活塞,大容器装有氧气,小容器装有氢气,当温度相同时,水银滴静止于细管中央,试问此时这两种气体的密度哪个大?   [   ]

   (A) 氧气的密度大.   (B) 氢气的密度大.

   (C) 密度一样大.   (D) 无法判断.

4. 若室内生起炉子后温度从 15 ℃ 升高到 27 ℃,而室内气压不变,则此时室内的分子数减少了   [   ]

   (A) 0.5%.   (B) 4%.   (C) 9%.   (D) 21%.

5. 一定量的理想气体,在容积不变的条件下,当温度升高时,分子的平均碰撞频率 $\bar{Z}$ 和平均自由程 $\bar{\lambda}$ 的变化情况是   [   ]

   (A) $\bar{Z}$ 增大,$\bar{\lambda}$ 不变.   (B) $\bar{Z}$ 不变,$\bar{\lambda}$ 增大.

(C) $\bar{Z}$ 和 $\bar{\lambda}$ 都增大.　　　　　　　　　　　(D) $\bar{Z}$ 和 $\bar{\lambda}$ 都不变.

6. 一定量的理想气体,从 a 态出发经过 ① 或 ② 过程到达 b 态,acb 为等温线,如题 6 图所示,则 ①,② 两过程中外界对系统传递的热量 Q_1,Q_2 是　　　　　　　　　　　　　　　　　[　　]

　　(A) $Q_1 > 0$,$Q_2 > 0$.　　(B) $Q_1 < 0$,$Q_2 < 0$.　　(C) $Q_1 > 0$,$Q_2 < 0$.　　(D) $Q_1 < 0$,$Q_2 > 0$.

7. 如题 7 图所示,一定量的理想气体经历 acb 过程时吸热 200 J. 则经历 $acbda$ 过程时,吸热为　　　[　　]

　　(A) $-1\,200$ J.　　　　(B) $-1\,000$ J.　　　　(C) -700 J.　　　　(D)$1\,000$ J.

8. 一定量的理想气体分别进行如题 8 图所示的两个卡诺循环 $abcda$ 和 $a'b'c'd'a'$. 若在 p-V 图上这两个循环曲线所围面积相等,则可以由此得知这两个循环　　　　　　　　　　　　　　　　　[　　]

　　(A) 效率相等.　　　　　　　　　　　　(B) 由高温热源处吸收的热量相等.

　　(C) 在低温热源处放出的热量相等.　　　(D) 在每次循环中对外做的净功相等.

題 6 图　　　　題 7 图　　　　題 8 图

9. "理想气体和单一热源接触做等温膨胀时,吸收的热量全部用来对外做功." 对此说法,有如下几种评论,哪种是正确的?　　　　　　　　　　　　　　　　　　　　　　　　　　　　　　　　[　　]

　　(A) 不违反热力学第一定律,但违反热力学第二定律.

　　(B) 不违反热力学第二定律,但违反热力学第一定律.

　　(C) 不违反热力学第一定律,也不违反热力学第二定律.

　　(D) 违反热力学第一定律,也违反热力学第二定律.

10. 一定量的理想气体向真空做绝热自由膨胀,体积由 V_1 增至 V_2,在此过程中气体的　　　　　　　[　　]

　　(A) 内能不变,熵增加.　　　　　　　　(B) 内能不变,熵减少.

　　(C) 内能不变,熵不变.　　　　　　　　(D) 内能增加,熵增加.

二、填空题(共 30 分)

11. 在容积为 10^{-2} m³ 的容器中,装有质量 100 g 的气体,若气体分子的方均根速率为 200 m/s,则气体的压强为 _____.

12. 在定压下加热一定量的理想气体. 若使其温度升高 1 K 时,它的体积增加了 0.005 倍,则气体原来的温度是 _____.

13. 分子的平均动能公式 $\bar{\varepsilon} = \dfrac{1}{2}ikT$($i$ 是分子的自由度)的适用条件是 _____. 室温下 1 mol 双原子分子理想气体的压强为 p,体积为 V,则此气体分子的平均动能为 _____.

14. 在相同的温度和压强下,单位体积的氢气(视为刚性双原子分子气体)与单位体积的氦气的内能之比为 _____,单位质量的氢气与单位质量的氦气的内能之比为 _____.

15. 用总分子数 N、气体分子速率 v 和速率分布函数 $f(v)$ 表示下列各量:

　　(1) 速率大于 v_0 的分子数 = _____;(2) 速率大于 v_0 的那些分子的平均速率 = _____;(3) 多次观察某一分子的速率,发现其速率大于 v_0 的概率 = _____.

16. 常温常压下,一定量的某种理想气体(可视为刚性分子,自由度为 i)在等压过程中吸热为 Q,对外做功为 A,内能增加为 ΔE,则 A/Q = _____,$\Delta E/Q$ = _____.

17. 一定量的理想气体,从同一状态开始使其体积由 V_1 膨胀到 $2V_1$,分别经历以下三种过程:(1)等压过程;(2)等温过程;(3)绝热过程. _____ 过程气体对外做功最多; _____ 过程气体内能增加最多; _____ 过程气体吸收的热量最多.

18. 有一卡诺热机,用 29 kg 空气作为工作物质,工作在 27 ℃ 的高温热源与 −73 ℃ 的低温热源之间,此热机的效率 $\eta =$ _____. 若在等温膨胀过程中气缸体积增大 2.718 倍,则此热机每一循环所做的功为 _____.(空气的摩尔质量为 29×10^{-3} kg/mol)

三、计算题(共 30 分)

19. 3 mol 温度为 $T_0 = 273$ K 的理想气体,先经等温过程体积膨胀到原来的 5 倍,然后等容加热,使其末态的

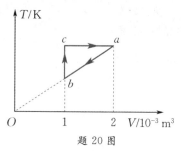

题 20 图

压强刚好等于初始压强,整个过程传给气体的热量为 8×10^4 J. 试画出此过程的 p-V 图,并求这种气体的比热容比 $\gamma = C_{p,m}/C_{V,m}$ 值.(普适气体常量 $R = 8.31$ J/(mol·K))

20. 1 mol 单原子分子理想气体的循环过程的 T-V 图如题 20 图所示,其中 c 点的温度为 $T_c = 600$ K. 试求:(1) ab,bc,ca 各个过程系统吸收的热量;(2)经一循环系统所做的净功;(3)循环的效率.

(注:循环效率 $\eta = \dfrac{A}{Q_1}$,A 为循环过程系统对外做的净功,Q_1 为循环过程系统从外界吸收的热量,ln 2 = 0.693)

21. 当高温热源的温度为 127 ℃、低温热源温度为 27 ℃ 时,一台卡诺热机(可逆的)每次循环对外做净功 8 000 J. 今维持低温热源的温度不变,提高高温热源温度,使其每次循环对外做净功 10 000 J. 若两个卡诺循环都工作在相同的两条绝热线之间,试求:(1)第二个循环的热机效率;(2)第二个循环的高温热源的温度.

四、问答题(共 10 分)

22. 当盛有理想气体的密封容器相对某惯性系运动时,能否说容器内分子的热运动速度相对该参考系也增大了,从而气体的温度也因此而升高了?为什么?假如该容器突然停止运动,容器内气体的压强、温度是否变化?为什么?

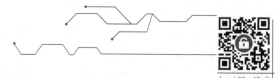

自测题4答案

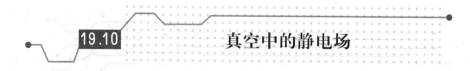

19.10 　真空中的静电场

19.10.1　基本要求

1. 理解描述静电场的基本物理量——电场强度 $\vec{E}$ 和电势 U,掌握点电荷的场强和电势,能熟练应用场强和电势叠加原理求任意带电体的场强分布与电势分布.

2. 理解静电场的基本性质,即静电场是有散度无旋度的场,掌握应用静电场的高斯定理

求场强分布和应用静电场的环路定理求电势分布.

3.理解场强与电势梯度的关系,能利用此关系求场强分布.

19.10.2　内容提要

1.静电场的基本概念

静止电荷周围空间存在着静电场.电荷之间(即带电体之间)的相互作用是通过电场而产生的.库仑定律是电荷相互作用的一条基本实验规律.场强叠加原理是另一条基本规律.

电场是一种特殊形态的物质.其物质性一方面体现在它对带电体的作用力,以及带电体在电场中运动时电场力对带电体做功;另一方面体现在电场具有能量、动量和电磁质量等物质的基本属性方面.

在国际单位制中,库仑定律表示为

$$\vec{F}_{12} = \frac{1}{4\pi\varepsilon_0}\frac{q_1 q_2}{r^2}\vec{r}_{12}^0 = -\vec{F}_{21}, \tag{19.10.1}$$

式中 q_1,q_2 是真空中两个静止的点电荷;$\vec{r}_{12}^0$ 表示从 q_1 到 q_2 的单位矢量;$\vec{F}_{12}$ 表示 q_2 受到 q_1 的作用力;$\vec{F}_{21}$ 表示 q_1 受到 q_2 的作用力;ε_0 是真空介电常量.

对点电荷系,场强叠加原理和电势叠加原理可表示为

$$\vec{E} = \sum_{i=1}^{n}\frac{q_i}{4\pi\varepsilon_0 r_i^2}\vec{r}_i^0, \tag{19.10.2}$$

$$U = \sum_{i=1}^{n}\frac{q_i}{4\pi\varepsilon_0 r_i}. \tag{19.10.3}$$

对电荷连续分布的带电体,场强叠加原理和电势叠加原理则表示为

$$\vec{E} = \int_V \frac{\mathrm{d}q}{4\pi\varepsilon_0 r^2}\vec{r}^0, \tag{19.10.4}$$

$$U = \int_V \frac{\mathrm{d}q}{4\pi\varepsilon_0 r}, \tag{19.10.5}$$

式中 V 是带电体的电荷分布空间体积.上述表达式表明场强和电势均与电量 q 成正比.

2.描述静电场的基本物理量

(1)电场强度 $\vec{E}$

场强 $\vec{E}$ 是描述电场性质的基本物理量,是空间点的矢量函数,即矢量场.它的定义式为

$$\vec{E} = \frac{\vec{F}}{q_0}, \tag{19.10.6}$$

式中 q_0 为试验电荷,$\vec{F}$ 为 q_0 在空间某点处受的电场力,$\vec{E}$ 就是该点的场强.本定义式对所有电场普遍成立.

(2)电势(电位)U

电势 U 也可以描述静电场的基本性质,U 是空间点的标量函数,即标量场.由于静电场力做功与路径无关,可以定义电场中 a,b 两点之间电势差 U_{ab} 为

$$U_{ab} = U_a - U_b = \int_a^b \vec{E}\cdot\mathrm{d}\vec{l}. \tag{19.10.7}$$

空间某点电势的数值与电势零点的选择有关,当带电体的电荷分布在有限区域之内时,一般取无限远处为电势零点,即 $U_\infty = 0$. 此时静电场中某点 a 的电势为

$$U_a = \int_a^\infty \vec{E} \cdot \mathrm{d}\vec{l}. \tag{19.10.8}$$

(3) 场强 $\vec{E}$ 与电势 U 的关系

① 积分关系. 若取任一位置 P 为电势零点,则某点 a 的电势为

$$U_a = \int_a^P \vec{E} \cdot \mathrm{d}\vec{l}. \tag{19.10.9}$$

② 微分关系. 空间某点的场强 $\vec{E}$ 等于该点电势梯度的负值,即

$$\vec{E} = -\frac{\partial U}{\partial n}\vec{n^0} = -\mathrm{grad}U = -\nabla U, \tag{19.10.10}$$

式中 $\vec{n^0}$ 为等势面上该点指向电势升高的法线方向的单位矢量. 注意,这里 $\vec{E}$ 与 ∇U 都是矢量,是点点对应关系,但是 $\vec{E}$ 与 U 之间并不是点点对应关系.

3. 静电场的基本性质

(1) 高斯定理

静电场中通过任一闭合曲面的电场强度 $\vec{E}$ 的通量等于闭合面内电荷代数和的 $1/\varepsilon_0$,即

$$\Phi_e = \oint_S \vec{E} \cdot \mathrm{d}\vec{S} = \frac{1}{\varepsilon_0}\sum_{(S内)} q_i. \tag{19.10.11}$$

(2) 静电场的环路定理

静电场的场强 $\vec{E}$ 沿任意闭合回路的积分等于零,即

$$\oint_L \vec{E} \cdot \mathrm{d}\vec{l} = 0. \tag{19.10.12}$$

19.10.3 重点、难点分析

1. 库仑定律的适用条件

库仑定律是真空中的两个静止点电荷之间相互作用的静电力的规律. 如果点电荷在运动,则两点电荷之间除了静电力之外还有磁场的相互作用,但它们之间的静电力仍可由库仑定律求出(见例 10.1). 另外,如果两个带电体不能看作点电荷,则它们之间的静电力不能用库仑定律直接表示,而应当先求出一个带电体产生的电场,再求另一带电体受此电场的作用力(见例 10.2).

2. 关于高斯定理

(1) 高斯定理表明了静电场的场强 $\vec{E}$ 通过任意闭合曲面的通量与闭合面内电荷之间的数值关系. 应当强调,这里的场强 $\vec{E}$ 是所有电荷(包括闭合面外电荷)所产生的总场强. 只是因为闭合面外的电荷产生的电场对通过该闭合面的电通量的贡献为零,所以它们才不计算在 $\sum q$ 之中,但不等于说闭合面外电荷产生的场强不包含在 $\vec{E}$ 之中.

例如,平行板电容器两极板分别带电 $+q$ 与 $-q$,极板面积为 S. 忽略边缘效应时,作如图 19.10.1 所示的闭合高斯面,可求得两极板间的场强大小为

$$E = \frac{\sigma}{\varepsilon_0} = \frac{q}{\varepsilon_0 S}.$$

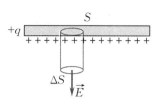

图 19.10.1　平行板电容
器的场强

尽管在闭合面内的电荷仅有 $\sum q = \sigma \Delta S = \dfrac{q \Delta S}{S}$，全部 $-q$ 和大部分 $+q$ 均不在闭合面内，但 E 却是全部的 $+q$ 和 $-q$ 共同产生的总场强.

（2）利用高斯定理可以求得具有特殊对称性的带电体的电场分布.但并非具有对称性分布的电场都能由高斯定理求得.例如，一根均匀带电的有限长直线，其电场分布具有轴对称性，两根互相平行的无限长均匀带电直线的电场分布也具有一定的对称性，但它们都不能直接由高斯定理求出电场分布.我们可以归纳出：只有选取适当高斯面后，高斯面的各部分或者与场强平行，或者与场强垂直并且面上各点的场强大小相等，面是简单的几何面时，才能利用高斯定理求得场强分布.

还应当明确，不能用高斯定理求出场强分布的问题并不表明在该问题中高斯定理不成立.高斯定理本身是静电场的一个普遍成立的规律.

3.场强 $\vec{E}$ 与电势 U 的关系不是点点对应关系

（1）场强 $\vec{E}$ 为零的点，电势 U 不一定为零；电势为零的点，场强不一定为零.

（2）不可能由某点的场强求出该点的电势，必须求出场强 $\vec{E}$ 作为空间分布函数的表达式后，才可以通过积分求得某点相对于电势零点的电势值（见例 10.5）；也不可能由某点的电势求得该点的场强，必须求出电势 U 作为空间分布函数的表达式后，才可以通过求梯度的负值求得场强的分布（见例 10.6）.

19.10.4　典型题解

例 **10.1**　两个带电量分别为 q_1 和 q_2 的粒子 a 和 b，相距 r_0，都以速度 $\vec{v}$ 垂直于两粒子的连线方向运动，如图 19.10.2 所示.试求这两个带电粒子之间相互作用的库仑力 $\vec{F}_e$ 与洛伦兹力 $\vec{F}_m$ 的大小之比.

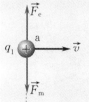

解　因粒子 a 与粒子 b 都可看作点电荷，故 a 与 b 之间的库仑力大小为

$$F_e = \frac{q_1 q_2}{4 \pi \varepsilon_0 r_0^2}.$$

粒子 a 在粒子 b 处产生的磁场大小为 $B_1 = \dfrac{\mu_0 q_1 v}{4 \pi r_0^2}$，其中 μ_0 为真空磁导率.粒子 b 受磁场 B_1 的作用力大小为

$$F_m = q_2 v B_1 = \frac{\mu_0 q_1 q_2 v^2}{4 \pi r_0^2}.$$

故有

$$\frac{F_e}{F_m} = \frac{1}{\varepsilon_0 \mu_0 v^2} = \frac{c^2}{v^2}.$$

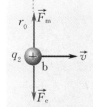

图 19.10.2
例 10.1 图

本例表明，尽管两个点电荷不是静止的，它们之间的静电力仍满足库

仑定律.另外,当速度大小接近光速时,上述结果仍然与低速时一样.

例 10.2 在真空中有 A,B 两平行板,相对距离为 d,板面积为 S,其带电量分别为 $+q$ 和 $-q$.有人说两平行板之间的相互作用力 $f = \dfrac{q^2}{4\pi\varepsilon_0 d^2}$;又有人说,因为 $f = qE, E = \dfrac{q}{\varepsilon_0 S}$,所以 $f = \dfrac{q^2}{\varepsilon_0 S}$.试问这两种说法对吗?为什么?$f$ 到底等于多少?

解 $f = \dfrac{q^2}{4\pi\varepsilon_0 d^2}$ 是按库仑定律计算的.但带电平行板不是点电荷,所以此结果错误.$E = \dfrac{q}{\varepsilon_0 S}$ 是 $+q$ 和 $-q$ 共同产生的总场强,所以 $f = qE = \dfrac{q^2}{\varepsilon_0 S}$ 也是错误的.正确解法如下:因为一个带电板在另一带电板处产生的电场 $E_1 = \dfrac{q}{2\varepsilon_0 S}$,所以两板相互作用力大小为 $f = qE_1 = \dfrac{q^2}{2\varepsilon_0 S}$.

例 10.3 一个带电细线弯成半径为 R 的半圆形,电荷线密度 $\lambda = \lambda_0 \sin\varphi$,式中 λ_0 为常数,φ 为半径 R 与 x 轴的夹角,如图 19.10.3 所示.试求环心 O 点处的场强.

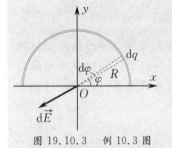

解 取 $\mathrm{d}q = \lambda\mathrm{d}l = \lambda_0 R\sin\varphi\mathrm{d}\varphi$,$\mathrm{d}q$ 在 O 点产生 $\mathrm{d}\vec{E}$ 的方向如图所示,大小为

$$\mathrm{d}E = \frac{\lambda_0\sin\varphi\mathrm{d}\varphi}{4\pi\varepsilon_0 R},$$

所以

$$\mathrm{d}E_x = \mathrm{d}E\cos(\pi + \varphi) = -\mathrm{d}E\cos\varphi,$$
$$\mathrm{d}E_y = \mathrm{d}E\sin(\pi + \varphi) = -\mathrm{d}E\sin\varphi,$$

图 19.10.3 例 10.3 图

$$E_x = \int -\mathrm{d}E\cos\varphi = -\frac{\lambda_0}{4\pi\varepsilon_0 R}\int_0^\pi \sin\varphi\cos\varphi\mathrm{d}\varphi = 0,$$
$$E_y = \int -\mathrm{d}E\sin\varphi = -\frac{\lambda_0}{4\pi\varepsilon_0 R}\int_0^\pi \sin^2\varphi\mathrm{d}\varphi = -\frac{\lambda_0}{8\pi\varepsilon_0 R}.$$

环心 O 处的场强为

$$\vec{E} = -\frac{\lambda_0}{8\pi\varepsilon_0 R}\vec{j}.$$

例 10.4 空间有两根带等量异号电荷的无限长平行直线,相距为 $2a$,电荷线密度为 $\pm\lambda$.其截面图如图 19.10.4 所示.求 $r \gg 2a$ 时的场强分布.

解 设空间 P 点到两带电直线的距离分别为 r_+ 和 r_-,以两带电直线垂直连线中点为坐标原点 O,取柱坐标系.电荷线密度为 $+\lambda$ 的带电直线在 P 点产生的 $\vec{E}_+$ 方向沿 r_+ 方向,如图 19.10.4 所示,大小为

$$E_+ = \frac{\lambda}{2\pi\varepsilon_0 r_+}.$$

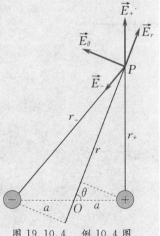

图 19.10.4 例 10.4 图

同理,电荷线密度为 $-\lambda$ 的带电直线在 P 点产生的 $\vec{E}_-$ 沿 r_- 方向,大小为

$$E_- = \frac{\lambda}{2\pi\varepsilon_0 r_-}.$$

因 $r_+ = r - a\cos\theta, r_- = r + a\cos\theta$,且 $r \gg 2a$,由场强叠加原理和几何关系可得 P 点场强沿 r 方向的分量和沿 θ 方向的分量分别为

$$E_r = \frac{\lambda}{2\pi\varepsilon_0}\left(\frac{1}{r - a\cos\theta} - \frac{1}{r + a\cos\theta}\right),$$

$$E_\theta = \frac{\lambda a\sin\theta}{2\pi\varepsilon_0}\left[\frac{1}{(r - a\cos\theta)^2} + \frac{1}{(r + a\cos\theta)^2}\right].$$

注意:本题无法直接利用高斯定理求解(请读者思考).

例 10.5　如图 19.10.5 所示,一无限大平面中部有一半径为 R 的圆孔.设平面均匀带电,电荷面密度为 σ.选孔中心 O 点处电势为零,试求通过小孔中心并与平面垂直的直线上各点的电势.

解　假设在半径为 R 的圆孔处补一个电荷面密度为 σ 的均匀带电圆面,该均匀带电圆面轴线上一点场强的值(见教材第二册第 10 章例 10.5)为

$$E_1 = \frac{\sigma}{2\varepsilon_0}\left(1 - \frac{x}{\sqrt{R^2 + x^2}}\right).$$

补上的均匀带电圆面与原带电平面构成了无限大均匀带电平面,其场强的值为

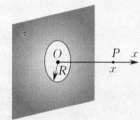

图 19.10.5　例 10.5 图

$$E_2 = \frac{\sigma}{2\varepsilon_0},$$

由场强叠加原理,原带电平面在圆孔轴线上一点的场强的值为

$$E_3 = E_2 - E_1 = \frac{\sigma}{2\varepsilon_0} - \frac{\sigma}{2\varepsilon_0}\left(1 - \frac{x}{\sqrt{R^2 + x^2}}\right) = \frac{\sigma x}{2\varepsilon_0\sqrt{R^2 + x^2}},$$

故电势为

$$U = \int_x^0 \frac{\sigma}{2\varepsilon_0}\frac{x\,\mathrm{d}x}{\sqrt{R^2 + x^2}} = \frac{\sigma}{2\varepsilon_0}(R - \sqrt{R^2 + x^2}).$$

可见,$\sigma > 0$ 时 $U > 0$;$\sigma < 0$ 时 $U < 0$.

注意:本题不能选 $U_\infty = 0$.因为函数 $\sqrt{R^2 + x^2}$ 在 ∞ 远处发散.

例 10.6　沿 x 轴放置的长为 l 的细棒的一端置于原点($x = 0$),电荷线密度为 $\lambda = kx$,k 为常数.取 $U_\infty = 0$,求 y 轴上 $P(0, y)$ 点的电势与场强.

解　如图 19.10.6(a) 所示,用电势叠加原理易求得 y 轴上 P 点电势为

$$U = \int \mathrm{d}U = \int_0^l \frac{kx\,\mathrm{d}x}{4\pi\varepsilon_0\,(x^2 + y^2)^{1/2}} = \frac{k}{4\pi\varepsilon_0}(\sqrt{l^2 + y^2} - y),$$

但是不能用上式求梯度的负值计算场强.因为上述电势仅是 U 沿 y 轴的变化情况,没有表达出电势 U 沿 x 轴的变化情况.而 E_x 与 U 沿 x 轴变化率有关.因此必须先求出 U 作为 x, y 的普遍表达式,再求 E_x 和 E_y,然后代入 $x = 0$ 得到 y 轴上场强分布.

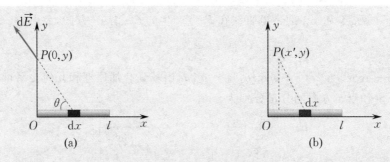

图 19.10.6　例 10.6 图

如图 19.10.6(b) 所示,设任一点 P 不在 y 轴上,坐标为 (x',y),则该点电势为

$$U(x',y) = \int_0^l \frac{kx\,\mathrm{d}x}{4\pi\varepsilon_0\sqrt{(x-x')^2+y^2}}$$

$$= \int_0^l \frac{k(x-x')\,\mathrm{d}x}{4\pi\varepsilon_0\sqrt{(x-x')^2+y^2}} + \int_0^l \frac{kx'\,\mathrm{d}x}{4\pi\varepsilon_0\sqrt{(x-x')^2+y^2}}$$

$$= \frac{k}{4\pi\varepsilon_0}\left[\sqrt{(l-x')^2+y^2}-\sqrt{x'^2+y^2}\right] + \frac{kx'}{4\pi\varepsilon_0}\ln\frac{l-x'+\sqrt{(l-x')^2+y^2}}{\sqrt{x'^2+y^2}-x'}.$$

P 点处电场强度为

$$E_y = -\left.\frac{\partial U}{\partial y}\right|_{x'=0} = -\frac{k}{4\pi\varepsilon_0}\left(\frac{y}{\sqrt{l^2+y^2}}-\frac{y}{|y|}\right),$$

$$E_x = -\left.\frac{\partial U}{\partial x'}\right|_{x'=0} = \frac{k}{4\pi\varepsilon_0}\left[\frac{l}{\sqrt{l^2+y^2}}-\ln\frac{l+\sqrt{l^2+y^2}}{|y|}\right].$$

当然,本题也可采用直接积分的方法求 y 轴上各点场强.如图 19.10.6(a) 所示,在 l 上取 $\mathrm{d}l=\mathrm{d}x$,则 $\mathrm{d}q=kx\,\mathrm{d}x$,在 y 轴上 P 点产生的场强 $\mathrm{d}\vec{E}$ 方向如图所示,大小为

$$\mathrm{d}E = \frac{kx\,\mathrm{d}x}{4\pi\varepsilon_0(x^2+y^2)}.$$

将 $\mathrm{d}\vec{E}$ 沿 x 轴和 y 轴进行分解,得

$$\mathrm{d}E_x = \mathrm{d}E\cos(\pi-\theta) = -\mathrm{d}E\cos\theta = \frac{-kx x\,\mathrm{d}x}{4\pi\varepsilon_0(x^2+y^2)^{3/2}},$$

$$\mathrm{d}E_y = \mathrm{d}E\sin(\pi-\theta) = \mathrm{d}E\sin\theta = \frac{kx y\,\mathrm{d}x}{4\pi\varepsilon_0(x^2+y^2)^{3/2}},$$

积分得

$$E_x = -\frac{k}{4\pi\varepsilon_0}\int_0^l \frac{x^2\,\mathrm{d}x}{(x^2+y^2)^{3/2}} = -\frac{k}{4\pi\varepsilon_0}\left[\ln\frac{l+\sqrt{l^2+y^2}}{|y|}-\frac{l}{\sqrt{l^2+y^2}}\right],$$

$$E_y = \frac{ky}{4\pi\varepsilon_0}\int_0^l \frac{\mathrm{d}x}{(x^2+y^2)^{3/2}} = \frac{ky}{4\pi\varepsilon_0}\left(\frac{-1}{\sqrt{l^2+y^2}}+\frac{1}{|y|}\right).$$

两种方法的结果相同.

静电场中的导体和电介质

19.11.1 基本要求

1.理解导体静电感应原理和静电平衡概念,掌握导体静电平衡条件,会计算同心导体球壳组合、平行导体板组合等带电体上的电荷分布以及空间的静电场分布.

2.理解电介质极化概念和有电介质时的高斯定理,会计算某些有各向同性均匀电介质存在情况下静电场的电位移和场强分布.

3.理解电容器及其电容的概念,理解电场能量的概念.

19.11.2 内容提要

1.导体的静电平衡条件

所谓导体的静电平衡,是指导体上的电荷与电场相互作用、相互制约而达到平衡.导体静电平衡的根本条件是导体内部场强处处为零(或者说导体是等势体).它是普遍成立的,适用于导体静电平衡时的各种情况.

2.导体静电平衡时的性质

(1)电荷分布

① 电荷只分布在实心导体表面.

② 当空腔导体内无带电体时,电荷只分布在导体的外表面;当空腔导体内有带电体 q 时,空腔内表面感应电荷的电量为 $-q$,外表面感应电荷电量为 q.

③ 电荷在表面上的分布情况与表面形状以及周围环境(有无其他带电体、导体或电介质)均有关系,比较复杂.对孤立导体而言,表面曲率大处电荷面密度大,曲率小处电荷面密度小,曲率为负值处电荷面密度最小.

(2)导体表面场强 $\vec{E}$ 垂直于导体表面,其大小与表面该处电荷面密度 σ 成正比,即

$$E = \frac{\sigma}{\varepsilon_0}, \tag{19.11.1}$$

式中 ε_0 为真空介电常量.对正电荷,$\sigma > 0$,$\vec{E}$ 指向外法线方向;对负电荷,$\sigma < 0$,$\vec{E}$ 指向导体表面.

3.有导体存在时,静电场的场强与电势的计算

首先根据静电平衡条件和电荷守恒定律求出静电平衡条件下导体上的电荷分布,再由电荷分布求电场和电势分布.具体要掌握同心导体球与导体球壳组合以及平行导体板组合问题(见教材第二册第 11 章例 11.1 与例 11.3).

4.导体的电容及电容器

(1)电容的定义

孤立导体的电容

$$C = \frac{q}{U}, \tag{19.11.2}$$

式中 q 是导体所带电量，U 为导体的电势.

电容器的电容

$$C = \frac{q}{U_{AB}}, \tag{19.11.3}$$

式中 q 为电容器一个极板所带电量（另一极板所带电量为 $-q$），U_{AB} 为两极板的电势差.

（2）典型电容器的电容公式

平行板电容器的电容

$$C = \frac{\varepsilon S}{d}, \tag{19.11.4}$$

式中 S 为极板面积，d 为两极板距离，ε 为介质的介电常量；

圆柱形电容器的电容

$$C = \frac{2\pi\varepsilon l}{\ln(R_B/R_A)}, \tag{19.11.5}$$

式中 R_A，R_B 分别为内外圆柱体半径，l 为圆柱体长度，ε 为介质的介电常量；

球形电容器的电容

$$C = \frac{4\pi\varepsilon R_A R_B}{R_B - R_A}, \tag{19.11.6}$$

式中 R_A，R_B 为内外导体球半径，ε 为介质的介电常量.

（3）电容器的串联与并联

串联时，

$$\frac{1}{C} = \frac{1}{C_1} + \frac{1}{C_2}, \quad U = U_1 + U_2, \quad C_1 U_1 = C_2 U_2. \tag{19.11.7}$$

并联时，

$$C = C_1 + C_2, \quad q = q_1 + q_2, \quad \frac{q_1}{C_1} = \frac{q_2}{C_2}. \tag{19.11.8}$$

5.电介质的极化

（1）极化电荷与电极化强度

处在静电场中的电介质会被极化.在介质内部出现极化电荷 q'，在介质表面出现 σ'.介质的极化状态用电极化强度 $\vec{P}$ 描述.电极化强度 $\vec{P}$ 与极化电荷的关系为

$$\oint_S \vec{P} \cdot \mathrm{d}\vec{S} = -\sum_{(S内)} q', \tag{19.11.9}$$

极化电荷面密度与电极化强度的关系为

$$P_n = \sigma',$$

式中 P_n 为 $\vec{P}$ 在法线方向的分量.

（2）电介质存在时的总电场为 $\vec{E} = \vec{E}_0 + \vec{E}'$，在电介质内部 $E < E_0$，但是不为零.对各向同性的均匀电介质有

$$\vec{P} = \chi_e \varepsilon_0 \vec{E}, \tag{19.11.10}$$

χ_e 称为电介质的极化率.

（3）电位移 $\vec{D}$、有电介质时的高斯定理

电位移定义为

$$\vec{D} = \varepsilon_0 \vec{E} + \vec{P}. \qquad (19.11.11)$$

$$\oint_S \vec{D} \cdot \mathrm{d}\vec{S} = \sum_{(S内)} q_0 \qquad (19.11.12)$$

称为有电介质时的高斯定理,其中 $\sum q_0$ 是闭合面内自由电荷的代数和.

对各向同性均匀电介质有

$$\vec{D} = \varepsilon_r \varepsilon_0 \vec{E} = \varepsilon \vec{E}, \qquad (19.11.13)$$

式中 $\varepsilon_r = \dfrac{\varepsilon}{\varepsilon_0}$ 为介质的相对介电常量,ε 为介质的介电常量.

利用有电介质时的高斯定理,在某些情况下可以不必求出极化电荷和电极化强度而直接得到总电场的分布.

6.静电场的能量

（1）充电电容器的能量

$$W_e = \frac{1}{2}CU^2 = \frac{Q^2}{2C} = \frac{1}{2}QU. \qquad (19.11.14)$$

（2）电场能量体密度

$$w_e = \frac{1}{2}\varepsilon E^2. \qquad (19.11.15)$$

（3）电场的能量

$$W_e = \int_V \frac{1}{2}\varepsilon E^2 \mathrm{d}V. \qquad (19.11.16)$$

19.11.3　重点、难点分析

1.关于静电平衡条件

（1）导体静电平衡时导体内部场强 $\vec{E}$ 为零,这个 $\vec{E}$ 是总场强.

如图 19.11.1 所示,空腔导体 A 内部任一点场强 $\vec{E}$ 是带电体 Q、空腔内外表面所有电荷产生的总的合场强.因此,如果认为带电体 Q 发出的电场线或空腔导体内外表面发出（或终止）的电场线都不能穿越导体 A,则是错误的.导体 A 内部 $\vec{E} = \vec{0}$,没有电场线穿过正是以上三部分电荷产生的电场线互相抵消的结果.

（2）把场强叠加原理应用到有导体的问题时要注意,各导体单独存在时有一种电荷分布,由于静电感应,它们互相靠近时各

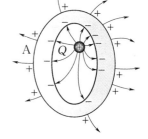

图 19.11.1　空腔导体的
静电平衡

导体上的电荷分布会发生变化,这时应根据变化后的电荷分布来计算各导体的电场并把它们叠加起来,而不是对原来各导体单独存在时的电荷分布决定的场强作叠加.

（3）导体表面的场强大小 $E = \dfrac{\sigma}{\varepsilon_0}$,这里的 E 也是所有电荷的场强的共同贡献,不能认为

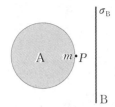

图 19.11.2
导体表面场强

σ_B 只是表面附近电荷产生的. 如图 19.11.2 所示, A 为带正电导体, 表面 m 处电荷面密度为 σ_m, B 为无限大的均匀带电平面, 电荷面密度为 σ_B, 问在 A 的表面 m 附近的 P 点处场强大小为多少? 如果回答 $E_P = \dfrac{\sigma_m}{\varepsilon_0} + \dfrac{\sigma_B}{2\varepsilon_0}$ 则是错误的! 正确答案是 $E_P = \dfrac{\sigma_m}{\varepsilon_0}$. 因为 m 处的电荷面密度为 σ_m 已经考虑了 B 的影响. 达到静电平衡时 m 处的电荷面密度是 σ_m, P 点的场强就是 A 和 B 在 P 点产生的总的合场强, 即为 $E_P = \dfrac{\sigma_m}{\varepsilon_0}$, 不应再加上 $\dfrac{\sigma_B}{2\varepsilon_0}$. 导体表面场强 $\vec{E}$

的大小与表面电荷面密度 σ 之间的关系 $E = \dfrac{\sigma}{\varepsilon_0}$ 是普遍成立的. 电荷分布和场强分布改变时, 此关系不变.

2. 导体接地问题

（1）所谓导体接地, 是将地球看作一个大导体球, 任何一个导体接地表示导体与地球等电势.

（2）一般情况下, 认为接地时导体电势为零与规定无限远处电势为零是相容的. 考虑地球原来是电中性的, 通常情况下接地导体的电量并不很大, 而地球半径相对较大, 地球仍可看作是孤立导体, 它的电势与无限远处的电势相差无几.

（3）只有孤立导体接地时, 才可以看作导体上的电荷"全部流入"地下而不带电. 对于非孤立导体, 接地导体上的感应电荷一般不为零, 其上的电荷分布要由静电平衡条件来确定. 如图 19.11.3 中带正电的导体 A 附近的导体 B 无论是其右端接地还是左端接地, B 上总是有负的感应电荷.

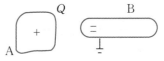

图 19.11.3　接地的导体

3. 有电介质的电容器问题

（1）在电容器的两极板间插入均匀电介质, 无论是否充满两极板之间的空间, 电容器的电容值都会增大. 只有充满电介质时才有 $C = \varepsilon_r C_0$, 其他情况要具体计算两极板间电势差 U_{AB}, 然后根据 $C = \dfrac{q}{U_{AB}}$ 计算.

（2）在电介质没有充满两极板之间的空间时, 插入的电介质的形状不同, 电介质中与真空中的场强大小关系及电位移大小关系不同. 如图 19.11.4(a) 所示, $D_1 \neq D_2$, $E_1 = E_2$, 这是因为无论从区域1还是从区域2看两极板之间电势差 U_{AB} 都一样, 所以 $E_1 = E_2$; 又因为 $D_1 = \varepsilon E_1$, $D_2 = \varepsilon_0 E_2$, 所以 $D_1 \neq D_2$; 实际上极板 A, B 上的自由电荷分布不再均匀了, 有介质的一半电荷面密度大于无介质那一半, 这样的分布才能满足静电平衡条件（导体是等势体）. 而在图 19.11.4(b) 中, 由高斯定理易得 $D_1 = D_2$, 所以 $E_1 \neq E_2$.

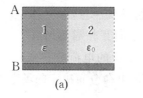
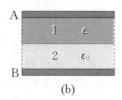

(a)　　　　　　　　　　(b)

图 19.11.4　填充电介质的电容器

19.11.4　典型题解

例 11.1　一个平行板电容器两极板面积都是 S, 相距为 d, 分别维持 $U_A = V, U_B = 0$ 不变. 把一块带电量为 q 的导体薄片 C 插入两极板的正中间, 薄片面积也是 S. 求薄片电势 U_C.

解　依次设 A, C, B 的六个表面的电荷面密度分别为 $\sigma_1, \sigma_2, \sigma_3, \sigma_4, \sigma_5, \sigma_6$, 如图 19.11.5 所示. 由静电平衡条件、电荷守恒定律以及维持 $U_{AB} = V$ 可得以下六个方程:

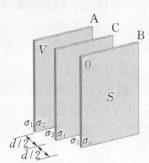

$$\sigma_1 + \sigma_2 = \frac{q_A}{S} = \frac{1}{S}(C_0 V) = \frac{1}{S}\left(\frac{\varepsilon_0 S}{d} V\right) = \frac{\varepsilon_0 V}{d},$$

$$\sigma_3 + \sigma_4 = \frac{q}{S}, \quad \sigma_5 + \sigma_6 = \frac{q_B}{S} = -\frac{\varepsilon_0 V}{d},$$

$$\sigma_2 + \sigma_3 = 0, \quad \sigma_4 + \sigma_5 = 0,$$

$$\sigma_1 = \sigma_2 + \sigma_3 + \sigma_4 + \sigma_5 + \sigma_6,$$

联立解得

$$\sigma_1 = \sigma_6 = \frac{q}{2S}, \quad \sigma_2 = -\sigma_3 = \frac{\varepsilon_0 V}{d} - \frac{q}{2S},$$

$$\sigma_4 = -\sigma_5 = \frac{\varepsilon_0 V}{d} + \frac{q}{2S}.$$

图 19.11.5　例 11.1 图

所以 C, B 间电场为

$$E_2 = \frac{\sigma_4}{\varepsilon_0} = \frac{V}{d} + \frac{q}{2\varepsilon_0 S},$$

薄片 C 的电势为

$$U_C = U_{CB} = E_2 \frac{d}{2} = \frac{V}{2} + \frac{qd}{4\varepsilon_0 S}.$$

注意: 因为薄片 C 带电, 所以 $U_C \neq \dfrac{V}{2}$, 若薄片 C 不带电, 则 $U_C = \dfrac{V}{2}$.

例 11.2　试证明: 真空中导体表面上某处的电荷面密度为 σ 时, 该处导体单位面积上所受的力为 $\dfrac{\sigma^2}{2\varepsilon_0}\vec{n}_0$, $\vec{n}_0$ 是该处外法向上的单位矢量.

证明　在该处取面元 ΔS, 设 ΔS 单独存在时表面附近两侧电场为 $\vec{E}_1$, 而除 ΔS 以外的其他表面电荷在 ΔS 附近产生的电场为 $\vec{E}_2$, 如图 19.11.6 所示.

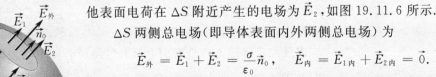
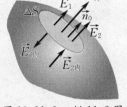

ΔS 两侧总电场 (即导体表面内外两侧总电场) 为

$$\vec{E}_外 = \vec{E}_1 + \vec{E}_2 = \frac{\sigma}{\varepsilon_0}\vec{n}_0, \quad \vec{E}_内 = \vec{E}_{1内} + \vec{E}_{2内} = \vec{0}.$$

因为 $\vec{E}_外$ 与 $\vec{E}_1$ 均沿 $\vec{n}_0$ 方向, 所以 $\vec{E}_2$ 也沿 $\vec{n}_0$ 方向. 另外, 我们讨论的情况是非常靠近面元 ΔS 两侧的情况, 所以 $E_1 = -E_{1内}, E_2 = E_{2内}$. 因此有 $-E_1 + E_2 = 0$, 即

图 19.11.6　例 11.2 图

$$\vec{E}_1 = \vec{E}_2 = \frac{\sigma}{2\varepsilon_0}\vec{n}_0.$$

面元 ΔS 上的电荷所受电场的作用力为

$$\Delta \vec{F} = \Delta q \vec{E}_2 = \sigma \Delta S \frac{\sigma}{2\varepsilon_0} \vec{n}_0.$$

单位面积上受的力为

$$\frac{\Delta \vec{F}}{\Delta S} = \frac{\sigma^2}{2\varepsilon_0} \vec{n}_0,$$

得证.

例 11.3　两个半径分别为 R_1 和 $R_2(R_1 < R_2)$ 的同心薄金属球壳,现给内球壳带电 $+q$. 试计算:(1)外球壳上的电荷分布及电势大小;(2)先把外球壳接地,然后断开接地线重新绝缘,此时外球壳的电荷分布及电势;(3)再使内球壳接地,此时内球壳上的电荷以及外球壳上的电势的改变量.

解　(1)外球壳内表面电荷为 $-q$,外表面电荷为 $+q$,都均匀分布. 以无限远为电势零点,由电势叠加原理,外球壳电势为

$$U_2 = \frac{q}{4\pi\varepsilon_0 R_2}.$$

(2)外球壳的内表面电荷仍为 $-q$,外表面电荷为零. 外球壳电势 $U_2 = 0$.

(3)设内球壳接地后电荷变为 q',因内球接地后电势为零,所以内球电势为

$$U_内 = \frac{q'}{4\pi\varepsilon_0 R_1} + \frac{-q}{4\pi\varepsilon_0 R_2} = 0,$$

得

$$q' = \frac{R_1}{R_2}q.$$

此时外球壳电势变为

$$U_外^i = \frac{q' - q}{4\pi\varepsilon_0 R_2} = \frac{(R_1 - R_2)q}{4\pi\varepsilon_0 R_2^2},$$

所以外球壳电势改变量为

$$\Delta U = U_外 - U_2 = \frac{(R_1 - R_2)q}{4\pi\varepsilon_0 R_2^2}.$$

例 11.4　如图 19.11.7 所示,在不带电的金属球 A 内有两个球形空腔. 两空腔球心 O_1 与 O_2 相距 a,在两空腔中心分别放点电荷 q_1 和 q_2,在 A 外沿 O_1O_2 连线方向放点电荷 q_3,q_3 到 q_2 的距离为 b. 达到静电平衡后,A 对 q_1 的作用力是多少?

解　由于静电屏蔽,q_1 受的总电场力为零. 这个总电场力可以看作是点电荷 q_2、点电荷 q_3 以及大金属球 A 内外表面上所有电荷对 q_1 的电场力的合力. 其中 q_2 对 q_1 的作用力 $\vec{F}_{21}$ 由 O_2 指向 O_1,大小为

$$F_{21} = \frac{q_1 q_2}{4\pi\varepsilon_0 a^2},$$

q_3 对 q_1 的作用力 $\vec{F}_{31}$ 也沿 O_2 指向 O_1 的方向,大小为

$$F_{31} = \frac{q_1 q_3}{4\pi\varepsilon_0 (a+b)^2}.$$

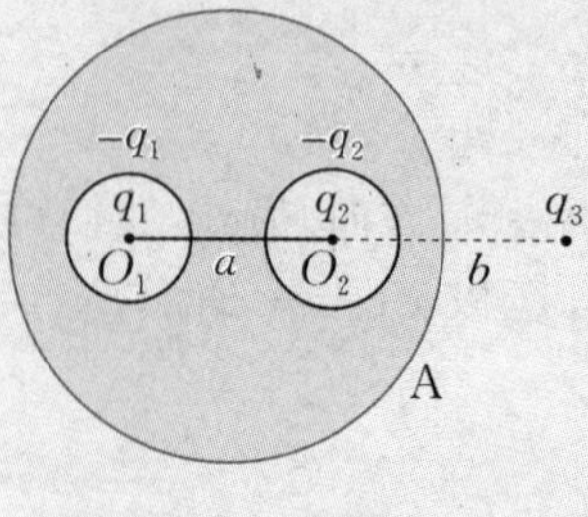

图 19.11.7　例 11.4 图

设 A 对 q_1 的作用力为 $\vec{F}'$，则 $F' + F_{21} + F_{31} = 0$，故

$$F' = -(F_{21} + F_{31}),$$

即 A 对 q_1 的作用力方向沿 O_1O_2 方向，大小为

$$F' = \frac{q_1}{4\pi\varepsilon_0}\left[\frac{q_2}{a^2} + \frac{q_3}{(a+b)^2}\right].$$

通过本例，我们进一步了解了静电屏蔽的含义并不是金属导体能挡住电场线. 如果单独考察 q_3 或 A 的外表面上不均匀分布的感应电荷，它们各自在导体 A 内产生的电场均不为零，也都可以画出各自的电场线穿过导体球. 只有叠加起来，电场线互相抵消才满足导体内部场强为零的静电平衡条件.

例 11.5　如图 19.11.8(a) 所示，A，B 为电容器的两极板，S 为接地的金属屏蔽壳. 问 A，B 间的等效电容与不加屏蔽壳的电容相比有何变化？

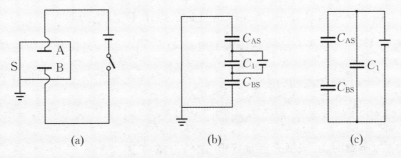

图 19.11.8　例 11.5 图

解　平行板电容器的极板 A 和 B 连在一电源上，它们各自带异号电荷. 设不加屏蔽壳时电容为 C_1，加屏蔽壳之后 A，B 极板与金属壳 S 分别构成电容器 C_{AS} 与 C_{BS}，等效电容连接如图 19.11.8(b) 所示，整理后如图 19.11.8(c) 所示. A，B 间等效电容相当于 C_{AS}，C_{BS} 串联后与 C_1 并联，总电容增大了.

例 11.6　如图 19.11.9 所示，平行板电容器极板面积为 S，间距为 d，连在电压为 U_0 的电源上. 问：(1) 充电后电容器储能 W_1 是多少？(2) 充电后断开开关，插入相对介电常量为 ε_r，厚度为 d 的电介质平板，则电容器储能 W_2 是多少？外力所做的功 A_1 是多少？(3) 充电后不断开开关，插入同一块介质平板，则电容器储能 W_3 又是多少？外力所做的功 A_2 是多少？

解　(1) 充电后

$$W_1 = \frac{1}{2}CU_0^2 = \frac{\varepsilon_0 S}{2d}U_0^2.$$

(2) 充电后断开开关，插入介质板，极板上电荷 Q 保持不变，则可得

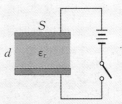

图 19.11.9　例 11.6 图

$$D = \sigma_0 = \frac{\varepsilon_0 U_0}{d}, \quad E = \frac{D}{\varepsilon_0\varepsilon_r} = \frac{U_0}{\varepsilon_r d},$$

$$W_2 = \frac{1}{2}\int DE\,\mathrm{d}V = \frac{1}{2}\frac{\varepsilon_0 U_0}{d}\frac{U_0}{\varepsilon_r d}Sd = \frac{\varepsilon_0 S}{2\varepsilon_r d}U_0^2.$$

因为 $W_2 < W_1$,体系能量减少了.这是因为插入介质板的过程中,介质被极化,极化电荷与极板上自由电荷的符号相反,互相吸引,静电场力做了正功,外力做了负功,即

$$A_1 = W_2 - W_1 = \frac{\varepsilon_0 S U_0^2}{2\varepsilon_r d}(1 - \varepsilon_r) < 0.$$

（3）充电后不断开开关,表明两极板间电压不变、场强不变,即 $E = \dfrac{U_0}{d}$, $D = \varepsilon E = \dfrac{\varepsilon_0 \varepsilon_r U_0}{d}$,所以电容器储能为

$$W_3 = \frac{1}{2}\int DE\,\mathrm{d}V = \frac{1}{2}\frac{\varepsilon_0 \varepsilon_r U_0}{d}\frac{U_0}{d}Sd = \frac{\varepsilon_0 \varepsilon_r U_0^2 S}{2d}.$$

体系能量改变为

$$\Delta W = W_3 - W_1 = \frac{\varepsilon_0 S U_0^2}{2d}(\varepsilon_r - 1).$$

这是因为插入介质板过程中,为保持两极板的电压不变,电源要对电容器充电.极板上原来电荷 $Q_0 = \dfrac{\varepsilon_0 S}{d}U_0$,插入介质板后极板上电荷 $Q = \dfrac{\varepsilon_0 \varepsilon_r S}{d}U_0$,电源迁移的电量 $\Delta Q = Q - Q_0 = \dfrac{\varepsilon_0 S}{d}U_0(\varepsilon_r - 1)$,电源做功为

$$A_3 = \Delta Q U_0 = \frac{\varepsilon_0 S}{d}U_0^2(\varepsilon_r - 1).$$

考虑了电源所做的功,根据总能量守恒,则外力做功为

$$A_2 = W_3 - W_1 - A_3 = -\frac{\varepsilon_0 S U_0^2}{2d}(\varepsilon_r - 1),$$

即外力做负功.表明电源所做的功一部分用来转变为体系的能量,另一部分用来克服外力做功.

例 11.7 两金属球的半径之比为 $1:4$,带等量的同号电荷.当两者的距离远大于两球半径时,有一定的电势能.若将两球接触一下再移回原处,则电势能变为原来的多少倍?

解 因两球间距离比两球的半径大得多,这两个带电球可视为点电荷.设两球各带电荷 Q,若选无穷远处为电势零点,则两带电球之间的电势能为

$$W_0 = \frac{Q^2}{4\pi\varepsilon_0 d},$$

式中 d 为两球心间距离.

当两球接触时,电荷将在两球间重新分配.因两球半径之比为 $1:4$,故两球电荷之比 $Q_1:Q_2 = 1:4$,即 $Q_2 = 4Q_1$.因为

$$Q_1 + Q_2 = Q_1 + 4Q_1 = 5Q_1 = 2Q,$$

所以

$$Q_1 = \frac{2Q}{5}, \quad Q_2 = \frac{4 \times 2Q}{5} = \frac{8Q}{5}.$$

当返回原处时,电势能为

$$W = \frac{Q_1 Q_2}{4\pi\varepsilon_0 d} = \frac{16}{25}W_0.$$

自 测 题 5

一、选择题(每题 3 分,共 30 分)

1. 如题 1 图中所示为一沿 x 轴放置的"无限长"分段均匀带电直线,电荷线密度分别为 $+\lambda(x<0)$ 和 $-\lambda$ $(x>0)$,则 Oxy 坐标平面上点 $(0,a)$ 处的场强 $\vec{E}$ 为　　　　　　　　　　　　[　　]

(A) $\vec{0}$.　　　　(B) $\dfrac{\lambda}{2\pi\varepsilon_0 a}\vec{i}$.　　　　(C) $\dfrac{\lambda}{4\pi\varepsilon_0 a}\vec{i}$.　　　　(D) $\dfrac{\lambda}{4\pi\varepsilon_0 a}(\vec{i}+\vec{j})$.

2. 如题 2 图所示,在点电荷 $+q$ 的电场中,若取图中 P 点处为电势零点,则 M 点的电势为　　　　[　　]

(A) $\dfrac{q}{4\pi\varepsilon_0 a}$.　　　　(B) $\dfrac{q}{8\pi\varepsilon_0 a}$.　　　　(C) $\dfrac{-q}{4\pi\varepsilon_0 a}$.　　　　(D) $\dfrac{-q}{8\pi\varepsilon_0 a}$.

3. 如题 3 图所示的两个同心球壳,内球壳半径为 R_1,均匀带有电量 Q;外球壳半径为 R_2,壳的厚度忽略,原先不带电,但与地相连接.设地为电势零点,则在两球之间、距离球心为 r 的 P 点处电场强度的大小与电势分别为　　　　　　　　　　　　　　　　　　　[　　]

(A) $E=\dfrac{Q}{4\pi\varepsilon_0 r^2}$,$U=\dfrac{Q}{4\pi\varepsilon_0 r}$.　　　　(B) $E=\dfrac{Q}{4\pi\varepsilon_0 r^2}$,$U=\dfrac{Q}{4\pi\varepsilon_0}\left(\dfrac{1}{R_1}-\dfrac{1}{r}\right)$.

(C) $E=\dfrac{Q}{4\pi\varepsilon_0 r^2}$,$U=\dfrac{Q}{4\pi\varepsilon_0}\left(\dfrac{1}{r}-\dfrac{1}{R_2}\right)$.　　　　(D) $E=0$,$U=\dfrac{Q}{4\pi\varepsilon_0 R_2}$.

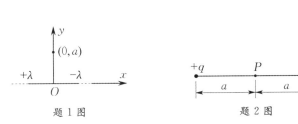

题 1 图　　　　　　　　　　题 2 图

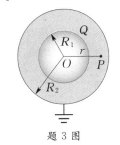

题 3 图

4. 边长为 a 的等边三角形的三个顶点上,放置着三个正的点电荷,电量分别为 $q,2q,3q$,若将另一正点电荷 Q 从无穷远处移到三角形的中心 O 处,外力所做的功为　　　　　　　　　　　　　[　　]

(A) $\dfrac{2\sqrt{3}qQ}{4\pi\varepsilon_0 a}$.　　　　(B) $\dfrac{4\sqrt{3}qQ}{4\pi\varepsilon_0 a}$.　　　　(C) $\dfrac{6\sqrt{3}qQ}{4\pi\varepsilon_0 a}$.　　　　(D) $\dfrac{8\sqrt{3}qQ}{4\pi\varepsilon_0 a}$.

5. 两块面积均为 S 的金属平板 A 和 B 彼此平行放置,板间距离为 $d(d$ 远小于板的线度),设 A 板带电量 q_1, B 板带电量 q_2,则 A,B 两板间的电势差为　　　　　　　　　　　　　[　　]

(A) $\dfrac{q_1+q_2}{2\varepsilon_0 S}d$.　　　　(B) $\dfrac{q_1+q_2}{4\varepsilon_0 S}d$.　　　　(C) $\dfrac{q_1-q_2}{2\varepsilon_0 S}d$.　　　　(D) $\dfrac{q_1-q_2}{4\varepsilon_0 S}d$.

6. 已知均匀带正电圆盘的静电场的电场线分布如题 6 图所示.由电场线分布图可断定圆盘边缘处一点 P 的电势 U_P 与中心 O 处的电势 U_0 的大小关系是　　　　[　　]

(A) $U_P=U_0$.　　　　(B) $U_P<U_0$.

(C) $U_P>U_0$.　　　　(D) 无法确定(因不知场强公式).

题 6 图

7. 面积为 S 的空气平行板电容器,极板上分别带电量 $\pm q$,若不考虑边缘效应,则两极板间的相互作用力为　　　　　　　　　　　　　　　[　　]

(A) $\dfrac{q^2}{\varepsilon_0 S}$.　　　　(B) $\dfrac{q^2}{2\varepsilon_0 S}$.　　　　(C) $\dfrac{q^2}{2\varepsilon_0 S^2}$.　　　　(D) $\dfrac{q^2}{\varepsilon_0 S^2}$.

8. 有三个直径相同的金属小球.小球 1 和 2 带等量同号电荷,两者的距离远大于小球直径,相互作用力为 F.

小球 3 不带电,装有绝缘手柄.用小球 3 先和小球 1 碰一下,接着又和小球 2 碰一下,然后移去.则此时小球 1 和 2 之间的相互作用力为　　　　　　　　　　　　　　　　　　　[　]

(A) $\dfrac{F}{2}$. 　　　　(B) $\dfrac{F}{4}$. 　　　　(C) $\dfrac{3F}{4}$. 　　　　(D) $\dfrac{3F}{8}$.

9. 两个同心薄金属球壳,半径分别为 R_1 和 $R_2(R_2 > R_1)$,若分别带上电量为 q_1 和 q_2 的电荷,则两者的电势分别为 U_1 和 U_2(选无穷远处为电势零点).现用导线将两球壳相连接,则它们的电势为　　　[　]

(A) U_1. 　　　　(B) U_2. 　　　　(C) $U_1 + U_2$. 　　　　(D) $\dfrac{1}{2}(U_1 + U_2)$.

10. 两只电容器的电容分别为 $C_1 = 8\ \mu\text{F}$,$C_2 = 2\ \mu\text{F}$,分别把它们充电到 1 000 V,然后将它们反接,此时两极板间的电势差为　　　　　　　　　　　　　　　　　　　　　　　[　]

(A) 0. 　　　　(B) 200 V. 　　　　(C) 600 V. 　　　　(D) 1 000 V.

二、填空题(共 30 分)

11. 一均匀带电直线长为 d,电荷线密度为 $+\lambda$,以导线中点 O 为球心,R 为半径($R > d$)作一球面,如题 11 图所示,则通过该球面的电场强度通量为_____.带电直线的延长线与球面交点 P 处的电场强度的大小为_____,方向_____.

12. A,B 为真空中两个平行的"无限大"均匀带电平面,已知两平面间的电场强度大小为 E_0,两平面外侧电场强度大小都为 $\dfrac{E_0}{3}$,方向如题 12 图所示,则 A,B 两平面上的电荷面密度分别为 $\sigma_A =$ _____,$\sigma_B =$ _____.

13. 如题 13 图所示,BCD 是以 O 点为圆心、以 R 为半径的半圆弧,在 A 点有一电量为 $+q$ 的点电荷,O 点有一电量为 $-q$ 的点电荷,线段 $AB = R$.现将一单位正电荷从 B 点沿半圆弧轨道 BCD 移到 D 点,则电场力所做的功为_____.

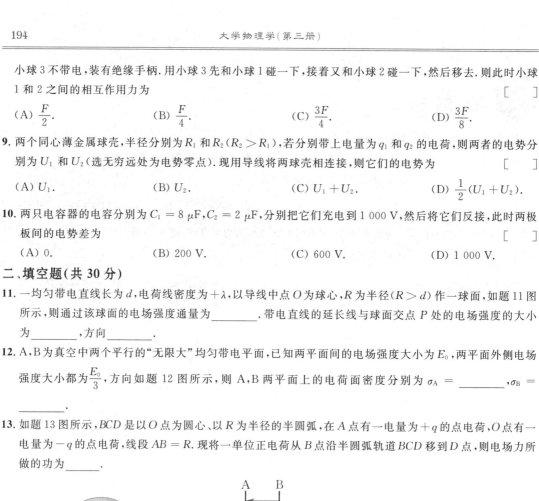

题 11 图 　　　　　　　　　　 题 12 图 　　　　　　　　　　 题 13 图

14. 如题 14 图所示,一半径为 R 的均匀带电细圆环,带电量为 Q,水平放置.在圆环轴线的上方离圆心 R 处,有一质量为 m、带电量为 q 的小球.当小球从静止下落到圆心位置时,它的速度为 $v =$ _____.

15. 如题 15 图所示,将一负电荷从无穷远处移到一个不带电的导体附近,则导体内的电场强度_____,导体的电势_____.(填"增大""不变"或"减小")

16. AC 为一根长为 $2l$ 的带电细棒,左半部均匀带有负电荷,右半部均匀带有正电荷.电荷线密度分别为 $-\lambda$ 和 $+\lambda$,如题 16 图所示.O 点在棒的延长线上,距 A 端的距离为 l.P 点在棒的垂直平分线上,到棒的垂直距离为 l.以棒的中点 B 为电势的零点,则 O 点电势 $U_O =$ _____,P 点电势 $U_P =$ _____.

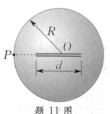 　　　　　　 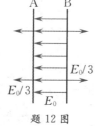 　　　　　　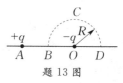

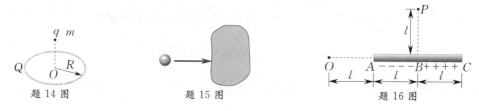

题 14 图 　　　　　　　　　　 题 15 图 　　　　　　　　　　 题 16 图

17. 把一块原来不带电的金属板 B 移近一块已带有正电荷 Q 的金属板 A,平行放置.设两板面积都是 S,板间距离是 d,忽略边缘效应.当 B 板不接地时,两板间电势差 $U_{AB} = $ _____;B 板接地时 $U'_{AB} = $ _____.

18. 一个空气平行板电容器,其电容值为 C_0,充电后电场能量为 W_0.在保持与电源连接的情况下在两极板间充满相对介电常量为 ε_r 的各向同性均匀电介质,则此时电容值 $C = $ _____,电场能量 $W = $ _____.

三、计算题(共 40 分)

19. 一个无限长均匀带电的半圆柱面的半径为 R,设半圆柱面沿轴线单位长度上的电量为 λ,试求轴线上一点的电场强度.

20. 一半径为 R 的带电球体,其电荷体密度分布为 $\rho = Ar(r \leqslant R)$,A 为一常数.试求球体内外的场强分布.

21. 电荷以相同的面密度 σ 分布在半径为 $r_1 = 10$ cm 和 $r_2 = 20$ cm 的两个同心球面上.设无限远处电势为零,球心处的电势为 $U_0 = 300$ V.(1) 求电荷面密度 σ;(2) 若要使球心处的电势也为零,外球面上应放掉多少电荷?$(\varepsilon_0 = 8.85 \times 10^{-12}$ $C^2/(N \cdot m))$

22. 两个相距甚远可看作孤立的导体球,半径均为 10 cm,分别充电至 200 V 和 400 V,然后用一根细导线连接两球,使之达到等电势.计算变为等势体的过程中,静电力所做的功.

自测题5答案

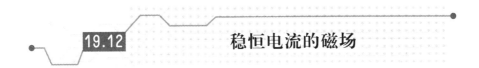

19.12 稳恒电流的磁场

19.12.1 基本要求

1. 理解电流密度的概念,理解稳恒电场与静电场的区别.掌握电动势的定义和计算.

2. 理解磁感应强度 $\vec{B}$ 的概念,掌握运用毕奥-萨伐尔定律计算磁感应强度 $\vec{B}$ 的方法.

3. 理解磁场的高斯定理.

4. 掌握安培环路定理及用此定理求解具某些特殊对称性磁场的 $\vec{B}$ 的方法.

5. 能熟练使用安培定律计算载流导线或载流回路所受的磁力和磁力矩.

6. 掌握洛伦兹力公式,并能应用洛伦兹力求解电荷在均匀磁场中的运动问题.

7. 了解顺磁质、抗磁质和铁磁质的特点及磁化机理.

8. 理解有磁介质时的安培环路定理,并能利用其求解有磁介质时具有一定对称性的磁场分布.

19.12.2 内容提要

在研究方法上,与讨论静电场相似.第一部分讨论磁场和电流(或运动电荷)的关系:引入磁感应强度 $\vec{B}$ 用以描述磁场的强弱,根据由大量实验总结出来的基本规律 —— 毕奥-萨伐尔定律导出反映磁场性质的两条基本定理 —— 磁场的高斯定理和安培环路定理,最后讨论磁场对电流和运动电荷的作用力,即安培力和洛伦兹力,并研究这两种力的规律及相互关系.第二部分讨论磁场和物质(磁介质)的相互作用,介绍磁介质磁化的机理和磁介质的性质,并得出有磁介质存在时求解磁场强度和磁感应强度的方法.

1. 稳恒电场和电动势

（1）稳恒电场

在稳恒电流情况下,导体上的电荷分布不随时间改变.不随时间改变的电荷分布产生不随时间改变的电场,称为稳恒电场.稳恒电场的性质与静电场相同,但是存在稳恒电流的导体不处于静电平衡状态,所以导体内部稳恒电场不为零.

（2）电动势

将单位正电荷从负极通过电源内部移到正极时非静电力(即非静电场强 $\vec{E}_k$)所做的功称为电动势,规定正电荷所受的非静电力方向为电动势的方向.对于电源来说,电动势的方向规定为从电源负极经由电源内部指向正极的方向, $\mathscr{E} = \int_{-}^{+} \vec{E}_k \cdot \mathrm{d}\vec{l}$,在闭合回路上的电动势为

$$\mathscr{E} = \oint_L \vec{E}_k \cdot \mathrm{d}\vec{l}.$$

2. 磁场的基本概念

（1）磁感应强度 $\vec{B}$

$$B = \frac{M_{\max}}{p_m}. \tag{19.12.1}$$

$\vec{B}$ 的方向与该点处试验线圈在稳定平衡位置时磁矩的正法线方向相同.

（2）载流线圈的磁矩

$$\vec{p}_m = IS\vec{n}. \tag{19.12.2}$$

$\vec{n}$ 为载流线圈正法线方向的单位矢量.

（3）均匀磁场对载流线圈的磁力矩

$$\vec{M} = \vec{p}_m \times \vec{B}. \tag{19.12.3}$$

（4）磁通量

$$\Phi_m = \int_S \vec{B} \cdot \mathrm{d}\vec{S}. \tag{19.12.4}$$

3. 基本实验定律

（1）毕奥-萨伐尔定律

$$\mathrm{d}\vec{B} = \frac{\mu_0}{4\pi} \frac{I\mathrm{d}\vec{l} \times \vec{r}}{r^3}, \tag{19.12.5}$$

式中 μ_0 称为真空磁导率.

（2）安培定律

$$\mathrm{d}\vec{F} = I\mathrm{d}\vec{l} \times \vec{B}. \tag{19.12.6}$$

4. 稳恒电流的磁场的基本性质

（1）磁场的高斯定理

$$\oint_S \vec{B} \cdot \mathrm{d}\vec{S} = 0. \tag{19.12.7}$$

(2) 磁场的安培环路定理

$$\oint_L \vec{B} \cdot \mathrm{d}\vec{l} = \mu_0 \sum_i I_i. \tag{19.12.8}$$

5. 磁场中的带电粒子和载流导体

(1) 带电粒子在磁场中运动,所受洛伦兹力为

$$\vec{f} = q\vec{v} \times \vec{B}. \tag{19.12.9}$$

(2) 载流导体(或半导体)在磁场 $\vec{B}$ 中,若 $\vec{B}$ 与 I 方向垂直,则在与 $\vec{B}, I$ 两者皆垂直的导体(半导体)两表面有霍尔电势差

$$U_\mathrm{H} = R_\mathrm{H} \frac{IB}{d}, \tag{19.12.10}$$

R_H 称为霍尔系数.

6. 磁介质的分类

磁介质处于外磁场 $\vec{B}_0$ 中,介质磁化,产生磁化电流. 磁化电流激发附加磁场 $\vec{B}'$,故磁介质中的磁场为

$$\vec{B} = \vec{B}_0 + \vec{B}'. \tag{19.12.11}$$

通常把磁介质分为三类:

(1) 顺磁质, $\vec{B}'$ 与 $\vec{B}_0$ 同方向, $\mu_\mathrm{r} > 1, B > B_0$.

(2) 抗磁质, $\vec{B}'$ 与 $\vec{B}_0$ 反方向, $\mu_\mathrm{r} < 1, B < B_0$.

(3) 铁磁质, $\vec{B}'$ 与 $\vec{B}_0$ 同方向, $\mu_\mathrm{r} \gg 1, B \gg B_0$.

μ_r 称为相对磁导率.

7. 描述磁介质磁化程度的物理量

(1) 磁化强度

$$\vec{M} = \frac{\sum \vec{p}_\mathrm{m}}{\Delta V}.$$

(2) 磁化电流

在磁介质中,通过任一曲面的磁化电流 I_S 等于磁化强度 $\vec{M}$ 沿该曲面的边界 L 的线积分,即

$$I_\mathrm{S} = \oint_L \vec{M} \cdot \mathrm{d}\vec{l}. \tag{19.12.12}$$

由上式可知,在均匀介质内部, $I_\mathrm{S} = 0$,因此 $\vec{M} =$ 常矢量. 而在磁介质表面,存在磁化电流,磁化面电流密度 $\vec{j}_\mathrm{S}$ 与 $\vec{M}$ 的关系为

$$\vec{j}_\mathrm{S} = \vec{M} \times \vec{n}, \tag{19.12.13}$$

$\vec{n}$ 为介质表面法线方向的单位矢量.

8. 有磁介质时的安培环路定理

$$\oint_L \vec{H} \cdot \mathrm{d}\vec{l} = \sum I_0, \tag{19.12.14}$$

式中 $\vec{H} = \dfrac{\vec{B}}{\mu_0} - \vec{M}$,为磁场强度 $\vec{H}$ 的普遍定义式.

对于各向同性的非铁磁性磁介质,有

$$M = \chi_m H, \tag{19.12.15}$$

χ_m 称为磁介质的磁化率,故

$$B = \mu_0(H + M) = \mu_0(1 + \chi_m)H = \mu H. \tag{19.12.16}$$

19.12.3　重点、难点分析

1. 稳恒电场与静电场的相同与不同

当导体上通有稳恒电流时,导体上的电荷分布是稳定的,这一点与固定的静止电荷分布相同,所以稳恒电场的性质与静电场相同(满足高斯定理和安培环路定理). 但是在有电荷定向运动的导体内部电场并不为零,导体任意两部分之间有电势差,即导体不是等势体. 这说明导体不处于静电平衡状态.

2. 毕奥-萨伐尔定律

真空中一个电流元 $I\mathrm{d}\vec{l}$ 在相对于该电流元位矢为 $\vec{r}$ 的位置所产生的磁感应强度 $\mathrm{d}\vec{B}$ 为

$$\mathrm{d}\vec{B} = \frac{\mu_0}{4\pi} \frac{I\mathrm{d}\vec{l} \times \vec{r}}{r^3}, \tag{19.12.17}$$

式中 μ_0 称为真空磁导率,$\mu_0 = 4\pi \times 10^{-7}$ H/m. $\mathrm{d}\vec{B}$ 的方向如图 19.12.1 所示,沿 $I\mathrm{d}\vec{l} \times \vec{r}$ 方向.

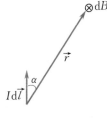

图 19.12.1　电流元产生的磁场

磁感应强度 $\vec{B}$ 是定量描述磁场性质的物理量. 毕奥-萨伐尔定律为我们提供了直接计算载流导体产生磁场的方法. 其具体步骤如下.

(1) 根据载流导线的形状或磁场分布的特点,选择适当的坐标系.

(2) 将载流导线分割成无限多个电流元,根据毕奥-萨伐尔定律写出任一电流元 $I\mathrm{d}\vec{l}$ 在场点产生的磁感应强度 $\mathrm{d}\vec{B}$ 的表达式.

(3) 根据磁场叠加原理,整个载流导线产生的磁场为

$$\vec{B} = \int_L \mathrm{d}\vec{B} = \int_L \frac{\mu_0}{4\pi} \frac{I\mathrm{d}\vec{l} \times \vec{r}}{r^3}. \tag{19.12.18}$$

(4) 具体计算时,写出 $\mathrm{d}\vec{B}$ 的各分量表达式,将矢量积分化为标量积分. 积分时,统一积分变量,给出正确的积分上下限,求出 $\vec{B}$ 的各分量值.

(5) 最后确定 $\vec{B}$ 的大小和方向.

利用毕奥-萨伐尔定律可以求出某些典型电流磁场分布的公式. 处理具体问题时,可以直接从典型电流磁场分布的结论出发,运用磁场叠加原理,求出未知磁场分布.

(1) 载流直导线的磁场

$$B = \frac{\mu_0 I}{4\pi a}(\sin \beta_2 - \sin \beta_1), \tag{19.12.19}$$

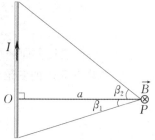

式中 a 为场点 P 与载流直导线之间的垂直距离,β_1,β_2 分别为载流直导线始端和末端到场点 P 的连线与场点 P 到载流直导线的垂线的夹角. 如图 19.12.2 所示,β_2 转向与电流方向相同,取正值,β_1 转向与电流流向相反,取负值.

若为无限长载流直导线,则

图 19.12.2　载流直导线的磁场

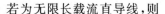

$$B = \frac{\mu_0 I}{2\pi a}. \tag{19.12.20}$$

（2）载流圆线圈轴线上的磁场

$$B = \frac{\mu_0}{2} \frac{R^2 I}{(R^2 + x^2)^{3/2}}, \tag{19.12.21}$$

式中 R 为圆线圈的半径，x 为轴线上场点 P 到圆心 O 的距离，$\vec{B}$ 的方向如图 19.12.3 所示.

在圆心处，则

$$B = \frac{\mu_0 I}{2R}. \tag{19.12.22}$$

（3）载流密绕直螺线管内部的磁场

$$B = \frac{\mu_0}{2} nI(\cos \beta_2 - \cos \beta_1), \tag{19.12.23}$$

式中 n 为单位长度的线圈匝数，β_1，β_2 表示场点 P 到螺线管两端的连线与轴线之间的夹角，如图 19.12.4 所示.

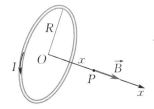

图 19.12.3　载流圆线圈轴线上的磁场

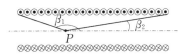

图 19.12.4　载流密绕直螺线管的磁场

若为无限长载流螺线管，则

$$B = \mu_0 nI. \tag{19.12.24}$$

以上几种典型电流的磁场公式应该记住，在求较复杂但形状较规则的载流导线的磁场时，结合磁场叠加原理，可以直接运用上述公式.

3. 安培环路定理

在稳恒电流的磁场中，磁感应强度 $\vec{B}$ 沿任意闭合路径 L 的线积分（亦称环流），等于该闭合路径所包围的所有电流强度代数和的 μ_0 倍，即

$$\oint_L \vec{B} \cdot \mathrm{d}\vec{l} = \mu_0 \sum_i I_i. \tag{19.12.25}$$

理解安培环路定理，应注意以下几点.

（1）$\vec{B}$ 是闭合路径 L 上任意一点的磁感应强度，它是由空间所有电流共同产生的. 路径 L 之外的电流对 $\vec{B}$ 的环流无贡献，并非对 $\vec{B}$ 本身无贡献.

（2）$\sum_i I_i$ 表示穿过以闭合路径 L 为边界的任意曲面的所有电流强度的代数和. 我们规定：当电流 I 的方向与路径 L 的绕行方向（即积分路径的方向）服从右手螺旋定则时，I 取正；反之，I 取负.

（3）$\sum_i I_i = 0$，仅表明路径 L 所包围的电流的代数和为零，即 $\vec{B}$ 的环流为零，而不能说 L 没有包围电流，也不能说路径 L 上各点的 $\vec{B}$ 一定为零.

（4）安培环路定理对稳恒磁场是普遍成立的.但用它来计算 $\vec{B}$ 时,磁场必须具备对称性.同时,要正确选择积分路径,才可能将 B 提到积分号之外,以便进行积分运算.

（5）矢量 $\vec{B}$ 的环流不恒等于零,反映磁场不是保守力场,而是涡旋场,因此在磁场中不能引入势能的概念.

4. 安培定律

电流元 $Id\vec{l}$ 在磁感应强度为 $\vec{B}$ 的磁场中所受的磁力为

$$d\vec{F} = Id\vec{l} \times \vec{B}. \qquad (19.12.26)$$

理解安培定律时,应注意以下几点.

（1）式(19.12.26)中 $\vec{B}$ 是电流元 $Id\vec{l}$ 所在处的磁感应强度,它是所有其他电流产生的磁场,通常称为外磁场.

（2）由式(19.12.26),电流元所受磁力 $d\vec{F}$ 大小为 $dF = IB\sin\varphi dl$,φ 为 $Id\vec{l}$ 与 $\vec{B}$ 之间的夹角,$d\vec{F}$ 的方向由叉积 $Id\vec{l} \times \vec{B}$ 确定,即由右手螺旋定则确定.

（3）安培定律(又称安培力公式)是研究任意形状载流导线在磁场中受力问题的基础.任意形状载流导线在磁场中所受的力

$$\vec{F} = \int_L Id\vec{l} \times \vec{B}.$$

上式为矢量积分,如果各电流元所受力方向不相同,应选取合适的坐标系,如把 $d\vec{F}$ 分解为 dF_x,dF_y,dF_z,然后分别标量积分求分力,最后求得合力.

5. 载流线圈在磁场中所受磁力矩

这个问题实际上属于安培力公式的应用.一个通有电流 I 的平面载流线圈,面积为 S,处于磁感应强度为 $\vec{B}$ 的外磁场中,所受磁力矩为

$$\vec{M} = \vec{p}_m \times \vec{B}. \qquad (19.12.27)$$

理解式(19.12.27)时,应注意以下几点.

（1）式中 $\vec{p}_m$ 是载流平面线圈的磁矩,$\vec{p}_m = IS\vec{n}$ 是矢量,大小为 IS,其方向与电流沿线圈的流动方向构成右手螺旋关系.如果平面线圈的匝数为 N,则磁矩应表示为 $\vec{p}_m = NIS\vec{n}$.

（2）磁力矩 $\vec{M}$ 是矢量,其大小 $M = p_m B\sin\theta$,θ 是线圈的法线方向 $\vec{n}$(即 $\vec{p}_m$ 的方向)与磁感应强度 $\vec{B}$ 之间的夹角,其方向由叉积 $\vec{p}_m \times \vec{B}$ 确定.载流线圈在磁场中受磁力矩作用,要发生转动.当线圈转到 $\vec{p}_m$ 的取向与 $\vec{B}$ 的方向相同时,磁力矩为零,此时线圈处于稳定平衡位置,通过线圈的磁通量为最大值.

（3）载流线圈在非均匀磁场中除了受到磁力矩 $\vec{M}$ 的作用外,还要受到一个合力 $\vec{F}$ 的作用,即线圈除了转动外,还会平动.

（4）磁矩 $\vec{p}_m = IS\vec{n}$ 不仅适用于载流平面线圈,也适用于带电粒子沿闭合回路运动所产生的磁矩.

6. 洛伦兹力

运动电荷(点电荷)在磁场中所受的力称为洛伦兹力.电量为 q、速度为 $\vec{v}$ 的运动电荷在

磁感应强度为 $\vec{B}$ 的磁场中所受的洛伦兹力为

$$\vec{f} = q\vec{v} \times \vec{B}. \tag{19.12.28}$$

对洛伦兹力的理解,应注意以下几点.

(1) $\vec{f}$ 总是与 $\vec{v}$,$\vec{B}$ 垂直,即垂直于 $\vec{v}$ 和 $\vec{B}$ 所决定的平面.当 $q > 0$ 时,$\vec{f}$ 的方向与矢量积 $\vec{v} \times \vec{B}$ 的方向一致;当 $q < 0$ 时,$\vec{f}$ 的方向与矢量积 $\vec{v} \times \vec{B}$ 的方向相反.

(2) 由于洛伦兹力始终与带电粒子的运动方向垂直,洛伦兹力对带电粒子不做功,即洛伦兹力只改变运动电荷的速度方向,而不改变其速度大小.

(3) 洛伦兹力和安培力公式都是从实验中总结出来的,两者的本质是相同的.洛伦兹力的宏观表现就是作用在载流导线上的安培力,安培力的微观本质就是洛伦兹力.

7. 带电粒子在均匀磁场中的运动

质量为 m、带电量为 q 的粒子以速度 $\vec{v}$ 沿垂直于均匀磁场 $\vec{B}$ 方向进入磁场,粒子在垂直于磁场的平面内做圆周运动,其半径为

$$R = \frac{mv}{qB}, \tag{19.12.29}$$

周期为

$$T = \frac{2\pi m}{qB}. \tag{19.12.30}$$

如果带电粒子的速度方向与 $\vec{B}$ 斜交成 θ 角,则粒子做以磁场方向为轴的螺旋运动.此时螺旋线的半径为

$$R = \frac{mv_\perp}{qB} = \frac{mv\sin\theta}{qB}. \tag{19.12.31}$$

螺旋线的螺距为

$$h = \frac{2\pi m}{qB}v_\parallel = \frac{2\pi mv\cos\theta}{qB}. \tag{19.12.32}$$

8. 顺磁质、抗磁质的磁化机理

顺磁质和抗磁质的磁性都很弱,统称为弱磁质.在无外磁场作用时,分子中的电子做绕核的轨道运动和自旋运动,形成电流.把分子或原子看成一个整体,就形成分子电流,其磁矩 $\vec{p}_m$ 称为分子磁矩(固有磁矩).

对于顺磁质,其分子磁矩 $\vec{p}_m \neq \vec{0}$,无外磁场时,分子磁矩的取向是杂乱无章的,因而对外不显示磁性.加上外磁场 $\vec{B}_0$ 后,分子磁矩 $\vec{p}_m$ 在 $\vec{B}_0$ 作用下趋向于 $\vec{B}_0$ 的方向,使介质整体对外界显示磁性,产生附加磁场 $\vec{B}'$,并且 $\vec{B}'$ 与 $\vec{B}_0$ 同方向,总磁场 $\vec{B}$ 增强.

对于抗磁质,其分子磁矩 $\vec{p}_m = \vec{0}$,无外磁场时不显示磁性.加上外磁场 $\vec{B}_0$ 后,每个电子由于受到洛伦兹力的作用,在原来的绕核轨道运动和自旋的同时,电子还要绕外磁场方向运动(即电子的进动),进动产生的附加磁矩 $\Delta\vec{p}_m$ 总是与外磁场方向相反,即附加磁场 $\vec{B}'$ 与 $\vec{B}_0$ 反向,总磁场 $\vec{B}$ 减弱,产生抗磁性.

需要指出的是,顺磁质分子在外磁场 $\vec{B}_0$ 的作用时,也要产生附加磁矩 $\Delta\vec{p}_m$,并且 $\Delta\vec{p}_m$ 的

方向也与 $\vec{B}_0$ 相反. 但由于顺磁质的分子磁矩 $\vec{p}_m \neq \vec{0}$, 且分子磁矩 $\vec{p}_m$ 比分子中电子进动的附加磁矩的总和大得多, 以致 $\Delta\vec{p}_m$ 可以忽略不计, 故顺磁质在外磁场中显顺磁性.

9. 铁磁质的特点和磁化机理

铁磁质的特点如下.

（1）$\mu_r \gg 1$, 其数量级为 $10^2 \sim 10^5$.

（2）对于铁磁质, μ_r, χ_m, μ 不是常量, 随磁场的大小而变, 即与 H 的关系是非线性关系, M, H 和 B, H 间也是非线性关系. 进一步研究还发现铁磁质材料不仅有非线性而且有非单值性, 即一个 H 可以对应几个不同的 M, B 值.

（3）对于铁磁质, 有剩磁和磁滞现象.

（4）对于铁磁质, 当温度高达一定值时, 铁磁性可以完全消失, 铁磁质便变为普通的顺磁质. 这个临界温度叫作铁磁质的居里点.

铁磁质的磁性起因于磁畴. 在铁磁质内, 存在着许多小区域, 每个区域中的原子磁矩排列整齐, 取向相同, 具有很强的磁性, 这样的小区域称为磁畴. 在无外加磁场时, 各磁畴的磁矩方向是杂乱的, 所以对外不显磁性. 当加上外磁场后, 磁畴磁矩方向与外磁场方向成较小角度的磁畴体积逐渐增大, 而磁畴磁矩方向与外磁场方向成较大角度的磁畴体积逐渐减小. 当外磁场继续增加时, 磁矩取向与外磁场方向成较大角度的磁畴全部消失, 所有磁畴的磁矩都转向外磁场方向, 产生很强的与外磁场方向一致的附加磁场, 因而对外显示出比外磁场强得多的磁性.

铁磁质在没有外磁场作用的情况下, 在一个个的磁畴内分子磁矩定向排列, 表现出自发磁化的性质. 这种自发定向排列是由于电子之间的非常强的"交换耦合作用", 使电子自旋磁矩在平行排列时, 达到最稳定的状态, 能量取最小的值. 也就是说, 在各磁畴的小区域内已自发磁化到饱和状态了. 这是一种量子效应, 是不能用经典概念加以阐述的.

10. 有磁介质时的安培环路定理

在磁介质中磁场强度 $\vec{H}$ 沿任一闭合回路 L 的线积分（环流）等于通过以 L 为边界的曲面的传导电流的代数和, 即

$$\oint_L \vec{H} \cdot \mathrm{d}\vec{l} = \sum I_0.$$

理解和应用上式处理磁介质中的磁场问题时, 应注意以下几点.

（1）$\vec{H}$ 的环流仅与穿过回路的传导电流有关, 而与磁化电流无关. 但决不能说 $\vec{H}$ 本身与磁化电流无关.

（2）关系式 $\vec{B} = \mu_0(\vec{H} + \vec{M})$ 是普遍成立的, 它适用于任何磁介质, 而关系式 $\vec{B} = \mu\vec{H}$ 仅适用于各向同性的非铁磁介质.

（3）安培环路定理的关系式为我们提供了避开磁化电流求介质中的磁场问题的可能性. 对于各向同性的非铁磁介质, 先根据传导电流的分布, 由 $\oint_L \vec{H} \cdot \mathrm{d}\vec{l} = \sum I_0$ 求出 $\vec{H}$, 再由 $\vec{B} = \mu\vec{H}$ 求 $\vec{B}$.

（4）利用有磁介质时的安培环路定理解决磁介质中的磁场问题时, 磁场必须具有一定的

对称性,否则无法选取合适的闭合回路求出 $\vec{H}$,但是安培环路定理本身却是普遍成立的,即对任意形状的闭合电流(包括在无穷远处闭合),场中任意形状的回路都是成立的.

(5)应用安培环路定理处理磁介质中的磁场问题时,电流正负号的规定与真空中的安培环路定理相同,即电流方向与回路绕行方向满足右手螺旋关系时 I 取正,否则 I 取负.

19.12.4　典型题解

例 12.1　有一根均匀带电细直线 AB,长为 b,电荷线密度为 λ,绕垂直于纸面的轴 O 以匀角速率 ω 转动,转动过程中 A 端与轴 O 的距离 a 保持不变,如图 19.12.5 所示.(1)求 O 点磁感应强度 $\vec{B}_0$;(2)求转动带电直线的磁矩 $\vec{p}_m$;(3)若 $a \gg b$,再求 $\vec{B}_0$ 与 $\vec{p}_m$.

解　(1)带电直线 AB 绕 O 转动时不同位置处的线速度不一样,故求磁感应强度时需要用积分计算.如图所示,在距转轴 O 距离为 r 处取线元 $\mathrm{d}r$,其上所带电量 $\mathrm{d}q = \lambda \mathrm{d}r$.当 AB 以 ω 旋转时,$\mathrm{d}q$ 形成环形电流:

$$\mathrm{d}I = \frac{\omega \mathrm{d}q}{2\pi} = \frac{\lambda \omega}{2\pi} \mathrm{d}r.$$

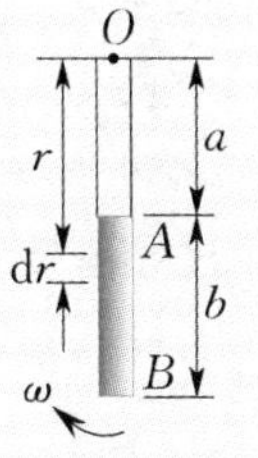

根据载流圆线圈在圆心处的磁场公式,$\mathrm{d}I$ 在 O 点产生的磁感应强度大小为

$$\mathrm{d}B = \frac{\mu_0 \mathrm{d}I}{2r} = \frac{\mu_0 \lambda \omega}{4\pi r} \mathrm{d}r,$$

方向垂直纸面向里.对上式积分,得

$$B_0 = \int \mathrm{d}B = \frac{\mu_0 \lambda \omega}{4\pi} \int_a^{a+b} \frac{\mathrm{d}r}{r} = \frac{\mu_0 \lambda \omega}{4\pi} \ln \frac{a+b}{a},$$

$\vec{B}_0$ 的方向为垂直纸面向里.

(2)环形电流 $\mathrm{d}I$ 的磁矩为

$$\mathrm{d}p_m = \pi r^2 \mathrm{d}I = \frac{\lambda \omega}{2} r^2 \mathrm{d}r,$$

转动线段的总磁矩大小为

$$p_m = \int \mathrm{d}p_m = \frac{\lambda \omega}{2} \int_a^{a+b} r^2 \mathrm{d}r = \frac{\lambda \omega}{6} \left[(a+b)^3 - a^3 \right],$$

$\vec{p}_m$ 的方向为垂直纸面向里.

(3)若 $a \gg b$,由 $\ln \dfrac{a+b}{a} = \ln \left(1 + \dfrac{b}{a} \right) \approx \dfrac{b}{a}$,则

$$B_0 = \frac{\mu_0 \lambda \omega}{4\pi} \ln \frac{a+b}{a} \approx \frac{\mu_0 \omega}{4\pi} \frac{\lambda b}{a} = \frac{\mu_0 \omega q}{4\pi a}.$$

上式即为点电荷 $q = \lambda b$ 做圆周运动时在圆心处产生的磁场公式,运动电荷等效圆电流 $I = \dfrac{\omega q}{2\pi}$,故 B_0 也可表示为 $B_0 \approx \dfrac{\mu_0 I}{2a}$.

同理,若 $a \gg b$ 时,$(a+b)^3 \approx a^3 \left(1 + \dfrac{3b}{a} \right)$,则

图 19.12.5
例 12.1 图

$$p_{m} = \frac{\lambda\omega}{6}\left[(a+b)^{3} - a^{3}\right] \approx \frac{\lambda\omega}{6}a^{3}\frac{3b}{a} = \frac{\omega}{2}\lambda ba^{2} = \frac{\omega}{2}qa^{2} = \frac{\omega q}{2\pi}\pi a^{2} = IS.$$

上式也与点电荷 q 做匀速圆周运动时产生的圆电流磁矩相同.

例 12.2　一根无限长圆柱形铜导体(磁导率 μ_{0})的半径为 R,通有均匀分布的电流 I,今取一矩形平面 S(长为 1 m,宽为 $2R$),位置如图 19.12.6 中画斜线部分所示,求通过该矩形平面的磁通量.

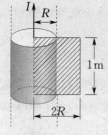

图 19.12.6
例 12.2 图

解　载电流 I 的无限长圆柱形导体所产生的磁场具有轴对称性,故可用安培环路定理求得

$$B_{1} = \frac{\mu_{0}Ir}{2\pi R^{2}}\quad (r \leqslant R),$$

$$B_{2} = \frac{\mu_{0}I}{2\pi r}\quad (r > R).$$

因而穿过导体内画斜线部分平面的磁通量 Φ_{1} 为

$$\Phi_{1} = \int \vec{B}\cdot d\vec{S} = \int B dS = \int_{0}^{R}\frac{\mu_{0}I}{2\pi R^{2}}r dr = \frac{\mu_{0}I}{4\pi}.$$

穿过导体外画斜线部分平面的磁通量 Φ_{2} 为

$$\Phi_{2} = \int \vec{B}\cdot d\vec{S} = \int_{R}^{2R}\frac{\mu_{0}I}{2\pi r}dr = \frac{\mu_{0}I}{2\pi}\ln 2.$$

通过矩形平面 S 的磁通量为

$$\Phi_{m} = \Phi_{1} + \Phi_{2} = \frac{\mu_{0}I}{4\pi} + \frac{\mu_{0}I}{2\pi}\ln 2.$$

例 12.3　一根很长的同轴电缆,由一导体圆柱(半径为 a)和一同轴的导体圆管(内、外半径分别为 b,c)构成,如图 19.12.7 所示.使用时,电流 I 从一导体流去,从另一导体流回.设电流都是均匀地分布在导体的横截面上.求磁感应强度的分布.

解　由于电流是轴对称分布,因而磁场分布也必然是轴对称的,$\vec{B}$ 线是横截面上圆心在系统轴线上的圆周,同一条 $\vec{B}$ 线上 B 的数值相等.过场点作一条半径为 r 的圆周作为安培回路,规定与导体圆柱的电流成右手螺旋关系的方向(即 $\vec{B}$ 线方向)为回路绕行方向.于是,由安培环路定理

$$\oint_{L}\vec{B}\cdot d\vec{l} = \mu_{0}\sum I,$$

得

$$2\pi rB = \mu_{0}\sum I. \qquad ①$$

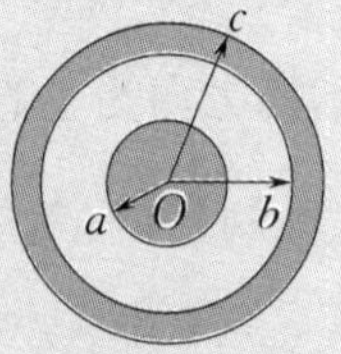

当 $0 < r < a$ 时,由式 ① 得

$$B_{1} = \frac{\mu_{0}}{2\pi r}\frac{I}{\pi a^{2}}\pi r^{2} = \frac{\mu_{0}Ir}{2\pi a^{2}}.$$

当 $a < r < b$ 时,由式 ① 得

$$B_{2} = \frac{\mu_{0}I}{2\pi r}.$$

图 19.12.7
例 12.3 图

当 $b < r < c$ 时,由式 ① 得

$$B_3 = \frac{\mu_0}{2\pi r}\left(I - \frac{r^2 - b^2}{c^2 - b^2}\right) = \frac{\mu_0 I(c^2 - r^2)}{2\pi r(c^2 - b^2)}.$$

当 $r > c$ 时,由式 ① 得

$$B_4 = \frac{\mu_0}{2\pi r}(I - I) = 0.$$

例 12.4　在半径为 R 的长直圆柱形导体内部,与轴线平行地挖出一半径为 r 的长直圆柱形空腔,两轴间距离为 a,且 $a > r$,横截面如图 19.12.8 所示.电流 I 沿导体管流动且均匀分布在管的横截面上,电流方向与管的轴线平行.求:(1) 圆柱轴线上的磁感应强度;(2) 空心部分轴线上的磁感应强度.

解　对此类问题,通常用补偿法.把长直圆柱形空腔补上,通以电流密度为 $\vec{j}$ 的电流.再考虑空腔区同时流过电流密度为 $-\vec{j}$ 的电流.这样,空间任一点的磁场 $\vec{B}$,可以看成是由半径为 R、电流密度为 $\vec{j}$ 的长直圆柱形导体产生的磁场和半径为 r、电流密度为 $-\vec{j}$ 的长直圆柱形导体产生的磁场的矢量和.由于这两个磁场分别具有轴对称性,故可应用安培环路定理.

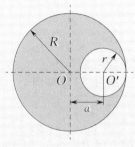

图 19.12.8　例 12.4 图

由题意,导体中的电流密度的大小为

$$j = \frac{I}{\pi(R^2 - r^2)}.$$

(1) 求轴线 O 上的磁场

半径为 R 的长直圆柱形载流导体在其自身轴线上产生的 $\vec{B}_1 = \vec{0}$.要求半径为 r、电流密度为 $-\vec{j}$ 的长直圆柱形导体在轴线 O 上产生的磁场 $\vec{B}_2$,可作半径为 a 的围绕 O' 的闭合路径,由安培环路定理

$$\oint_L \vec{B}_2 \cdot \mathrm{d}\vec{l} = B_2 2\pi a = \mu_0 j\pi r^2, \quad B_2 = \frac{\mu_0 r^2}{2a}j = \frac{\mu_0 Ir^2}{2\pi a(R^2 - r^2)}.$$

因此

$$B_0 = B_1 + B_2 = B_2.$$

$\vec{B}_0$ 的方向与轴线 O 以及 OO' 连线垂直,且与 $-I$ 成右手螺旋关系.

(2) 求轴线 O' 上的磁场

同理,半径为 r 的长直圆柱体在其自身轴线 O' 上所产生的磁场 $\vec{B}'_2 = \vec{0}$,而半径为 R 的载流长直圆柱体在轴线 O' 处产生的磁场 $\vec{B}'_1$ 的大小为

$$B'_1 = \frac{\mu_0 Ia}{2\pi(R^2 - r^2)}.$$

因此

$$B'_0 = B'_1 + B'_2 = B'_1.$$

$\vec{B}'_0$ 的方向与轴线 O' 以及 OO' 连线垂直,且与电流 I 成右手螺旋关系.

例 12.5　如图 19.12.9 所示,在无限长载流直导线 ab 的一侧,共面放置一有限长载流直导线 cd,它们分别通有电流 I_1 和 I_2,c 点距 ab 的垂直距离为 l_1,cd 长为 l_2,求:(1)当 cd 垂直 ab 时,导线 cd 所受的作用力;(2)当 cd 与 ab 成 α 角时,导线 cd 所受的作用力.

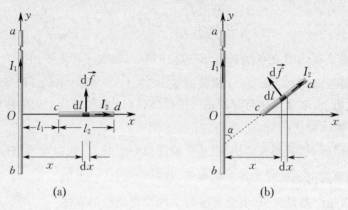

图 19.12.9　例 12.5 图

解　(1)取如图 19.12.9(a) 所示的坐标系,在直导线 cd 上距 ab 为 x 处,I_1 所产生的磁场为

$$B = \frac{\mu_0 I_1}{2\pi x}.$$

$\vec{B}$ 的方向为垂直纸面向里,则电流元 $I_2 \mathrm{d}x \vec{i}$ 所受安培力的大小为

$$\mathrm{d}f = I_2 B \mathrm{d}x = \frac{\mu_0 I_1 I_2}{2\pi x}\mathrm{d}x.$$

$\mathrm{d}\vec{f}$ 的方向如图 19.12.9(a) 所示.由于导线 cd 上所有电流元受力方向均相同,导线 cd 所受的作用力为

$$f = \int_L \mathrm{d}f = \int_{l_1}^{l_1+l_2} \frac{\mu_0 I_1 I_2}{2\pi x}\mathrm{d}x = \frac{\mu_0 I_1 I_2}{2\pi}\ln\frac{l_1+l_2}{l_1}.$$

(2)如图 19.12.9(b) 所示,电流元 $I_2 \vec{l}$ 所受安培力 $\mathrm{d}\vec{f}$ 的大小为

$$\mathrm{d}f = I_2 B \mathrm{d}l = \frac{\mu_0 I_1 I_2}{2\pi x}\frac{\mathrm{d}x}{\sin\alpha}.$$

$\mathrm{d}\vec{f}$ 的方向如图 19.12.9(b) 所示.由于导线 cd 上所有电流元受力方向均相同,导线 cd 所受的作用力为

$$f = \int_L \mathrm{d}f = \frac{\mu_0 I_1 I_2}{2\pi\sin\alpha}\int_{l_1}^{l_1+l_2\sin\alpha}\frac{\mathrm{d}x}{x} = \frac{\mu_0 I_1 I_2}{2\pi\sin\alpha}\ln\frac{l_1+l_2\sin\alpha}{l_1}.$$

例 12.6　在电视机显像管中,电子在水平面内从南向北运动,动能 $E_k = 1.2\times 10^4$ eV.该处地磁场在竖直方向的分量向下,即垂直纸面向里,其大小为 $B_\perp = 5.5\times 10^{-5}$ T.已知 $e = 1.6\times 10^{-19}$ C,电子质量 $m = 9.1\times 10^{-31}$ kg,在地磁场这一分量作用下,试问:(1)电子将向哪个方向偏转?(2)电子的加速度有多大?(3)电子在显像管内的南北方向上飞行 20 cm 时,偏转有多大?

解　(1)电子所受的洛伦兹力为

$$\vec{f} = -e\vec{v} \times \vec{B}_\perp,$$

力的方向朝东,故电子向东偏转.

（2）电子在洛伦兹力作用下,在垂直于 $\vec{B}_\perp$ 的平面内做圆周运动,有

$$evB_\perp = ma_n, \quad a_n = \frac{evB_\perp}{m}.$$

又 $E_k = \frac{1}{2}mv^2, v = \sqrt{\frac{2E_k}{m}}$,代入 a_n 表示式,则有

$$a_n = \frac{eB_\perp}{m}\sqrt{\frac{2E_k}{m}} = \frac{1.6 \times 10^{-19} \times 5.5 \times 10^{-5}}{9.1 \times 10^{-31}} \times \sqrt{\frac{2 \times 1.2 \times 10^4 \times 1.6 \times 10^{-19}}{9.1 \times 10^{-31}}} \text{ m/s}^2$$

$$= 6.28 \times 10^{14} \text{ m/s}^2.$$

（3）设电子在洛伦兹力作用下沿圆弧运动的轨道半径为 R,则 $evB_\perp = m\frac{v^2}{R}$,可得

$$R = \frac{mv}{eB_\perp} = \frac{m}{eB_\perp}\sqrt{\frac{2E_k}{m}}$$

$$= \frac{9.1 \times 10^{-31}}{1.6 \times 10^{-19} \times 5.5 \times 10^{-5}} \times \sqrt{\frac{2 \times 1.2 \times 10^4 \times 1.6 \times 10^{-19}}{9.1 \times 10^{-31}}} \text{ m}$$

$$= 6.72 \text{ m}.$$

由图 19.12.10 可以看出,电子的偏转量

$$\delta = R(1 - \cos\theta) = R\left[1 - \sqrt{1 - \left(\frac{l}{R}\right)^2}\right]$$

$$= 6.72 \times \left[1 - \sqrt{1 - \left(\frac{20 \times 10^{-2}}{6.72}\right)^2}\right] \text{ m} = 2.98 \times 10^{-3} \text{ m}.$$

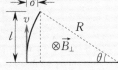

图 19.12.10　例 12.6 图

例 12.7　在生产中为了测试某种材料的相对磁导率,常将这种材料做成截面为圆形的螺绕环的芯子.设环上绕有线圈 200 匝,平均周长为 0.10 m,横截面积为 5×10^{-5} m²,当线圈中通有电流 0.1 A 时,用磁通计测得穿过环形螺线管横截面积的磁通量为 6×10^{-5} Wb,试计算该材料的相对磁导率.

解　由于螺绕环内的磁感应线为沿环的同心圆,且圆周上各处的磁场强度大小相等.在螺绕环内作周长为 l 的同心圆周,回路绕行方向为逆时针,如图 19.12.11 中虚线所示.由安培环路定理可得

$$\oint_L \vec{H} \cdot \mathrm{d}\vec{l} = \sum I, \quad Hl = NI,$$

因此

$$H = \frac{NI}{l}, \quad B = \mu_0\mu_r H = \frac{\mu_0\mu_r NI}{l}.$$

因为横截面半径远小于环半径,故可近似地认为截面 S 上磁场分布均匀,则有

$$\Phi = BS = \frac{\mu_0\mu_r NIS}{l}.$$

图 19.12.11　例 12.7 图

由此可得

$$\mu_{\mathrm{r}} = \frac{\Phi l}{\mu_0 NIS} = \frac{6 \times 10^{-5} \times 0.1}{4\pi \times 10^{-7} \times 200 \times 0.1 \times 5 \times 10^{-5}} = 4.78 \times 10^3.$$

例 12.8　一个半径为 R 的介质球被均匀磁化，磁化强度为 $\vec{M}$，求球心处的 $\vec{B}$ 和 $\vec{H}$.

解　如图 19.12.12 所示，取球坐标，坐标原点和球心重合，$\vec{M}$ 的方向沿 Oz 轴. 介质球被均匀磁化，磁化电流沿介质球表面分布，磁化电流面密度 $\vec{j}_{\mathrm{s}}$ 的大小和方向由关系式 $\vec{j}_{\mathrm{s}} = \vec{M} \times \vec{n}_0$ 确定，在球面上任取一环带，其轴线和 z 轴重合，球带宽为 $\mathrm{d}l = R\mathrm{d}\theta$，则其上通过的磁化电流强度为

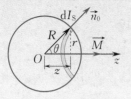

图 19.12.12　例 12.8 图

$$\mathrm{d}I_{\mathrm{s}} = j_{\mathrm{s}}\mathrm{d}l = MR\sin\theta\mathrm{d}\theta.$$

利用圆电流轴线上的磁场公式，$\mathrm{d}I_{\mathrm{s}}$ 在球心处产生的磁感应强度为

$$\mathrm{d}B = \frac{\mu_0}{2} \frac{r^2 \mathrm{d}I_{\mathrm{s}}}{(r^2 + z^2)^{3/2}},$$

式中 z 是 z 轴上球心到环带平面的距离. 由图 19.12.12 知

$$R^2 = r^2 + z^2, \quad r = R\sin\theta,$$

故

$$\mathrm{d}B = \frac{\mu_0}{2}M\sin^3\theta\mathrm{d}\theta,$$

$$B = \int_0^\pi \frac{\mu_0}{2}M\sin^3\theta\mathrm{d}\theta = \frac{\mu_0}{2}M\left[-\frac{1}{3}\cos\theta(\sin^2\theta + 2)\right]\Big|_0^\pi = \frac{2}{3}\mu_0 M.$$

$\vec{B}$ 的方向与 $\vec{M}$ 同方向，$B = \frac{2}{3}\mu_0 M$（顺磁质）.

球心处的磁场强度为

$$H = \frac{B}{\mu_0} - M = \frac{2}{3}M - M = -\frac{1}{3}M.$$

例 12.9　一根无限长的圆柱形导线，外面紧包一层相对磁导率为 μ_{r} 的圆管形磁介质. 导线半径为 R_1，磁介质的外半径为 R_2，导线内均匀通过电流 I. 求：（1）磁感应强度大小的分布（指导线内、介质内及介质以外空间）；（2）磁介质内、外表面的磁化电流面密度的大小.

解　（1）由电流分布的对称，知磁场分布必对称. 将安培环路定理用于和导线同心的各个圆周环路. 在导线中（$0 < r < R_1$），

$$H_1 \cdot 2\pi r = \frac{I}{\pi R_1^2} \cdot \pi r^2, \quad H_1 = \frac{Ir}{2\pi R_1^2}, \quad B_1 = \mu_0 H_1 = \frac{\mu_0 Ir}{2\pi R_1^2}.$$

在磁介质内部（$R_1 < r < R_2$），

$$H_2 \cdot 2\pi r = I, \quad H_2 = \frac{I}{2\pi r}, \quad B_2 = \frac{\mu_0 \mu_{\mathrm{r}} I}{2\pi r}.$$

在磁介质外面（$r > R_2$），

$$H_3 = \frac{I}{2\pi r}, \quad B_3 = \frac{\mu_0 I}{2\pi r}.$$

（2）磁化强度

$$M = \frac{B}{\mu_0} - H = \frac{\mu_{\mathrm{r}} I}{2\pi r} - \frac{I}{2\pi r} = \frac{(\mu_{\mathrm{r}} - 1)I}{2\pi r}.$$

介质内表面处的磁化电流面密度

$$j_{S1} = M_1 = \frac{(\mu_r - 1)I}{2\pi R_1}.$$

介质外表面处的磁化电流面密度

$$j_{S2} = \frac{(\mu_r - 1)I}{2\pi R_2}.$$

19.13　电磁感应　电磁场

19.13.1　基本要求

1. 掌握法拉第电磁感应定律和楞次定律,并能熟练地运用它们分析一些较为简单的电磁感应问题.

2. 理解涡旋电场的概念,掌握动生电动势和感生电动势的计算方法.

3. 了解自感和互感现象及其规律,掌握自感系数和互感系数的计算方法.

4. 理解磁场具有能量,能计算典型磁场的磁能.

5. 理解位移电流的物理意义,并能计算简单情况下的位移电流.

6. 理解麦克斯韦方程组积分形式中各方程的物理意义.

7. 了解加速运动电荷辐射电磁波的基本原理和偶极振子所辐射的电磁波的性质.

8. 了解电磁场的能量和动量.

19.13.2　内容提要

第一部分主要研究电磁感应规律及其应用.首先从电磁感应的实验现象出发,总结出法拉第电磁感应定律和楞次定律.然后按照引起感应电动势的不同原因,分别阐述动生电动势和感生电动势,以及感应电动势的相对性.再讨论自感、互感和磁场能量.

第二部分首先引入位移电流的假设,指出变化的电场也激发磁场,得到位移电流密度 $\vec{j}_d = \dfrac{\mathrm{d}\vec{D}}{\mathrm{d}t}$,位移电流 $I_d = \dfrac{\mathrm{d}\Phi_D}{\mathrm{d}t}$.结合前面所学习的电磁学实验规律和麦克斯韦的另一基本假设 —— 涡旋电场,从而建立了描述电磁场运动的基本方程 —— 麦克斯韦方程组.然后介绍以加速度 $\vec{a}$ 做直线运动的点电荷激发的垂直于运动方向的横向电场和横向磁场,它们就是向外辐射的电磁波,并且是横波.按麦克斯韦电磁场理论,实际上任何有加速度的运动电荷都辐射电磁波.接着介绍偶极振子辐射的电磁波的基本特点以及电磁波的一些主要性质,最后介绍电磁场的能量与动量.

1. 电磁感应的基本规律

（1）法拉第电磁感应定律

$$\mathscr{E} = -\frac{\mathrm{d}\Phi_{\mathrm{m}}}{\mathrm{d}t}. \tag{19.13.1}$$

(2) 楞次定律:用以判定感应电流方向.

2.动生电动势和感生电动势

(1) 动生电动势

$$\mathscr{E} = \int_{L} (\vec{v} \times \vec{B}) \cdot \mathrm{d}\vec{l}. \tag{19.13.2}$$

(2) 感生电动势

$$\mathscr{E} = \oint_{L} \vec{E}_{\mathrm{r}} \cdot \mathrm{d}\vec{l} = -\int_{S} \frac{\partial \vec{B}}{\partial t} \cdot \mathrm{d}\vec{S}. \tag{19.13.3}$$

3.自感、互感和磁场能量

(1) 自感应(无铁磁质时)

$$L = \frac{\Psi}{I}, \quad \mathscr{E} = -L \frac{\mathrm{d}I}{\mathrm{d}t}. \tag{19.13.4}$$

(2) 互感应(无铁磁质时)

$$\Psi_{21} = MI_{1}, \quad \Psi_{12} = MI_{2}. \tag{19.13.5}$$

$$\mathscr{E}_{21} = -M \frac{\mathrm{d}I_{1}}{\mathrm{d}t}, \quad \mathscr{E}_{12} = -M \frac{\mathrm{d}I_{2}}{\mathrm{d}t}. \tag{19.13.6}$$

(3) 自感磁能

$$W_{\mathrm{m}} = \frac{1}{2}LI^{2}. \tag{19.13.7}$$

(4) 磁场能量

$$W_{\mathrm{m}} = \int_{V} \frac{B^{2}}{2\mu} \mathrm{d}V. \tag{19.13.8}$$

4.位移电流

(1) 位移电流密度

$$\vec{j}_{\mathrm{d}} = \frac{\mathrm{d}\vec{D}}{\mathrm{d}t}. \tag{19.13.9}$$

(2) 位移电流

$$I_{\mathrm{d}} = \frac{\mathrm{d}\Phi_{D}}{\mathrm{d}t}. \tag{19.13.10}$$

5.麦克斯韦方程组

$$\begin{cases} \oint_{S} \vec{D} \cdot \mathrm{d}\vec{S} = \sum q_{0} & \text{(电场的高斯定理)}, \\[2mm] \oint_{S} \vec{B} \cdot \mathrm{d}\vec{S} = 0 & \text{(磁场的高斯定理)}, \\[2mm] \oint_{L} \vec{E} \cdot \mathrm{d}\vec{l} = -\int_{S} \frac{\partial \vec{B}}{\partial t} \cdot \mathrm{d}\vec{S} & \text{(电场的环路定理)}, \\[2mm] \oint_{L} \vec{H} \cdot \mathrm{d}\vec{l} = I + I_{\mathrm{d}} = \int_{S} \left(\vec{j} + \frac{\partial \vec{D}}{\partial t} \right) \cdot \mathrm{d}\vec{S} & \text{(磁场的环路定理)}. \end{cases} \tag{19.13.11}$$

6. 平面电磁波的性质

$$H = H_0 \cos\omega\left(t - \frac{r}{c}\right), \quad E = E_0 \cos\omega\left(t - \frac{r}{c}\right).$$

（1）电磁波是横波. $\vec{E}$ 与 $\vec{H}$ 互相垂直, 且均与传播方向垂直.

（2）电磁波是偏振的, $\vec{E}, \vec{H}$ 分别在各自的平面内振动.

（3）$\vec{E}$ 和 $\vec{H}$ 的相位相同、频率相同, 而且 $\sqrt{\varepsilon}\, E = \sqrt{\mu}\, H$（$\varepsilon$ 为介质的介电常量, μ 为磁导率）.

（4）电磁波的传播速度的大小为 $u = \dfrac{1}{\sqrt{\varepsilon\mu}}$（真空中则为 $c = \dfrac{1}{\sqrt{\varepsilon_0 \mu_0}}$）.

7. 电磁场的能量与动量

（1）电磁场的能量密度

$$w = \frac{1}{2}(\varepsilon E^2 + \mu H^2). \tag{19.13.12}$$

（2）电磁波的平均能流密度（坡印亭矢量）

$$\vec{S} = \vec{E} \times \vec{H}. \tag{19.13.13}$$

（3）电磁场的动量密度

$$\vec{g} = \frac{1}{c^2}\vec{E} \times \vec{H} = \frac{1}{c^2}\vec{S}. \tag{19.13.14}$$

19.13.3　重点、难点分析

1. 法拉第电磁感应定律

通过回路的磁通量（$\vec{B}$ 通量）发生变化时, 回路中的感应电动势与通过回路的磁通量对时间的变化率成正比. 在国际单位制中, 其数学表示式为

$$\mathscr{E} = -\frac{\mathrm{d}\Phi_{\mathrm{m}}}{\mathrm{d}t}.$$

理解法拉第电磁感应定律, 应注意以下几点.

（1）感应电动势只取决于回路磁通量的变化率 $\dfrac{\mathrm{d}\Phi_{\mathrm{m}}}{\mathrm{d}t}$, 而与通过回路的磁通量多少无关. 引起磁通量 Φ_{m} 变化的原因可以仅仅是 $\vec{B}$ 随时间变化, 或仅仅是回路面积 S 在变化, 或 $\vec{B}$ 和 S 两者同时都变. 不论什么原因, 只要 $\dfrac{\mathrm{d}\Phi_{\mathrm{m}}}{\mathrm{d}t}$ 不等于零, 就有感应电动势产生.

（2）定律中强调产生感应电动势的是闭合回路. 若闭合电路的电阻为 R, 产生的感应电动势能引起感应电流

$$I = \frac{\mathscr{E}}{R} = -\frac{1}{R}\frac{\mathrm{d}\Phi_{\mathrm{m}}}{\mathrm{d}t}. \tag{19.13.15}$$

若电路不闭合, 感应电动势仍能产生, 但不能引起感应电流.

（3）如果回路由 N 匝线圈构成, 而且穿过每匝线圈的磁通量均为 Φ_{m}, 则

$$\mathscr{E} = -N\frac{\mathrm{d}\Phi_{\mathrm{m}}}{\mathrm{d}t} = -\frac{\mathrm{d}\Psi}{\mathrm{d}t}, \tag{19.13.16}$$

式中 $\Psi = N\Phi_{\mathrm{m}}$, 称为磁通链.

若穿过每匝线圈的磁通量不等,则用 $\sum \Phi_m$ 代替 $N\Phi_m$,因而法拉第电磁感应定律最一般的形式可写成

$$\mathscr{E} = -\frac{\mathrm{d}\left(\sum \Phi_m\right)}{\mathrm{d}t}. \tag{19.13.17}$$

(4) 式(19.13.1)中的负号反映了感应电动势的方向,是楞次定律的数学表示. 在处理有些实际问题时,可以先由 $|\mathscr{E}| = \left|\dfrac{\mathrm{d}\Phi_m}{\mathrm{d}t}\right|$ 求出感应电动势的大小,再由楞次定律判定方向比较简单.

2. 楞次定律

感应电流的方向总是使感应电流所产生的通过回路面积的磁通量去补偿或者反抗引起感应电流的磁通量的变化.

楞次定律是确定闭合回路中感应电流方向的定律. 其步骤如下:

(1) 确定穿过闭合回路的原磁通量的方向;

(2) 明确原磁通量 Φ_m 的变化情况,是增加还是减小;

(3) 确定感应电流所产生的通过回路的磁通量 Φ_m' 的方向,即若 Φ_m 增加,Φ_m' 与 Φ_m 反向,若 Φ_m 减小,Φ_m' 与 Φ_m 同向;

(4) 确定感应电流的方向:用右手螺旋定则,伸直的大拇指指向 Φ_m' 的方向,则右手弯曲的四指沿闭合回路中感应电流的方向.

楞次定律本质上是能量守恒定律在电磁感应现象中的具体表现. 楞次定律认为感应电流所激发的磁场总是阻止原来通过回路的磁通量 Φ_m 的变化,若 Φ_m 继续变化,就必须克服感应电流磁场的阻碍作用而做功. 可见,要产生感应电流外力必须做功. 否则,若感应电流所激发的磁场不是阻止 Φ_m 的变化,而是推动 Φ_m 的变化,那么只要 Φ_m 略有一点变化,感应电流磁场将推动 Φ_m 产生更大的变化,又将产生更大的感应电流,这样下去势必产生无限大的能量,这显然是违背能量守恒定律的.

3. 动生电动势

磁场 $\vec{B}$ 不变,导体在磁场中做切割磁感应线运动时产生的感应电动势,称为动生电动势.

动生电动势的产生,是由于导体在磁场中运动时,导体中的带电粒子与导体一起运动,因而带电粒子受洛伦兹力作用而做定向运动. 如果是导体回路,就形成感应电流,而感应电流只是存在感应电动势的外在表现. 如果运动导体只是一导体棒,不形成闭合导体回路,此时导体中的带电粒子在洛伦兹力作用下产生聚集,导体棒两端产生电势差,使运动导体棒相当于一个电源,动生电动势就是电源的电动势. 与动生电动势相对应的非静电力就是洛伦兹力,非静电场强 $\vec{E}_k$ 就是单位正电荷所受的洛伦兹力,即

$$\vec{E}_k = \frac{\vec{f}}{-e} = \vec{v} \times \vec{B}. \tag{19.13.18}$$

因此,动生电动势可以表示为

$$\mathscr{E}_{ab} = \int_-^+ \vec{E}_k \cdot \mathrm{d}\vec{l} = \int_a^b (\vec{v} \times \vec{B}) \cdot \mathrm{d}\vec{l}. \tag{19.13.19}$$

在计算动生电动势时,可以用式(19.13.19),也可以用法拉第电磁感应定律 $\mathscr{E} = -\dfrac{\mathrm{d}\Phi_{\mathrm{m}}}{\mathrm{d}t}$.

在应用法拉第电磁感应定律计算一段导线内的动生电动势时,由于不闭合的导线不存在磁通量的概念,可以假想一条曲线与该导线构成闭合回路,固定不动的假想曲线内的动生电动势为零,这样由 $\mathscr{E} = -\dfrac{\mathrm{d}\Phi_{\mathrm{m}}}{\mathrm{d}t}$ 计算的感应电动势就是该导线中的动生电动势.

4. 涡旋电场、感生电动势

导体回路或一段导体静止不动,磁场 $\vec{B}$ 随时间变化,这时导体内也会产生感应电动势,称为感生电动势.

由于磁场 $\vec{B}$ 随时间变化,在闭合导体回路中产生感生电动势,形成感应电流.这说明导体中的自由电子受到一个力的作用,这个力不可能是库仑力,也不可能是洛伦兹力,这个力只能与变化磁场有关.麦克斯韦认为,变化磁场在其周围空间激发涡旋电场(或称感生电场),用 $\vec{E}_{\mathrm{r}}$ 表示.电荷 q 将受到 $\vec{E}_{\mathrm{r}}$ 对它的作用,即

$$\vec{F}_{\mathrm{r}} = q\vec{E}_{\mathrm{r}}.$$

$\vec{F}_{\mathrm{r}}$ 就是产生感生电动势的非静电力.感生电动势可表示为

$$\oint_L \vec{E}_{\mathrm{r}} \cdot \mathrm{d}\vec{l} = -\int_s \frac{\partial \vec{B}}{\partial t} \cdot \mathrm{d}\vec{S}. \tag{19.13.20}$$

式(19.13.20)中 S 是以闭合回路 L 为边界的任意曲面,负号表示 $\vec{E}_{\mathrm{r}}$ 与 $\dfrac{\partial \vec{B}}{\partial t}$ 构成左手螺旋关系,如果左手螺旋沿 $\vec{E}_{\mathrm{r}}$ 的方向转动,那么螺旋前进的方向就是 $\dfrac{\partial \vec{B}}{\partial t}$ 的方向.

如果一不闭合的导体 ab 置于涡旋电场中,则导体上感生电动势为

$$\mathscr{E}_{ab} = \int_a^b \vec{E}_{\mathrm{r}} \cdot \mathrm{d}\vec{l}. \tag{19.13.21}$$

涡旋电场与静电场一样,对电荷都有作用力.但它们也有不同之处,涡旋电场的电场线闭合,环流不为零,故涡旋电场是非保守力场.

应该注意,涡旋电场产生于变化磁场的周围空间,而不管这个空间是真空,还是存在导体或电介质.

5. 麦克斯韦方程组的积分形式

(1) 通过任意闭合曲面的电位移通量等于该曲面所包围的自由电荷的代数和,即

$$\oint_s \vec{D} \cdot \mathrm{d}\vec{S} = \sum q_0, \tag{19.13.22}$$

式中 $\vec{D}$ 包括自由电荷按库仑定律激发的静电场 $\vec{D}^{(1)}$ 以及由变化的磁场激发的涡旋电场 $\vec{D}^{(2)}$,即 $\vec{D} = \vec{D}^{(1)} + \vec{D}^{(2)}$,并且电荷和场随时间变化时(19.13.22)式仍然成立.

(2) 电场强度沿任意闭合曲线的线积分等于通过以该曲线为边界的任意曲面的磁通量的变化率的负值,即

$$\oint_L \vec{E} \cdot \mathrm{d}\vec{l} = -\int_s \frac{\partial \vec{B}}{\partial t} \cdot \mathrm{d}\vec{S}, \tag{19.13.23}$$

式中 $\vec{E} = \vec{E}^{(1)} + \vec{E}^{(2)}$,$\vec{E}^{(1)}$ 表示由电荷产生的静电场,$\vec{E}^{(2)}$ 表示由变化磁场产生的涡旋电场 $\vec{E}_r$. 该式说明电场不仅可以由电荷激发,而且也可由变化磁场激发.

(3) 通过任意闭合曲面的磁通量恒等于零,即

$$\oint_S \vec{B} \cdot d\vec{S} = 0, \qquad (19.13.24)$$

式中 $\vec{B} = \vec{B}^{(1)} + \vec{B}^{(2)}$,$\vec{B}^{(1)}$ 表示由稳恒的传导电流激发的稳恒磁场,$\vec{B}^{(2)}$ 表示由变化电场激发的磁场.

(4) 磁场强度沿任意闭合曲线的线积分等于穿过以该曲线为边界的任意曲面的全电流,即

$$\oint_L \vec{H} \cdot d\vec{l} = I + I_d = \int_S \left(\vec{j} + \frac{\partial \vec{D}}{\partial t} \right) \cdot d\vec{S}. \qquad (19.13.25)$$

此式即全电流定律.

式(19.13.22)～(19.13.25) 为麦克斯韦方程组的积分形式.

6. 平面电磁波的一些主要特性

在自由空间(即无电荷和传导电流的真空区域)传播的平面电磁波有如下一些特性.

(1) 电磁波是横波. 电磁波是由 $\vec{E}$ 振动和 $\vec{H}$ 振动构成,这两种振动的振动方向都与波的传播方向垂直.

(2) $\vec{E}$ 振动和 $\vec{H}$ 振动互相垂直,且 $\vec{E} \times \vec{H}$ 的方向指向波的传播方向,即波速 $\vec{u}$ 的方向.

(3) 在空间同一点处,$\vec{E}$ 和 $\vec{H}$ 同相位,且振幅成比例,即

$$\sqrt{\varepsilon} E_0 = \sqrt{\mu} H_0. \qquad (19.13.26)$$

(4) 电磁波的传播速度 $\vec{u}$ 的大小为

$$u = \frac{1}{\sqrt{\varepsilon\mu}}, \qquad (19.13.27)$$

式中 ε 和 μ 分别为介质的介电常量和磁导率. 在真空中,$\varepsilon = \varepsilon_0$,$\mu = \mu_0$,代入上式可得真空中电磁波的传播速率

$$c = u = \frac{1}{\sqrt{\varepsilon_0 \mu_0}} = 2.9979 \times 10^8 \text{ m/s},$$

与真空中的光速相符,表明光本质上也是电磁波.

7. 电磁场的能量和动量

在第 11 章和第 13 章中我们通过平行板电容器和密绕长直螺线管两个特例得到了电场能量体密度 $w_e = \frac{1}{2} \vec{E} \cdot \vec{D}$ 和磁场能量体密度 $w_m = \frac{1}{2} \vec{B} \cdot \vec{H}$. 实际上从电磁场和其他物体相互作用时必须满足能量守恒定律出发,我们可以得出电磁场的能量体密度 $w = \frac{1}{2} \vec{E} \cdot \vec{D} + \frac{1}{2} \vec{B} \cdot \vec{H}$,并且同时得到电磁场的能流密度 $\vec{S} = \vec{E} \times \vec{H}$,$\vec{S}$ 称为坡印亭矢量.

根据狭义相对论,能量和动量是密切相联的,由此可以得到电磁波的动量密度(是一个矢量)$\vec{g} = \frac{1}{c^2} \vec{E} \times \vec{H} = \frac{1}{c^2} \vec{S}$. 由于电磁波具有动量,它在物体表面被反射或吸收时必定产生压

强,称为辐射压强.对于光波则称为光压.可见光的光压一般只有 10^{-5} N/m² 数量级,十分微弱.

19.13.4　典型题解

例 13.1　如图 19.13.1 所示,长直导线通以电流 $I = 5$ A,在其右方放一长方形线圈 $ABCD$,两者共面,线圈长 $l = 0.06$ m,宽 $a = 0.04$ m,线圈以速度 $v = 0.03$ m/s 垂直于直导线向右运动,求:$d = 0.05$ m 时线圈中感应电动势的大小和方向.

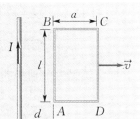

图 19.13.1　例 13.1 图

解　求线圈中的感应电动势即动生电动势.对这类问题,通常有两种计算方法.

方法一　用法拉第电磁感应定律 $\mathscr{E} = -\dfrac{\mathrm{d}\Phi_{\mathrm{m}}}{\mathrm{d}t}$ 计算.取顺时针方向为线圈回路的正方向,长直载流导线产生的磁场是非均匀场,计算通过线圈 $ABCD$ 的磁通量 Φ_{m} 时要积分.在距直导线距离为 r 处,取一平行于导线、宽度为 $\mathrm{d}r$ 的面积元 $\mathrm{d}S$,通过 $\mathrm{d}S$ 的磁通量为

$$\mathrm{d}\Phi_{\mathrm{m}} = \vec{B} \cdot \mathrm{d}\vec{S} = B\mathrm{d}S = \frac{\mu_0 I}{2\pi r}l\,\mathrm{d}r.$$

当线圈 AB 边离长直导线的距离为 x 时,通过线圈的磁通量 Φ_{m} 为

$$\Phi_{\mathrm{m}} = \int_S \mathrm{d}\Phi_{\mathrm{m}} = \int_x^{x+a} \frac{\mu_0 I}{2\pi r}l\,\mathrm{d}r = \frac{\mu_0 I l}{2\pi}\ln\frac{x+a}{x},$$

所以

$$\mathscr{E} = -\frac{\mathrm{d}\Phi_{\mathrm{m}}}{\mathrm{d}t} = -\frac{\mathrm{d}\Phi_{\mathrm{m}}}{\mathrm{d}x}\frac{\mathrm{d}x}{\mathrm{d}t} = \frac{\mu_0 I l a v}{2\pi x(x+a)}.$$

当 $x = d$ 时,线圈中的动生电动势为

$$\mathscr{E} = \frac{\mu_0 I l a v}{2\pi d(d+a)}.$$

由于 $\mathscr{E} > 0$,因此它的方向为顺时针方向,即 $ABCDA$ 方向.

方法二　用动生电动势公式 $\mathscr{E} = \int_L (\vec{v} \times \vec{B}) \cdot \mathrm{d}\vec{l}$ 计算.取回路绕行正方向为顺时针方向,则

$$\mathscr{E} = \int_L (\vec{v} \times \vec{B}) \cdot \mathrm{d}\vec{l}$$

$$= \int_A^B (\vec{v} \times \vec{B}) \cdot \mathrm{d}\vec{l} + \int_B^C (\vec{v} \times \vec{B}) \cdot \mathrm{d}\vec{l} + \int_C^D (\vec{v} \times \vec{B}) \cdot \mathrm{d}\vec{l} + \int_D^A (\vec{v} \times \vec{B}) \cdot \mathrm{d}\vec{l}.$$

因为在 BC 段和 DA 段,$(\vec{v} \times \vec{B})$ 垂直 $\mathrm{d}\vec{l}$,所以

$$\int_B^C (\vec{v} \times \vec{B}) \cdot \mathrm{d}\vec{l} = \int_D^A (\vec{v} \times \vec{B}) \cdot \mathrm{d}\vec{l} = 0,$$

故

$$\mathscr{E} = \int_A^B (\vec{v} \times \vec{B}) \cdot \mathrm{d}\vec{l} + \int_C^D (\vec{v} \times \vec{B}) \cdot \mathrm{d}\vec{l} = \int_A^B vB_1\mathrm{d}l - \int_C^D vB_2\mathrm{d}l$$

$$= \int_A^B \left(v\frac{\mu_0 I}{2\pi d}\right)\mathrm{d}l - \int_C^D v\frac{\mu_0 I}{2\pi(d+a)}\mathrm{d}l = \frac{\mu_0 I l v}{2\pi}\left(\frac{1}{d} - \frac{1}{d+a}\right) = \frac{\mu_0 I l a v}{2\pi d(d+a)}.$$

$\mathcal{E} > 0$,其方向为 $ABCDA$ 方向.

将已知数据代入 $\mathcal{E}$ 的表达式,则有

$$\mathcal{E} = \frac{\mu_0 Ilav}{2\pi d(d+a)} = \frac{4\pi \times 10^{-7} \times 5 \times 0.06 \times 0.04 \times 0.03}{2\pi \times 0.05 \times (0.05+0.04)} \text{ V} = 1.6 \times 10^{-8} \text{ V}.$$

例 13.2　磁感应强度为 $\vec{B}$ 的均匀磁场充满半径为 R 的圆柱形空间,一金属杆放在如图 19.13.2(a) 所示的位置,杆长为 $2R$,其中一半位于磁场内,另一半在磁场外. 当 $\frac{dB}{dt} > 0$ 时,求杆两端感生电动势的大小和方向.

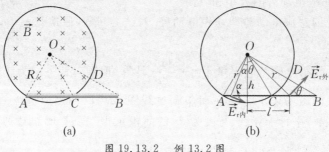

图 19.13.2　例 13.2 图

解　感生电动势的计算,通常有两种方法.

方法一　用法拉第电磁感应定律求解. 金属杆 AB 处于变化磁场中,变化磁场在周围空间产生涡旋电场. 作辅助线 OA,OB,OC,对闭合回路 $OACO$,其面积 $S_1 = \frac{1}{2}hR = \frac{\sqrt{3}}{4}R^2$. 由于 OA,OC 沿径向,与涡旋电场垂直,其上的感生电动势均为零,则闭合回路 $OACO$ 的感生电动势就等于金属杆 AC 上的感生电动势:

$$\mathcal{E}_1 = \mathcal{E}_{AC} = -\frac{d\Phi_{m1}}{dt} = -S_1\frac{dB}{dt} = -\frac{\sqrt{3}}{4}R^2\frac{dB}{dt}.$$

当 $\frac{dB}{dt} > 0$ 时,$\mathcal{E}_{AC} < 0$,即电动势的方向是从 A 指向 C.

现在来求金属杆 CB 段的感生电动势. 对于 $OCBO$ 回路,由于磁场限制在半径为 R 的圆柱形空间内,计算第二个回路所包围面积内的磁通量变化只应考虑扇形 OCD 的磁通量变化. 根据几何关系容易求得扇形面积 $S_2 = \frac{\pi}{12}R^2$,由于 OC,OB 沿径向,其上感生电动势均为零,故回路 $OCBO$ 的感生电动势就是金属杆 CB 上的感生电动势:

$$\mathcal{E}_2 = \mathcal{E}_{CB} = -\frac{d\Phi_{m2}}{dt} = -S_2\frac{dB}{dt} = -\frac{\pi}{12}R^2\frac{dB}{dt},$$

$\mathcal{E}_2$ 的方向是 C 指向 B.

因此,整个金属杆 AB 上的感生电动势为

$$\mathcal{E} = \mathcal{E}_{AC} + \mathcal{E}_{CB} = \left(\frac{\sqrt{3}}{4} + \frac{\pi}{12}\right)R^2\frac{dB}{dt},$$

方向由 A 指向 B,即 A 端为负极,B 端为正极.

方法二　根据电动势定义用 $\vec{E}_r$ 线积分求解,即

$$\mathscr{E} = \oint_L \vec{E}_{\text{r}} \cdot \mathrm{d}\vec{l} = -\int_S \frac{\partial \vec{B}}{\partial t} \cdot \mathrm{d}\vec{S}.$$

圆柱形空间充满均匀磁场 $\vec{B}$,设圆周 $2\pi r$ 顺时针为正,当磁场以 $\dfrac{\mathrm{d}B}{\mathrm{d}t}$ 变化时,可以求得其涡旋电场为

$$E_{\text{r内}} = -\frac{r}{2}\frac{\mathrm{d}B}{\mathrm{d}t} \quad (r < R); \qquad E_{\text{r外}} = -\frac{R^2}{2r}\frac{\mathrm{d}B}{\mathrm{d}t} \quad (r > R).$$

因此

$$\mathscr{E} = \int_L \vec{E}_{\text{r}} \cdot \mathrm{d}\vec{l} = \int_A^C \vec{E}_{\text{r内}} \cdot \mathrm{d}\vec{l} + \int_C^B \vec{E}_{\text{r外}} \cdot \mathrm{d}\vec{l}.$$

由图 19.13.2(b) 的几何关系得

$$\int_A^C \vec{E}_{\text{r内}} \cdot \mathrm{d}\vec{l} = \int_A^C \frac{r}{2}\frac{\mathrm{d}B}{\mathrm{d}t}\cos\alpha\,\mathrm{d}l = \frac{r}{2}\frac{\mathrm{d}B}{\mathrm{d}t}\int_A^C h\,\mathrm{d}l = \frac{1}{2}hR\frac{\mathrm{d}B}{\mathrm{d}t} = \frac{\sqrt{3}}{4}R^2\frac{\mathrm{d}B}{\mathrm{d}t}.$$

又 $\tan\theta = \dfrac{l}{h}, l = h\tan\theta, \mathrm{d}l = h\dfrac{\mathrm{d}\theta}{\cos^2\theta}, \dfrac{1}{r} = \dfrac{\cos\theta}{h}$,所以

$$\int_C^B \vec{E}_{\text{r外}} \cdot \mathrm{d}\vec{l} = \frac{R^2}{2}\int_C^B \frac{1}{r}\frac{\mathrm{d}B}{\mathrm{d}t}\cos\theta\,\mathrm{d}l = \frac{R^2}{2}\int_C^B \frac{\cos\theta}{h}\frac{\mathrm{d}B}{\mathrm{d}t}\cos\theta\, h\frac{\mathrm{d}\theta}{\cos^2\theta}$$

$$= \frac{R^2}{2}\frac{\mathrm{d}B}{\mathrm{d}t}\int_{\frac{\pi}{6}}^{\frac{\pi}{3}}\mathrm{d}\theta = \frac{\pi}{12}R^2\frac{\mathrm{d}B}{\mathrm{d}t}.$$

因此,整个金属杆 AB 上的感生电动势为

$$\mathscr{E} = \left(\frac{\sqrt{3}}{4} + \frac{\pi}{12}\right)R^2\frac{\mathrm{d}B}{\mathrm{d}t},$$

方向由 $A \to B$,即 B 端电势高.

例 13.3　如图 19.13.3 所示,电阻 $R = 2\ \Omega$、面积 $S = 400\ \text{cm}^2$ 的矩形线圈以匀角速度 $\omega = 10\ \text{rad/s}$ 绕 y 轴旋转,此线圈处于沿 x 轴正向、磁感应强度为 $B = 0.5\ \text{T}$ 的均匀磁场中,求:(1)穿过此线圈的最大磁通量;(2)最大的感应电动势;(3)最大磁力矩;(4)证明外力矩在一周内所做的功等于线圈中消耗的能量.

解　(1)因为矩形线圈绕与磁场垂直的轴匀角速旋转,所以通过线圈的磁通量为

$$\Phi_{\text{m}} = BS\cos\theta,$$

式中 θ 为任意时刻线圈法线单位矢量 $\vec{n}$ 和 $\vec{B}$ 之间夹角,且 $\theta = \omega t + \theta_0$,$\theta_0$ 为 $t = 0$ 时线圈法线单位矢量 $\vec{n}$ 和 $\vec{B}$ 之间夹角.磁通量的瞬时值为

$$\Phi_{\text{m}} = BS\cos(\omega t + \theta_0), \tag{①}$$

故穿过此线圈的最大磁通量为

$$\Phi_{\text{m max}} = BS = 0.5 \times 400 \times 10^{-4}\ \text{Wb} = 2.0 \times 10^{-2}\ \text{Wb}.$$

(2)由式①可求得线圈中感应电动势的瞬时值为

$$\mathscr{E} = -\frac{\mathrm{d}\Phi_{\text{m}}}{\mathrm{d}t} = BS\omega\sin(\omega t + \theta_0), \tag{②}$$

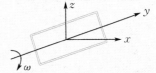

图 19.13.3　例 13.3 图

故最大的感应电动势为

$$\mathscr{E}_{\max} = BS\omega = 0.5 \times 400 \times 10^{-4} \times 10 \text{ V} = 0.2 \text{ V}.$$

（3）线圈中的感应电流为

$$I = \frac{\mathscr{E}}{R} = \frac{BS\omega}{R}\sin(\omega t + \theta_0),$$

线圈所受的磁力矩的大小为

$$M = ISB\sin(\omega t + \theta_0) = \frac{B^2 S^2 \omega}{R}\sin^2(\omega t + \theta_0). \tag{③}$$

由式 ③ 可知,最大磁力矩为

$$M_{\max} = \frac{B^2 S^2 \omega}{R} = \frac{(0.5)^2 \times (400 \times 10^{-4})^2 \times 10}{2} \text{ N} \cdot \text{m} = 2 \times 10^{-3} \text{ N} \cdot \text{m}.$$

（4）外力矩在一周期内所做的功为

$$A = \int_0^{2\pi} M \mathrm{d}\theta = \int_0^{2\pi} \frac{B^2 S^2 \omega}{R}\sin^2\theta \mathrm{d}\theta = \int_0^T \frac{B^2 S^2 \omega^2}{R^2} R \sin^2(\omega t + \theta_0)\mathrm{d}t$$

$$= \int_0^T \frac{\mathscr{E}^2}{R^2} R \mathrm{d}t = \int_0^T I^2 R \mathrm{d}t,$$

恰等于线圈中消耗的能量.

例 13.4 矩形截面螺绕环的尺寸如图 19.13.4 所示,总匝数为 N,求它的自感系数.

解 我们用三种方法来求自感系数 L.

方法一 设螺绕环通有电流 I,对密绕螺绕环,可以认为磁场几乎全部集中在环内.取截面内与轴距离为 r 的一点,以 r 为半径,在垂直轴线的平面内作圆形回路 L,由安培环路定理有

$$2\pi r B = \mu_0 N I, \quad B = \frac{\mu_0 N I}{2\pi r}.$$

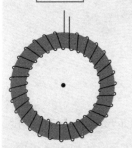

由于对称性,距轴为 r 的各点 $\vec{B}$ 的大小都相等,方向均垂直于矩形截面,于是通过截面的磁通量为

$$\Phi_{\mathrm{m}} = \int_S \vec{B} \cdot \mathrm{d}\vec{S} = \int_S B \mathrm{d}S = \int_a^b Bh \mathrm{d}r = \frac{\mu_0 N I h}{2\pi}\int_a^b \frac{\mathrm{d}r}{r}$$

$$= \frac{\mu_0 N I h}{2\pi}\ln\frac{b}{a}.$$

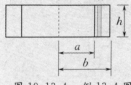

图 19.13.4　例 13.4 图

由自感的定义得

$$L = \frac{\Psi}{I} = \frac{N\Phi_{\mathrm{m}}}{I} = \frac{\mu_0 N^2 h}{2\pi}\ln\frac{b}{a}.$$

方法二 设电流 I 随时间变化,则螺绕环线圈上有自感电动势

$$\mathscr{E} = -\frac{\mathrm{d}\Psi}{\mathrm{d}t} = -N\frac{\mathrm{d}\Phi_{\mathrm{m}}}{\mathrm{d}t} = -\frac{\mu_0 N^2 h}{2\pi}\left(\ln\frac{b}{a}\right)\frac{\mathrm{d}I}{\mathrm{d}t}.$$

由自感电动势的表达式 $\mathscr{E} = -L\dfrac{\mathrm{d}I}{\mathrm{d}t}$,得螺绕环的自感系数为

$$L = -\frac{\mathscr{E}}{\dfrac{\mathrm{d}I}{\mathrm{d}t}} = \frac{\mu_0 N^2 h}{2\pi}\ln\frac{b}{a}.$$

方法三　用磁场能量的方法来求解.由方法一得 $B = \dfrac{\mu_0 NI}{2\pi r}$,故磁场能量的体密度为

$$w_{\mathrm m} = \frac{B^2}{2\mu_0} = \frac{\mu_0 N^2 I^2}{8\pi^2 r^2}.$$

螺绕环的磁场能量为

$$W_{\mathrm m} = \int_V w_{\mathrm m}\mathrm dV = \int_V w_{\mathrm m} 2\pi rh\,\mathrm dr = \frac{\mu_0 N^2 I^2 h}{4\pi}\int_a^b \frac{\mathrm dr}{r} = \frac{\mu_0 N^2 I^2 h}{4\pi}\ln\frac{b}{a},$$

与 $W_{\mathrm m} = \dfrac{1}{2}LI^2$ 比较得

$$L = \frac{\mu_0 N^2 h}{2\pi}\ln\frac{b}{a}.$$

例 **13.5**　如图 19.13.5 所示,两根长直导线平行放置,导线本身的半径为 a,两根导线间距离为 $b(b \gg a)$.两根导线中分别通以电流 I,两电流方向相反.(1)求两导线单位长度的自感系数(忽略导线内磁通量);(2)若将导线间距离由 b 增到 $2b$,求磁场对单位长度导线做的功;(3)导线间的距离由 b 增大到 $2b$,则对应于导线单位长度的磁能改变了多少?是增加还是减少?说明能量的转换情况.

解　(1)因为

$$\Phi_{\mathrm m} = \int_S \vec B \cdot \mathrm d\vec S = \int_a^{b-a}\left[\frac{\mu_0 I}{2\pi r} + \frac{\mu_0 I}{2\pi(b-r)}\right]l\,\mathrm dr = \frac{\mu_0 Il}{\pi}\ln\frac{b-a}{a},$$

所以单位长度自感系数为

$$L_0 = \frac{L}{l} = \frac{\Phi_{\mathrm m}}{Il} = \frac{\mu_0}{\pi}\ln\frac{b-a}{a}.$$

图 19.13.5
例 13.5 图

(2)两等值反向的直线电流间的作用力为排斥力,将导线沿受力方向移动 $\mathrm dr$ 距离时,磁场力对单位长度导线做功为

$$\mathrm dA = \frac{\mu_0 I^2 \,\mathrm dr}{2\pi r},$$

所以

$$A = \int_b^{2b}\frac{\mu_0 I^2}{2\pi r}\mathrm dr = \frac{\mu_0 I^2}{2\pi}\ln 2.$$

(3)磁能增量

$$\Delta W = W - W_0 = \frac{1}{2}L'I^2 - \frac{1}{2}LI^2.$$

而 $L' = \dfrac{\mu_0}{\pi}\ln\dfrac{2b-a}{a}$,所以

$$\Delta W = \frac{1}{2}I^2\left(\frac{\mu_0}{\pi}\ln\frac{2b-a}{a} - \frac{\mu_0}{\pi}\ln\frac{b-a}{a}\right) = \frac{\mu_0 I^2}{2\pi}\ln\frac{2b-a}{b-a} \approx \frac{\mu_0 I^2}{2\pi}\ln 2 > 0.$$

这说明磁能增加了.这是因为在导线间距离由 b 增大到 $2b$ 过程中,两导线中都出现与电流反向的感应电动势,为保持导线中电流不变,外接电源要反抗导线中的感应电动势做功,消耗的电能一部分转化为磁场能量,一部分通过磁场力做功转化为其他形式能量.

例 13.6 在真空中,有半径为 $R = 0.10$ m 的两块圆形金属板构成平行板电容器,如图 19.13.6 所示. 若对电容器匀速充电,使两极板间电场的变化率为 $\dfrac{\mathrm{d}E}{\mathrm{d}t} = 1.0 \times 10^{13}$ V/(m·s). (1) 求两极板间的位移电流;(2) 计算电容器内与两板中心的连线相距为 $r(r < R)$ 处的磁感应强度 B_r 和 $r = R$ 处的 B_R.

解 (1) 根据位移电流的定义,电场中通过某截面的位移电流等于通过该截面的电位移通量的时间变化率,所以平行板电容器两极板间的位移电流为

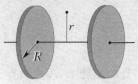

图 19.13.6 例 13.6 图

$$I_\mathrm{d} = \frac{\mathrm{d}\Phi_D}{\mathrm{d}t} = \frac{\mathrm{d}}{\mathrm{d}t}\int_S \vec{D} \cdot \mathrm{d}\vec{S} = \varepsilon_0 \pi R^2 \frac{\mathrm{d}E}{\mathrm{d}t}$$
$$= 8.85 \times 10^{-12} \times \pi \times (0.1)^2 \times 1.0 \times 10^{13} \text{ A}$$
$$= 2.8 \text{ A}.$$

(2) 由全电流定律,并注意到 $I_0 = 0$,则

$$\oint_L \vec{H} \cdot \mathrm{d}\vec{l} = I_\mathrm{d}.$$

可以认为极板间的磁感应线是绕两板中心连线成圆环状,由对称性得

$$\oint_L \vec{H} \cdot \mathrm{d}\vec{l} = H_r 2\pi r = 2\pi r \frac{B_r}{\mu_0}, \tag{①}$$

又

$$\oint_L \vec{H} \cdot \mathrm{d}\vec{l} = \frac{\mathrm{d}\Phi_D'}{\mathrm{d}t} = S' \frac{\mathrm{d}D}{\mathrm{d}t} = \pi r^2 \varepsilon_0 \frac{\mathrm{d}E}{\mathrm{d}t}, \tag{②}$$

式中 S' 是半径为 r 的环路所包围的面积. 联立式 ① 和 ② 得

$$B_r = \frac{\varepsilon_0 \mu_0}{2} r \frac{\mathrm{d}E}{\mathrm{d}t}.$$

当 $r = R$ 时,得

$$B_R = \frac{\varepsilon_0 \mu_0}{2} R \frac{\mathrm{d}E}{\mathrm{d}t} = \frac{1}{2} \times 8.85 \times 10^{-12} \times 4\pi \times 10^{-7} \times 0.1 \times 1.0 \times 10^{13} \text{ T}$$
$$= 5.6 \times 10^{-6} \text{ T}.$$

例 13.7 试证明平行板电容器中的位移电流可写为(忽略边缘效应)

$$I_\mathrm{d} = C \frac{\mathrm{d}U}{\mathrm{d}t},$$

式中 C 是电容器的电容,U 是电容器两极板间的电势差.

证明 设平行板电容器的极板面积为 S,两板内表面距离为 d,则

$$\Phi_D = \vec{D} \cdot \vec{S} = DS = \varepsilon ES = \varepsilon \frac{U}{d} S,$$

而 $C = \dfrac{\varepsilon S}{d}$,所以 $\Phi_D = CU$,故

$$I_\mathrm{d} = \frac{\mathrm{d}\Phi_D}{\mathrm{d}t} = C \frac{\mathrm{d}U}{\mathrm{d}t}.$$

例 13.8 有一圆柱形导体,截面半径为 a,电阻率为 ρ,有电流 I_0 均匀分布于截面内,

求：(1)导体内距轴线为 r 处某点的 $\vec{E}$ 的大小和方向；(2)该点 $\vec{H}$ 的大小和方向；(3)该点坡印亭矢量 $\vec{S}$ 的大小和方向；(4)该导体长度为 l、半径为 r 的部分消耗的能量. 试比较(3)和(4)，说明了什么？

解　(1)根据稳恒电场与稳恒电流密度的关系 $\vec{j} = \sigma\vec{E}$ 可得

$$E = \frac{j}{\sigma} = \rho j,$$

所以 $\vec{E}$ 与导体中电流方向相同(见图 19.13.7)，大小为 $E = \rho j = \dfrac{\rho I_0}{\pi a^2}$.

(2)由安培环路定理可知 $2\pi r H = \dfrac{I_0 r^2}{a^2}$，所以 $H = \dfrac{I_0 r}{2\pi a^2}$，方向与 I_0 成右手螺旋关系.

如图 19.13.7 所示，在 P 点 $\vec{H}$ 垂直向里.

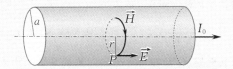

图 19.13.7　例 13.8 图

(3)因为 $\vec{S} = \vec{E} \times \vec{H}$，所以 $\vec{S}$ 沿着圆柱截面的半径方向指向轴线，大小为

$$S = EH = \frac{\rho I_0}{\pi a^2} \frac{I_0 r}{2\pi a^2} = \frac{\rho r I_0^2}{2\pi^2 a^4}.$$

(4)截面半径为 r、长为 l 的导体，电阻 $R = \rho\dfrac{l}{\pi r^2}$ 流过电流 $I = \dfrac{I_0 r^2}{a^2}$，所以它消耗功率

$$P = I^2 R = \frac{I_0^2 r^2 \rho l}{\pi a^4}.$$

我们注意到(3)中的 $\vec{S}$ 表示单位时间通过截面半径为 r 的柱体侧面单位面积进入导体的电磁波能量，对于长为 l 的这样一段导体，单位时间内进入的电磁波总能量为

$$W = S 2\pi r l = \frac{I_0^2 r^2 \rho l}{\pi a^4},$$

即单位时间内进入这段导体的电磁波能量等于它消耗的功率，由此可见，导体内消耗的能量正是空间电磁波传输的.

自测题 6

一、选择题(每题 3 分，共 30 分)

1. 如题 1 图所示，有两根载有相同电流的无限长直导线，分别通过 $x_1 = 1$，$x_2 = 3$ 点，且平行于 y 轴，则磁感应强度 B 等于零的地方是　　　　　　　　　　　　　　[　　]
   (A) 在 $x = 2$ 的直线上.　　(B) 在 $x > 2$ 的区域.　　(C) 在 $x < 1$ 的区域.　　(D) 不在 Oxy 平面上.

2. 有一个圆形回路 1 及一个正方形回路 2，圆直径和正方形的边长相等，两者中通有大小相等的电流，它们在

各自中心产生的磁感应强度的大小之比$\dfrac{B_1}{B_2}$为　　　　　　　　　　　　　　　[　　]

(A) 0.90.　　　　　(B) 1.00.　　　　　(C) 1.11.　　　　　(D) 1.22.

3. 有一无限长通电流的扁平铜片,宽度为a,厚度不计,电流I在铜片上均匀分布,在铜片外与铜片共面离铜片右边缘为b处的P点(见题3图)的磁感应强度B的大小为　　　　[　　]

(A) $\dfrac{\mu_0 I}{2\pi(a+b)}$.　　(B) $\dfrac{\mu_0 I}{2\pi a}\ln\dfrac{a+b}{b}$.　　(C) $\dfrac{\mu_0 I}{2\pi b}\ln\dfrac{a+b}{a}$.　　(D) $\dfrac{\mu_0 I}{2\pi\left(\frac{1}{2}a+b\right)}$.

4. 有一半径为R的单匝圆线圈,通以电流I,若将该导线弯成匝数$N=2$的平面圆线圈,导线长度不变,并通以同样的电流,则线圈中心的磁感应强度和线圈的磁矩分别是原来的　　　　[　　]

(A) 4倍,$\dfrac{1}{8}$.　　(B) 4倍,$\dfrac{1}{2}$.　　(C) 2倍,$\dfrac{1}{4}$.　　(D) 2倍,$\dfrac{1}{2}$.

5. 有一由N匝细导线绕成的平面正三角形线圈,边长为a,通有电流I,置于均匀外磁场$\vec{B}$中,当线圈平面的法向与外磁场同向时,该线圈所受的磁力矩$\vec{M}_{\text{m}}$的大小为　　　　[　　]

(A) $\dfrac{\sqrt{3}\,Na^2IB}{2}$.　　(B) $\dfrac{\sqrt{3}\,Na^2IB}{4}$.　　(C) $\sqrt{3}\,Na^2IB\sin 60°$.　　(D) 0.

6. 如题6图所示,直角三角形金属框架abc放在均匀磁场中,磁场$\vec{B}$平行于ab边,bc的长度为l.当金属框架绕ab边以匀角速度ω转动时,abc回路中的感应电动势$\mathscr{E}$和a,c两点间的电势差U_a-U_c为　　　[　　]

(A) $\mathscr{E}=0$,$U_a-U_c=\dfrac{1}{2}B\omega l^2$.　　　　(B) $\mathscr{E}=0$,$U_a-U_c=-\dfrac{1}{2}B\omega l^2$.

(C) $\mathscr{E}=B\omega l^2$,$U_a-U_c=\dfrac{1}{2}B\omega l^2$.　　(D) $\mathscr{E}=B\omega l^2$,$U_a-U_c=-\dfrac{1}{2}B\omega l^2$.

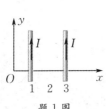

题1图

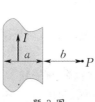

题3图

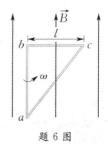

题6图

7. 已知圆环式螺线管的自感系数为L.若将该螺线管锯成两个半环式的螺线管,则两个半环式螺线管的自感系数　　　　[　　]

(A) 都等于$\dfrac{1}{2}L$.　　　　　　　(B) 有一个大于$\dfrac{1}{2}L$,另一个小于$\dfrac{1}{2}L$.

(C) 都大于$\dfrac{1}{2}L$.　　　　　　　(D) 都小于$\dfrac{1}{2}L$.

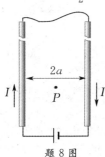

题8图

8. 真空中两根很长的相距为$2a$的平行直导线与电源组成闭合回路如题8图所示.已知导线中的电流为I,则在两导线正中间某点P处的磁能体密度为　　　　[　　]

(A) $\dfrac{1}{\mu_0}\left(\dfrac{\mu_0 I}{2\pi a}\right)^2$.　　　　(B) $\dfrac{1}{2\mu_0}\left(\dfrac{\mu_0 I}{2\pi a}\right)^2$.

(C) $\dfrac{1}{2\mu_0}\left(\dfrac{\mu_0 I}{\pi a}\right)^2$.　　　　(D) 0.

9. 对位移电流,有下述四种说法,请指出哪一种说法正确.　　　　　[　　]

(A) 位移电流是由变化电场产生的.

（B）位移电流是由线性变化磁场产生的.

（C）位移电流的热效应服从焦耳-楞次定律.

（D）位移电流的磁效应不服从安培环路定理.

10. 某段时间内,圆形极板的平板电容器两板电势差随时间变化的规律是 $U_{ab} = U_a - U_b = kt$（k 是正常量,t 是时间）. 设两板间电场是均匀的,此时在极板间 1,2 两点（2 比 1 更靠近极板边缘）处产生的磁感应强度 $\vec{B}_1$ 和 $\vec{B}_2$ 的大小有如下关系：　　　　　　　　　　　　　　　　　　　　　　　[　　]

(A) $B_1 > B_2$.　　　　(B) $B_1 < B_2$.　　　　(C) $B_1 = B_2 = 0$.　　　　(D) $B_1 = B_2 \neq 0$.

二、填空题（共 30 分）

11. 均匀磁场的磁感应强度 $\vec{B}$ 垂直于半径为 r 的圆面. 今以该圆周为边线作一半球面 S,则通过 S 面的磁通量的大小为 _____.

12. 一根长直载流导线沿空间直角坐标系的 Oy 轴放置,电流沿 y 轴正向. 在原点 O 处取一电流元 $I\mathrm{d}\vec{l}$,则该电流元在 $(a,0,0)$ 点处的磁感应强度的大小为 _____,方向为 _____.

13. 一个质点带有电荷 $q = 8.0 \times 10^{-19}$ C,以速度 $v = 3.0 \times 10^5$ m/s 在半径为 $R = 6.00 \times 10^{-8}$ m 的圆周上做匀速圆周运动. 该带电质点在轨道中心所产生的磁感应强度 $B = $ _____,该带电质点轨道运动的磁矩 $p_m = $ _____.（$\mu_0 = 4\pi \times 10^{-7}$ H/m）

14. 如题 14 图所示,平行的无限长直载流导线 A 和 B,电流均为 I 且垂直纸面向外,两根载流导线之间相距为 a,则（1）$\overline{AB}$ 中点（P 点）的磁感应强度 $\vec{B}_P = $ _____；（2）磁感应强度 $\vec{B}$ 沿图中环路 l 的线积分 $\oint_L \vec{B} \cdot \mathrm{d}\vec{l} = $ _____.

15. 一个绕有 500 匝导线的平均周长为 50 cm 的细环,载有 0.3 A 电流时,铁芯的相对磁导率为 600.（1）铁芯中的磁感应强度 B 为 _____；（2）铁芯中的磁场强度 H 为 _____.（$\mu_0 = 4\pi \times 10^{-7}$ H/m）

16. 如题 16 图所示,一根长直导线中通有电流 I,有一根与长直导线共面、垂直于导线的细金属棒 AB 以速度 $\vec{v}$ 平行于长直导线做匀速运动. 问：（1）金属棒 A,B 两端的电势 U_A 和 U_B 哪一个较高？_____；（2）若将电流 I 反向,U_A 和 U_B 哪一个较高？_____；（3）若将金属棒与导线平行放置,结果又如何？_____.

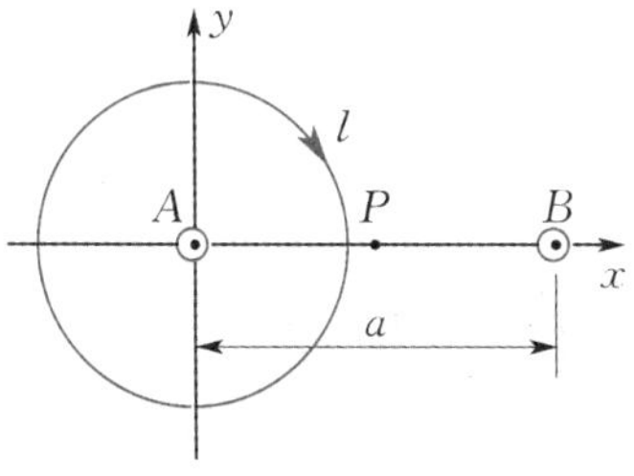

题 14 图 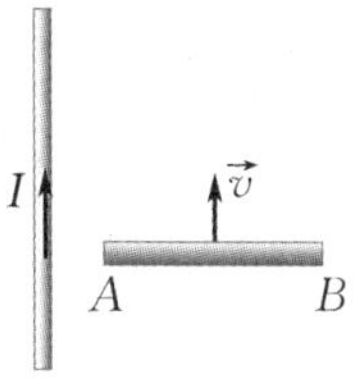　　　　　　　　题 16 图

17. 有一个载有 $I = 10$ A 电流的圆线圈,放在磁感应强度等于 0.015 T 的均匀磁场中,处于平衡位置. 线圈直径 $d = 12$ cm. 使线圈以它的直径为轴转过角 $\alpha = \dfrac{1}{2}\pi$ 时,外力所做的功 $A = $ _____,如果转角 $\alpha = 2\pi$,外力做的功 $A = $ _____.

18. 面积为 S 的平面线圈置于磁感应强度为 $\vec{B}$ 的均匀磁场中. 若线圈以匀角速度 ω 绕位于线圈平面内且垂直于 $\vec{B}$ 方向的固定轴旋转,在 $t = 0$ 时 $\vec{B}$ 与线圈平面垂直,则任意 t 时刻通过线圈的磁通量为 _____,线圈中的感应电动势为 _____. 若均匀磁场 $\vec{B}$ 是由通有电流 I 的线圈所产生,且 $B = kI$（k 为常量）,则旋转线圈相对于产生磁场的线圈最大互感系数为 _____.

三、计算题(共 40 分)

19. 如题 19 图所示,半径为 a、带正电荷且线密度是 λ(常数)的半圆以角速度 ω 绕轴 $O'O''$ 匀速旋转. 求:(1) O 点的 $\vec{B}$;(2) 旋转的带电半圆的磁矩 p_m. $\left(积分公式 \int_0^\pi \sin^2\theta \mathrm{d}\theta = \frac{1}{2}\pi\right)$

20. 如题图 20 所示为两条穿过 y 轴且垂直于 Oxy 平面的平行长直导线的正视图,两条导线皆通有电流 I,但方向相反,它们到 x 轴的距离皆为 a. (1) 推导出 x 轴上 P 点处的磁感应强度 $\vec{B}(x)$ 的表达式;(2) 求 P 点在 x 轴上何处时,该点的 B 取得最大值.

21. 如题 21 图所示,载有电流 I 的长直导线附近放一根导体半圆环 MeN 与长直导线共面,且端点 MN 的连线与长直导线垂直. 半圆环的半径为 b,环心 O 与导线相距 a. 设半圆环以速度 $\vec{v}$ 平行导线平移,求半圆环内感应电动势的大小和方向以及 MN 两端的电压 $U_M - U_N$.

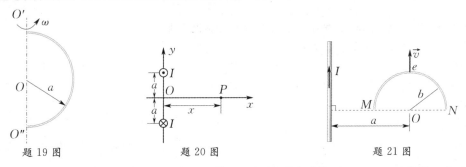

题 19 图　　　　　　　　题 20 图　　　　　　　　题 21 图

22. 一个长直螺线管,单位长度上线圈的匝数为 n,若电流随时间均匀增加,即 $i = kt$(k 为常量). 求:(1) t 时刻螺线管内的磁感应强度;(2) 螺线管中的电场强度.

自测题6答案

19.14　　狭义相对论基础

19.14.1　　基本要求

1.理解爱因斯坦狭义相对论的两条基本原理,掌握洛伦兹变换式.

2.理解狭义相对论的时空观,即理解同时的相对性、长度的收缩和时间的膨胀,并能进行相关的计算.

3.掌握狭义相对论动力学的几个结论及其应用.

19.14.2　　内容提要

1.狭义相对论的两条基本原理

(1)相对性原理:所有物理定律在一切惯性系中都具有相同的形式,或者说所有惯性系都是等价的.

（2）光速不变原理：所有惯性系中测量到的真空中的光速沿各个方向都相同，光在真空中的传播速度与光源及观察者的运动状态无关.

2.洛伦兹变换

（1）洛伦兹变换

$S \to S'$ 的变换（正变换）：

$$\begin{cases} x' = \gamma(x - ut), \\ y' = y, \\ z' = z, \\ t' = \gamma\left(t - \dfrac{u}{c^2}x\right); \end{cases} \tag{19.14.1a}$$

$S' \to S$ 系变换（逆变换）：

$$\begin{cases} x = \gamma(x' + ut'), \\ y = y', \\ z = z', \\ t = \gamma\left(t' + \dfrac{u}{c^2}x'\right), \end{cases} \tag{19.14.1b}$$

式中

$$\gamma = \frac{1}{\sqrt{1 - \beta^2}} = \frac{1}{\sqrt{1 - \left(\dfrac{u}{c}\right)^2}}. \tag{19.14.2}$$

（2）洛伦兹速度变换

$S \to S'$ 系变换：

$$\begin{cases} v'_x = \dfrac{v_x - u}{1 - \dfrac{uv_x}{c^2}}, \\[3mm] v'_y = \dfrac{v_y}{\gamma\left(1 - \dfrac{uv_x}{c^2}\right)}, \\[3mm] v'_z = \dfrac{v_z}{\gamma\left(1 - \dfrac{uv_x}{c^2}\right)}. \end{cases} \tag{19.14.3a}$$

$S' \to S$ 系变换：

$$\begin{cases} v_x = \dfrac{v'_x + u}{1 + \dfrac{uv'_x}{c^2}}, \\[3mm] v_y = \dfrac{v'_y}{\gamma\left(1 + \dfrac{uv'_x}{c^2}\right)}, \\[3mm] v_z = \dfrac{v'_z}{\gamma\left(1 + \dfrac{uv'_x}{c^2}\right)}. \end{cases} \tag{19.14.3b}$$

3. 相对论的时空观

(1) 同时的相对性. 在同一地点同时发生的两个事件, 无论在哪个惯性系观测都是同时发生的; 在某惯性参考系不同地点同时发生的事件, 在其他惯性系观测则不是同时发生的.

(2) 长度收缩. 相对于细棒静止的观察者测得的棒长 l_0 称为固有长度, 则在相对于细棒沿棒长方向以速度 u 运动的惯性系中的观察者测得的棒长 l 为

$$l = l_0 \sqrt{1 - \beta^2} < l_0, \tag{19.14.4}$$

即运动物体沿其运动方向上的长度测量值变小了, 简称运动长度缩短.

(3) 时间膨胀. 静止于某惯性系内的某点的一个过程持续的时间间隔记为 τ_0, 称为固有时间, 则在相对于该过程以速度 u 运动的惯性系中的观察者测得的该过程持续的时间间隔为

$$\tau = \frac{\tau_0}{\sqrt{1 - \beta^2}} > \tau_0, \tag{19.14.5}$$

即该观察者认为运动着的"钟"变慢了.

4. 相对论动力学的几个结论

(1) 质量与速度的关系

$$m = \frac{m_0}{\sqrt{1 - \beta^2}}, \tag{19.14.6}$$

即质量与物体的运动状态有关, 物体运动的速度越大, 质量也越大, 即惯性也越大. 光速是物体运动速度的极限.

(2) 质能关系

$$E = mc^2 = \frac{m_0 c^2}{\sqrt{1 - \beta^2}} = m_0 c^2 + E_k. \tag{19.14.7}$$

令

$$E_0 = m_0 c^2, \tag{19.14.8}$$

称为静能.

$$E_k = mc^2 - m_0 c^2, \tag{19.14.9}$$

称为动能.

注意: 只有在低速范围内(亦即牛顿力学范围内)动能 E_k 才能表示为 $\frac{1}{2} m v^2$, 而在狭义相对论动力学中, 动能 E_k 只能是总能 mc^2 与静能 $m_0 c^2$ 之差.

(3) 相对论动量

$$p = mv = \frac{m_0 v}{\sqrt{1 - \beta^2}}. \tag{19.14.10}$$

(4) 相对论的动量和能量关系

$$E^2 = E_0^2 + p^2 c^2. \tag{19.14.11}$$

可见, 在牛顿力学中或在低速范围内成立的动能和动量的关系式 $E_k = \frac{p^2}{2m}$ 在高速领域中不成立.

19.14.3 重点、难点分析

1.如何正确地理解相对论的时空观

（1）正确接受相对论时空观的突破口

历史发展到 19 世纪末 20 世纪初,大量实验和观测都表明经典的绝对时空观在高速领域内是不成立的,但是为什么一直难以突破呢?爱因斯坦在进行了长达 10 年的研究后认为,人们忽视了一个最基本的问题,即没有对"时间的同时性"做出定义.

爱因斯坦认为:"如果只涉及某一地的时间,那么就用位于该地的一只钟来定义就够了."但如果要定义那些远离这只钟的地点所发生的事件的时间,就不行了,即"在空间 A 点处放一只钟就可以定义 A 点处发生的事件;在 B 点处也放一只完全同样的钟,就可以定义 B 点处发生的事件.但是,如果我们不进一步定义 A 和 B 的公共时间(即不同地点的同时性),就不能把 A 处的事件同 B 处的事件在时间上进行比较".那么怎样定义 A 和 B 处的公共时间呢?即如何给时间的同时性下一个定义呢?爱因斯坦认为:如果在同一惯性系内 A,B 两处有两个事件是同时发生的,则在事件发生的同时,从 A,B 两点处发出的光信号一定会在 A,B 两点连线的中心处相遇.只要承认了这个时间同时性的定义,那么异地同时发生的事件在另一参考系中测量就一定不是同时发生的,"同时的绝对性"就不成立了.

那么,人们为什么会忽视这一最基本的定义呢?这就是持经典时空观的人们在谈论时间问题时,实际上谈论的是脱离物质存在的纯数学的抽象的时间(即头脑中的时间轴),因而无法定义.而这个问题的背后,实质上隐藏着关于时间信息的传递速度可以无穷大,因而 A,B 两处对钟的问题也就不是一个问题.

如果承认不存在脱离物质而单独存在的时间,同时又承认任何信息的传递速度都是有限的,再加上假定光速是不变的,那么提出爱因斯坦的"时间的同时性"定义就是必然的.

（2）洛伦兹变换的物理意义

爱因斯坦根据相对性原理和光速不变原理而导出的洛伦兹变换本身就已包含了崭新的时空观.正确地理解洛伦兹变换所包含的崭新的时空观,也是正确接受相对论时空观中有关结论的关键.在洛伦兹变换式中,空间坐标变换中包含有时间因子,即

$$x = \gamma(x' + ut'),$$

而在时间坐标变换中又包含了空间因子,即

$$t = \gamma\left(t' + \frac{u}{c^2}x'\right).$$

这清楚地说明了时间、空间是彼此相关的统一体,即空间反映的是物质的广延性,时间反映的是事件过程的持续性.时间、空间都是物质存在的属性,两者不能彼此独立.而且作为物质存在的时空属性就必然与物质和物质的运动状态有关,即当被研究的对象处在不同的参考系中时,其时空性质是不一样的.

由于参考系必须是物质的,因此洛伦兹变换就给出了任何物体的运动速度都不能超过光速的结论.这一结论还可以从相对论的质速关系中理解.根据相对论质速关系

$$m = \frac{m_0}{\sqrt{1 - \dfrac{v^2}{c^2}}},$$

在 $v \rightarrow c$ 时, $m \rightarrow \infty$ 是不可能的, 因而物体的运动速度不可能超过光速.

（3）如何理解长度收缩效应

空间长度是描述物质存在广延性的属性的, 因此它与物质的运动状态有关是必然的结果. 在狭义相对论中, 时、空是彼此关联的, 因此"长度收缩"也是"同时性的相对性"的必然结果.

测量运动物体的长度时, 必须同时记录下该物体两端在该静止参考系中的坐标.

如第 14 章中所述, 在 S 系中去测量 S' 系中的细棒时, 必须同时在 $t_2 = t_1 = t$ 的时刻记录下棒两端在 S 系中的坐标 x_2, x_1, 而后由洛伦兹变换得

$$x'_2 = \gamma(x_2 - ut_2), \quad x'_1 = \gamma(x_1 - ut_1),$$

两式相减, 并考虑到 $t_2 = t_1 = t$ 及 $l_0 = x'_2 - x'_1, l = x_2 - x_1$, 得

$$l = l_0 \sqrt{1 - \beta^2},$$

即在 S 系中的观察者测得棒在运动方向上缩短了. 但 S' 系中的人则不以为然, 他认为 S 系中的观察者的测量动作不是同时的（即 t'_2 与 t'_1 不同）, 因为由洛伦兹变换有

$$t'_2 = \frac{t_2 - \dfrac{ux_2}{c^2}}{\sqrt{1 - \beta^2}}, \quad t'_1 = \frac{t_1 - \dfrac{ux_1}{c^2}}{\sqrt{1 - \beta^2}}.$$

虽有 $t_2 = t_1$, 但 $x_2 \neq x_1$, 所以在 S' 系中有

$$t'_2 - t'_1 = \frac{-(x_2 - x_1)\dfrac{u}{c^2}}{\sqrt{1 - \beta^2}} \neq 0.$$

正确理解长度收缩效应时还必须注意以下三点.

其一, 这种效应是相对的. 假若有两根完全一样长的细棒, 一根放在 S' 系, 一根放在 S 系, 则 S 系的观察者说放在 S' 系中的棒缩短了, 而 S' 系中的观察者认为自己这根棒长度没变, 而是 S 系中的棒长缩短了. 究其原因, 是物体的运动状态是个相对量.

其二, "长度收缩"效应应理解成是个普遍的时、空性质. 即 S 系的观察者在测量 S' 系中细棒的长度出现"长度缩短"效应时, 不能仅仅理解只是这根棒缩短了, 而是 S' 系中的一切物体, 包括 S' 系本身（因为我们可以令运动着的棒本身就是 S' 系）的空间属性都在运动方向上缩短了.

其三, 这是一种测量结果而不是视觉效果. 这个问题比较复杂, 有兴趣的读者可参阅赵凯华编《新概念物理教程 —— 力学》第 8 章 2.3 节高速运动物体的视觉形象.

（4）如何正确理解"时间膨胀"效应

时间膨胀效应又可称为"动钟变慢"效应, 即运动着的钟比静止的钟慢.

所谓钟, 在物理上是指用任何一个具有某种周期性的真实事件所经历的时间间隔来度量时间的装置. 因此, "动钟变慢"应理解成相对于观察者运动的事件的发展进程将被延缓（即变慢）. 时间, 作为描述物质存在持续性属性的物理量, 与物质的运动状态有关是必然的.

如果我们的讨论只限于狭义相对论, 那么"动钟变慢"效应是相对的, 这是因为运动状态是相对的. 如果所讨论的问题涉及不对称的两个参考系, 即其中一个是非惯性系, 那么发生在非惯性系中的动钟变慢效应就是绝对的了. 设若有一对风华正茂的孪生兄弟, 哥哥告别弟

弟登上飞船去造访牛郎织女星.归来之时,哥哥仍是翩翩一少年,而弟弟已是苍苍一老翁了.如果科技能发展到这一步,这就是真实的可能.在这里,飞船参考系与地球参考系彼此不对称.飞船参考系必须具有相对整个宇宙的加速度才能往返于地球和牛郎织女星之间,因而是非惯性系,而地球参考系在这里是作为惯性系来处理的.对这个问题的讨论要涉及广义相对论,故不做深入讨论.

2. 如何正确进行相关的变换和计算

本章的习题主要涉及如下类型:利用洛伦兹变换进行时空变换;利用长度收缩公式和时间膨胀公式进行相关的计算;利用相对论动力学知识进行相关的计算.要正确运用有关公式须注意如下几点.

(1) 首先要弄清题中是否真正存在着参考系间转换的问题,而后要弄清哪个是 S 系,哪个是 S' 系;哪个是固有长度,哪个是"运动长度";哪个是固有时间,哪个是"运动时间",同时要注意 $\tau = \gamma \tau_0$ 中的 τ_0 只对同一地点发生的事件成立.换言之,不同地点发生事件的时间差的转换不能用这个公式.而 $l = l_0 \sqrt{1 - \beta^2}$ 中的 l 则只对同时测量成立.

(2) 发生在 S' 系中同一地点不同时刻的两个事件,在 S 系中就是不同地点不同时刻的事件.反之亦然.

(3) 在相对论动力学中,动能不能用 $\frac{1}{2}mv^2$ 进行计算,只能用

$$E_k = mc^2 - m_0 c^2$$

进行计算.

(4) 在经典物理中能量守恒定律与质量守恒定律彼此独立.而在相对论中通过质能关系式把这两个定律统一起来了,即在相对论中能量守恒与质量守恒总是同时成立的.

19.14.4　典型题解

例 14.1　如果在 S' 系中两事件的 x' 坐标相同, y' 坐标不同.当在 S' 系中观测到此两事件同时发生时,在 S 系中观测它们是否同时发生?

解　可以证明沿垂直于相对运动方向上的两点发生的事件的同时性是绝对的,即在 S' 系中观测到垂直运动方向上的两事件是同时发生的,在 S 系中观测也是同时发生的.证明如下:

设在 S' 系中 M' 点有一闪光光源,在 y' 轴上的 A', B' 处各放一接收器,两接收器到光源的距离相等,即 $M'A' = M'B'$,如图 19.14.1(a) 所示.根据光速不变原理,闪光必将同时传到两个接收器,即 $t'_A = t'_B$.

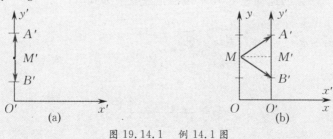

图 19.14.1　例 14.1 图

在 S 系中观测这两个事件,其结果如何呢?由于 S' 系相对 S 系运动,在 S 系中光线并不沿同一竖直方向传播,而是沿两条斜线,如图 19.14.1(b) 所示.由于 A',B' 对 MM' 是对称的,此两斜线 $MA' = MB'$.因为这两个方向上光速相同,所以光到达 A' 和 B' 这两个事件在 S 系中也是同时事件,即 $t_{A'} = t_{B'}$.

用洛伦兹变换证明:

$$\Delta y' = \Delta y \neq 0, \quad \Delta t = \gamma\left(\Delta t' + \frac{u}{c^2}\Delta x'\right).$$

因为 $\Delta t' = 0, \Delta x' = 0$,所以 $\Delta t = 0$.这就证明了在 S 系中仍是两个异地同时性事件.

例 14.2　一根米尺静止在 S' 系中,与 $O'x'$ 轴成 $30°$ 角,如果在 S 系中测得该米尺与 Ox 轴成 $45°$ 角,如图 19.14.2 所示,S 系测的米尺长度是多少?S' 相对于 S 的速度 u 是多少?

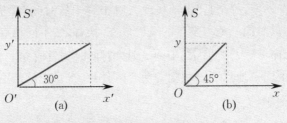

图 19.14.2　例 14.2 图

解　由于"收缩效应"只发生在物体运动方向,故有

$$y = y_0 = l_0 \sin 30° = 1 \times 0.5 \, \text{m} = 0.5 \, \text{m},$$
$$x = y \cot 45° = 0.5 \, \text{m}.$$

S 系测得的米尺的长度为

$$l = \sqrt{x^2 + y^2} = \sqrt{2} y_0 = 0.707 \, \text{m}.$$

又由 $x = x_0\sqrt{1 - \left(\frac{u}{c}\right)^2}$,得 S' 系相对 S 系的速度

$$u = c\sqrt{1 - \left(\frac{x}{x_0}\right)^2} = c\sqrt{1 - \left(\frac{0.5}{\cos 30°}\right)^2} = \sqrt{\frac{2}{3}} c.$$

例 14.3　在惯性系 S 中观察到两事件发生在空间同一位置,第二事件发生在第一事件后 $2 \, \text{s}$,在另一相对于 S 系沿 x 轴方向运动的惯性系 S' 中,观察到第二事件在第一事件 $3 \, \text{s}$ 后发生.求在 S' 系中测得两事件的位置距离.

解　已知 $x_1 = x_2$,$t_2 - t_1 = 2 \, \text{s}$,$t'_2 - t'_1 = 3 \, \text{s}$,求 $x'_2 - x'_1$.

设 S' 系相对于 S 系的运动速度为 u,由洛伦兹变换公式有

$$x'_2 - x'_1 = \gamma u (t_1 - t_2), \qquad\qquad\qquad ①$$

由 $x_1 = x_2$ 得 $\gamma(x'_1 + ut'_1) = \gamma(x'_2 + ut'_2)$,即

$$x'_2 - x'_1 = u(t'_1 - t'_2). \qquad\qquad\qquad ②$$

由 ①,② 两式,得

$$\gamma = \frac{t'_2 - t'_1}{t_2 - t_1} = \frac{3}{2},$$

解得

$$u = \sqrt{\frac{5}{9}} c .$$

代入式 ② 得

$$|x_2' - x_1'| = 6.71 \times 10^8 \text{ m}.$$

例 14.4　匀质细棒静止时的质量为 m_0，长度为 l_0，当它沿棒长方向做高速匀速直线运动时，测它的长为 l，则该棒所具有的动能 E_k 是多少？

解　由题知 $\sqrt{1-\beta^2} = \dfrac{l}{l_0}$，所以

$$E_k = m_0 c^2 \left(\frac{1}{\sqrt{1-\beta^2}} - 1 \right) = m_0 c^2 \left(\frac{l_0}{l} - 1 \right).$$

例 14.5　在宇宙射线中存在能量为 10^{10} GeV 数量级的质子，若银河系的直径为 10^5 ly，分别以银河系和质子为参考系，计算质子飞越银河系所需的时间（已知质子的静能 $E_0 = 938$ MeV）．

解　因 10^{10} GeV $= 10^{13}$ MeV $\gg 938$ MeV，故

$$E_k = mc^2 - m_0 c^2 \approx mc^2 ,$$

所以

$$\frac{E_k}{E_0} = \frac{mc^2}{m_0 c^2} = \frac{1}{\sqrt{1-\beta^2}} = \frac{10^{10} \times 10^3 \text{ MeV}}{938 \text{ MeV}} \approx 10^{10} ,$$

即

$$\sqrt{1-\beta^2} = \frac{1}{10^{10}} \to 0, \quad \beta \approx 1, \quad u \approx c.$$

若以银河系为参考系，则质子飞越银河系需时间 $\tau = \dfrac{10^5 \text{ ly}}{c} = 10^5$ a，这可视为质子飞越银河系的"运动时间"，而在质子参考系中，它飞越银河系的时间为固有时间，即

$$\tau_0 = \tau \sqrt{1-\beta^2} = \frac{10^5}{10^{10}} \text{ a} = 10^{-5} \text{ a} \approx 5 \text{ min}.$$

或者，质子参考系测得银河系的直径为

$$l = l_0 \sqrt{1-\beta^2} = 10^5 \times c \sqrt{1-\beta^2} = \frac{10^5 c}{10^{10}} = 10^{-5} c ,$$

则质子飞越银河系的时间为

$$\tau_0 = \frac{l}{c} = 10^{-5} \text{ a} \approx 5 \text{ min}.$$

例 14.6　两个静止质量都是 m_0 的粒子，以速率 $v = 0.5c$ 从空间一个共同点沿相反方向运动，求：(1) 每个粒子相对共同点的动量和能量的大小；(2) 一个粒子在相对另外一个粒子静止的参考系中能量和动量的大小．

解　(1) 相对共同点，每个粒子的速率都是 $0.5c$，则

$$p = mv = \frac{m_0}{\sqrt{1 - \left(\dfrac{v}{c} \right)^2}} v = 0.58 m_0 c ,$$

$$E = mc^2 = \frac{m_0}{\sqrt{1 - \left(\dfrac{v}{c}\right)^2}} c^2 = 1.15 m_0 c^2.$$

（2）设 S' 系为一个粒子处于静止的参考系，则另一个粒子相对于 S' 系的速率为

$$v'_x = \frac{v_x - u}{1 - \dfrac{u}{c^2} v_x} = \frac{0.5c - (-0.5c)}{1 - \dfrac{(-0.5c)}{c^2} \times 0.5c} = 0.80c,$$

所以

$$p' = m v'_x = \frac{m_0 v'_x}{\sqrt{1 - \left(\dfrac{v'_x}{c}\right)^2}} = \frac{m_0 \times 0.8c}{\sqrt{1 - \left(\dfrac{0.8c}{c}\right)^2}} \approx 1.33 m_0 c.$$

$$E' = mc^2 = \frac{m_0 c^2}{\sqrt{1 - \left(\dfrac{v'_x}{c}\right)^2}} \approx 1.67 m_0 c^2.$$

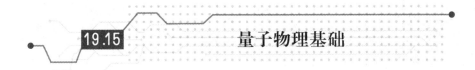

19.15   量子物理基础

19.15.1   基本要求

1. 了解黑体辐射规律，理解普朗克能量子假设；理解光电效应和康普顿效应，理解光的波粒二象性，掌握爱因斯坦光子论对这两个效应的解释，能进行相关的简单计算.

2. 理解氢原子光谱的实验规律，掌握玻尔的氢原子理论，理解定态能级和能级跃迁决定谱线频率这两个重要的量子思想.

3. 理解德布罗意波及其实验验证，掌握电子波长的计算，理解实物粒子的波粒二象性，了解玻恩对粒子波的统计解释；理解不确定关系并会简单应用.

4. 理解波函数的意义及其性质；了解定态薛定谔方程、一维无限深势阱问题和隧道效应；了解氢原子的量子力学处理方法，理解能量量子化、角动量量子化、角动量的空间量子化.

5. 了解电子自旋的概念及施特恩-格拉赫实验.

6. 理解描述原子中电子运动状态的四个量子数的意义，了解泡利不相容原理和原子的壳层结构.

19.15.2   内容提要

1. 黑体辐射的基本规律和普朗克的能量子假设

（1）斯特藩-玻尔兹曼定律

$$M_B(T) = \sigma T^4, \tag{19.15.1}$$

式中 σ 称为斯特藩常量. 公式表明黑体的总辐射本领 $M_B(T)$ 随温度的升高而急剧增加.

（2）维恩位移定律

$$T\lambda_{\mathrm{m}} = b,\tag{19.15.2}$$

式中 b 称为维恩常量. 公式表示峰值波长 λ_{m} 随温度升高向短波方向移动.

（3）普朗克的能量子假设

① 黑体是由带电谐振子组成（即把黑体的分子、原子的振动看作线性谐振子的振动）. 这些谐振子辐射电磁波并和周围的电磁场交换能量.

② 谐振子的能量是最小能量 $\varepsilon = h\nu$ 的整数倍. $\varepsilon = h\nu$ 称为能量子, h 为普朗克常量, 它是区分量子物理和经典物理的判据.

根据这些假设, 普朗克导出了成功解释黑体辐射规律的普朗克公式.

2. 光电效应与爱因斯坦光电效应方程

（1）光电效应的实验规律

① 单位时间从金属阴极逸出的光电子数与入射光的强度成正比.

② 光电子的最大初动能与入射光频率呈线性关系, 用公式表示为

$$\frac{1}{2}mv_{\mathrm{m}}^2 = ek\nu - eU_0,\tag{19.15.3}$$

k 是与金属材料无关的常量, U_0 是金属的常量.

③ 存在红限频率 ν_0, 即只有入射光频率 $\nu > \nu_0 = \dfrac{U_0}{k}$, 金属才有光电子逸出.

④ 光电效应是瞬时效应.

（2）光量子论和爱因斯坦光电效应方程

① 光量子论.

一束光就是一束以光速运动的粒子流, 这些粒子称为光量子, 简称光子. 光子能量为 $\varepsilon = h\nu$. 设单位时间通过单位面积的光子数为 N, 则光的能流密度（光的强度）为 $Nh\nu$.

② 爱因斯坦光电效应方程 —— 光量子论对光电效应的解释.

入射的光子被电子吸收使电子能量增加了 $h\nu$, 电子把一部分能量用于脱离金属表面时所需要的逸出功 A, 另一部分成为逸出电子的初动能, 即

$$\frac{1}{2}mv_{\mathrm{m}}^2 = h\nu - A.\tag{19.15.4}$$

3. 康普顿效应

（1）康普顿效应的实验规律

① 散射 X 射线中除了存在和原波长 λ_0 相同的谱线外还有 $\lambda > \lambda_0$ 的谱线.

② 波长的改变量 $\Delta\lambda = \lambda - \lambda_0$ 随散射角 φ 的增大而增大, 而与散射物质无关. 波长的增加量为

$$\Delta\lambda = \lambda - \lambda_0 = \frac{2h}{m_0 c}\sin^2\frac{\varphi}{2} = 2\lambda_{\mathrm{c}}\sin^2\frac{\varphi}{2},\tag{19.15.5}$$

式中 m_0 为电子静止质量, h 为普朗克常量, $\lambda_{\mathrm{c}} = \dfrac{h}{m_0 c}$ 称为电子的康普顿波长.

③ 波长为 λ 的散射 X 射线的强度与散射物质有关, 它随散射物质的原子序数的增加（即质量增大）而减弱.

(2) 光量子论对康普顿效应的解释

康普顿效应是散射物质中的单个电子(一般是和原子核联系较弱的电子)和单个光子发生完全弹性碰撞的结果. 按照弹性碰撞过程中光子与电子系统的能量守恒和动量守恒可计算出 $\Delta\lambda = \lambda - \lambda_0 = 2\lambda_c \sin^2 \dfrac{\varphi}{2}$. 散射 X 射线中还有波长为 λ_0 的射线则是光子与散射物质的内层束缚较紧的电子碰撞的结果. 这种碰撞相当于光子和原子碰撞,光子的能量几乎没有损失,所以其频率和波长均保持不变. 由于内层电子数目随散射物质原子序数增加而增加,所以波长为 λ_0 的 X 射线强度随之增强,而波长为 λ 的 X 射线强度相对减弱.

康普顿效应不仅证实了光的量子性,而且证实了在微观粒子相互作用过程中能量守恒定律和动量守恒定律同样成立.

4. 光的波粒二象性

光既具有波动性又具有粒子性. 在一定条件下光显示其波动性一面,在另一些条件下光显示其粒子性一面. 波动性与粒子性是对立统一的. 光的波动性用波长 λ 和频率 ν 描述,光的粒子性用光子的质量、能量、动量描述.

光子能量 $\qquad\qquad\qquad \varepsilon = h\nu,$ $\qquad\qquad\qquad\qquad$ (19.15.6)

光子动量 $\qquad\qquad\qquad p = \dfrac{h}{\lambda},$ $\qquad\qquad\qquad\qquad$ (19.15.7)

光子质量 $\qquad\qquad\qquad m = \dfrac{h\nu}{c^2}.$ $\qquad\qquad\qquad\qquad$ (19.15.8)

光子静止质量为零.

5. 玻尔的氢原子理论

(1) 氢原子光谱的实验规律

① 巴耳末公式与里德伯公式

$$\lambda = B\frac{n^2}{n^2 - 4}, \quad n = 3, 4, \cdots,$$ (19.15.9)

$$\tilde{\nu} = R\left(\frac{1}{2^2} - \frac{1}{n^2}\right), \quad n = 3, 4, \cdots.$$ (19.15.10)

② 里兹组合原理

$$\tilde{\nu} = T(k) - T(n), \quad n > k,$$ (19.15.11)

式中 $T(k)$ 和 $T(n)$ 称为光谱项, $T(k) = \dfrac{R}{k^2}$.

(2) 玻尔的基本假设

① 定态假设

原子系统存在一系列不连续的能量状态,称为原子系统的定态. 相应的定态能量只能取不连续的值 $E_1, E_2, E_3, \cdots$. 原子中的电子只能在一定轨道上绕核做圆周运动.

② 频率假设

当原子从一个较高的能量 E_n 的定态跃迁到另一较低的能量 E_k 的定态时,原子辐射出一个光子,其频率为

$$\nu = \frac{E_n - E_k}{h}.$$ (19.15.12)

③ 轨道角动量量子化假设

原子中绕核做圆周运动的电子轨道角动量 L 的值为

$$L = n\frac{h}{2\pi} = n\hbar, \quad n = 1, 2, \cdots. \tag{19.15.13}$$

$\hbar$ 称为约化普朗克常量.

（3）氢原子轨道半径与能级

$$r_n = n^2\left(\frac{\varepsilon_0 h^2}{\pi m e^2}\right) = n^2 r_1, \quad n = 1, 2, \cdots, \tag{19.15.14}$$

$$E_n = -\frac{1}{n^2}\left(\frac{m e^4}{8\varepsilon_0^2 h^2}\right) = \frac{1}{n^2}E_1, \quad n = 1, 2, \cdots, \tag{19.15.15}$$

其中 $r_1 = 5.29 \times 10^{-11}$ m，称为第一玻尔半径；$E_1 = -13.6$ eV，为氢原子基态能级.

基态氢原子的电离能为

$$W = E_\infty - E_1 = 13.6 \text{ eV}.$$

（4）玻尔理论的成功与局限性

成功之处在于从理论上解释了氢原子光谱实验规律. 特别是提出了能级的概念以及原子定态能级跃迁决定谱线频率的假设，是量子力学最重要的基本概念.

其局限性表现在玻尔理论无法解释稍复杂的原子光谱. 因为它仍把电子看成经典粒子，保留了轨道概念，推导轨道半径和能量时完全使用经典物理方法，而这些与完全的量子论是不相容的.

6.实物粒子的波粒二象性

实物粒子（主要是微观粒子）也具有波动性.

（1）德布罗意波的概念

① 德布罗意假设

一个能量为 E、动量为 p 的实物粒子，有一与之联系的波，波的频率 ν、波长 λ 与粒子的能量 E、动量 p 的关系为

$$E = mc^2 = h\nu, \tag{19.15.16}$$

$$p = mv = \frac{h}{\lambda}. \tag{19.15.17}$$

② 德布罗意波的实验验证

当电子运动速度 $v \ll c$ 时，电子的德布罗意波长为

$$\lambda = \frac{1.23}{\sqrt{U}} \text{ nm}, \tag{19.15.18}$$

式中 U 为加速电压，U 的单位是 V.

当电子的速度接近光速时，其德布罗意波长为

$$\lambda = \frac{hc}{\sqrt{eU(eU + 2E_0)}}, \tag{19.15.19}$$

式中 U 为加速电压，eU 为电子的动能，$E_0 = m_0 c^2$ 为电子静能. 容易证明当 $eU \ll E_0$ 时，此式变为

$$\lambda = \frac{h}{\sqrt{2m_0 eU}} = \frac{1.23}{\sqrt{U}} \text{ nm}.$$

③ 德布罗意波的统计解释

实物粒子本身仍具有粒子性,但粒子在空间的分布服从一定的统计规律.粒子分布的概率具有连续的波动性质,这就是物质波的统计解释.例如电子衍射实验中,电子流出现峰值(或衍射图样出现明纹)处电子出现的概率大;反之,电子出现的概率小.因此,德布罗意波又称为概率波.

(2) 不确定[度]关系

由于微观粒子具有波动性,它在空间各点出现的概率是按波动规律分布的,任一时刻粒子不具有确定的位置和确定的动量.为此,海森伯提出了如下的不确定关系式:

$$\Delta x \Delta p_x \geqslant \frac{\hbar}{2}. \tag{19.15.20}$$

上式表明,如果仍然使用经典的坐标和动量来描述微观粒子的运动,则必然存在这种不确定关系.一个量测得越准确,另一个量就测得越不准确.

能量和时间也有类似的不确定关系:

$$\Delta E \Delta t \geqslant \frac{\hbar}{2}. \tag{19.15.21}$$

7. 薛定谔方程及其应用举例

(1) 波函数

微观粒子的运动要用概率波来描述,表示概率波的数学式子叫作波函数.

① 波函数的表达式

一维运动的自由粒子波函数:

$$\Psi(x,t) = \Psi_0 e^{-\frac{i}{\hbar}(Et-px)}. \tag{19.15.22}$$

三维运动的自由粒子波函数:

$$\Psi(x,y,z,t) = \Psi_0 e^{-\frac{i}{\hbar}(Et-\vec{p}\cdot\vec{r})}. \tag{19.15.23}$$

② 波函数的意义

波函数是复数,它没有直接的物理意义.波函数模的平方 $|\Psi|^2 = \Psi\Psi^*$ 表示 t 时刻在空间 $\vec{r}(x,y,z)$ 处单位体积内粒子出现的概率,称为概率密度.

③ 波函数的性质

波函数必须满足单值、有限、连续三个条件,称为波函数的标准条件.波函数还必须满足归一化条件:任意时刻粒子在整个空间出现的概率等于1,即

$$\int_V |\Psi|^2 dV = 1. \tag{19.15.24}$$

(2) 薛定谔方程是非相对论实物粒子的普遍波动方程.它在量子力学中的作用和地位相当于经典力学中的牛顿运动方程,不能由其他基本原理推导出来.

在量子力学中,多数情况是讨论粒子在一个不随时间变化的势场中运动.因此,描述粒子的波函数用 $\Psi(x,y,z)$ 表示,称为定态波函数.它满足定态薛定谔方程,在直角坐标系下方程形式为

$$\frac{\partial^2 \Psi}{\partial x^2} + \frac{\partial^2 \Psi}{\partial y^2} + \frac{\partial^2 \Psi}{\partial z^2} + \frac{2m}{\hbar^2}(E-V)\Psi = 0. \tag{19.15.25}$$

如果粒子在势场 $V(x)$ 中做一维运动,则一维定态薛定谔方程为

$$\frac{\partial^2 \Psi}{\partial x^2} + \frac{2m}{\hbar^2}(E-V)\Psi = 0.\qquad(19.15.26)$$

（3）一维无限深势阱中的粒子

① 势能函数

$$V(x) = \begin{cases} 0, & 0 < x < a, \\ \infty, & x \leqslant 0 \text{ 和 } x \geqslant a. \end{cases}$$

② 能量

$$E_n = n^2\left(\frac{\pi^2 \hbar^2}{2ma^2}\right), \quad n = 1,2,\cdots.\qquad(19.15.27)$$

③ 波函数

$$\Psi_n(x) = \begin{cases} \sqrt{\frac{2}{a}} \sin\frac{n\pi}{a}x, & 0 < x < a, \\ 0, & x \leqslant 0 \text{ 和 } x \geqslant a. \end{cases}\qquad(19.15.28)$$

粒子在势阱中各点的概率密度为

$$P_n(x) = |\Psi_n(x)|^2 = \frac{2}{a}\sin^2\frac{n\pi}{a}x.\qquad(19.15.29)$$

（4）粒子穿过一维方势垒的概率 P 与势垒宽度 a 和势垒高度 V_0 的关系是

$$\ln P = -\frac{2a}{\hbar}\sqrt{2m(V_0 - E)}.\qquad(19.15.30)$$

说明穿透势垒的概率随势垒宽度增大按指数规律减小.

（5）谐振子的能量为

$$E_n = \left(n + \frac{1}{2}\right)h\nu, \quad n = 0,1,2,\cdots,\qquad(19.15.31)$$

最小能量是 $\frac{1}{2}h\nu$.

8. 氢原子的量子力学理论

（1）处理氢原子问题的思路

① 认为氢原子核不动, 把原子系统的状态看成核外电子绕核运动.

② 势函数 $V = -\frac{e^2}{4\pi\varepsilon_0 r}$, r 为电子到核的距离.

③ 因为 V 与时间无关, 所以是定态问题. 考虑到势函数在空间各方向的对称性, 采用球坐标系.

（2）解定态薛定谔方程的结果

① 能量量子化

$$E_n = -\frac{me^4}{8\varepsilon_0^2 h^2 n^2}, \quad n = 1,2,\cdots.\qquad(19.15.32)$$

② 角动量量子化

$$L = \sqrt{l(l+1)}\hbar, \quad l = 0,1,2,\cdots,(n-1).\qquad(19.15.33)$$

③ 角动量空间量子化

角动量 $\vec{L}$ 在空间的取向是不连续的, 只能取一些特定的方向, 所以角动量在外磁场方向

z 上的投影只能取不连续的值：

$$L_z = m_l \hbar, \quad m_l = 0, \pm 1, \pm 2, \cdots, \pm l. \tag{19.15.34}$$

（3）电子自旋角动量

自旋角动量大小为

$$S = \sqrt{s(s+1)}\hbar = \frac{\sqrt{3}}{2}\hbar.$$

自旋角动量在外磁场方向（z 轴）上投影

$$S_z = m_s\hbar, \quad m_s = \pm\frac{1}{2}. \tag{19.15.35}$$

（4）原子中电子运动状态由四个量子数决定：

① 主量子数 n，$n = 1, 2, \cdots$，决定原子中电子的能量 E_n；

② 角量子数 l，$l = 0, 1, 2, \cdots, (n-1)$，决定电子绕核运动角动量的大小；

③ 磁量子数 m_l，$m_l = 0, \pm 1, \pm 2, \cdots, \pm l$，决定电子绕核运动角动量在外磁场中的方向和大小；

④ 自旋磁量子数 m_s，$m_s = \pm\frac{1}{2}$，决定电子自旋角动量在外磁场中的方向和大小.

9.原子的壳层结构

（1）原子壳层分布模型

$\begin{cases} \text{主壳层} \quad n = 1,2,3,4,5,6,7,\cdots \\ \text{命名为} \quad \text{K,L,M,N,O,P,Q,}\cdots \end{cases}$

$\begin{cases} \text{支壳层} \quad l = 0,1,2,3,4,5,\cdots \\ \text{命名为} \quad \text{s,p,d,f,g,h,}\cdots \end{cases}$

一般说来，n 越小，能级越低，但在 n 较大时，能级的能量由 n, l 共同决定，其经验公式为 $(n + 0.7l)$，较小者能量较低.

在同一主壳层中 l 较小的支壳层能级较低.

（2）泡利不相容原理

一个原子中不可能有两个或两个以上的电子有完全相同的四个量子数. 因此，可计算出主壳层最多容纳电子数为

$$Z = 2n^2, \tag{19.15.36}$$

支壳层最多容纳电子数为

$$Z_l = 2(2l+1). \tag{19.15.37}$$

（3）能量最小原理

原子系统处于正常态时，每个电子趋向于占据可能的最低能级.

19.15.3 重点、难点分析

1.本章的知识体系

本章先是通过黑体辐射、光电效应、康普顿效应三个问题的介绍引入普朗克能量子假设与爱因斯坦的光子论，建立了光的粒子说. 然后把实物粒子（微观粒子）与光子比较，介绍微观粒子的波动性.本章内容看似零乱，实则环环紧扣，步步深入：由于微观粒子的波动性，用

坐标和动量描述其运动状态存在不确定性,引入了海森伯的不确定关系式;要正确描述微观粒子的运动必须用波函数,波函数满足的基本波动方程是薛定谔方程,接着举例说明了薛定谔方程的应用.这样,初步建立了量子理论的基础.而氢原子则是作为典型例子,分别介绍了由玻尔理论和量子理论得到的结果.在此基础上,最后简单介绍了原子的壳层结构.

2.普朗克的能量子假设与爱因斯坦光子论的联系和区别

爱因斯坦利用并推广了普朗克的能量量子化的概念,这是它们的联系.区别在于两个研究的对象不同:普朗克把黑体内的谐振子的能量看作量子化的,它们与电磁波相互作用时吸收和辐射的能量是量子化的;爱因斯坦则推广到认为空间存在的电磁波(包括光波)的能量本身就是量子化的.

3.关于光电效应和康普顿效应的讨论

(1)两个效应的相同点与不同点

两个效应都是单个光子和单个电子的相互作用,因此证实了光的粒子性.

光电效应中光子的能量较小,光子被金属中的束缚态电子吸收,可看作光子与电子的完全非弹性碰撞,不需要考虑相对论效应.康普顿效应中光子的能量较大,是光子与散射物质中的"准自由"电子的完全弹性碰撞,要考虑相对论效应.

(2)光电效应中饱和光电流与入射光强度的关系

因为饱和光电流 $i_s = Ne$,N 是单位时间通过单位面积的光电子数.按光的量子论,入射光强度 $I = Nh\nu$,N 是单位时间通过单位面积的光子数.设一个入射光子使一个电子逸出金属,所以上面两个 N 数值相等.在入射光频率 ν 一定的条件下,饱和光电流与入射光强度成正比,即 $i_s \propto I$.但是,如果入射光强度 I 不变,则入射光频率 ν 越大,N 越小,饱和光电流 $i_s = Ne$ 就越小.

(3)康普顿效应中较重物质的康普顿效应显著是指散射的 X 射线中波长为 $\lambda = \lambda_0 + \Delta\lambda$ 的射线的强度随散射物质的质量增大而减弱,而不是指波长的增加量 $\Delta\lambda$ 变小.$\Delta\lambda$ 与散射物质无关,只由散射角 φ 决定.

4.关于德布罗意波与波函数的讨论

(1)德布罗意提出的两个假设关系式 $\nu = \dfrac{E}{h}$ 和 $\lambda = \dfrac{h}{p}$,对微观粒子来说都是基本假设,不能由 $\nu = \dfrac{E}{h}$ 推出 $\lambda = \dfrac{h}{p}$.这一点与光子不同,对光子而言,$\lambda = \dfrac{c}{\nu} = \dfrac{hc}{E} = \dfrac{hc}{pc} = \dfrac{h}{p}$,这是因为光子静质量与静能均为零且光子的速度即光速 c.对实物粒子来说运动速度并非其波速,静质量也不为零,所以类似光子的以上推导对实物粒子不成立.

(2)实物粒子的波动不是经典波而是概率波.所谓概率波,是指粒子在空间出现的概率服从一定的统计规律,具有波动性质.它本质上不是粒子的"集体行为",波动性是单个微观粒子的本质.用来描述这种波动性的波函数并不代表具体的物理量,波函数本身也没有直接的物理意义.波函数的模方才表示概率密度,所以称为概率波.

5.关于不确定关系

(1)不确定关系不是由于仪器或测量方法的局限造成的,而是微观粒子具有波粒二象性的必然反映.只有同一方向的坐标和动量才不可能同时准确测量,不同方向的坐标和动量是可以同时准确测量的.

（2）不确定关系不是说粒子没有确定的运动规律,而是认为如果用经典理论中的位置、动量去描述微观粒子,一定会产生误差.用不等式表达的不确定关系只是半定量的理论.应用不确定关系时,一般估计 $\Delta x \sim x, \Delta p_x \sim p_x$.

（3）不确定关系划分了经典力学和量子力学的界限.如果在具体问题中,可以认为 $h \to 0$,则动量和坐标可以同时有确定的值,这时经典理论是适用的;反之,如果 h 是不可忽略的,就必须用量子力学的方法处理.利用不确定关系可以对能级宽度、光的相干长度、零点能等问题进行估算.

6.氢原子玻尔理论和量子理论的比较

（1）相同点

① 两种理论都把原子看成定态系统,处于定态的原子系统不辐射能量.

② 都得出原子处于定态时能量是量子化的,两种理论得到的氢原子能级相同.

③ 都确认角动量是量子化的.

④ 都是能级跃迁决定谱线频率.

（2）不同点

① 玻尔理论把原子看成经典粒子,服从牛顿运动定律,保留轨道概念.量子理论认为原子中电子具有波动性,服从薛定谔方程,不存在轨道概念.

② 玻尔理论的量子条件是人为加上的;量子理论中的量子化条件是求解薛定谔方程的自然结果.

③ 玻尔理论中的轨道角动量不能取零值,而量子理论中电子绕核运动的角动量可以取零值.

7.经典理论是量子理论的一种极限状态

由氢原子的能级或一维无限深势阱中粒子的能级都可以看出:当量子数 n 很大时,能级间隔 $\Delta E \to 0$,即能量量子化的特征消失而呈现能量连续的特征.另一方面,从一维无限深势阱中粒子的概率分布可知:当 n 很大时,粒子的空间分布趋向均匀.因此,可以认为经典理论只是量子理论在量子数 n 很大时的极限情况.

19.15.4　典型题解

例 15.1　用波长为 λ 的单色光照射某一金属表面时,释放的光电子最大初动能为 30 eV,用波长为 2λ 的单色光照射同一表面时,释放的光电子最大初动能为 10 eV.能引起这种金属表面释放电子的入射光的最大波长是多少?

解　设 A 为该金属的逸出功,则

$$h\frac{c}{\lambda} = A + E_{k1}, \quad h\frac{c}{2\lambda} = A + E_{k2}, \quad h\frac{c}{\lambda'} = A.$$

得

$$A = 10 \text{ eV}, \quad \lambda' = \frac{hc}{A} = 4\lambda,$$

即能引起该金属表面释放电子的入射光的最大波长为 4λ.

例 15.2　在康普顿散射中,入射光子的波长为 3×10^{-3} nm,反冲电子的速度为 $0.6c$, c

为真空中光速. 求散射光子的波长及散射角.

解　反冲电子的能量 ε 为

$$\varepsilon = mc^2 - m_0 c^2 = \frac{m_0 c^2}{\sqrt{1 - \left(\frac{0.6c}{c}\right)^2}} - m_0 c^2 = 0.25 m_0 c^2.$$

ε 等于入射光子能量的减少,所以

$$\frac{hc}{\lambda_0} - \frac{hc}{\lambda} = \varepsilon = 0.25 m_0 c^2,$$

解得

$$\lambda = \frac{h\lambda_0}{h - 0.25 m_0 c \lambda_0} = 4.3 \times 10^{-3} \text{ nm},$$

由 $\lambda - \lambda_0 = \frac{2h}{m_0 c} \sin^2 \frac{\varphi}{2}$,得

$$\sin \frac{\varphi}{2} = \sqrt{\frac{(\lambda - \lambda_0) m_0 c}{2h}} = 0.517,$$

所以

$$\varphi = 62°24'.$$

例 15.3　在氢原子被外来可见单色光激发后发出的巴耳末系中,仅观察到三条光谱线. 试求这三条谱线的波长以及外来光的频率.

解　巴耳末系是氢原子由激发态跃迁到 $n = 2$ 的状态时所发出的谱线. 氢原子在单色光激发后发出三条谱线,那么一定是被激发到 $n = 5$ 的状态. 三条巴耳末系的谱线分别是 $n = 5$, 4, 3 的状态跃迁到 $n = 2$ 状态时发出的.

因为 $\tilde{\nu}_{2n} = R\left(\frac{1}{2^2} - \frac{1}{n^2}\right)$,所以

$$\lambda_{2n} = \frac{1}{\tilde{\nu}_{2n}} = \frac{1}{R}\left(\frac{4n^2}{n^2 - 4}\right).$$

当 $n = 5$ 时,

$$\lambda_{25} = \frac{1}{1.097 \times 10^7}\left(\frac{4 \times 25}{25 - 4}\right) \text{m} = 434 \text{ nm}.$$

同理,可得

$$n = 4, \lambda_{24} = 486 \text{ nm}; \quad n = 3, \lambda_{23} = 656 \text{ nm}.$$

外来光的频率

$$\nu = \frac{c}{\lambda_{25}} = \frac{3 \times 10^8}{4.34 \times 10^{-7}} \text{Hz} = 6.91 \times 10^{14} \text{ Hz}.$$

注意:外来光是可见光,所以被激发的氢原子是由 $n = 2$ 跃迁到 $n = 5$ 的激发态而不是由基态跃迁到 $n = 5$ 的激发态.

例 15.4　关于德布罗意波,下面两种说法是否正确:(1)波是由粒子组成的;(2)粒子是由波组成的.

解　(1)不能说"波是由粒子组成的". 如果波真是由它所描述的粒子组成,那么粒子流

的衍射现象就应当是这些粒子的集体行为.事实上,当我们把粒子流的强度减弱到粒子几乎是一个一个地通过衍射屏时,在粒子很少的开始阶段,接收屏上只得到一些似乎无规则的点,而时间足够长时得到的图样却和粒子流强度很大、大量粒子同时通过衍射屏后得到的图样相同.由此可见,不能把波看成是粒子组成的,即使一个粒子也具有波动性.否则,当粒子一个一个通过时,最终不会出现衍射图样.

（2）也不能说"粒子是由波组成的".如果认为一个粒子就是一个经典概念上的波,那么一个粒子通过衍射屏后接收屏上就应该有一个完整的衍射图样.而事实上一个粒子在接收屏上只显示一个点而非完整的衍射图样.

总之,德布罗意波是概率波,不能用经典意义的"波"和"粒子"的概念机械地拼凑起来去理解.

例 15.5   粒子的波函数如图 19.15.1 所示.试讨论(a),(b)中哪一种情况动量的准确度较高,哪一种情况位置的准确度较高.

(a)   (b)

图 19.15.1   例 15.5 图

解   图 19.15.1 给出的是不同波列长度的两个波列,这是某时刻的波形图.可以看出,这两个波列在 x 方向上的坐标的不确定量是不同的.由不确定关系 $\Delta x \Delta p_x \geqslant \dfrac{h}{2}$ 可知,图 19.15.1(a) 中粒子的位置不确定量较大,因而其动量的确定程度较高.图 19.15.1(b) 中粒子的位置不确定量较小,则动量的不确定程度较大.其实两者都不是周期函数,而只有无限长的波列才可以看作平面波,因而动量才是确定的(即波长才是确定的).图 19.15.1(b) 可以看成具有一系列不同动量 p(不同波长)的平面波叠加而成. p 的分布情况就是动量不确定程度的量度.

例 15.6   试利用不确定关系估计氢原子基态的能量和第一玻尔半径.

解   氢原子处于基态满足非相对论条件,其基态能量为

$$E = \frac{1}{2}mv^2 - \frac{e^2}{4\pi\varepsilon_0 r} = \frac{p^2}{2m} - \frac{e^2}{4\pi\varepsilon_0 r}.$$

估计时取 $r = \Delta x$, $p = \Delta p$.由不确定关系 $\Delta x \Delta p \geqslant \dfrac{h}{2\pi}$,有

$$p = \Delta p \geqslant \frac{h}{2\pi} \frac{1}{\Delta x} = \frac{h}{2\pi r}.$$

取等号有 $p = \dfrac{h}{2\pi r}$,所以

$$E = \frac{\left(\dfrac{h}{2\pi r}\right)^2}{2m} - \frac{e^2}{4\pi\varepsilon_0 r} = \frac{h^2}{8\pi^2 mr^2} - \frac{e^2}{4\pi\varepsilon_0 r}.$$

氢原子的基态能量最小.把上式对 r 求极值,令

$$\frac{dE}{dr} = \frac{-2h^2}{8\pi^2 mr^3} + \frac{e^2}{4\pi\varepsilon_0 r^2} = 0,$$

得 $r = \dfrac{h^2 \varepsilon_0}{\pi m e^2}$ 时氢原子能量最小，其能量为

$$E = \frac{h^2}{8\pi^2 m}\left(\frac{\pi m e^2}{h^2 \varepsilon_0}\right)^2 - \frac{e^2}{4\pi\varepsilon_0}\frac{\pi m e^2}{h^2 \varepsilon_0} = -\frac{m e^4}{8 h^2 \varepsilon_0^2}.$$

而 $r = \dfrac{h^2 \varepsilon_0}{\pi m e^2}$，即第一玻尔半径．

例 15.7　一个粒子被限定在两刚体壁之间运动，壁间距离为 l．试求在下列情况下，离一壁 $\dfrac{l}{3}$ 远区域内发现粒子的概率：(1) $n = 1$；(2) $n = 2$；(3) $n = 3$；(4) 在经典假设下．

解　粒子限定在 $0 < x < l$ 之间运动，其定态归一化波函数为

$$\Psi_n(x) = \sqrt{\frac{2}{l}}\sin\frac{n\pi}{l}x, \quad 0 < x < l,$$

概率密度为

$$P_n(x) = \frac{2}{l}\sin^2\frac{n\pi}{l}x.$$

在 $0 < x < \dfrac{l}{3}$ 区域发现粒子的概率为

$$P_n = \int_0^{\frac{l}{3}} \frac{2}{l}\sin^2\frac{n\pi}{l}x\,\mathrm{d}x = \frac{1}{3} - \frac{1}{2n\pi}\sin\frac{2n\pi}{3}.$$

(1) $n = 1$，$P_1 = \dfrac{1}{3} - \dfrac{1}{2\pi}\sin\dfrac{2\pi}{3} \approx 0.20$．

(2) $n = 2$，$P_2 = \dfrac{1}{3} - \dfrac{1}{4\pi}\sin\dfrac{4\pi}{3} \approx 0.40$．

(3) $n = 3$，$P_3 = \dfrac{1}{3} - \dfrac{1}{6\pi}\sin 2\pi = \dfrac{1}{3}$．

(4) 在经典假设下，粒子在任何一点出现的概率密度相等，所以在 $0 \sim \dfrac{l}{3}$ 区域内发现粒子的概率为 $\dfrac{1}{3}$，与粒子的能量状态无关．

例 15.8　求出能够占据一个 d 支壳层的最大电子数，并写出这些电子的 m_l 和 m_s 的值．

解　d 支壳层就是角量子数 $l = 2$ 的支壳层，所以

$$Z_l = 2(2l+1) = 2 \times (2 \times 2 + 1) = 10,$$
$$m_l = 0, \pm 1, \pm 2, \quad m_s = \pm\frac{1}{2}.$$

 自 测 题 7

一、选择题(每题 3 分，共 30 分)

1. 一火箭的固有长度为 L，相对于地面做匀速直线运动的速度为 v_1，火箭上有一个人从火箭的后端向火箭前端上的一个靶子发射一颗相对于火箭的速度为 v_2 的子弹．在火箭上测得子弹从射出到击中靶的时间

间隔是   [   ]

(A) $\dfrac{L}{v_1 + v_2}$.   (B) $\dfrac{L}{v_2}$.   (C) $\dfrac{L}{v_2 - v_1}$.   (D) $\dfrac{L}{v_1\sqrt{1 - \left(\dfrac{v_1}{c}\right)^2}}$.

2. 有一把直尺固定在 S' 系中,它与 Ox' 轴的夹角 $\theta' = 45°$,如果 S' 系以速度 u 沿 Ox 轴相对于 S 系运动,S 系中观察者测得该尺与 Ox 轴的夹角   [   ]

(A) 大于 45°.   (B) 小于 45°.   (C) 等于 45°.

(D) 当 S' 沿 Ox 轴正方向运动时大于 45°,当 S' 系沿 Ox 轴负方向运动时小于 45°.

3. 一宇宙飞船相对地球以 $0.8c$ 的速度飞行. 一光脉冲从船尾传到船头,飞船上的观察者测得飞船长为 90 m,地球上的观察者测得光脉冲从船尾发出和到达船头两个事件的空间间隔为   [   ]

(A) 90 m.   (B) 54 m.   (C) 270 m.   (D) 150 m.

4. 一个电子运动速度为 $v = 0.99c$,它的动能是(电子的静止能量为 0.51 MeV)   [   ]

(A) 3.5 MeV.   (B) 4.0 MeV.   (C) 3.1 MeV.   (D) 2.5 MeV.

5. 在参考系 S 中,有两个静质量都是 m_0 的粒子 A 和 B,分别以速度 v 沿同一直线相向运动,相碰后合在一起成为一个粒子,则其静质量 M_0 的值为   [   ]

(A) $2m_0$.

(B) $2m_0\sqrt{1 - \left(\dfrac{v}{c}\right)^2}$.

(C) $\dfrac{m_0}{2}\sqrt{1 - \left(\dfrac{v}{c}\right)^2}$.

(D) $\dfrac{2m_0}{\sqrt{1 - \left(\dfrac{v}{c}\right)^2}}$.

6. 当照射光的波长从 400 nm 变到 300 nm 时,对同一金属,在光电效应实验中测得的遏止电压将   [   ]

(A) 减小 0.56 V.   (B) 增大 0.165 V.   (C) 减小 0.34 V.   (D) 增大 1.035 V.

(普朗克常量 $h = 6.63 \times 10^{-34}$ J·s,基本电荷 $e = 1.602 \times 10^{-19}$ C)

7. 用 X 射线照射物质时,可以观察到康普顿效应,即在偏离入射光的各个方向上观察到散射光,这种散射光中   [   ]

(A) 只包含与入射光波长相同的成分.

(B) 既有与入射光波长相同的成分,也有波长变长的成分,波长的变化只与散射方向有关,与散射物质无关.

(C) 既有与入射光相同的成分,也有波长变长的成分和波长变短的成分,波长的变化既与散射方向有关,又与散射物质有关.

(D) 只包含着波长变长的成分,其波长的变化只与散射物质有关,与散射方向无关.

8. 已知氢原子从基态激发到某一定态所需的能量为 10.19 eV,若氢原子从能量为 -0.85 eV 的状态跃迁到上述定态时,所发射的光子的能量为   [   ]

(A) 2.56 eV.   (B) 3.41 eV.   (C) 4.25 eV.   (D) 9.95 eV.

9. 如果两种不同质量的粒子的德布罗意波长相同,则这两种粒子的   [   ]

(A) 动量相同.   (B) 能量相同.   (C) 速度相同.   (D) 动能相同.

10. 下列各组量子数中,哪一组可以描述原子中电子的状态?   [   ]

(A) $n = 2, l = 2, m_l = 0, m_s = \dfrac{1}{2}$.   (B) $n = 3, l = 1, m_l = -1, m_s = -\dfrac{1}{2}$.

(C) $n = 1, l = 2, m_l = 1, m_s = \dfrac{1}{2}$.   (D) $n = 1, l = 0, m_l = 1, m_s = -\dfrac{1}{2}$.

二、填空题(共 20 分)

11. 以速度 v 相对地球做匀速直线运动的恒星所发射的光子,相对于地球的速度的大小为 _____.

12. 两个惯性系中的观察者 O 和 O' 以 $0.6c$ 的相对速度互相接近. 如果 O 测得两者的初始距离是 20 m, 则 O' 测得两者经过时间 $\Delta t =$ _____ s 后相遇.

13. 设电子静质量为 m_0, 将一个电子从静止加速到速率为 $0.6c$, 需做功 _____.

14. 一个电子以 $0.99c$ 的速率运动, 则电子的总能量是 _____ J, 电子的经典力学的动能与相对论动能之比是 _____. (电子静质量为 9.11×10^{-31} kg)

15. 玻尔氢原子理论中, 电子轨道角动量最小值为 _____; 而量子力学理论中, 电子轨道角动量最小值为 _____. 实验证明 _____ 理论的结果是正确的.

16. 根据量子力学理论, 氢原子中电子的角动量在外磁场方向上的投影为 $L_z = m_l h$, 当角量子数 $l = 2$ 时, L_z 的可能取值为 _____.

三、计算题(共 50 分)

17. 观测者甲和乙分别静止在两个惯性参考系 S 和 S' 中, 甲测得在同一地点发生的两个事件的时间间隔为 4 s, 而乙测得这两个事件的时间间隔为 5 s, 求:(1) S' 相对于 S 的运动速度;(2) 乙测得这两个事件发生的地点的距离.

18. 一艘宇宙飞船船身的固有长度为 $L_0 = 90$ m, 相对于地面以 $v = 0.8c$(c 为真空中光速) 的匀速度在一个观测站的上空飞过.(1) 观测站测得飞船的船身通过观测站的时间间隔是多少?(2) 宇航员测得船身通过观测站的时间间隔是多少?

19. 观察者甲和乙分别静止于两个惯性系 S 和 S'(S' 系相对于 S 系做平行于 x 轴的匀速运动) 中, 甲测得在 x 轴上两点发生的两个事件的空间间隔和时间间隔分别为 500 m 和 2×10^{-7} s, 而乙测得这两个事件是同时发生的. 问 S' 系相对于 S 系以多大速度运动?

20. 某一个宇宙射线中的介子的动能 $E_k = 7M_0 c^2$, 其中 M_0 是介子的静质量. 试问在实验室中观察到它的寿命是它的固有寿命的多少倍?

21. 波长为 350 nm 的光子照射某种材料的表面, 实验发现, 从该表面发出的能量最大的光电子在 $B = 1.5 \times 10^{-5}$ T 的磁场中偏转而成的圆轨道半径 $R = 18$ cm, 该材料的逸出功是多少电子伏?(电子电量 $-e = -1.60 \times 10^{-19}$ C, 1 eV $= 1.60 \times 10^{-19}$ J)

22. 氢原子光谱的巴耳末线系中, 有一条光谱线的波长为 434 nm.(1) 与这条谱线相应的光子能量为多少电子伏?(2) 该谱线是氢原子由能级 E_n 跃迁到能级 E_k 产生的, n 和 k 各为多少?(3) 最高能级为 E_5 的大量氢原子, 最多可以发射几个线系?共几条谱线?请在氢原子能级图中表示出来, 并说明波长最短的是哪一条谱线.

23. 假如电子运动速度与光速可以比拟, 则当电子的动能等于它静止能量的 2 倍时, 其德布罗意波长为多少?

24. 同时测量能量为 1 keV 的做一维运动的电子的位置与动量时, 若位置的不确定值在 0.1 nm 内, 则动量的不确定值的百分比 $\dfrac{\Delta p}{p}$ 至少为何值?

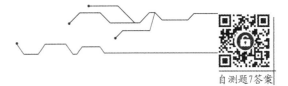

自测题7答案

综 合 测 试

综 合 测 试 1

一、选择题(每小题 3 分,共 36 分)

1. 如题 1 图所示,湖中有一小船,有人用绳绕过岸上一定高度处的定滑轮拉湖中的船向岸边运动.设该人以匀速率 v_0 收绳,绳不伸长,湖水静止,则小船的运动是　　　　　　　　　　[　　]

　(A) 匀加速运动.　　　(B) 匀减速运动.　　　(C) 变加速运动.　　　(D) 变减速运动.

　(E) 匀速直线运动.

2. 质点沿半径为 R 的圆周做匀速率运动,每 T 秒转一圈.在 $2T$ 时间间隔中,其平均速度大小与平均速率大小分别为　　　　　　　　　　[　　]

　(A) $\dfrac{2\pi R}{T}$,$\dfrac{2\pi R}{T}$.　　　(B) 0,$\dfrac{2\pi R}{T}$.　　　(C) 0,0.　　　(D) $\dfrac{2\pi R}{T}$,0.

3. 如题 3 图所示,质量为 m 的物体用细绳水平拉住,静止在倾角为 θ 的固定的光滑斜面上,则斜面给物体的支持力为　　　　　　　　　　[　　]

　(A) $mg\cos\theta$.　　　(B) $mg\sin\theta$.　　　(C) $\dfrac{mg}{\cos\theta}$.　　　(D) $\dfrac{mg}{\sin\theta}$.

题 1 图　　　　　　　　　　题 3 图

4. 机枪每分钟可射出质量为 20 g 的子弹 900 颗,子弹射出的速率为 800 m/s,则射击时的平均反冲力大小为　　　　　　　　　　[　　]

　(A) 0.267 N.　　　(B) 16 N.　　　(C) 240 N.　　　(D) 14 400 N.

5. 在边长为 a 的正方体中心处放置一电荷为 Q 的点电荷,则正方体顶角处的电场强度的大小为　　[　　]

　(A) $\dfrac{Q}{12\pi\varepsilon_0 a^2}$.　　　(B) $\dfrac{Q}{6\pi\varepsilon_0 a^2}$.　　　(C) $\dfrac{Q}{3\pi\varepsilon_0 a^2}$.　　　(D) $\dfrac{Q}{\pi\varepsilon_0 a^2}$.

6. 一球对称性静电场的 E-r 曲线如题 6 图所示,请指出该电场是由下列哪一种带电体产生的(E 表示电场强度的大小,r 表示离对称中心的距离).　　　　　　　　　　[　　]

　(A) 均匀带电球面.　　　(B) 均匀带电球体.　　　(C) 点电荷.　　　(D) 不均匀带电球面.

7. 一空心导体球壳,其内、外半径分别为 R_1 和 R_2,带电荷 q,如题 7 图所示.当球壳中心处再放一电荷为 q 的点电荷时,则导体球壳的电势(设无穷远处为电势零点)为　　　　　　　　　　　　　[　　]

(A) $\dfrac{q}{4\pi\varepsilon_0 R_1}$.　　　(B) $\dfrac{q}{4\pi\varepsilon_0 R_2}$.　　　(C) $\dfrac{q}{2\pi\varepsilon_0 R_1}$.　　　(D) $\dfrac{q}{2\pi\varepsilon_0 R_2}$.

8. 两空气电容器 C_1 和 C_2 串联起来接上电源充电.然后将电源断开,再把一电介质板插入 C_1 中,如题 8 图所示.则　　　　　　　　　　　　　[　　]

(A) C_1 上电势差减小,C_2 上电势差增大.　　　(B) C_1 上电势差减小,C_2 上电势差不变.

(C) C_1 上电势差增大,C_2 上电势差减小.　　　(D) C_1 上电势差增大,C_2 上电势差不变.

題 6 图　　　　　　　題 7 图　　　　　　　題 8 图

9. 均匀磁场的磁感应强度 $\vec{B}$ 垂直于半径为 r 的圆面.以该圆周为边线作一半球面 S,则通过 S 的磁通量为　　　　　　　　　　　　　[　　]

(A) $2\pi r^2 B$.　　　(B) $\pi r^2 B$.　　　(C) 0.　　　(D) 无法确定.

10. 在均匀磁场中,有两个平面线圈,其面积 $A_1 = 2A_2$,通有电流 $I_1 = 2I_2$,它们所受的最大磁力矩之比 $\dfrac{M_1}{M_2}$ 等于　　　　　　　　　　　　　[　　]

(A) 1.　　　(B) 2.　　　(C) 4.　　　(D) $\dfrac{1}{4}$.

11. 一载有电流 I 的细导线分别均匀密绕在半径为 R 和 r 的长直圆筒上形成两个螺线管,两螺线管单位长度上的匝数相等.设 $R = 2r$,则两螺线管中的磁感应强度大小 B_R 和 B_r 应满足　　　　　　[　　]

(A) $B_R = 2B_r$.　　　(B) $B_R = B_r$.　　　(C) $2B_R = B_r$.　　　(D) $B_R = 4B_r$.

12. 用线圈的自感系数 L 来表示载流线圈磁场能量的公式 $W_m = \dfrac{1}{2}LI^2$　　　　　　[　　]

(A) 只适用于无限长密绕螺线管.　　　(B) 只适用于单匝圆线圈.

(C) 只适用于一个匝数很多,且密绕的螺绕环.　　　(D) 适用于自感系数 L 一定的任意线圈.

二、填空题(共 16 分)

13. (本题 4 分)半径为 30 cm 的飞轮从静止开始以 0.50 rad/s^2 的匀角加速度转动,则飞轮边缘上一点在飞轮转过 $240°$ 时的切向加速度 $a_\tau =$ _____,法向加速度 $a_n =$ _____.

14. (本题 3 分)由一根绝缘细线围成的边长为 l 的正方形线框,使它均匀带电,其电荷线密度为 λ,则在正方形中心处的电场强度的大小 $E =$ _____.

15. (本题 4 分)如题 15 图所示,两同心导体球壳,内球壳带电 $+q$,外球壳带电荷 $-2q$.静电平衡时,外球壳的电荷分布:内表面_____;外表面_____.

16. (本题 5 分)两根长直导线通有电流 I,如题 16 图所示有三种环路.在每种情况下,$\oint \vec{B} \cdot \mathrm{d}\vec{l}$ 等于:
_____(对环路 a);_____(对环路 b);_____(对环路 c).

題 15 图　　　　　　　題 16 图

三、计算题(共 48 分)

17.(本题 10 分)一物体与斜面间的摩擦系数 $\mu = 0.20$,斜面固定,倾角 $\alpha = 30°$.现给予物体以初速率 $v_0 = 10$ m/s,使它沿斜面向上滑,如题 17 图所示.求:(1)物体能够上升的最大高度 h;(2)该物体达到最高点后,沿斜面返回到原出发点时的速率 v.

18.(本题 10 分)一轴承光滑的定滑轮,质量为 $M = 2.00$ kg,半径为 $R = 0.100$ m,一根不能伸长的轻绳一端固定在定滑轮上,另一端系有一质量为 $m = 5.00$ kg 的物体,如题 18 图所示.已知定滑轮的转动惯量为 $J = \frac{1}{2}MR^2$,其初角速度 $\omega_0 = 10.0$ rad/s,方向垂直纸面向里.求:(1)定滑轮的角加速度的大小和方向;(2)定滑轮的角速度变化到 $\omega = 0$ 时,物体上升的高度;(3)当物体回到原来位置时,定滑轮的角速度的大小和方向.

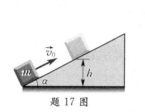

题 17 图　　　　　　　　题 18 图

19.(本题 10 分)电荷以相同的面密度 σ 分布在半径为 $r_1 = 10$ cm 和 $r_2 = 20$ cm 的两个同心球面上.设无限远处电势为零,球心处的电势为 $U_0 = 150$ V.(1)求电荷面密度 σ;(2)若要使球心处的电势也为零,外球面上应放掉多少电荷?($\varepsilon_0 = 8.85 \times 10^{-12}$ C²/(N·m²))

20.(本题 8 分)无限长直导线折成 V 形,顶角为 θ,置于 Oxy 平面内,角的一边与 x 轴重合,如题 20 图所示.当导线中有电流 I 时,求 y 轴上一点 $P(0,a)$ 处的磁感应强度.

21.(本题 10 分)如题 21 图所示,载有电流 I 的长直导线附近,放一导体半圆环 MeN 与长直导线共面,且端点 M,N 的连线与长直导线垂直.半圆环的半径为 b,环心 O 与导线相距 a.设半圆环以速度 $\vec{v}$ 平行导线平移,求半圆环内感应电动势的大小和方向以及 M,N 两端的电压 $U_M - U_N$.

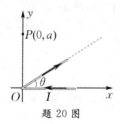

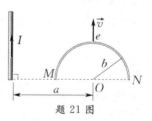

题 20 图　　　　　　　题 21 图

一、选择题(每小题 3 分,共 36 分)

1. 1 mol 刚性双原子分子理想气体,当温度为 T 时,其内能为　　　　　[　　]

(A) $\dfrac{3}{2}RT$.　　　(B) $\dfrac{3}{2}kT$.　　　(C) $\dfrac{5}{2}RT$.　　　(D) $\dfrac{5}{2}kT$.

(式中 R 为普适气体常量，k 为玻尔兹曼常量)

2. 对于理想气体系统来说，在下列过程中，哪个过程系统所吸收的热量、内能的增量和对外做的功三者均为负值？　　　　　　　　　　　　　　　　　　　　　　　　　　［　　］

(A) 等容降压过程.　　　　　　　　　　(B) 等温膨胀过程.

(C) 绝热膨胀过程.　　　　　　　　　　(D) 等压压缩过程.

3. 两个质点各自做简谐振动，它们的振幅相同、周期相同. 第一个质点的振动方程为 $x_1 = A\cos(\omega t + \alpha)$. 当第一个质点从相对于其平衡位置的正位移处回到平衡位置时，第二个质点正在最大正位移处. 第二个质点的振动方程为　　　　　　　　　　　　　　　　　　　　　　　　　　　　［　　］

(A) $x_2 = A\cos\left(\omega t + \alpha + \dfrac{1}{2}\pi\right)$.　　　(B) $x_2 = A\cos\left(\omega t + \alpha - \dfrac{1}{2}\pi\right)$.

(C) $x_2 = A\cos\left(\omega t + \alpha - \dfrac{3}{2}\pi\right)$.　　　(D) $x_2 = A\cos(\omega t + \alpha + \pi)$.

4. 一质点做简谐振动，周期为 T. 当它由平衡位置向 x 轴正方向运动时，从二分之一最大位移处到最大位移处这段路程所需要的时间为　　　　　　　　　　　　　　　　　　　　　　　　［　　］

(A) $\dfrac{T}{12}$.　　　(B) $\dfrac{T}{8}$.　　　(C) $\dfrac{T}{6}$.　　　(D) $\dfrac{T}{4}$.

5. 在同一介质中两列相干的平面简谐波的强度之比是 $\dfrac{I_1}{I_2} = 4$，则两列波的振幅之比是　　　［　　］

(A) $\dfrac{A_1}{A_2} = 16$.　　　(B) $\dfrac{A_1}{A_2} = 4$.　　　(C) $\dfrac{A_1}{A_2} = 2$.　　　(D) $\dfrac{A_1}{A_2} = \dfrac{1}{4}$.

6. 在牛顿环实验装置中，曲率半径为 R 的平凸透镜与平玻璃板在中心恰好接触，它们之间充满折射率为 n 的透明介质，垂直入射到牛顿环装置上的平行单色光在真空中的波长为 λ，则反射光形成的干涉条纹中暗环半径 r_k 的表达式为　　　　　　　　　　　　　　　　　　　　　　　　　　　　　　　　　　［　　］

(A) $r_k = \sqrt{k\lambda R}$.　　　(B) $r_k = \sqrt{\dfrac{k\lambda R}{n}}$.　　　(C) $r_k = \sqrt{kn\lambda R}$.　　　(D) $r_k = \sqrt{\dfrac{k\lambda}{nR}}$.

7. 在迈克耳孙干涉仪的一条光路中，放入一折射率为 n、厚度为 d 的透明薄片，放入后，该光路的光程改变了　　　　　　　　　　　　　　　　　　　　　　　　　　　　　　　　　　　　　［　　］

(A) $2(n-1)d$.　　(B) $2nd$.　　(C) $2(n-1)d + \dfrac{\lambda}{2}$.　　(D) nd.　　(E) $(n-1)d$.

8. 在单缝夫琅禾费衍射实验中，波长为 λ 的单色光垂直入射在宽度为 $a = 4\lambda$ 的单缝上，对应于衍射角为 $30°$ 的方向，单缝处波阵面可分成的半波带数目为　　　　　　　　　　　　［　　］

(A) 2 个.　　　(B) 4 个.　　　(C) 6 个.　　　(D) 8 个.

9. 如果两个偏振片叠在一起，且偏振化方向之间夹角为 $60°$，光强为 I_0 的自然光垂直入射在偏振片上，则出射光强为　　　　　　　　　　　　　　　　　　　　　　　　　　　　　　　　　　　　　［　　］

(A) $\dfrac{I_0}{8}$.　　　(B) $\dfrac{I_0}{4}$.　　　(C) $\dfrac{3I_0}{8}$.　　　(D) $\dfrac{3I_0}{4}$.

10. (1) 对某观察者来说，发生在某惯性系中同一地点、同一时刻的两个事件，对于相对该惯性系做匀速直线运动的其他惯性系中的观察者来说，它们是否同时发生？(2) 在某惯性系中发生于同一时刻、不同地点的两个事件，它们在其他惯性系中是否同时发生？

关于上述两个问题的正确答案是：　　　　　　　　　　　　　　　　　　　　　　　　［　　］

(A) (1) 同时，(2) 不同时.　　　　　　　(B) (1) 不同时，(2) 同时.

(C) (1) 同时，(2) 同时.　　　　　　　　(D) (1) 不同时，(2) 不同时.

11. 当照射光的波长从 4 000 Å 变到 3 000 Å 时,对同一金属,在光电效应实验中测得的遏止电压将　　[　　]
　　　(A) 减小 0.56 V.　　　(B) 减小 0.34 V.　　　(C) 增大 0.165 V.　　　(D) 增大 1.035 V.
　　　(普朗克常量 $h = 6.63 \times 10^{-34}$ J·s,基本电荷 $e = 1.60 \times 10^{-19}$ C)

12. 由氢原子理论知,当大量氢原子处于 $n = 3$ 的激发态时,原子跃迁将发出　　　　　　　　　[　　]
　　　(A) 一种波长的光.　　(B) 两种波长的光.　　(C) 三种波长的光.　　(D) 连续光谱.

二、填空题(共 16 分)

13. (本题4分)一汽缸内贮有 10 mol 的单原子分子理想气体,在压缩过程中外界做功 209 J,气体升温 1 K,此过程中气体内能增量为_____,外界传给气体的热量为_____.(普适气体常量 $R = 8.31$ J/(mol·K))

14. (本题4分)一弦上的驻波表达式为 $y = 0.1\cos(\pi x)\cos(90\pi t)$(SI).形成该驻波的两个反向传播的行波的波长为_____,频率为_____.

15. (本题5分)一束平行的自然光以 60° 角入射到平玻璃表面上.若反射光束是完全偏振的,则透射光束的折射角是_____;玻璃的折射率为_____.

16. (本题3分)以速度 v 相对于地球做匀速直线运动的恒星所发射的光子,其相对于地球的速度的大小为_____.

三、计算题(共 48 分)

17. (本题10分)一定量的某种理想气体进行如题17图所示的循环过程.已知气体在状态 A 的温度为 $T_A = 300$ K,求:(1) 气体在状态 B,C 的温度;(2) $A \rightarrow B,B \rightarrow C,C \rightarrow A$ 各过程中气体对外所做的功;(3) 经过整个循环过程,气体从外界吸收的总热量(各过程吸热的代数和).

18. (本题8分)一物体做简谐振动,其速度最大值 $v_m = 3 \times 10^{-2}$ m/s,其振幅 $A = 2 \times 10^{-2}$ m.若 $t = 0$ 时,物体位于平衡位置且向 x 轴的负方向运动.求:(1) 振动周期 T;(2) 加速度的最大值 a_m;(3) 振动方程的表达式.

19. (本题10分)一平面简谐波在 $t = 0$ 时刻的波形图如题19图所示,求:(1) 该波的波动方程表达式;(2) P 处质点的振动方程.

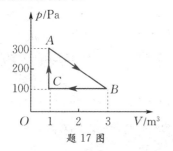

题 17 图

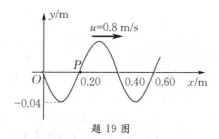

题 19 图

20. (本题10分)在双缝干涉实验中,波长 $\lambda = 550$ nm 的单色平行光垂直入射到缝间距 $a = 2 \times 10^{-4}$ m 的双缝上,屏到双缝的距离 $D = 2$ m.(1) 中央明纹两侧的两条第 10 级明纹中心的间距;(2) 用一厚度为 $e = 6.64 \times 10^{-5}$ m,折射率为 $n = 1.58$ 的玻璃片覆盖一缝后,零级明纹将移到原来的第几级明纹处?(1 nm = 10^{-9} m)

21. (本题10分)(1) 在单缝夫琅禾费衍射实验中,垂直入射的光有两种波长,$\lambda_1 = 400$ nm,$\lambda_2 = 760$ nm(1 nm = 10^{-9} m).已知单缝宽度 $a = 1.0 \times 10^{-2}$ cm,透镜焦距 $f = 100$ cm.求两种光第 1 级衍射明纹中心之间的距离.(2) 若用光栅常量 $d = 1.0 \times 10^{-3}$ cm 的光栅替换单缝,其他条件和上一问相同,求两种光第 1 级主极大之间的距离.

综合测试 3

一、选择题(每小题 3 分,共 36 分)

1. 某质点做直线运动的运动学方程为 $x = 3t - 5t^3 + 6$ (SI),则该质点做 　　　　　[　　]

(A) 匀加速直线运动,加速度沿 x 轴正方向.　　(B) 匀加速直线运动,加速度沿 x 轴负方向.

(C) 变加速直线运动,加速度沿 x 轴正方向.　　(D) 变加速直线运动,加速度沿 x 轴负方向.

2. 如题 2 图所示,在升降机天花板上拴有一轻绳,其下端系一重物,当升降机以加速度 $\vec{a}_1$ 上升时,绳中的张力正好等于绳子所能承受的最大张力的一半,问升降机以多大加速度上升时,绳子刚好被拉断? 　　[　　]

(A) $2a_1$. 　　　　(B) $2(a_1 + g)$. 　　　　(C) $2a_1 + g$. 　　　　(D) $a_1 + g$.

3. 一质量为 M 的斜面原来静止于水平光滑平面上,将一质量为 m 的木块轻轻放在斜面上,如题 3 图所示. 如果此后木块能静止于斜面上,则斜面将 　　[　　]

(A) 保持静止. 　　(B) 向右加速运动. 　　(C) 向右匀速运动. 　　(D) 向左加速运动.

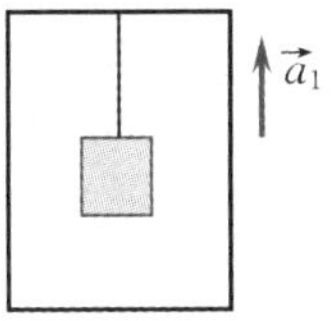

题 2 图 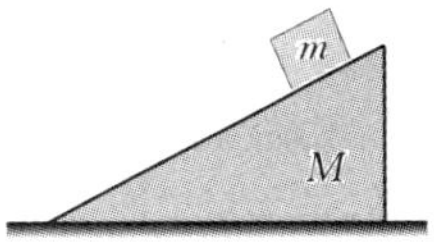　　　　　　　　　　　　题 3 图

4. A,B 两物体的动量相等,而 $m_A < m_B$,则 A,B 两物体的动能 　　　　　　　　[　　]

(A) $E_{kA} < E_{kB}$. 　　(B) $E_{kA} > E_{kB}$. 　　(C) $E_{kA} = E_{kB}$. 　　(D) 无法确定.

5. 一人造地球卫星到地球中心 O 的最大距离和最小距离分别是 R_A 和 R_B,如题 5 图所示. 设卫星对应的角动量分别是 L_A, L_B,动能分别是 E_{kA}, E_{kB},则应有 　　[　　]

(A) $L_B > L_A, E_{kA} > E_{kB}$. 　　　　　　(B) $L_B > L_A, E_{kA} = E_{kB}$.

(C) $L_B = L_A, E_{kA} = E_{kB}$. 　　　　　　(D) $L_B < L_A, E_{kA} = E_{kB}$.

(E) $L_B = L_A, E_{kA} < E_{kB}$.

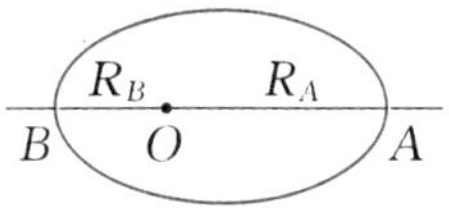

题 5 图

6. 一轻绳绕在有水平轴的定滑轮上,滑轮的转动惯量为 J,绳下端挂一物体. 物体所受重力为 P,滑轮的角加速度为 β. 若将物体去掉而以与 P 相等的力直接向下拉绳子,滑轮的角加速度 β 将 　　[　　]

(A) 不变. 　　(B) 变小. 　　(C) 变大. 　　(D) 无法判断如何变化.

7. 在容积 $V = 4 \times 10^{-3}$ m³ 的容器中,装有压强 $p = 5 \times 10^2$ Pa 的理想气体,则容器中气体分子的平动动能总和为 　　[　　]

(A) 2 J. 　　　　(B) 3 J. 　　　　(C) 5 J. 　　　　(D) 9 J.

8. 一定质量的理想气体从相同状态出发,分别经历等温过程、等压过程和绝热过程,使其体积增加一倍. 那么气体温度的改变(绝对值) 在 　　[　　]

(A) 绝热过程中最大,等压过程中最小. 　　　　(B) 绝热过程中最大,等温过程中最小.

(C) 等压过程中最大,绝热过程中最小. 　　　　(D) 等压过程中最大,等温过程中最小.

9. 对于室温下的双原子分子理想气体,在等压膨胀的情况下,系统对外所做的功与从外界吸收的热量之比

$\dfrac{W}{Q}$ 等于　　　　　　　　　　　　　　　　　　　　　　　　　　　　　　　　[　　]

(A) $\dfrac{2}{3}$.　　　　　　　(B) $\dfrac{1}{2}$.　　　　　　　(C) $\dfrac{2}{5}$.　　　　　　　(D) $\dfrac{2}{7}$.

10. (1) 使高温热源的温度 T_1 升高 ΔT;(2) 使低温热源的温度 T_2 降低同样的值 ΔT,分别可使卡诺循环的效率升高 $\Delta \eta_1$ 和 $\Delta \eta_2$,两者相比,　　　　　　　　　　　　[　　]

(A) $\Delta \eta_1 > \Delta \eta_2$.　　(B) $\Delta \eta_1 < \Delta \eta_2$.　　(C) $\Delta \eta_1 = \Delta \eta_2$.　　(D) 无法确定哪个大.

11. 宇宙飞船相对于地面以速度 v 做匀速直线飞行,某一时刻飞船头部的宇航员向飞船尾部发出一个光信号,经过 Δt(飞船上的钟) 时间后,被尾部的接收器收到,则由此可知飞船的固有长度为(c 表示真空中光速)　　　　　　　　　　　　　　　　　　　　　　　　　　　　　[　　]

(A) $c \cdot \Delta t$.　　　(B) $v \cdot \Delta t$.　　　(C) $\dfrac{c \cdot \Delta t}{\sqrt{1 - \left(\dfrac{v}{c}\right)^2}}$.　　　(D) $c \cdot \Delta t \cdot \sqrt{1 - \left(\dfrac{v}{c}\right)^2}$.

12. 已知电子的静能为 0.51 MeV,若电子的动能为 0.25 MeV,则它所增加的质量 Δm 与静止质量 m_0 的比值近似为　　　　　　　　　　　　　　　　　　　　　　　　　　　　　　　　[　　]

(A) 0.1.　　　　　(B) 0.2.　　　　　(C) 0.5.　　　　　(D) 0.9.

二、填空题(共 16 分)

13. (本题 4 分) 一质点沿半径为 R 的圆周运动,其路程 s 随时间 t 变化的规律为 $s = bt - \dfrac{1}{2}ct^2$(SI),式中 b,

c 为大于零的常量,且 $b^2 > Rc$. 此质点运动的切向加速度 $a_\tau =$ _____;法向加速度 $a_n =$ _____.

14. (本题 4 分) 一个以恒定角加速度转动的圆盘,如果在某一时刻的角速度为 $\omega_1 = 20\pi$ rad/s,再转 60 转后角速度为 $\omega_2 = 30\pi$ rad/s,则角加速度 $\beta =$ _____,转过上述 60 转所需的时间 $\Delta t =$ _____.

15. (本题 5 分) 一卡诺热机(可逆的)的低温热源的温度为 27 ℃,热机效率为 40%,其高温热源温度为 _____ K.今欲将该热机效率提高到 50%,若低温热源保持不变,则高温热源的温度应增加 _____ K.

16. (本题 3 分) 设电子静止质量为 m_e,将一个电子从静止加速到速率为 $0.6\,c$,需做功 _____.

三、计算题(共 48 分)

17. (本题 10 分) 质量为 $m = 5.6$ g 的子弹,以 $v_0 = 501$ m/s 的速率水平地射入一静止在水平面上的质量为 $M = 2$ kg 的木块内,子弹射入木块后,木块向前移动了 $s = 50$ cm 后而停止,求:(1) 木块与水平面间的摩擦系数;(2) 木块对子弹所做的功 W_1;(3) 子弹对木块所做的功 W_2;(4) W_1 与 W_2 的大小是否相等?为什么?

18. (本题 8 分) 如题 18 图所示,一个质量为 m 的物体与绕在定滑轮上的绳子相连,绳子质量可以忽略,它与定滑轮之间无滑动. 假设定滑轮质量为 M、半径为 R,其转动惯量为 $\dfrac{1}{2}MR^2$,滑轮轴光滑. 试求该物体由静止开始下落的过程中,下落速度与时间的关系.

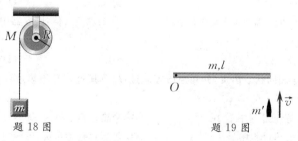

题 18 图　　　　　　　　　　　　　题 19 图

19. (本题 10 分) 如题 19 图所示,一根放在水平光滑桌面上的匀质棒可绕通过其一端的竖直固定光滑轴 O 转动.棒的质量为 $m = 1.5\ \text{kg}$,长度为 $l = 1.0\ \text{m}$,对轴的转动惯量为 $J = \frac{1}{3}ml^2$.初始时棒静止.今有一水平

运动的子弹垂直地射入棒的另一端,并留在棒中.子弹的质量为 $m' = 0.020\ \text{kg}$,速率为 $v = 400\ \text{m/s}$.试问:

(1) 棒开始和子弹一起转动时角速度 ω 有多大? (2) 若棒转动时受到大小为 $M_r = 2.0\ \text{N}\cdot\text{m}$ 的恒定阻力

矩作用,棒能转过多大的角度 θ?

20.（本题 10 分）汽缸内有 4 mol 氦气,初始温度为 27 ℃,体积为 20 L,先将氦气等压膨胀,直至体积加倍,然

后绝热膨胀,直至回复初温为止.把氦气视为理想气体.(1) 在 p-V 图上

大致画出气体的状态变化过程.(2) 在这过程中氦气吸热多少?(3) 氦气

的内能变化多少?(4) 氦气所做的总功是多少?

（普适气体常量 $R = 8.31\ \text{J/(mol}\cdot\text{K)}$）

21.（本题 10 分）比热容比 $\gamma = 1.40$ 的理想气体进行如题 21 图所示的循环.

已知状态 A 的温度为 300 K.求:(1) 状态 B,C 的温度;(2) $A \rightarrow B$,$B \rightarrow C$,

$C \rightarrow A$ 每一过程中气体所吸收的净热量.

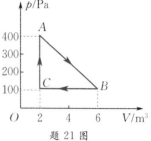

题 21 图

综合测试 4

一、选择题（每小题 3 分,共 36 分）

1. 在边长为 a 的正方体中心处放置一电荷为 Q 的点电荷,则正方体顶角处的电场强度的大小为　　　[　　]

(A) $\dfrac{Q}{12\pi\varepsilon_0 a^2}$.　　　　(B) $\dfrac{Q}{6\pi\varepsilon_0 a^2}$.　　　　(C) $\dfrac{Q}{3\pi\varepsilon_0 a^2}$.　　　　(D) $\dfrac{Q}{\pi\varepsilon_0 a^2}$.

2. 下列几种说法中哪一个是正确的?　　　　　　　　　　　　　　　　　　　　　　　[　　]

(A) 电场中某点场强的方向就是将点电荷放在该点所受电场力的方向.

(B) 在以点电荷为中心的球面上,由该电荷所产生的场强处处相同.

(C) 场强可由 $\vec{E} = \dfrac{\vec{F}}{q}$ 定出,其中 q 为试验电荷,q 可正、可负,$\vec{F}$ 为该试验电荷所受的电场力.

(D) 以上说法都不正确.

3. 已知一高斯面所包围的体积内电荷代数和 $\sum q = 0$,则可肯定:　　　　　　　　[　　]

(A) 高斯面上各点场强均为零.

(B) 穿过高斯面上每一面元的电场强度通量均为零.

(C) 穿过整个高斯面的电场强度通量为零.

(D) 以上说法都不正确.

4. 在点电荷 $+q$ 的电场中,若取题 4 图中 P 点处为电势零点,则 M 点的电势为　　　[　　]

(A) $\dfrac{q}{4\pi\varepsilon_0 a}$.　　　　(B) $\dfrac{q}{8\pi\varepsilon_0 a}$.　　　　(C) $\dfrac{-q}{4\pi\varepsilon_0 a}$.　　　　(D) $\dfrac{-q}{8\pi\varepsilon_0 a}$.

5. 真空中有一点电荷 Q,在与它相距为 r 的 a 点处有一试验电荷 q.现使试验电荷 q 从 a 点沿半圆弧轨道运动

到 b 点,如题 5 图所示,则电场力对 q 做功为　　　　　　　　　　　　　　　[　　]

(A) $\dfrac{Qq}{4\pi\varepsilon_0 r^2}\cdot\dfrac{\pi r^2}{2}$.　　　　(B) $\dfrac{Qq}{4\pi\varepsilon_0 r^2}2r$.　　　　(C) $\dfrac{Qq}{4\pi\varepsilon_0 r^2}\pi r$.　　　　(D) 0.

6. 有一接地的金属球,用一弹簧吊起,金属球原来不带电.若在它的下方放置一电荷为 q 的点电荷,如题 6 图所示,则　　　　　　　　　　　　　　　　　　　　　　　　　　　　　　　　　[　]

(A) 只有当 $q>0$ 时,金属球才下移.　　　　(B) 只有当 $q<0$ 时,金属球才下移.

(C) 无论 q 是正是负,金属球都下移.　　　　(D) 无论 q 是正是负,金属球都不动.

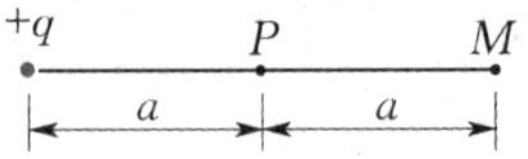

题 4 图 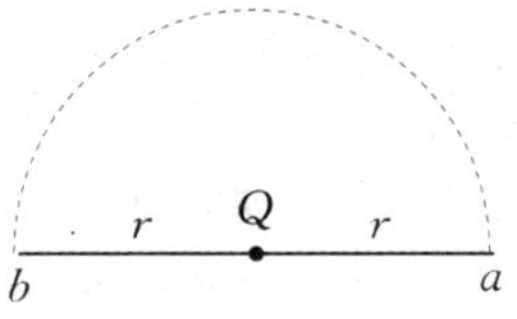　　　　　　　　　题 5 图 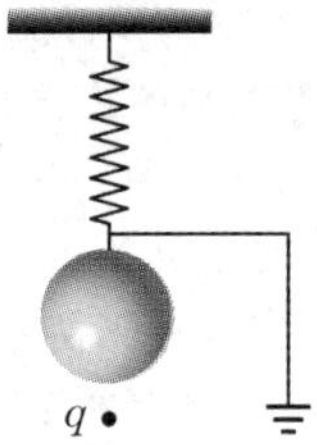　　　　　　　　　题 6 图

7. 两个完全相同的电容器 C_1 和 C_2,串联后与电源连接.现将一各向同性均匀电介质板插入 C_1 中,如题 7 图所示,则　　　　　　　　　　　　　　　　　　　　　　　　　　　　　　[　]

(A) 电容器组总电容减小.　　　　(B) C_1 上的电荷大于 C_2 上的电荷.

(C) C_1 上的电压高于 C_2 上的电压.　　　　(D) 电容器组储存的总能量增大.

8. 边长为 l 的正方形线圈中通有电流 I,此线圈在 A 点(见题 8 图)产生的磁感应强度 B 为　　[　]

(A) $\dfrac{\sqrt{2}\mu_0 I}{4\pi l}$.　　　　(B) $\dfrac{\sqrt{2}\mu_0 I}{2\pi l}$.　　　　(C) $\dfrac{\sqrt{2}\mu_0 I}{\pi l}$.　　　　(D) 以上均不正确.

9. 无限长直圆柱体,半径为 R,沿轴向均匀流有电流.设圆柱体内($r<R$)的磁感应强度为 B_i,圆柱体外($r>R$)的磁感应强度为 B_e,则有　　　　　　　　　　　　　　　　　　　　　　[　]

(A) B_i,B_e 均与 r 成正比.　　　　(B) B_i,B_e 均与 r 成反比.

(C) B_i 与 r 成反比,B_e 与 r 成正比.　　　　(D) B_i 与 r 成正比,B_e 与 r 成反比.

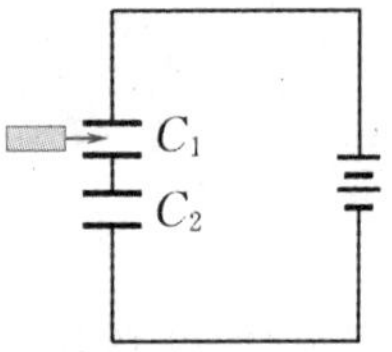

题 7 图 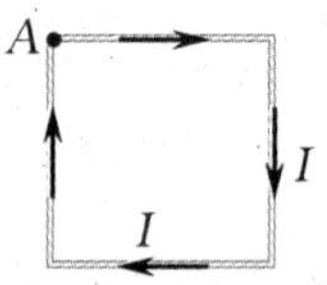　　　　　　　　　题 8 图 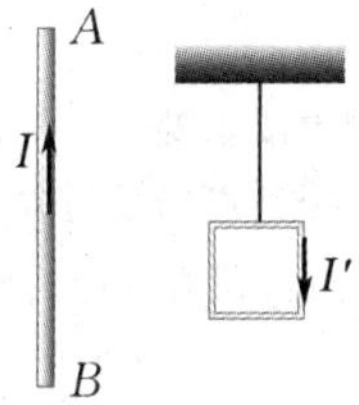　　　　　　　　　题 10 图

10. 把轻的正方形线圈用细线挂在载流直导线 AB 的附近,两者在同一平面内,直导线 AB 固定,线圈可以活动.当正方形线圈通以如题 10 图所示的电流时线圈将　　　　　　　　　　　　　　　[　]

(A) 不动.　　　　(B) 发生转动,同时靠近导线 AB.

(C) 发生转动,同时离开导线 AB.　　　　(D) 靠近导线 AB.

(E) 离开导线 AB.

11. 一导体圆线圈在均匀磁场中运动,能使其中产生感应电流的一种情况是　　　　　　　　　[　]

(A) 线圈绕自身直径轴转动,轴与磁场方向平行.　　　　(B) 线圈绕自身直径轴转动,轴与磁场方向垂直.

(C) 线圈平面垂直于磁场并沿垂直磁场方向平移.　　　　(D) 线圈平面平行于磁场并沿垂直磁场方向平移.

12. 用线圈的自感系数 L 来表示载流线圈磁场能量的公式 $W_m=\dfrac{1}{2}LI^2$　　　　　　　　　[　]

(A) 只适用于无限长密绕螺线管.　　　　(B) 只适用于单匝圆线圈.

(C) 只适用于一个匝数很多,且密绕的螺绕环.   (D) 适用于自感系数 L 一定的任意线圈.

二、填空题(共 18 分)

13. (本题 4 分)三个平行的"无限大"均匀带电平面,其电荷面密度都是 $+\sigma$,如题 13 图所示,则 A,B,C,D 四个区域的电场强度分别为: $E_A =$ _____, $E_B =$ _____, $E_C =$ _____, $E_D =$ _____(设方向向右为正).

14. (本题 4 分)如题 14 图所示,一点电荷 $q = 10^{-9}$ C, A,B,C 三点分别距离该点电荷 10 cm,20 cm,30 cm. 若选 B 点的电势为零,则 A 点的电势为 _____, C 点的电势为 _____. (真空介电常量 $\varepsilon_0 = 8.85 \times 10^{-12}$ C²/(N·m²))

题 13 图

题 14 图

15. (本题 5 分)一面积为 S、载有电流 I 的平面闭合线圈置于磁感应强度为 $\vec{B}$ 的均匀磁场中,此线圈受到的最大磁力矩的大小为 _____,此时通过线圈的磁通量为 _____. 当此线圈受到最小的磁力矩作用时,通过线圈的磁通量为 _____.

16. (本题 5 分)有一通电流 $I = 10$ A 的圆线圈,放在磁感应强度等于 0.015 T 的均匀磁场中,处于平衡位置. 线圈直径 $d = 12$ cm. 使线圈以它的直径为轴转过角 $\alpha = \dfrac{\pi}{2}$ 时,外力所做的功 $A =$ _____,如果转角 $\alpha = 2\pi$,外力做的功 $A =$ _____.

三、计算题(共 46 分)

17. (本题 8 分)一段半径为 a 的细圆弧,对圆心的张角为 θ_0,其上均匀分布有正电荷 q,如题 17 图所示. 试以 a,q,θ_0 表示圆心 O 处的电场强度.

18. (本题 8 分)如题 18 图所示,一内半径为 a、外半径为 b 的金属球壳,带有电荷 $-Q$,在球壳空腔内距离球心 r 处有一点电荷 q. 设无限远处为电势零点,试求:(1)球壳内外表面上的电荷;(2)球心 O 点处,由球壳内表面上电荷产生的电势;(3)球心 O 点处的总电势.

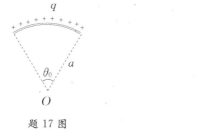

题 17 图

题 18 图

19. (本题 10 分)两个正交放置的圆形线圈的圆心相重合. 一线圈半径为 20.0 cm,共 10 匝,通有电流 10.0 A;另一线圈的半径为 10.0 cm,共 20 匝,通有电流 5.0 A. 求两线圈公共中心 O 点的磁感应强度的大小和方向. ($\mu_0 = 4\pi \times 10^{-7}$ H/m)

20. (本题 10 分)在真空中有两根相互平行的无限长直导线 L_1 和 L_2,相距 10 cm,通有方向相同的电流,$I_1 = 20$ A,$I_2 = 10$ A,试求与两根导线在同一平面内且在导线 L_2 两侧并与导线 L_2 的距离均为 5.0 cm 的两点的磁感应强度的大小.

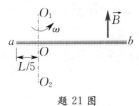

题 21 图

21.（本题 10 分）如题 21 图所示，一根长为 L 的金属细杆 ab 绕竖直轴 O_1O_2 以角速度 ω 在水平面内旋转．O_1O_2 在离细杆 a 端 $\dfrac{L}{5}$ 处．若已知地磁场在竖直方向的分量为 $\vec{B}$．求 ab 两端间的电势差 $U_a - U_b$，哪端电势高？

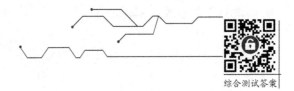

综合测试答案

习题参考答案

第 16 章

16.1　在镜前 0.3 m 处,实像.

16.2　(1)5 cm;(2)为凸面镜.

16.3　$n' = 2$.

16.4　最后成像在玻璃球后 11 cm 处.

16.5　40 cm.

16.6　-44.78 cm.

16.7　略.

16.8　最后的像成于镜左侧距镜面 8 cm 处,为一个倒立缩小的实像.

16.9　(1)物应放在放大镜前面 7.1 cm 处;
　　　(2)0.35 cm;(3)略.

16.10　(1)需配 400 度凹透镜;
　　　 (2)需配 300 度凸透镜.

16.11　$M = -800$.

16.12　$f'_1 = 16$ cm, $f'_2 = -4$ cm.

第 17 章

17.1 ～ 17.3　略.

17.4　e^{-645}.

17.5 ～ 17.17　略.

第 18 章

18.1 ～ 18.10　略.

18.11　7.416 MeV.

18.12　(1) 1 664 MeV;(2) 1.77 个;
　　　 (3) 3 256 个.

18.13　(1)略;
　　　 (2) 1.944 MeV,1.709 MeV,7.551 MeV,
　　　 7.297 MeV,2.243 MeV,4.966 MeV;
　　　 (3) 25.71 MeV.

18.14　5.94×10^9 a.

18.15　(1) 4.88×10^{-18} s^{-1};(2) 3.0×10^3 kg;
　　　 (3) 1.23×10^4 个.

18.16　8.85×10^7 s 或 2.806 a.

图书在版编目(CIP)数据

大学物理学. 第三册 / 黄祖洪，刘新海主编. —北京：北京大学出版社，2019.6
ISBN 978-7-301-30531-7

Ⅰ. ①大… Ⅱ. ①黄… ②刘… Ⅲ. ①物理学—高等学校—教材 Ⅳ. ①O4

中国版本图书馆 CIP 数据核字(2019)第 095945 号

书　　　　名	大学物理学（第三册）
	DAXUE WULIXUE (DI-SAN CE)
著作责任者	黄祖洪　刘新海　主编
责 任 编 辑	顾卫宇
标 准 书 号	ISBN 978-7-301-30531-7
出 版 发 行	北京大学出版社
地　　　　址	北京市海淀区成府路 205 号　　100871
网　　　　址	http://www.pup.cn
电 子 信 箱	zpup@pup.cn
新 浪 微 博	@北京大学出版社
电　　　　话	邮购部 010-62752015　　发行部 010-62750672　　编辑部 010-62754271
印 　刷 　者	长沙超峰印刷有限公司
经 　销 　者	新华书店
	787 毫米×1092 毫米　16 开本　16.75 印张　408 千字
	2019 年 6 月第 1 版　2019 年 6 月第 1 次印刷
定　　　　价	49.80 元